高等职业教育宠物类专业教材　　中国轻工业“十四五”规划立项教材

宠物营养与食品

陈立华　杨惠超　主编

中国轻工业出版社

图书在版编目（CIP）数据

宠物营养与食品 / 陈立华，杨惠超主编. -- 北京：中国轻工业出版社，2024. 10. -- ISBN 978-7-5184-5107-4

Ⅰ. S815

中国国家版本馆 CIP 数据核字第 20249XX938 号

责任编辑：贾　磊
文字编辑：田超男　　责任终审：白　洁　　封面设计：锋尚设计
策划编辑：贾　磊　　责任校对：朱燕春　　责任监印：张　可

出版发行：中国轻工业出版社（北京鲁谷东街 5 号，邮编：100040）
印　　刷：河北鑫兆源印刷有限公司
经　　销：各地新华书店
版　　次：2024 年 10 月第 1 版第 1 次印刷
开　　本：787×1092　1/16　印张：24. 75
字　　数：600 千字
书　　号：ISBN 978-7-5184-5107-4　定价：58. 00 元
邮购电话：010-85119873
发行电话：010-85119832　010-85119912
网　　址：http: //www. chlip. com. cn
Email: club@ chlip. com. cn

如发现图书残缺请与我社邮购联系调换
231653J2X101ZBW

本书编写人员

主　编

陈立华（辽宁职业学院）
杨惠超（辽宁职业学院）

副主编

任慧玲（辽宁职业学院）

参　编

迟玉杨（辽宁职业学院）
孟祥宇（辽宁职业学院）
赵萌萌（辽宁职业学院）
张诗萌（辽宁职业学院）

主　审

王秋梅（辽宁职业学院）
孙玉忠（辽宁派美特生物技术有限公司）

前　言

宠物一般是指家庭饲养的作为伴侣动物的犬和猫，或工作用途的犬。随着中国经济的增长，宠物行业得到了迅猛的发展，人们饲养宠物已经由单纯的赏玩转变为精神的一种寄托，宠物的角色也悄然发生着变化，已经成为人们生活的伴侣，在促进社会和谐方面发挥着不可替代的调节作用。越来越多的人开始养宠物，宠物的范围也不断扩大，从常见的犬、猫、观赏鸟、兔、观赏鱼、龟到比较另类的蝎子、蜘蛛、蜥蜴等，都是人们所饲养的。

随着宠物数量的增长，宠物服务的消费需求不断扩大，对其投资也日趋旺盛，中国的宠物食品行业将迈上一个新的台阶。宠物食品作为宠物饲养的刚性需求，在许多国家已成为一个庞大的产业。

本教材紧密对接宠物饲养实践和宠物行业发展，将宠物营养研究的最新成果和宠物食品加工的新技术、新工艺融入课程内容；对接岗位需求和宠物健康护理员职业资格证书，根据行业岗位需求，设计了认识宠物食品原料、设计宠物食品配方、宠物食品加工、宠物食品品质检验和宠物饲养五个学习情境，内容紧扣高等职业教育培养“应用型高级技术专门人才”的目标，以能力培养为本位，注重提高学习者的实践能力和职业素养；密切联系宠物食品生产实际，注意与宠物健康护理员职业资格标准相衔接，突出实用性、适用性和实效性。同时，本教材注重加强社会主义核心价值观教育，弘扬精益求精和创新敬业的工匠精神，融入思政教育，促进学习者德技并修。

本教材由辽宁职业学院陈立华、杨惠超主编，辽宁职业学院任慧玲为副主编；辽宁职业学院王秋梅、辽宁派美特生物技术有限公司孙玉忠担任主审。其中，情境一项目二、情境一项目三、情境四项目一由陈立华编写，情境五项目二和附录由杨惠超编写，情境一项目一、情境一项目六、情境三项目三、情境四项目三由辽宁职业学院张诗萌编写，情境一项目五、情境四项目二由辽宁职业学院孟祥宇编写，情境一项目四、情境二项目一、情境三项目一由任慧玲编写，情境二项目二、情境三项目二、情境五项目一由辽宁职业学院赵萌萌编写，情境一项目七、情境二项目三由辽宁职业学院迟玉杨编写。辽宁派美特生物技术有限公司的部分技术人员也参与了本书的指导工作，全书由陈立华统稿。

本教材在编写过程中得到了辽宁职业学院教务处、动物科技学院各位老师的大力支持和帮助，在此一并表示感谢。

由于编者水平有限，书中难免有疏漏和不妥之处，敬请广大读者批评指正。

编者

2024 年 1 月

目　录

学习情境一　认识宠物食品原料

学习情境一　认识宠物食品原料

宠物食品是饲养宠物的物质基础，宠物食品成本占宠物饲养成本的70%以上。本情境主要对应宠物食品原料采购、验收和宠物食品加工等岗位。通过学习，了解宠物食品原料的营养特点，能科学选用含有不同营养素的宠物食品原料和宠物食品添加剂等，同时为设计宠物食品配方、宠物食品加工、宠物食品品质检验等后续情境学习奠定基础。

情境目标

◆ 知识目标

1. 了解各种常用宠物食品原料的营养特点；
2. 掌握宠物食品的营养物质组成；
3. 掌握常用宠物食品原料的感官特征。

◆ 技能目标

1. 能够合理使用各类宠物食品原料；
2. 能准确描述常用宠物食品原料的外观特征和营养特征；
3. 能根据外观特征初步判断宠物食品原料质量的优劣。

◆ 素质目标

1. 能够用辩证思维正确认识各类宠物食品原料的营养特点，从而科学利用宠物食品原料；
2. 能科学合理开发非常规宠物食品原料，培养创新精神；
3. 关注宠物健康，关爱生命。

项目一　宠物食品的营养组成与消化吸收

宠物为了生存、生长和繁衍后代，必须从外界摄取食物。宠物的食物称为宠物食品。通过学习，掌握宠物食品的化学组成，能根据外观特征初步判断宠物食品的营养价值。

项目目标

一、知识目标

1. 理解宠物食品的涵义；
2. 掌握宠物食品的化学组成；
3. 熟悉常用宠物食品原料的种类。

二、技能目标

1. 能识别宠物食品原料的感官特征和营养特征；
2. 能根据外观特征初步判断宠物食品原料质量的优劣。

三、素质目标

1. 培养合理使用、开发原料资源的意识，关爱宠物健康；
2. 养成参与意识与团队精神。

必备知识

GB/T 31216—2014《全价宠物食品　犬粮》中规定了：宠物食品是指经工业化加工、制作的用以饲喂宠物的食品。从广义上讲，合理饲喂条件下能被宠物采食、消化、吸收、利用且无毒无害的物质，皆可作为宠物食品。习惯上宠物食品是指市场上出售并可以直接用来饲喂宠物犬、猫的产品，即犬粮、猫粮①。在宠物食品工业上，以一种动物、植物、微生物或矿物质等为来源的宠物食品称为宠物食品原料或单一宠物食品。

宠物的食品（原料），除少数来自微生物、矿物质及人工合成外，绝大多数来源于植物、动物。

宠物食品中能够被有机体用以维持生命、生长、繁殖的一切化学物质，称为营养物质或营养素、养分。

① 本书内容主要以犬、猫为例讲述。

一、宠物食品的化学组成

(一) 宠物体元素组成

应用现代分析技术测定，在已知的100多种化学元素中，宠物体内含60余种。根据它们在宠物体内含量的多少分为常量元素和微量元素两大类。含量≥0. 01%的元素，如碳、氢、氧、氮、钙、磷、钾、钠、氯、镁和硫等，称为常量元素；含量<0. 01%的元素，如铁、铜、钴、锰、锌、硒、碘、钼、铬和氟等，称为微量元素。上述元素中，碳、氢、氧、氮四种元素含量最多，它们在宠物体中占90%以上。

组成宠物体的化学元素除少数以游离状态单独存在外，绝大多数相互结合为复杂的有机化合物或无机化合物，进而构成宠物体的各种组织器官。

(二) 宠物食品化合物的组成

宠物食品中的营养物质可以是简单的化学元素，也可以是复杂的化合物。国际上通常采用1864年德国Hanneberg提出的常规（概略）养分分析方案（图1-1）。该分析方案概括性强，简单、实用，尽管分析中存在一些不足，特别是粗纤维分析尚待改进，但目前世界各国仍在采用。

- 宠物食品
  - 水分
  - 干物质
    - 无机化合物（粗灰分）
    - 有机化合物
      - 含氮化合物（粗蛋白质）
      - 无氮化合物
        - 乙醚浸出物（粗脂肪）
        - 碳水化合物
          - 粗纤维
          - 无氮浸出物

图1-1　常规（概略）养分分析方案

1. 水分

宠物体中的水分常以两种状态存在：一种是含于宠物体细胞间、与细胞结合不紧密、容易挥发的水，称为游离水或自由水，又称初水分；另一种是与细胞内胶体物质紧密结合在一起、形成胶体水膜、难以挥发的水，称为结合水或束缚水，又称吸附水。组成宠物食品的这两种水分之和，称为总水分。除去初水分的食品称为风干食品，除去初水分和吸附水的食品称为绝干食品，也称为食品干物质，是评定各种食品营养价值的基础。

2. 粗灰分或矿物质

粗灰分或矿物质是宠物食品等样品在550~600℃高温炉中将所有有机物质全部氧化后剩余的残渣。主要成分为矿物质氧化物或盐类等无机物质，有时还含有少量泥沙，故称粗灰分或矿物质。

3. 粗蛋白质

宠物食品中一切含氮物质总称为粗蛋白质，包括真蛋白质和非蛋白氮（NPN），非蛋白氮主要有游离脂肪酸、酰胺类、含氮的糖苷、生物碱、硝酸盐、嘧啶和嘌呤等。

4. 粗脂肪

粗脂肪是宠物食品等样品中脂肪及脂溶性物质的总称。常规分析中是用乙醚浸提样品所得的乙醚浸出物。粗脂肪中除含有真脂肪外，还含有其他溶于乙醚的有机物质，如胡萝卜素、叶绿素、有机酸、树脂、脂溶性维生素等物质，故称粗脂肪或乙醚浸出物。

5. 粗纤维

粗纤维是构成植物细胞壁的主要成分，包括纤维素、半纤维素、木质素及角质等成分。常规养分分析测定的粗纤维，是将宠物食品样品经 1.25%稀酸、1.25%稀碱分别煮沸 30min 后，所剩余的不溶解碳水化合物。其中纤维素是由 $\beta-1$，4 葡萄糖聚合而成的同质多糖；木质素则是一种苯丙基衍生物的聚合物，是宠物利用各种营养物质的主要限制因子，对宠物而言没有营养价值。此方法在分析过程中，有部分纤维素、半纤维素和木质素溶解于酸、碱中，导致测定的粗纤维含量偏低，同时也增加了无氮浸出物的计算误差。为了改进粗纤维分析方案，1976 年 van Soest 提出了用中性洗涤纤维（NDF）、酸性洗涤纤维（ADF）、酸性洗涤木质素（ADL）作为评定饲草中纤维类物质的指标；同时将宠物食品粗纤维的纤维素、半纤维素和木质素全部分离出来，可以更好地评定宠物食品粗纤维的营养价值。测定方案如图 1-2 所示。

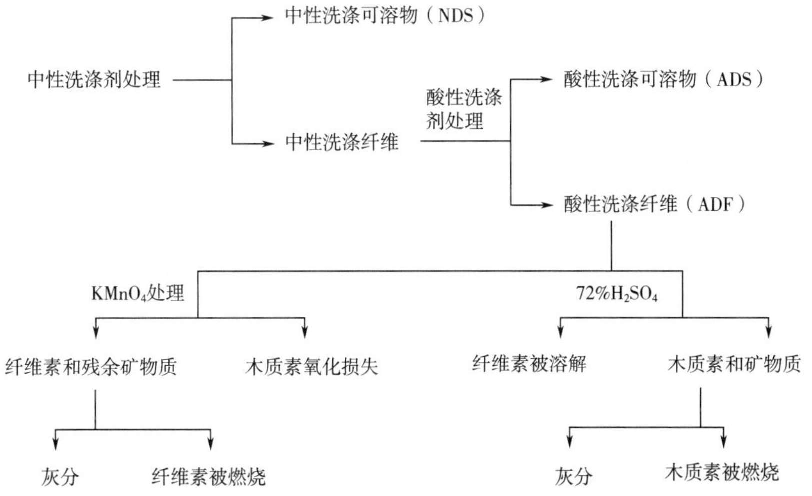

图 1-2　van Soest 粗纤维测定方案

6. 无氮浸出物

无氮浸出物是宠物食品有机物质中的无氮物质除去粗脂肪及粗纤维以外的部分，主要由容易被宠物利用的淀粉、聚糖、双糖、单糖等可溶性碳水化合物组成。此外，还包括水溶性维生素等其他成分。无氮浸出物含量越高，适口性越好，消化率越高。宠物食品中的无氮浸出物可由下式计算而来：

无氮浸出物＝干物质－（粗蛋白质+粗脂肪+粗纤维+粗灰分）

随着营养科学的发展以及养分分析方法、分析手段不断改进，如氨基酸自动分析仪、原子吸收光谱仪、气相色谱仪等的使用，使宠物食品分析的劳动强度大大减轻，分析效率不断提高，各种纯养分均可进行分析，促使宠物营养研究更加深入细致，宠物食品营养价值评定也更加精确可靠。

二、宠物食品原料种类

宠物食品原料质量是保证宠物食品质量的基本前提。宠物食品生产企业一旦自觉或不自觉地接纳了劣质宠物食品原料，就会大大降低宠物食品的品质，有可能影响宠物的生长发育，甚至会危害宠物的生命安全，进而客户投诉等各种麻烦会接踵而至。采购宠物食品原料要严格执行有关质量标准，一旦发现宠物食品原料有结块、发霉、变质、污染、虫害、掺假等质量问题，应立即停止使用。要保证宠物食品原料物理性状良好，水分、营养成分含量符合规定，才能使宠物营养师得以科学精确地设计配方，从而生产出质量稳定的优质宠物食品。

（一）根据宠物食品原料的来源分类

宠物食品原料质量标准包含在动物饲料原料标准之内，宠物食品生产企业选择宠物食品原料必须在饲料原料目录中。宠物食品原料根据原料的来源可分为动物性食品原料、植物性食品原料和微生物食品原料。

1. 动物性宠物食品原料

动物性宠物食品原料是指来源于动物机体的一类食物，它们是构成宠物食品的主要成分，包括各种畜禽肉、内脏、鱼粉、骨粉、奶类、蛋类及其加工副产品等。这类食物的蛋白质含量高，必需氨基酸组成完全，富含B族维生素，钙、磷含量也高且比例适宜，是宠物最优良的蛋白质和钙、磷的补充食物。因其适口性好，易消化，能满足宠物对高蛋白质高能量的需求，宠物最喜欢这类食物。动物性宠物食品原料的缺点是普通条件下保存容易发生变质，不易长期保存，价格偏高。因此，应充分利用好动物的内脏或屠宰场的下脚料，如脂肪、肝脏、脾脏、肺脏及碎肉等，但同时要注意新鲜清洁卫生，必须经过蒸煮消毒后方可利用，不用腐烂变质的动物性原料食品，以防传染病及其他疾病的发生。

2. 植物性宠物食品原料

植物性宠物食品原料也是宠物食品原料的重要来源，植物性宠物食品原料种类多、来源广、价格低、易获取，包括农作物的果实及其加工副产品，还有某些植物的块根、茎及瓜类、蔬菜等青绿植物。玉米、小麦等是主要的基础原料，含大量的碳水化合物，能提供能量。这类食物的缺点是，蛋白质含量低，氨基酸不平衡，必需氨基酸缺乏，无机盐和维生素含量也不高。豆类及加工副产品含有较高的植物蛋白，但植物食物中含有较多的纤维素。淀粉及适量纤维素可为宠物提供一定能量。纤维素可刺激肠壁，促进胃肠蠕动，并可减少腹泻和便秘的发生。但因宠物的生理结构特点，对粗纤维的消化能力有限。

3. 微生物宠物食品原料

微生物宠物食品原料是以微生物、复合酶为生物食品发酵剂菌种，将宠物食品原料转化为微生物菌体蛋白、生物活性小肽类氨基酸、微生物活性益生菌、复合酶制剂为一体的生物发酵食物。该产品不但可以弥补常规原料中容易缺乏的氨基酸，而且能使其他原料营养成分迅速转化，达到增强消化吸收利用效果。

（二）根据宠物食品原料的作用分类

1. 能量类宠物食品原料

能量类宠物食品原料类是指干物质中粗纤维含量在18%以下，粗蛋白质含量在20%

以下的原料，这类原料在宠物食品中占很大的比例，包括谷物类、糠麸类、根茎瓜果类和油脂类。谷物类、糠麸类及根茎瓜果类原料来源广、价格低、易获取；这类原料的碳水化合物、脂肪含量高，适口性好，易消化，能满足宠物对高能量的需求。

2. 蛋白质类宠物食品原料

蛋白质类宠物食品原料是指干物质中粗纤维含量在18%以下，粗蛋白质含量在20%以上的原料，根据来源分为动物性蛋白质原料、植物性蛋白质原料及微生物蛋白质原料。与能量原料相比，此类原料蛋白质含量很高，且品质优良，在能量方面则差别不大，能满足宠物对蛋白质营养的需求。

3. 矿物质类宠物食品原料

矿物质类宠物食品原料是以提供常量元素为目的的一类食品原料，如石粉、磷酸氢钙、食盐、骨粉、贝壳粉等，是保证宠物正常生长发育不可缺少的物质。

4. 宠物食品添加剂

宠物食品添加剂包括矿物质、维生素、氨基酸等营养性添加剂以及微生物、酶制剂、调味和诱食物质、防腐剂等非营养性添加剂。

5. 蔬菜水果类宠物食品原料

蔬菜水果类宠物食品原料主要包括叶菜类、瓜果类及绿色植物类，这类原料脂肪含量很低，能量值不高，但含有丰富的维生素和矿物质及食物纤维，在宠物饲养实践中具有重要的意义。

必备技能

一、宠物食品原料感官鉴定的方法

感官鉴定是指通过视觉、味觉、嗅觉、触觉等方式，对宠物食品原料的物理形态、颜色、气味、质地等是否正常，是否发酵、霉变、虫蛀，是否含有异物做出判断。此法对样品不加以任何处理，直接通过感觉器官进行鉴定。

1. 视觉鉴定

观察宠物食品原料的形状、色泽、颗粒大小以及有无霉变、虫子、硬块、异物等。

2. 味觉鉴定

通过舌舔来感觉宠物食品原料的涩、甜、苦、哈、香等滋味；通过齿嚼感觉宠物食品原料的硬度，判断宠物食品原料有无异味和干燥程度等。但应注意不要误尝对人体有毒有害的物质。

3. 嗅觉鉴定

通过鼻子嗅宠物食品原料的气味，判断宠物食品原料霉变、腐败、焦味及脂肪酸败、氧化等情况。

4. 触觉鉴定

将手插入宠物食品原料中或取样品在手上，用指头捻、手抓，感触宠物食品原料的粒度大小、软硬度、温度、结块、黏稠性、滑腻感、有无夹杂物及水分含量等情况。

感官鉴定是一种技术性和经验性都很强的宠物食品原料质量检验的方法，在宠物食品原料生产企业中，感官鉴定是最普通、最初步、简单易行的鉴定方法。技术人员的经验和熟练程度是十分重要的，有经验的检验人员判断结果的准确性高。

二、常用宠物食品原料的感官检验项目

（1）气味　是否新鲜、正常，是否有霉味、酸味、哈味、臭味、药味等异味。

（2）色泽　是否正常、有无烧焦现象。

（3）形状　是否正常、是否结块、粒度粗细是否符合要求、皮、壳、绒等。

（4）有无污染与虫害。

（5）是否发热、发酵、吸潮、陈旧。

（6）感染　有无昆虫、鼠类及鸟粪。

（7）杂质　有无灰尘、金属和石块等。

三、识别常用宠物食品原料的感官特征

1. 识别玉米

（1）观察其颜色，较好的玉米呈黄色且均匀一致，无杂色颗粒。

（2）随机抓一把玉米在手中，嗅其有无异味，粗略估计（目测）饱满程度、杂质、霉变、虫蛀粒的比例，初步判断其质量。随后，取样称重，测容重（或千粒重），分选霉变粒、虫蛀粒、不饱满粒、热损伤粒、杂质等异常成分，计算结果。玉米的外表面和胚芽部分可观察到黑色或灰色斑点为霉变，若需观察其霉变程度，可用指甲掐开其外表皮或掰开胚芽作深入观察。区别玉米胚芽的热损伤变色和氧化变色，如为氧化变色，味觉及嗅觉可感氧化（哈喇）味。

（3）用指甲掐玉米胚芽部分，若很容易掐入，则水分较高，若掐不动，则水分较低；感觉较硬，水分较低，感觉较软，则水分较高。也可用牙咬判断，或用手搅动（抛动）玉米，如声音清脆，则水分较低，反之水分较高。

2. 识别豆粕

（1）先观察豆粕颜色，较好的豆粕呈黄色或浅黄色，色泽一致。较生的豆粕颜色较浅，有些偏白，豆粕过熟时，则颜色较深，近似黄褐色（生豆粕和熟豆粕的脲酶均不合格）。再观察豆粕形状及有无霉变、发酵、结块和虫蛀并估计其所占比例。好的豆粕呈不规则碎片状，豆皮较少，无结块、发酵、霉变及虫蛀。有霉变的豆粕一般都有结块，并伴有发酵，掰开结块，可看到霉点和面包状粉末。其次判断豆粕是否经过二次浸提，二次浸提的豆粕颜色较深，焦煳味也较浓。最后取一把豆粕在手中，仔细观察有无杂质及杂质数量，有无掺假（豆粕主要防掺豆壳、秸秆、麸皮、锯木粉、沙子等物）。

（2）闻豆粕的气味，是否有正常的豆香味，是否有生味、焦煳味、发酵味、霉味及其他异味。若味道很淡，则表明豆粕较陈。

（3）咀嚼豆粕，尝一尝是否有异味，如生味、苦味或霉味等。

（4）用手感觉豆粕水分。用手捏或用牙咬豆粕，感觉较绵的，水分较高；感觉扎手的，水分较低。两手用力搓豆粕，若手上粘有较多油腻物，则表明油脂含量较高（油脂高会影响水分判定）。

3. 识别菜籽粕

（1）先观察菜籽粕的颜色及形状，判断其生产工艺类型。浸提的菜籽粕呈黄色或浅

褐色粉末或碎片状，而压榨的菜籽粕颜色较深，有焦煳物，多碎片或块状，杂质也较多，掰开块状物可见分层现象。压榨的菜籽粕因其品质较差，一般不被选用（但有可能掺入浸提的菜籽粕中）。再观察菜籽粕有无霉变、掺杂、结块现象，并估计其所占比例（菜籽粕中还有可能掺入沙子、桉树叶、菜籽壳等物）。

（2）闻菜籽粕味道，是否有菜油香味或其他异味，压榨的菜籽粕较浸提的菜籽粕味道香。

（3）抓一把菜籽粕在手上，掂一掂其分量，若较重，可能有掺沙现象。松开手将菜籽粕倾倒，使自然落下，观察手中菜籽粕残留量，若残留较多，则水分及油脂含量都较高。同时，观察其有无霉变、氧化现象。再用手摸菜籽粕感觉其湿度，一般情况下，温度较高，水分也较高，若感觉烫手，大量堆码很可能会引起自燃。

4. 识别棉籽粕

（1）观察棉籽粕的颜色、形状等。好的棉籽粕多为黄色粉末，黑色碎片状棉籽壳少，棉绒少，无霉变及结块现象。抓一把棉籽粕在手中，仔细观察有无掺杂，估计棉籽壳所占比例及棉绒含量高低，若棉籽壳及棉绒含量较高，则棉籽粕品质较差，粗蛋白较低，粗纤维较高。

（2）用力抓一把棉籽粕，再松开，若棉籽粕呈团块状，则水分较高，若呈松散状，则水分较低。将棉籽粕倾倒，观察手中残留量，若残留较多，则水分较高，反之较少。用手摸棉籽粕感觉其湿度，一般情况下，温度较高，水分较高，若感觉烫手，大量堆码很可能会自燃。

（3）闻棉籽粕的气味，是否有异味、异臭等。

5. 识别次粉

（1）看次粉颜色、新鲜程度及含粉率。好的次粉呈白色或浅灰白色粉状。颜色越白，含粉率越高（好次粉含粉率应在90%以上）。

（2）闻次粉气味，是否有麦香味或其他异臭、异味、霉味、发酵味等。

（3）抓一把次粉在手中握紧，若含粉率较低，松开时次粉呈团状，说明水分较高，反之较低（含粉率很高时则不能以此判定水分高低，要以化验为准）。

（4）取一些次粉在口中咀嚼感觉有无异味或掺杂。若次粉中掺有石粉等异物时，会感觉口内有渣，含而不化。

6. 识别麸皮

（1）观察颜色、形状。麸皮一般呈土黄色，细碎屑状，新鲜一致。

（2）闻麸皮气味，是否有麦香味或其他异味、异臭、发酵味、霉味等。

（3）抓一把麸皮在手中，仔细观察是否有掺杂和虫蛀；掂一掂麸皮分量，将手握紧，再松开，感觉麸皮水分，水分高较黏手，再用手捻一捻，看其松软程度，松软的麸皮较好。

7. 识别米糠

（1）先观看米糠颜色、形状。米糠呈浅灰黄色粉状，新鲜一致，伴有少量碎米和谷壳尖。再看其是否发霉、发酵和生有肉虫。

（2）闻米糠气味，是否有清香味或其他异臭、异味、霉味、发酵味等。

（3）抓一把米糠在手中，用力握紧后再松开，若手指和手掌上有滑腻的感觉，则含油较高，反之较低；若手感没有滑腻感觉，但有湿润感，则水分较高；查看碎米颜色，若米粒有渗透形的绿色，则不新鲜；用手指在手掌上反复揉捻，若感觉粗糙则说明糠壳较重；抓一把若坠手，则说明可能有掺杂。

（4）取少许米糠在口中含化，看有无异味或掺杂，正常情况下，应有微甜味、化渣。假如含化时不化渣，咀嚼有细小硬物，则可能掺有膨润土、沸石粉、泥灰、沙石等物质。

8. 识别大豆

（1）观察大豆颜色及外观。大豆应颗粒均匀，饱满，呈一致的浅黄色，无杂色、虫蛀、霉变或变质。

（2）用手掐或用牙咬大豆，据其软硬程度判断大豆水分高低，大豆越硬，水分越低。

9. 识别酒糟蛋白（DDGS）

（1）看颜色、形状，酒糟蛋白呈黄褐色碎屑状，含有较多玉米皮状物。

（2）闻气味，酒糟蛋白略带微酸甜味，无其他异臭、异味。

（3）尝味道，酒糟蛋白起先有微酸味，后有玉米香味回味。

（4）用手捻酒糟蛋白，若感觉黏手，则水分较高，反之较低。

10. 识别肉骨粉

（1）看其颜色、形状。肉骨粉是呈黄色至淡褐色和深褐色粉状物，含脂肪高的色深，牛羊肉骨粉颜色较深，猪肉骨粉颜色较浅，含有细骨粒、肉质和脂肪球。

（2）借助镜检可见黄色至淡褐色或深褐色固体颗粒，显油腻。组织形态变化很大，肉质表面粗糙并粘有大量细粉，一部分可看到白色或黄色条纹和肌肉纤维纹理，肉质为较硬的白色、灰色或浅棕黄色的块状颗粒，不透明或半透明，带有斑点，边缘圆钝。经常混有血粉特征，也有混入动物毛发的，毛发特征为长而粗，弯曲，颜色不同，羊毛通常是无色的半透明弯曲线条。

（3）肉骨粉闻之有肉香味。若有异味、异臭、氨味和焦味则表明此肉骨粉不新鲜，存放时间过长，已腐败。

（4）抓一把肉骨粉握紧，松开后，能自然散开，否则可判断此肉骨粉水分及脂肪含量较高。

（5）口含少许能成团，咀嚼时有肉松感，有肉香味，无其他异味，无细硬物，若有且多，则表明沙分含量较高，味咸则盐分含量高，味苦则表明曾自燃或烘焦过。

11. 识别鱼粉

（1）观看鱼粉颜色、形状。鱼粉呈黄褐色、深灰色（颜色以原料及产地为准）粉状或细短的肌肉纤维性粉状，蓬松感明显，含有少量鱼眼珠、鱼鳞碎屑、鱼刺或鱼骨等，松散无结块，无自燃、无虫蛀等现象。

（2）闻鱼粉气味。有鱼粉正常气味，略带腥味、咸味，无异味、异臭、氨味，否则表明鱼粉放置过久，已经腐败，不新鲜。

（3）抓一把鱼粉握紧，松开后，能自动散开来，否则说明油脂或水分含量较高。

（4）口含少许能成团，咀嚼有肉松感，无细硬物，且短时间内能在口里溶化，若不化渣，则表明此鱼粉含沙石等杂物较多，味咸则表明盐分多，味苦则表明曾自燃或烧焦。

12. 识别膨化大豆

（1）观其颜色和形状，膨化大豆应呈黄色或淡黄色膨化颗粒状，无明显大豆瓣和粉末状。

（2）闻其气味，膨化大豆应有较浓的豆香味，不应有生豆子味，也不能有焦煳味和霉味。

（3）用手触摸，颗粒均匀疏松，不硬也不软。

（4）用口尝，感受有无异味，用牙咬应有较清脆的声音。

13. 识别蚕蛹

（1）看颜色和含量，蚕蛹呈黄褐色或浅黑色的蛹状油浸物，无明显粉末泥沙和丝状杂质，僵蚕含量不宜超过5%，无明显霉变和虫蛀。

（2）抓一把蚕蛹详闻其气味，应有新鲜的蜡香味，无异味异臭，若已有霉味，则该蚕蛹不新鲜，已发酵变质。

（3）用手捏，蚕蛹能成粉末，但又不是全呈粉末，若全呈粉末则说明烘烤过度，将影响粗蛋白质。

（4）用口尝，有酥香味，口含不久将溶化。

14. 识别啤酒糟

（1）啤酒糟呈灰色或浅黑色的粉状物，存在明显的纤维物（如大麦皮、稻谷皮等）。

（2）闻其气味应有淡淡的酒香味，无其他异味、异臭。

（3）用手捏有松软的感觉，体轻。若体重，则有掺假嫌疑（主要掺入物为膨润土、沸石粉、泥沙等）。

15. 识别统糠

（1）先观看统糠颜色、形状，统糠呈浅灰黄色，形状新鲜一致，伴有少量谷壳壳尖，看其是否发霉发酵和生有肉虫。

（2）闻统糠气味，是否有清香味或其他异臭、异味、霉味、发酵味等。

（3）抓一把统糠在手中，用力握紧后再松开，若手感没有滑腻感觉，但有湿润感，则水分较高，抓一把若坠手，则说明可能掺杂、咀嚼有细小硬物，则可能掺有膨润土、沸石粉、泥灰、沙石等。

16. 识别膨润土

（1）先观看其颜色。

（2）打开袋子，看其是否有结块现象，若有结块现象则水分较高，用手用力握，再松开，成块不散开则水分较高。

（3）抓一把膨润土在手中，有滑腻的感觉，若有细小颗粒，则有掺杂。

17. 识别油脂（混合油、棕油、鱼油）

（1）先观察油脂颜色，油脂颜色为棕色。

（2）嗅油脂味道，是否有异臭、异味或焦味。

（3）拿木棍在油脂容器的中间和底部取油，分别沾在纸上，用火烧，有滋滋声则掺有水分。

（4）用手指捻，油脂十分滑腻的感觉，有细小颗粒则掺杂。

拓展知识

宠物消化吸收的特点

（一）宠物的消化特点

宠物消化器官的功能是摄取食物，对其进行物理的、化学的以及微生物的消化作用，吸收营养物质，最后将残渣排出体外，保证宠物新陈代谢的正常进行。

宠物食物中的营养成分包括蛋白质、脂肪、碳水化合物、水、无机盐和维生素等，其中后三种营养物质可被消化道直接吸收，但前三种营养物质结构复杂，分子大，不能直接吸收，必须在消化道内消化分解成氨基酸、脂肪酸和单糖等结构简单的小分子，才能被消化道吸收。这种将食物分解为可吸收的简单物质的过程，称为消化。简单的营养物质通过消化道管壁进入血液和淋巴的过程，称为吸收。

宠物的消化系统包括消化道和消化腺两部分。消化道为食物通过的管道，包括口腔、咽、食管、胃、小肠、大肠和肛门。消化腺为分泌消化液的腺体，消化液中含有多种酶，在消化过程中起催化作用，包括壁内腺和壁外腺。壁内腺广泛分布于消化道的管壁内，如胃腺和肠腺。壁外腺位于消化管外，形成独立的器官，以腺管通入消化道管腔内，如唾液腺、肝和胰。

犬属于哺乳动物食肉目狗科，是人类驯化最早的动物，驯化以后食性发生了改变，成为以食肉为主的杂食动物。上下颌各有一对尖锐的犬齿，是食肉动物撕咬猎物所特有。犬的肠道短，只有体长的3~4倍，对粗纤维的消化率很低。犬的味觉较差，吃东西不是细嚼慢咽，而是狼吞虎咽，依靠其灵敏的嗅觉来辨别食物的新鲜或腐败。犬喜欢啃咬，以利磨牙，应经常给予骨头或玩具。犬还有吃人类或同类动物粪便的习惯，饲养时应注意防止，以免影响健康。

猫属于哺乳动物食肉目猫科猫属，具有发达的犬齿，嗅觉虽然不及犬，但也相当的灵敏。猫虽然也吃粮食、蔬菜类食品，但仍然以食肉为主，其食品中应该含有较高比例的动物性原料。猫的舌面长有各种乳头，舌前端乳头的尖端朝后呈牙齿状，可以舔食骨头上附着的肉。

宠物的消化方式主要归纳为物理性消化、化学性消化和微生物消化，以前两种方式为主。

1. 物理性消化

宠物食品的物理性消化是由宠物摄取宠物食品开始，主要是指宠物食品在宠物口腔内的咀嚼和在胃肠运动中的消化。物理性消化是靠宠物的牙齿和消化道管壁的肌肉运动把宠物食品压扁、撕碎、磨烂，从而增加宠物食品的表面积，易于与消化液充分混合，并把食糜从消化道的一个部位运送到另一个部位。物理性消化，有利于宠物食品在消化道形成多水的悬浮液，为胃和肠的化学性消化与微生物消化作好准备。

物理性消化是化学性及微生物消化的前奏，食物只是颗粒变小，没有化学性变化，其消化产物不能吸收。咀嚼及消化器官的肌肉运动受宠物食品粒度的机械刺激，若没有这种刺激，则消化液的分泌减少，进而不利于化学性消化。

2. 化学性消化

宠物食品在消化道内的化学性消化主要是在宠物的胃和小肠中，靠酶的催化作用进行的。消化酶有多种，大多数存在于腺体所分泌的消化液中，有的存在于肠黏膜内或肠黏膜脱落细胞内。消化腺所分泌的酶主要是水解酶，并且具有高度的特异性，即某一种酶只参与某一种营养物质的化学反应。根据其作用底物不同而将酶分为三组，即蛋白分解酶、脂肪分解酶及糖分解酶，每组又包括数种。

宠物对宠物食品中蛋白质、脂肪和糖的消化，主要靠消化器官分泌相应的蛋白酶、脂肪酶、淀粉酶、糖酶等进行。宠物对宠物食品中粗纤维的消化，主要靠消化道内微生物的发酵。此外，植物性宠物食品中含有的相应酶，在宠物胃肠道适宜的环境中，也参与消化作用。

不同生长阶段的宠物，分泌消化酶的种类、数量、酶的活性不同，这就为合理组织宠物饲养提供了科学依据。

3. 微生物消化

消化道微生物在消化过程中起着积极作用，这种作用对反刍动物如牛、羊等十分重要，瘤胃是反刍动物微生物消化的主要场所，但对大多数宠物来讲，作用甚微。

宠物仅能依靠大肠内微生物发酵利用极少量的粗纤维。

宠物的物理性消化、化学性消化和微生物消化过程，并不是彼此孤立的，而是相互联系共同作用的，只是在消化道某一部位和某一消化阶段，某种消化过程居于主导地位。

宠物食品中三种有机物被宠物采食后，首先要经过胃肠消化。其中一部分被消化了，另一部分未被消化。被消化的蛋白质最终被分解为氨基酸和寡肽，被消化的脂肪最终被分解为甘油和脂肪酸，被消化的碳水化合物最终被分解为单糖或酵解为低级羧酸。消化最终产物大部分被小肠吸收，少部分未被吸收，未被吸收的部分随同未被消化的部分一起由粪便排出体外。

（二）宠物的吸收特点

1. 吸收的部位

消化道的部位不同，吸收程度不同。消化道各段都能不同程度地吸收无机盐和水分。宠物胃的吸收有限，只能吸收少量水分和无机盐。小肠是各种宠物吸收营养物质的主要场所，其吸收面积最大，吸收的营养物质也最多。宠物的大肠对有机物的吸收作用有限，可以吸收水分和无机盐。

2. 吸收机制

根据养分吸收的机制，可分为胞饮吸收、被动吸收和主动吸收。

（1）胞饮吸收　初生哺乳宠物对初乳中免疫球蛋白的吸收即胞饮吸收。胞饮吸收对初生宠物获取抗体具有十分重要的意义。

（2）被动吸收　经宠物消化道上皮的滤过、扩散和渗透等作用，吸收一些低分子的物质，如相对简单的多肽、各种离子、电解质、水及水溶性维生素和某些糖类的吸收。

（3）主动吸收　主要靠消化道上皮细胞的代谢活动，是一种需消耗能量的主动吸收过程，营养物质的主动吸收需要有细胞膜上载体的协助。主动吸收是宠物吸收营养物质的主要途径，绝大多数有机物的吸收依靠主动吸收完成。

吸收后的氨基酸和寡肽，进入肝脏，大部分经体循环到宠物各组织中合成体蛋白，而一部分氨基酸在肝脏中脱氨形成尿素，由血液输送到肾脏，溶于水形成尿排出体外；吸收后的甘油和脂肪酸，主要是形成体脂或氧化供给宠物体能量；吸收后的单糖或低级羧酸，主要是氧化供给宠物体能量，如有多余，可在肝脏和肌肉中形成糖原储存起来，再有多余时，也可形成体脂，将能量储备，以供不时之需。

可见，吸收后的营养物质，被利用于两个方面，一是形成宠物体成分（体蛋白、体脂及少量糖原）和体外产品（乳等），二是氧化供给宠物体能量。将宠物食品中用于形成宠物成分、体外产品和氧化供给宠物体能量的营养物质称为可吸收营养物质。

（三）宠物食品营养物质的消化率

消化率是衡量宠物食品可消化性和宠物消化力的统一指标，是宠物食品中可消化养分占食入宠物食品养分的百分率。

$$食品中某养分的消化率=\frac{食入食品中某养分-粪中某养分}{食入食品中某养分}\times 100\%$$

因粪中所含各种养分并非全部来自宠物食品，有少量来自消化道分泌的消化液、肠道脱落细胞、肠道微生物等内源性产物，故上述公式计算的消化率为表观消化率。

食品中某养分的真消化率的计算公式如下：

$$食品中某养分的真消化率=\frac{食入食品中某养分-（粪中某养分-消化道来源物中某养分）}{食入食品中某养分}\times 100\%$$

真消化率比表观消化率高，但真消化率测定起来比较复杂困难，在宠物饲养实践中多采用表观消化率作为宠物食品营养价值和进行饲养试验的指标。

影响宠物消化率的因素有很多，凡是影响消化生理、消化道结构和食品性质的因素，如宠物的种类、年龄以及个体差异，宠物食品的种类、化学组成以及饲养管理技术等因素，都会影响宠物的消化率。

项目小结

项目	内容	要点
相关知识	宠物食品的涵义	宠物食品，严格来讲是指经工业化加工、制作的用以饲喂宠物的食品；从广义上讲，合理饲喂条件下能被宠物采食、消化、吸收、利用且无毒无害的物质，皆可作为宠物食品
	宠物食品的化学组成	（1）水分；（2）粗灰分；（3）粗蛋白质；（4）粗脂肪；（5）粗纤维；（6）无氮浸出物
	宠物食品原料的种类	（1）按照宠物食品原料的来源分；（2）按照宠物食品原料的作用分
项目实施	识别常用原料的感官特征	（1）识别玉米；（2）识别豆粕；（3）识别菜籽粕；（4）识别棉籽粕；（5）识别次粉；（6）识别麸皮；（7）识别米糠；（8）识别大豆；（9）识别酒糟蛋白；（10）识别肉骨粉；（11）识别鱼粉；（12）识别膨化大豆；（13）识别蚕蛹；（14）识别啤酒糟；（15）识别统糠；（16）识别膨润土；（17）识别油脂
拓展知识	宠物消化吸收的特点	（1）宠物对食品的消化特点；（2）宠物对食品的吸收特点；（3）宠物食品营养物质的消化率

项目二　认识能量类宠物食品原料

宠物要想维持正常的生理状态和健康，必须保证每日摄入充足的食品，以获得足够的能量来满足自身的需要。能量类宠物食品原料是宠物食品中主要的组成成分，其主要作用是为宠物提供能量。通过学习，了解宠物食品中常用的能量类原料的种类，掌握各种能量类宠物食品原料的营养特点，培养针对不同宠物的营养需要选择合适的能量类原料的能力。

项目目标

一、知识目标

1. 理解宠物对碳水化合物和脂肪的代谢特点；
2. 了解能量在宠物体内的转化过程；
3. 熟悉能量类宠物食品原料的种类和营养价值。

二、技能目标

1. 能正确识别饲养实践中常用的能量类宠物食品原料；
2. 能依据质量标准正确评定能量类宠物食品原料的品质；
3. 能根据宠物的代谢特点合理供应宠物碳水化合物、脂肪营养。

三、素质目标

1. 培养用联系的观点看待问题；
2. 养成积极思考、认真学习的习惯。

必备知识

一、宠物能量的来源与转化

（一）能量来源与能量单位

1. 能量来源

宠物在维持生命活动和生产过程中，都需要能量。宠物所需要的能量来源于宠物食品中的三种有机物：碳水化合物、脂肪和蛋白质[①]。这三种有机物的化学键中储存着化

① 蛋白质类的主要生理功能并不是产能，其放在本情境项目三介绍。

学能，经消化吸收进入体内，在糖酵解、三羧酸循环或氧化磷酸化过程中可释放出能量，最终以 ATP 的形式满足机体需要。万事万物之间都是有联系的，能量转换和物质代谢密不可分。

2. 能量单位

单位质量某养分或宠物食品氧化时所放出的能量，称为该养分或该宠物食品的能值。营养学上，常用热量单位来衡量能量的大小。传统热量单位为“卡（cal）”，国际营养科学联合会及国际生理科学联合会确认以焦耳（J）作为统一使用的能量单位。宠物营养中常采用千焦（kJ），兆焦（MJ）和焦耳也可使用。卡与焦耳可以相互换算，换算关系：1cal=4.184J；1kcal=4.184kJ；1Mcal=4.184MJ。

（二）能量在宠物体内的转化过程

宠物食品中三大产能营养素在宠物体内的代谢过程伴随着能量的转化过程。宠物食入的能量、损耗的能量及沉积的能量，遵循能量守恒定律，称为能量平衡。宠物食品中的能量在宠物体内的转化过程见图 1-3。

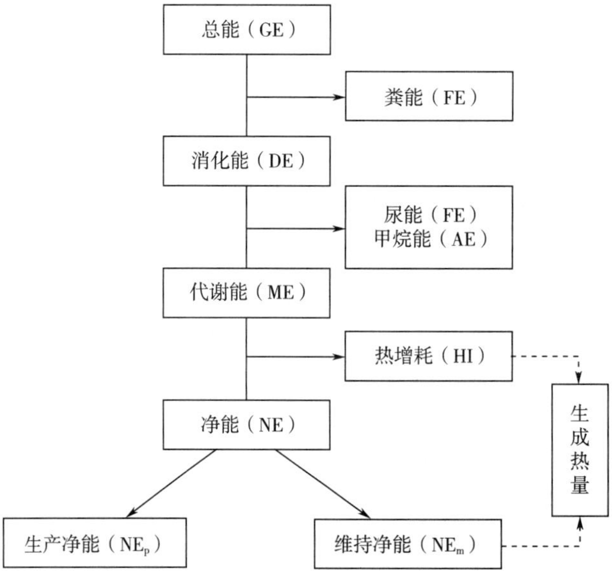

图 1-3 宠物食品中的能量在宠物体内的转化过程

1. 总能（GE）

总能是指宠物食品中三大产能营养素完全燃烧所释放的全部能量，可由氧弹式测热量计测定。

宠物食品总能的多少取决于宠物食品中碳水化合物、脂肪和蛋白质含量。三种有机物能量的平均含量：碳水化合物 17.5kJ/g、蛋白质 23.64kJ/g、脂肪 39.54kJ/g，其能量含量不同与其分子中 C/H 比和 O、N 含量不同有关。

总能只表示宠物食品完全燃烧后化学能转变成热能的多少，并不说明被宠物利用的有效程度，但总能是评定能量代谢过程中其他能值的基础。

2. 消化能（DE）

宠物食品的可消化营养物质中所含的能量称为消化能。

宠物采食食品后，未被消化吸收的营养物质等由粪便排出体外，粪中养分所含的能量称为粪能（FE）。宠物食品的消化能可用宠物摄入食品的总能与粪能之差计算，即：

$$DE=GE-FE \tag{1-1}$$

按上式计算的消化能称为表观消化能（ADE），因为粪能（FE）除了包括未被消化的宠物食品养分所含的能量，还包括消化道微生物及其代谢产物、消化道分泌物和消化道黏膜脱落细胞所含的能量，即代谢粪能（FmE）。粪能中扣除代谢粪能后计算的消化能称为真消化能（TDE），即：

$$TDE=GE-(FE-FmE) \tag{1-2}$$

表观消化能低于真实消化能，但实践中多应用表观消化能。由总能转化为消化能的过程中，粪能丢失的多少因宠物品种及宠物食品性质而异。哺乳期的幼龄宠物粪能丢失不到10%，而采食劣质宠物食品的粪能丢失较高。

测定宠物食品的消化能采用消化试验。用宠物食品消化能评定宠物食品的营养价值和估计宠物的能量需要量比宠物食品总能更为准确，消化能可反映出宠物食品能量被消化吸收的程度。

3. 代谢能（ME）

宠物食品中可利用营养物质中所含的能量称为代谢能，是宠物食品的消化能减去尿能（UE）及消化道气体的能量（AE）后剩余的能量。即：

$$ME=DE-UE-AE \text{ 或 } ME=GE-FE-UE-AE \tag{1-3}$$

尿能是指尿中的有机物质所含有的能量，主要来自蛋白质的代谢产物。哺乳动物尿中的含氮化合物主要是尿素，鸟类主要是尿酸。尿能的多少受宠物食品结构的影响，特别是宠物食品中蛋白质水平、氨基酸平衡状况等。

代谢能表示宠物食品中真正参与宠物体内代谢的能量。用代谢能评定宠物食品的营养价值和能量需要，比消化能更进一步明确宠物食品能量在宠物体内的转化与利用程度。

4. 净能（NE）

代谢能在宠物体内转化过程中，还有部分能量以热增耗的形式损失。热增耗又称体增热（HI），是指绝食宠物喂给食物后短时间内，体内产热量高于绝食代谢产热的那部分热能，它由体表散失。热增耗包括发酵热（HF）和营养代谢热（HNM）。发酵热是指宠物食品在消化过程中由消化道微生物发酵产生的热量（对宠物来讲一般忽略不计）。营养代谢热是指宠物进食食品后体内代谢加强而增加的产热量。它主要产生于养分吸收的代谢过程。此外，消化道肌肉活动、呼吸加快以及内分泌系统和血液循环系统等功能加强，都会引起热增耗增加。热增耗代表代谢能中被用于养分的转化和代谢作用所消耗的热能。冷应激环境中，宠物可利用热增耗维持体温。热应激环境中，热增耗是一种负担，必须将其散失，以防止宠物体温升高。设法降低热增耗是提高宠物食品利用率和宠物生长性能的主要措施之一。热增耗受宠物种类、宠物食品组成成分、饲养水平等因素的影响，一般占食入总能的10%~40%。

代谢能减去体增热即为净能。则：

$$NE=ME-HI \text{ 或 } NE=GE-FE-UE-AE-HI \tag{1-4}$$

净能是指宠物食品总能中，完全用来维持宠物生命活动和生产产品的能量。前者称为维持净能（NE_m），指宠物食品能量中用于维持宠物生命活动、适度随意运动和维持体温恒定的能量，这部分能量最终以热的形式散失掉。后者称为生产净能（NE_p），指宠物食品能量中用于沉积到产品中的能量，也包括用于劳役做功的能量。宠物食品中净能含量越高，其营养价值就越高。

用净能评定宠物食品的营养价值比代谢能又进了一步，但是，测定净能费时费工，所需装置亦比较复杂。

影响净能的因素包括影响代谢能、热增耗的因素和环境温度。其中，影响热增耗的因素主要有三个：宠物种类、宠物食品组成、饲养水平。

由上可见，宠物采食宠物食品能量后，经消化、吸收、代谢及合成等过程，大部分能量以各种废能的形式（粪能、尿能、体增热）损失掉，仅有少部分食入宠物食品能量转化为对宠物有用的净能。总能、消化能、代谢能、净能均可评价宠物食品的能量营养价值，由于依次接近宠物食品利用之终端，所以评定宠物食品能量营养价值或估计宠物能量需要时，其准确性以总能最差，净能最高。

（三）宠物对能量的利用

宠物能量缺乏最明显的症状就是体重减轻，早期症状是各部位的脂肪丢失，如皮下、肠系膜、肾周围、子宫、睾丸和腹膜的脂肪丢失，骨组织生长缓慢或者停滞，肌肉蛋白质分解用于供能，内源氮损失增加。

过量的能量摄入导致宠物肥胖，从而会发生一些疾病，如糖尿病、骨骼和心脏的疾病，增加患高脂血症的威胁，还会导致生长期宠物生长速度过快，大型宠物犬的幼犬经常出现这种情况。一项研究表面，从断奶到年老一直过度饲喂将降低其健康水平和寿命，过度饲喂犬的一个特殊症状就是骨关节炎。

1. 宠物食品能量利用率

宠物食品在宠物体内经过代谢转化后，最终用于维持宠物生命和生产。宠物利用宠物食品中能量转化为产品净能，这种产出的能量与投入的能量的比率关系称为宠物食品能量利用率。

$$\text{宠物食品能量利用率}=\frac{\text{产品净能}}{\text{食入宠物食品总能}}\times 100\% \tag{1-5}$$

能量用于维持需要和用于生产的效率不同，且宠物食品总能难以反映宠物食品的真实营养价值，所以宠物食品能量的利用率常用总效率和净效率两项指标表示。

总效率是指产出产品中所含的能量与食入宠物食品的有效能（消化能或代谢能）之比。计算公式如下：

$$\text{总效率}=\frac{\text{产品净能}}{\text{食入宠物食品有效能（包括维持净能）}}\times 100\% \tag{1-6}$$

净效率是指喂给宠物的能量水平高于维持需要时，产出的产品能量与扣除用于维持需要有效能值的进食有效能之比。计算公式如下：

$$\text{净效率}=\frac{\text{产品净能}}{\text{食入宠物食品有效能}-\text{维持需要有效能}}\times 100\% \tag{1-7}$$

2. 影响宠物能量利用的因素

（1）宠物的种类 同一种宠物食品饲喂不同种类的宠物，其消化能、代谢能和净能均不同，其原因是不同宠物的消化代谢生理差异较大。

（2）饲养目的 不同生理功能有效能的转化效率不同，其转化效率：维持>产奶>生长、肥育>妊娠、产毛。

（3）饲养水平 适宜的饲养水平范围内，随饲养水平提高，能量利用率升高。宠物食品的能量水平不是越高越好，应与宠物类别、宠物所处的生理状态相适应，才能提高宠物食品能量的利用率，从而提高宠物的生长性能。

（4）宠物食品的组成和营养成分 不同的营养物质热增耗不同，蛋白质的热增耗比其他养分高，宠物食品中纤维素水平也影响热增耗。食品缺少钙、磷、维生素都会使热增耗增大。

（5）环境因素 包括温度、湿度、气流、光照、饲养密度、应激等。宠物处在等热区中，能量的利用率最高。温度过低，宠物用于机体的维持需要量增加，而用于产品合成的能量必然减少。温度过高，用于生产的食品能量也减少。

（6）疾病 宠物患病时，食欲下降，进而引发其他症状，甚至导致代谢紊乱。这样也必然影响到宠物对能量的转化，使其利用率下降。

（四）提高能量利用率的营养学措施

1. 减少维持需要

在饲养实践中要尽量使宠物处于等热区，冬季防寒、夏季避暑，合理的减少宠物运动；加强宠物的饲养管理，合理组群，防止疾病的发生。

2. 减少能量损失

通过正确合理的宠物食品配制、加工及饲喂技术，可减少能量在转化过程中粪能、尿能、胃肠甲烷气体能、热增耗等各种能量的损失、减少宠物的维持消耗，增加生产净能。

3. 确切满足宠物需要

给宠物配制全价日粮，即根据宠物的具体情况，参照各自饲养标准，满足其对能量、蛋白质、矿物质和维生素等各种营养物质的需要及相应的适宜比例。

二、宠物的碳水化合物营养

（一）碳水化合物的组成与分类

碳水化合物主要由碳、氢、氧三种元素组成，其分子中大多数氢、氧原子的比为2∶1，与水分子的组成相同，故又称碳水化合物，可用通式 $C_m(H_2O)_n$ 表示。但是后来发现有些化合物按其构造和性质应属于糖类化合物，可是它们的组成并不符合通式 $C_m(H_2O)_n$，如鼠李糖（$C_6H_{12}O_5$）、脱氧核糖（$C_5H_{10}O_4$）等；而有些化合物如甲醛、乙酸（$C_2H_4O_2$）、乳酸（$C_3H_6O_3$）等，其组成虽符合通式 $C_m(H_2O)_n$，但结构与性质却与糖类化合物完全不同。所以，碳水化合物这个名称并不确切，但因使用已久，迄今仍在沿用。碳水化合物种类繁多，性质各异，如图 1-4 所示。

- 碳水化合物
  - 无氮浸出物
    - 糖
      - 单糖：葡萄糖、果糖、半乳糖
      - 双糖：麦芽糖、蔗糖、乳糖
    - 淀粉（由许多单糖聚合而成的多糖）
  - 粗纤维
    - 纤维素
    - 半纤维素
    - 木质素、果胶等物质

图1-4 碳水化合物的分类

寡聚糖又称为低聚糖或寡糖，是指2~10个单糖通过糖苷键连接起来形成直链或支链的一类糖，其中以双糖分布较广，营养意义较大；而将10个糖单位以上的称为多聚糖，包括淀粉、纤维素、半纤维素、果胶、半乳聚糖、甘露聚糖、黏多糖等，纤维素、半纤维素及果胶则统称为非淀粉多糖（NSP）。根据非淀粉多糖的水溶性，将溶于水的称为可溶性非淀粉多糖，如β-葡聚糖、阿拉伯木聚糖和果胶；不溶于水的则称为不溶性非淀粉多糖，如纤维素等。NSP具有抗营养的作用，特别是可溶性非淀粉多糖。

碳水化合物中的无氮浸出物是构成植物细胞质的主要成分。各种原料的无氮浸出物的含量差异很大，其中以块根块茎类及禾本科籽实类中含量最多，且主要成分是淀粉，容易被宠物消化利用。而纤维素、半纤维素镶嵌在一起构成植物的细胞壁，多存在于植物的茎叶、秸秆和秕壳中。纤维素和半纤维素都是复杂的多糖化合物，它们不能被宠物消化道分泌的酶水解，但能被消化道中的微生物酵解，酵解后的产物才能被机体吸收利用，而木质素不能被宠物利用。

宠物体内的碳水化合物仅占体重的1%以下。主要存在形式有血液中的葡萄糖，肝脏和肌肉中储存的糖原及乳中的乳糖。肌糖原占肌肉鲜重的0.5%~1%，占总糖原的80%，肝糖原占肝鲜重的2%~8%，占总糖原的15%，其他组织中糖原约占总糖原的5%。另外，碳水化合物还以黏多糖、糖蛋白、糖脂等杂多糖的形式存在于宠物的组织器官中。

（二）碳水化合物的营养生理功能

1. 碳水化合物是宠物能量的重要来源

单糖中的葡萄糖是供给宠物代谢活动快速应变需能的有效的营养素。葡萄糖是大脑神经系统、肌肉、脂肪组织、乳腺等代谢以及胎儿生长发育的唯一能源。碳水化合物除了直接氧化供能外，也可以转变成糖原和脂肪储存于肝脏、肌肉和脂肪组织中，但储存量很少，一般不超过体重的1%。胎儿在妊娠后期贮积大量糖原和脂肪用于出生后的能量需要。

2. 碳水化合物是宠物体组织的构成物质

碳水化合物普遍存在于宠物体的各种组织中，作为细胞的构成成分，参与多种生命过程，在组织生长的调节上起着重要作用。例如核糖和脱氧核糖是细胞中遗传物质核酸的成分，黏多糖参与结缔组织基质的形成，硫酸软骨素在软骨中起结构支持作用，糖脂是神经细胞的成分，糖蛋白是细胞膜的组成成分。

3. 碳水化合物是形成宠物体脂肪、乳脂肪、乳糖的原料

当血糖恒定，机体糖原贮存量足够时，多余的碳水化合物可转变成体脂肪。碳水化合物也是合成乳脂肪和乳糖的原料。试验证明，体脂肪约50%、乳脂肪60%~70%是以碳水化合物为原料合成的。

4. 粗纤维是宠物食品中必不可少的成分

粗纤维经微生物发酵产生的各种挥发性脂肪酸，除用以合成葡萄糖外，还可氧化供能和合成氨基酸。粗纤维还可以刺激宠物胃肠蠕动，促进消化液的分泌和粪便的排出。尤其对于不爱运动的室内宠物猫，宠物食品中粗纤维的作用更重要。另外，粗纤维体积大、吸收性强，可以填充胃肠容积，使宠物食后有饱腹感。但是过多的粗纤维也会影响宠物对于蛋白质、矿物质、脂肪和维生素等营养物质的吸收与利用，还易引起宠物便秘。因此，宠物食品中粗纤维的水平以不超过5%为宜。

5. 寡聚糖的特殊作用

碳水化合物中的寡聚糖已知有1000种以上，目前在动物（包括宠物）营养中常用的主要有寡果糖（又称果寡糖或蔗果三糖）、寡甘露糖、异麦芽寡糖、寡乳糖及寡木糖。近年研究表明，寡聚糖可作为有益菌的基质，改变宠物肠道菌群，建立健康的肠道微生物区系。寡聚糖还有激活机体免疫系统等作用。宠物日粮中添加寡聚糖可增强宠物机体免疫力，提高成活率、生长及繁殖性能。寡聚糖作为一种稳定、安全、环保性良好的抗生素替代物，在宠物饲养实践中有着广阔的发展前景。

饲养实践中，如果宠物日粮中碳水化合物不足，宠物就要动用体内储备物质（糖原、体脂肪，甚至体蛋白）来维持机体正常代谢，从而出现体况消瘦，体重减轻，繁殖性能降低等现象。宠物犬如果大量缺乏碳水化合物，会生长受阻、发育缓慢、容易疲劳。但是研究证明，低碳水化合物高脂肪食品能促进犬的活动能力。食品中含过高的碳水化合物时，宠物犬的毛色和体型会受到影响。宠物猫对碳水化合物的需要量不多。因此，必须重视宠物碳水化合物营养的供应。

（三）碳水化合物的消化吸收

碳水化合物在宠物体内代谢方式有两种，一是葡萄糖代谢，二是挥发性脂肪酸代谢，在犬、猫等宠物体内，以前者为主，后者的作用十分微弱。

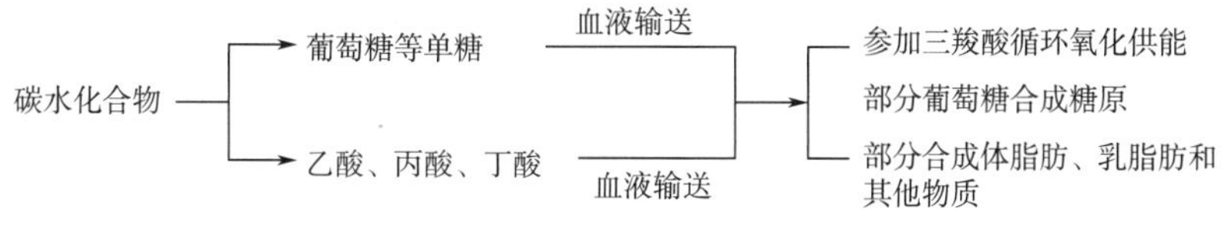

1. 无氮浸出物的消化吸收

无氮浸出物被宠物采食进入口腔后，少部分淀粉经唾液淀粉酶的作用水解为麦芽糖；胃本身不含消化无氮浸出物的酶类，仅靠从口腔中带入的淀粉酶进行微弱的消化，且胃内大部分为酸性环境，淀粉酶易失活，只有贲门腺区和盲囊区不呈酸性，所以只有一部分淀粉在唾液淀粉酶的作用下，水解为麦芽糖。

十二指肠是碳水化合物消化吸收的主要部位。无氮浸出物在十二指肠与胰液、肠

液、胆汁混合。α-淀粉酶继续把未消化的淀粉分解成为麦芽糖和糊精。经肠淀粉酶、胰淀粉酶的作用，宠物食品中的大部分无氮浸出物最终分解为各种二糖，然后由肠黏膜产生的二糖酶（如麦芽糖酶、乳糖酶、蔗糖酶等）彻底分解成单糖被吸收。

$$\text{淀粉}\xrightarrow[\text{胰淀粉酶}]{\text{肠淀粉酶}}\text{麦芽糖}\xrightarrow{\text{麦芽糖酶}}\text{葡萄糖}$$

$$\text{蔗糖}\xrightarrow{\text{蔗糖酶}}\text{葡萄糖+果糖}$$

$$\text{乳糖}\xrightarrow{\text{乳糖酶}}\text{葡萄糖+半乳糖}$$

小肠吸收的单糖主要是葡萄糖和少量的果糖及半乳糖。在肝脏中，其他单糖首先转变为葡萄糖，大部分葡萄糖经体循环输送至身体各组织，参加三羧酸循环，氧化供能；剩余葡萄糖一部分在肝脏中合成肝糖原，一部分通过血液循环输送至肌肉中形成肌糖原；过量的葡萄糖被输送至宠物的脂肪组织及细胞中合成体脂肪作为能源储备。

2. 粗纤维的消化吸收

犬、猫的胃和小肠不含消化粗纤维的酶类，但大肠中的微生物可以将粗纤维发酵降解为乙酸、丙酸和丁酸等挥发性脂肪酸和一些气体。部分挥发性脂肪酸可被肠壁吸收，经血液循环输送至肝脏，进而被机体所利用，气体则被排出体外。犬、猫的肠管较短，如猫的肠管只有家兔的1/2，盲肠不发达；犬的肠管只有其体长的3~4倍，进食后的5~7h即可将胃中的食物全部排出。因此，宠物对粗纤维的利用能力很弱。未被消化吸收的碳水化合物最终以粪便的形式排出体外。宠物对碳水化合物消化代谢过程见图1-5。

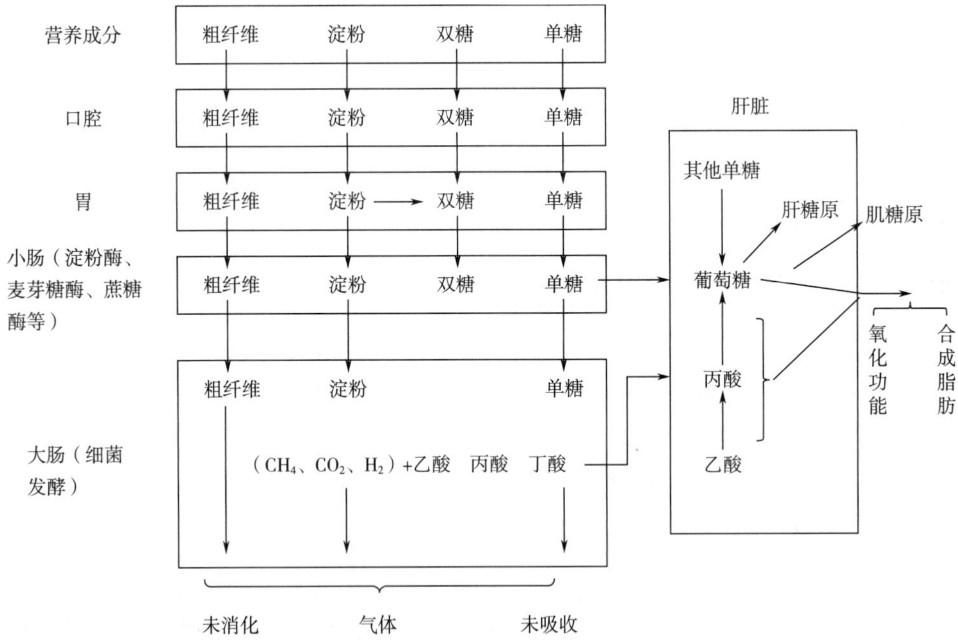

图1-5 宠物对碳水化合物消化代谢过程

总的看来，宠物对食品的碳水化合物的消化代谢以淀粉在小肠中消化酶的作用下分解成葡萄糖为主；而以粗纤维被大肠中的微生物发酵成挥发性脂肪酸为辅。

（四）影响宠物碳水化合物消化率的因素

影响宠物碳水化合物消化率的因素较多，如宠物种类和年龄、宠物食品的种类、饲喂技术等。

1. 宠物的种类和年龄

犬、猫等宠物对粗纤维的消化能力较弱，食草宠物、观赏鸟等对粗纤维的消化能力较强。有研究报道，一般成年犬，每天对碳水化合物的需要量为 10g/kg 体重；对于幼犬，则每日需要碳水化合物 15.8g/kg 体重。

2. 宠物食品种类

宠物食品中适宜的蛋白质水平，可以提高碳水化合物的消化率，而粗纤维含量高则抑制有机物质的消化。研究表明，日粮中每增加 1%的木质素，有机物质的消化率降低 4.49%。

3. 饲喂技术

淀粉含量高的玉米、大麦、小麦、燕麦、马铃薯、高粱、甘薯等食品原料，经蒸煮后可以提高适口性和消化率，再适量添加熟鱼肉、猪肝等可以组成很好的宠物食品。在给成年宠物饲喂牛奶时，经常会出现腹泻、腹胀等现象，这是由于成年犬、猫消化道内缺乏消化乳糖的乳糖酶，这时应立即停止饲喂。对于可以消化吸收牛奶中乳糖的犬、猫，在喝完牛奶后，应供给充足、清洁的饮水。

三、宠物的脂肪营养

（一）脂肪的组成

脂肪由碳、氢、氧 3 种元素组成，与糖类、蛋白质相比较，碳、氢含量较多，氧的含量较少。脂肪的能量约为糖类的 2 倍，故宠物食品的能量主要取决于脂肪含量的高低。根据脂肪的结构，可将其分为真脂肪和类脂肪两大类。真脂肪由脂肪酸和甘油化合而成，故又称为甘油三酯或三酸甘油酯，如一般植物油、动物油；类脂肪由甘油、脂肪酸、磷酸、糖或其他含氮物质结合而成，包括磷脂、蜡质、固醇等。

脂肪酸根据碳氢链饱和与不饱和的不同可分为 3 类，即：饱和脂肪酸，碳氢链上没有不饱和键；单不饱和脂肪酸，其碳氢链有一个不饱和键；多不饱和脂肪酸，其碳氢链有两个或两个以上不饱和键。

（二）脂肪的理化特性

1. 水解特性

脂肪可在酸或碱的作用下发生水解，水解产物为甘油和脂肪酸，水解对脂类的营养价值无影响，水解所产生的游离脂肪酸大多数无嗅无味，但低级脂肪酸，特别是 4~6 个碳原子的脂肪酸，如丁酸和乙酸具有强烈的气味，会影响宠物食品的适口性，营养中把这种水解看成影响脂肪利用的因素。

宠物体内脂肪的水解在脂肪酶催化下进行，多种细菌和霉菌也能产生脂肪酶，当宠物食品保管不善时，其所含脂肪易于发生水解而使宠物食品品质下降。

2. 氧化酸败

脂肪经光、热、湿和空气的作用，或者经微生物的作用，易发生氧化反应，产生特殊的臭味，这一过程称为脂肪的酸败。

存在于宠物食品中的脂肪氧化酶或微生物产生的脂肪氧化酶最容易使不饱和脂肪酸发生氧化酸败，酸败会产生醛、酮和酸等化合物，不仅具有刺激性气味，影响宠物食品的适口性，而且在氧化过程中产生过氧化物，会破坏脂溶性维生素，降低脂类和宠物食品的营养价值。

脂肪的酸败程度可用酸价表示。酸价是指中和1g脂肪中的游离脂肪酸所需要氢氧化钾的质量（mg），通常酸价大于6的脂肪可对宠物健康造成不良的影响。采食脂肪酸败的食品，宠物可表现明显的病理症状，如皮肤溃疡、掉毛、渗出性素质病、动脉硬化等，严重时将导致宠物死亡。

3. 氢化作用

氢化作用是指在催化剂或酶的作用下，不饱和脂肪酸的双键可以得到氢而变成饱和脂肪酸，使脂肪硬度增加，不易氧化酸败，有利于储存，但也损失必需脂肪酸。

脂肪酸的饱和程度可用碘价来测定。碘价是指每100g脂肪或脂肪酸所能吸收碘的克数。脂肪酸不饱和程度越大，所能化合的碘越多，碘价越高。

（三）脂肪的营养生理作用

1. 脂肪是宠物体组织的重要成分

宠物的各种组织器官，如皮肤、骨骼、肌肉、神经、血液及内脏器官中均含脂肪，主要为磷脂和固醇类等。脑和外周神经组织含有鞘磷脂；蛋白质和脂肪按一定比例构成细胞膜和细胞原生质，因此，脂肪也是组织细胞增殖、更新及修补的原料。脂肪也参与细胞内某些代谢调节物质的合成，如棕榈酸是合成肺表面活性物质的必需成分。

2. 脂肪具有供能和储能的作用

脂肪是宠物体内重要的能源物质，是含能最高的营养物质，生理条件下脂肪含能是蛋白质和碳水化合物的2.25倍左右。脂肪的分解产物游离脂肪酸和甘油都是供给宠物维持生命活动和生产的重要能量来源，以脂肪作为供能营养物质，热增耗最低，消化能或代谢能转变为净能的利用效率比蛋白质和碳水化合物高5%~10%。宠物摄入过多有机物质时，可以体脂肪形式将能量储备起来。而体脂肪能以较小体积储藏较多的能量，是宠物储备能量的最佳方式。

3. 提供必需脂肪酸

（1）必需脂肪酸的概念　体内不能合成，必须由宠物食品供给，或能通过体内特定前体物形成，对机体正常功能和健康具有重要保护作用的脂肪酸称为必需脂肪酸。按此定义，亚油酸（十八碳二烯酸）、亚麻酸（十八碳三烯酸）和花生四烯酸（二十碳四烯酸）都是必需脂肪酸。其中，亚油酸和亚麻酸在植物体和动物体中都存在，而花生四烯酸只存在于动物体中。亚麻酸和花生四烯酸可以由亚油酸在体内转化而来。但猫例外，猫无法将亚油酸转化成花生四烯酸，因此，猫必须从动物性食品中摄取花生四烯酸，否则会皮毛干燥、失去光泽，甚至产生皮肤病及消瘦的现象。所以，宠物（猫除外）营养需要中通常只考虑亚油酸的供给。

（2）必需脂肪酸的生理作用　必需脂肪酸是细胞膜、线粒体膜和核膜的主要组成成分，具有保证细胞膜结构正常，促进生长的作用。必需脂肪酸也像蛋白质、氨基酸一样，是生长的一个限制因素。花生四烯酸对连接细胞膜和使膜保持一定韧性具有重要作用。足够的亚油酸可使红细胞具有更强的抗血溶能力。

必需脂肪酸参与磷脂的合成和胆固醇的正常代谢，胆固醇必须与必需脂肪酸结合，才能在体内转运和正常代谢。必需脂肪酸是合成前列腺素的原料并与精子的生成有关，若宠物食品中长期缺乏，会导致宠物繁殖功能降低。

当宠物食品中缺乏必需脂肪酸时，幼龄宠物常发生皮炎、脱毛、皮下出血及水肿、尾部坏死，严重的引起消化障碍和中枢神经功能障碍，生长停滞；成年宠物出现繁殖力下降，性欲降低，死胎，泌乳量下降，甚至死亡。

4. 脂肪是脂溶性维生素的溶剂

脂溶性维生素 A、维生素 D、维生素 E、维生素 K 及胡萝卜素在宠物体内必须溶于脂肪中才能被消化吸收和利用。

5. 脂肪对宠物具有保护作用

脂肪不易传热，因此，皮下脂肪能够防止体热的散失，在寒冷季节有利于维持体温的恒定和抵御寒冷。体内脂肪储存不足时，犬、猫冬季的御寒能力降低，容易生病。脂肪充填在脏器周围，具有固定和保护器官以及缓和外力冲击的作用。

（四）脂肪的消化与吸收

宠物食品中的脂肪必须先经乳化成直径小于 0.5μm 的微粒才能水解。犬、猫胃中的酸性环境不利于脂肪的乳化，因此胃脂肪酶对脂肪的消化作用甚小。

小肠是脂肪消化与吸收的主要部位。脂肪在小肠中与大量的胰液和胆汁混合，在肠蠕动影响下乳化，在胰脂肪酶的作用下水解为甘油和脂肪酸，被肠壁吸收后主要在脂肪组织（皮下和腹腔）中重新合成脂肪。

宠物体储存的脂肪，除从宠物食品中直接摄取之外，还可以由体内过剩的碳水化合物和蛋白质转化而来。幼龄宠物在胰液和胆汁的分泌功能尚未发育完全时，口腔的脂肪酶对乳脂肪有较好的消化作用，但随年龄的增加，此酶的分泌减少。

（五）脂肪营养的供应

猫能够采食含脂肪 64%的食品而不会感到腻烦，也不会引起血脂的异常变化。而且，脂肪在胃内停留的时间长，使猫有一种饱腹感，能防止过食现象的发生。犬对脂肪的忍耐性不如猫，大多数犬可以忍耐含脂肪 50%以上的日粮，但有些犬会感到恶心。

宠物食品中如果脂肪供应不足，会加速蛋白质的消耗，出现消瘦。犬在妊娠期内，胰岛素功能受到损害，使脂肪不能被充分利用而排出体外，继而出现皮炎、皮屑增多、被毛无光泽、皮肤干燥等症状。可在母犬的食品中添加脂肪酶帮助消化或添加玉米油。玉米油通过消化道时，可以被母犬吸收，少量的玉米油还有激活胰岛素的功能。

宠物食品中脂肪太高，宠物则会出现肥胖现象，造成代谢紊乱，易发生脂肪肝、胰腺炎等营养代谢病。如犬的日粮中脂肪太高，既浪费资源，又会引起犬的行动迟缓、食欲下降，反而造成犬的营养失衡，导致生长停滞。过肥的公犬，性欲下降，繁殖率降低。过肥的母犬发情迟缓，不发情、空怀、难产、产后缺乳。最后发生脂肪肝、胰腺炎等营养代谢病。

猫长期饲喂红金枪鱼或饲喂含有大量多不饱和脂肪酸为主的食物时，可造成猫肩胛骨周围和腹腔里的脂肪变性，严重时在腹部或股部摸到硬的脂肪块，此症状称为脂肪组织炎或黄色脂肪病。患猫厌食，精神沉郁，安静的蹲着，可通过在饲粮中添加维生素 E 的方法预防。患犬表现为行动迟缓、食欲下降，严重者生长停滞。

饲养实践中，脂肪一般占饲粮干物质的 12%~14%，或者成年犬每昼夜每公斤体重提供 1.0~1.1g 脂肪。对于猫，脂肪应占干物质的 15%~40%，幼猫最好饲喂含 22%脂肪的猫粮。对于比赛犬和工作犬，高蛋白质与脂肪的配比（理想配比 31：20）能够提供充足的能量，增强犬的运动能力，有助于预防赛犬运动后引起的损伤以及在大运动量后的快速恢复。在给幼犬、青年犬饲喂高脂肪日粮时，应该相应调整蛋白质、矿物质、维生素的含量，以免营养失衡。

（六）多不饱和脂肪酸在宠物食品中的应用

多不饱和脂肪酸具有多种生物活性功能，主要分为两大类。一类是 ω-3 多不饱和脂肪酸，是指从脂肪酸碳链甲基端算起，第 1 个双键出现在第 3 位碳原子上的多不饱和脂肪酸，它属于亚麻酸类，主要包括 α-亚麻酸、二十碳五烯酸（EPA）和二十二碳六烯酸（DHA）。α-亚麻酸是 ω-3 多不饱和脂肪酸的前体物质，主要来源于植物油（如菜籽油和大豆油），少量来自绿叶蔬菜。EPA 和 DHA 等长链 ω-3 多不饱和脂肪酸则主要来源于海洋生物（如甲壳类和鱼类）。

另一类是 ω-6 多不饱和脂肪酸，是指从脂肪酸碳链甲基端算起，第 1 个双键出现在第 6 位碳原子上的多不饱和脂肪酸，它属于亚油酸类，主要包括亚油酸、γ-亚麻酸和花生四烯酸，是植物油中最主要的多不饱和脂肪酸，亚油酸是 ω-6 多不饱和脂肪酸的前体物质。ω-3 和 ω-6 多不饱和脂肪酸在宠物体内代谢时，彼此不能相互转化，且各自具有独特的生理功能。

近年来，多不饱和脂肪酸广泛应用于功能性食品的研发领域，发挥其防治心脑血管疾病、抗癌及免疫调节作用，添加于宠物食品中，对宠物皮肤和被毛的健康非常重要，能增加被毛亮度和色泽。许多专业配方的犬粮，都添加了一定比例的多不饱和脂肪酸或不饱和脂肪酸含量高的天然食品原料。

多不饱和脂肪酸的食物来源广泛，在各种植物油中含量较高。大豆油、棉籽油、菜籽油、葵花籽油、花生油等食用油中含有较多的亚油酸和一定量的亚麻酸。绿叶蔬菜和亚麻籽中含较多的亚麻酸。另外，一些用花生、芝麻、核桃、杏仁、玉米、大豆等为主料制作的食物，也可以作为获得途径。动物脂肪，如猪油、鸡油、鸡蛋等，也含有一定量的必需脂肪酸，鱼油中不饱和脂肪酸达 20%（主要是亚麻酸）。EPA 和 DHA 在一般陆生植物性油脂中几乎没有，但在海藻类和海产鱼中含量较多，可作为重要来源。

必备技能

一、认识谷物籽实类原料

（一）营养特点

1. 无氮浸出物含量高

谷物籽实类原料中无氮浸出物含量一般占干物质的70%~80%，主要是淀粉，占无氮浸出物的82%~90%，占干物质的50%~60%。淀粉是这类食品原料最有饲用价值的养分。

2. 粗纤维含量低

谷物籽实类原料粗纤维含量为2%~6%，因而谷类籽实的消化利用率高，可利用能值高。

3. 蛋白质含量低，且品质差

谷物籽实类原料蛋白质平均含量在10%左右（7%~13%），与其能值相比，就显得更低，赖氨酸不足，甲硫氨酸较少，清蛋白和球蛋白含量少，而品质较差的谷蛋白和醇溶蛋白的含量高（占80%~90%），难以满足宠物的蛋白质要求。

4. 矿物质含量不平衡

谷物籽实类原料缺钙（一般低于0.1%），而磷高（达0.3%~0.5%），钙少磷多，比例为1∶6.4，比值与宠物的需要不符。其中的磷主要是植酸磷，利用率低，并会干扰其他矿物质的利用。

5. 维生素含量不平衡

此类原料一般含维生素 B_1、维生素E较丰富，而维生素 B_2、维生素D、维生素A（黄玉米除外）较缺乏，几乎不含维生素C。

6. 脂肪含量较低

此类原料含脂肪3.5%，其中主要是不饱和脂肪酸，亚油酸和亚麻油酸的比例较高。不同谷物籽实因养分组成不同，饲用价值亦不同。

（二）玉米

1. 简介

玉米按品种特点可分为硬质玉米、马齿玉米、甜玉米、爆裂玉米、糯玉米、釉质玉米等，饲用玉米多指马齿型和硬质型。

玉米按颜色可分为黄玉米、白玉米和红玉米，饲用以黄玉米为主。遗传学家已育出一些新玉米品种，其特点是高蛋白质、高赖氨酸、高色氨酸、高油脂。

玉米产量高、用量大、含能量高，总能的平均值约为每千克干物质18.5MJ，且利用率高，故有“能量之王”的美誉。但蛋白质品质低，氨基酸的含量不平衡，尤其是赖氨酸、甲硫氨酸等含量低。其常规营养成分见表1-1、氨基酸含量见表1-2。

表 1-1 玉米的常规营养成分

干物质/%	粗蛋白/%	粗脂肪/%	粗纤维/%	无氮浸出物/%	粗灰分/%	钙/%	磷/%	非植酸磷/%	总能/(MJ/kg)
86	8.7	3.6	1.6	70.7	1.4	0.02	0.27	0.12	16.19

表 1-2 玉米的氨基酸含量 单位:%

干物质	赖氨酸	甲硫氨酸	胱氨酸	苏氨酸	异亮氨酸	亮氨酸	精氨酸	缬氨酸	组氨酸	酪氨酸	苯丙氨酸	色氨酸
86.0	0.24	0.18	0.20	0.30	0.25	0.93	0.39	0.38	0.21	0.33	0.41	0.07

2. 营养价值

(1) 可利用能量高 玉米粗纤维含量少，无氮浸出物高，且主要是淀粉，消化率高；脂肪含量高，因此玉米的可利用能量是谷实类籽实中最高的。

(2) 必需脂肪酸中亚油酸含量高 玉米是谷实类籽实中亚油酸含量最高者。

(3) 玉米蛋白质含量低 (7%~9%)，品质差，缺乏赖氨酸和色氨酸。其原因是玉米蛋白质中 50%为醇溶蛋白，其品质低于谷蛋白。通过遗传改良可降低玉米醇溶蛋白的比例，从而提高赖氨酸的含量。

(4) 维生素 黄玉米中含有丰富的维生素 A 原，即 β-胡萝卜素 (平均 2.0mg/kg，1.3~3.3mg/kg)，和维生素 E (20mg/kg)，而维生素 D、维生素 K 缺乏。水溶性维生素中维生素 B_1 较多，而维生素 B_2 和烟酸较少。

(5) 矿物质 玉米含钙极少，仅 0.02%左右，含磷约 0.25%，其中植酸磷占 50%~60%。铁、铜、锰、锌、硒等微量元素含量也较低。

(6) 色素 黄玉米含色素较多，主要是 β-胡萝卜素、叶黄素 (黄体素) 和玉米黄素。

(7) 玉米含脂率较高，宠物食品中使用过多易导致宠物肥胖和健康问题，粉碎后玉米极易被霉菌污染而产生黄曲霉毒素。黄曲霉毒素极易致癌，对宠物危害极大。

3. 饲用标准

GB/T 17890—2008《饲料用玉米》规定用作饲料原料的玉米，要求色泽、气味正常，杂质含量 ≤1.0%，生霉粒 ≤2.0%，粗蛋白质 (干基) ≥8.0%，水分含量 ≤14.0%，以容重、不完善粒为定等级指标 (表 1-3)。一级饲料用玉米的脂肪酸值 (KOH) ≤60mg/100g。

表 1-3 饲料用玉米等级质量指标

等级	容重/(g/L)	不完善粒/%
一级	≥710	≤5.0
二级	≥685	≤6.5
三级	≥660	≤8.0

4. 玉米深加工副产品

玉米是重要的原料，可用于制作玉米馒头、玉米面条，可制作玉米饺子和玉米发糕，用于加工玉米膨化食品。另外玉米还可以作为酿造白酒、啤酒、酱油、醋的原料，玉米经过深加工后的副产品可用作某些动物饲料的原料。

(1) 玉米酒糟　玉米酒糟是以玉米为原料发酵提取酒精之后的副产品。玉米酒糟的营养特点：①蛋白质含量约为24%；②经发酵，蛋白质、B族维生素、氨基酸含量比玉米有所提高。

(2) 玉米蛋白粉　玉米蛋白粉是湿法制玉米淀粉或玉米糖浆过程中，除去淀粉、胚芽、外皮后剩下的产品。其营养特点：①蛋白质含量高，约60%以上；②氨基酸中富含含硫氨基酸，赖氨酸、色氨酸不足；③有玉米发酵香味，金黄色，富含天然色素（叶黄素、玉米黄素、β-胡萝卜素）。

(3) 柠檬酸渣　柠檬酸渣是玉米加工柠檬酸的副产品。柠檬酸渣的营养特点：①蛋白质含量约为24%；②脂肪含量为玉米的3倍，约为10%；③氨基酸含量为玉米的3倍；④柠檬酸可降低胃肠pH，增强胃蛋白酶活性，提高蛋白质的消化率；⑤适口性好，刺激食欲、促进生长。

（三）大麦

1. 简介

大麦是重要的谷物之一，按有无麦稃，分为有稃大麦和裸大麦。有稃大麦又称为皮大麦；裸大麦又称为裸麦、青稞或元麦。大麦种植地区较广，在我国，大麦分布广，皮大麦多种植于华东地区，而裸大麦则多种植于东南沿海两熟及三熟地区以及青藏高原高寒地区。江苏、西藏、青海和四川播种面积较大。其常规营养成分见表1-4、氨基酸含量见表1-5。

表1-4　大麦的常规营养成分

名称	干物质/%	粗蛋白/%	粗脂肪/%	粗纤维/%	无氮浸出物/%	粗灰分/%	钙/%	磷/%	非植酸磷/%	总能/(MJ/kg)
裸大麦	87.0	13.0	2.1	2.0	67.7	2.2	0.04	0.39	0.21	16.19
皮大麦	87.0	11.8	1.7	4.8	67.1	2.4	0.09	0.33	0.17	15.94

表1-5　大麦的氨基酸含量　　单位：%

名称	干物质	赖氨酸	甲硫氨酸	胱氨酸	苏氨酸	异亮氨酸	亮氨酸	精氨酸	缬氨酸	组氨酸	酪氨酸	苯丙氨酸	色氨酸
裸大麦	87.0	0.44	0.14	0.25	0.43	0.43	0.87	0.64	0.63	0.16	0.40	0.68	0.16
皮大麦	87.0	0.42	0.18	0.18	0.41	0.52	0.91	0.65	0.64	0.24	0.35	0.59	0.12

2. 营养特点

(1) 粗蛋白质　大麦的粗蛋白质平均为12%；氨基酸组成中赖氨酸、色氨酸、异亮氨酸等含量高于玉米。

(2) 粗脂肪　大麦的粗脂肪含量低于玉米，约为2%；脂肪酸中1/2以上是亚油酸。

(3) 碳水化合物　裸大麦的粗纤维含量与玉米差不多；皮大麦的粗纤维含量比裸大

麦高1倍多。二者的无氮浸出物均在67%以上，主要成分是淀粉，其他糖约占10%。

（4）能值　裸大麦的有效能值高于皮大米，仅次于玉米。

3. 质量标准

NY/T 118—2021《饲料原料　皮大麦》规定了饲料原料皮大麦的理化指标（表1-6），NY/T 210—1992《饲料用裸大麦》规定了饲料用裸大麦的质量标准及分级标准（表1-7）。

表1-6　饲料原料皮大麦的理化指标

项目	等级	
	一级	二级
千粒重/g	≥40.0	≥30.0
粗灰分/%	≤2.5	≤3.0
粗蛋白质/%	≥8.0	
粗纤维/%	≤6.0	
水分/%	≤13.0	

注：各项质量指标含量除水分和千粒重外，其他均以88%干物质为基础计算；低于二级者为等外品。

表1-7　饲料用裸大麦的质量及分级标准

等级	粗蛋白质/%	粗纤维/%	粗灰分/%
一级	≥13.0	<2.0	<2.0
二级	≥11.0	<2.5	<2.5
三级	≥9.0	<3.0	<3.5

注：各项质量指标含量均以87%干物质为基础计算；二级饲料用裸大麦为中等质量标准，低于三级者为等外品。

4. 影响大麦品质的因素

（1）麦角病　裸大麦易感染真菌中的麦角菌属真菌而得麦角病，造成畸形籽实，并含有麦角毒。该物质能影响裸大麦产量，降低适口性，甚至引起宠物中毒。中毒症状表现为坏疽症、痉挛、繁殖障碍、生长抑制、呕吐及咳嗽等。因此，发现大麦含畸形粒太多时应慎用。

（2）单宁　大麦含有单宁，影响食品适口性和蛋白质消化利用率。

5. 饲喂价值

大麦饲喂宠物必须粉碎，否则不易消化。其饲用价值与玉米相近。裸大麦去壳后可用于宠物食品搭配，皮大麦不适于饲喂宠物。

（四）小麦

1. 简介

小麦是全世界主要粮食作物之一，近年来饲料用小麦逐渐增多。小麦有效能值低于玉米，与大麦相似，粗蛋白质含量不仅高于玉米，而且质量也很好，各种必需氨基酸含量高于玉米（表1-8、表1-9）。我国小麦产量居世界第2位，小麦按栽培季节可分为春小麦和冬小麦；按谷粒质地可分为硬小麦和软小麦；按种皮颜色可分为红小麦和白小麦。小麦对于各种宠物都有较高的饲喂价值。

表 1-8　　小麦的常规营养成分

名称	干物质/%	粗蛋白/%	粗脂肪/%	粗纤维/%	无氮浸出物/%	粗灰分/%	钙/%	磷/%	非植酸磷/%	总能/(MJ/kg)
小麦	87.0	13.9	1.7	1.9	67.6	1.9	0.17	0.41	0.13	16.19

表 1-9　　小麦的氨基酸含量　　单位:%

名称	干物质	赖氨酸	甲硫氨酸	胱氨酸	苏氨酸	异亮氨酸	亮氨酸	精氨酸	缬氨酸	组氨酸	酪氨酸	苯丙氨酸	色氨酸
小麦	87.0	0.30	0.25	0.24	0.33	0.44	0.80	0.58	0.56	0.27	0.37	0.58	0.15

2. 营养特点

小麦的有效能值水平较玉米低，其原因在于小麦的粗脂肪含量仅及玉米的一半左右(1.8%)。小麦粗蛋白质含量较高，为 12%~14%，约为玉米的 150%。小麦籽实中含有较高比例的胚乳，在小麦胚乳中最主要的蛋白质是醇溶谷蛋白（麦醇溶蛋白）和谷蛋白(麦谷蛋白)，这两种蛋白常被称为“面筋”。小麦蛋白质的氨基酸构成优于玉米，但苏氨酸含量明显不足。赖氨酸高于玉米，但赖氨酸、甲硫氨酸含量均较少，分别为 0.30%、0.25%。小麦脂肪含量低，而且必需脂肪酸的含量也低，亚油酸的含量仅为 0.8%。小麦中矿物质的含量虽比大米高，但与宠物的营养需要相比仍不足，因矿物质大部分在麸皮中，故面粉越白，面粉的矿物质含量越少。小麦中含维生素 B 族和维生素 E，但大部分存在于皮和胚芽中，因此越是精白面粉，维生素的含量越少。

3. 质量标准

NY/T 117—2021《饲料原料　小麦》规定饲料原料小麦要求色泽、气味正常，不得掺有小麦以外的物质，若加入抗氧化剂、防霉剂等添加剂时，应做相应的说明；理化指标应符合表 1-10 的要求。

表 1-10　　饲料原料小麦的理化指标①

项目	等级		
	一级	二级	三级
容重/(g/L)	≥770	≥730	≥710
杂质/%	≤1.0	≤2.0	≤2.0
无机杂质/%	≤0.5	≤0.5	≤0.5
粗蛋白质/%	≥11.0	≥11.0	≥11.0
水分②/%	≤13.0	≤13.0	≤13.0

注：①各项理化指标除水分外，其他均以 88%干物质为基础计算，低于三级者为等外品；②在能够确保产品安全的前提下，供需双方可协商约定该指标数值。

4. 影响小麦品质的因素

小麦易患赤霉菌病，赤霉菌会引起宠物犬急性呕吐等中毒症状。

（五）稻谷、糙米和碎米

1. 简介

稻谷是带外壳的水稻或旱稻的籽实，其中外壳占 20%～25%，糙米占 70%～80%。糙米由 5%～6%的种皮、2%～3%的胚及 90%～92%的胚乳组成（胚乳即为大米），种皮和胚及少量胚乳构成米糠。

稻谷去壳即为糙米，糙米去米糠即为大米。在加工过程中，留存在直径为 2.0mm 圆孔筛上，是正常整米 2/3 的米粒为大碎米；通过直径 2.0mm 圆孔筛，留存在直径 1.0mm 圆孔筛上的碎米为小碎米。

2. 营养价值

由于稻谷包含有外壳，其有效能值、蛋白质和氨基酸含量较低，而糙米和碎米的营养价值较稻谷高出很多（表 1-11、表 1-12）。稻谷不宜用作食品原料，应加工成糙米后使用。

表 1-11　　稻谷、糙米和碎米的常规营养成分

名称	干物质/%	粗蛋白/%	粗脂肪/%	粗纤维/%	无氮浸出物/%	粗灰分/%	钙/%	磷/%	非植酸磷/%	总能/(MJ/kg)
稻谷	86.0	7.8	1.6	8.2	63.8	4.6	0.03	0.36	0.20	15.15
糙米	87.0	8.8	2.0	0.7	74.2	1.3	0.03	0.35	0.15	16.07
碎米	88.0	10.4	2.2	1.1	72.7	1.6	0.06	0.35	0.15	16.32

表 1-12　　稻谷、糙米和碎米的氨基酸含量　　单位:%

名称	干物质	赖氨酸	甲硫氨酸	胱氨酸	苏氨酸	异亮氨酸	亮氨酸	精氨酸	缬氨酸	组氨酸	酪氨酸	苯丙氨酸	色氨酸
稻谷	86.0	0.29	0.19	0.16	0.25	0.32	0.58	0.57	0.47	0.15	0.37	0.40	0.10
糙米	87.0	0.32	0.20	0.14	0.28	0.30	0.61	0.65	0.49	0.17	0.31	0.35	0.12
碎米	88.0	0.42	0.22	0.17	0.38	0.39	0.74	0.78	0.57	0.27	0.39	0.49	0.12

3. 质量标准

NY/T 116—2023《饲料原料　稻谷》规定了饲料原料稻谷的理化指标（表 1-13），NY/T 212—2021《饲料原料　碎米》规定了饲料原料碎米的理化指标（表 1-14）。

表 1-13　　饲料原料稻谷的理化指标

项目	指标		
	一级	二级	三级
粗蛋白质/%	≥7.0	≥6.0	≥5.0
粗纤维/%	≤9.0	≤11.0	≤12.0
粗灰分/%	≤5.0	≤6.0	≤7.0
水分/%		≤14.0	

续表

项目	指标		
	一级	二级	三级
杂质/%		≤1.0	
脂肪酸值（KOH）/（mg/100g）		≤37.0	

注：水分、杂质以原样为基础计算，脂肪酸值以干物质为基础计算，其他指标均以88%干物质为基础计算。

表1-14　　饲料原料碎米的理化指标

项目	粗蛋白质/%	粗纤维/%	粗灰分/%	水分/%
指标	≥5.0	≤1.5	≤1.5	≤14.0

注：各项理化指标含量水分以原样基础计算外，其他均以88%干物质为基础计算。

（六）粟米与小米

粟米脱壳前称为谷子，脱壳后称为小米。粟米中叶黄素和胡萝卜素含量较高，小米具有食味香美等优点，含粗蛋白质约11%、粗脂肪4%，富含胡萝卜素、B族维生素和维生素E，是传统观赏鸟类的饲料。

NY/T 213—1992《饲料用粟（谷子）》规定了我国饲料用粟米（谷子）的质量标准（表1-15）。

表1-15　　饲料用粟米（谷子）质量标准

项目	水分/%	粗蛋白质/%	粗纤维/%	粗灰分/%
指标	≤13.5	≥8.0	<8.5	<3.5

二、认识糠麸类原料

糠麸类宠物食品原料即谷类籽实加工副产物。制米的副产品通常称为糠，制粉的副产品通常称为麸。这类原料质地疏松、体积大、吸水性强，具有一定的轻泻性，其营养成分含量高低与皮、粉比例有关。与其相应谷类籽实相比，除无氮浸出物含量有所降低外，其他各种营养物质含量均有所提高，用作宠物能量原料的主要有小麦麸、次粉和米糠。

（一）小麦麸和次粉

1. 简介

小麦麸和次粉均是小麦加工成面粉时的副产物，常规小麦出麸率为10%以上。前者又称麸皮，主要由小麦种皮、糊粉层、少量胚芽和胚乳组成；后者由糊粉层、胚乳及少量细麸组成。小麦精制过程中可得到23%~25%的小麦麸、3%~5%的次粉和0.7%~1%的胚芽。麸皮中有剥离的种子外壳，因而是食物纤维和磷的很好来源，但是如果饲喂前不加热，大部分磷将无活性，因为它是以肌醇磷或植酸盐的络合物形式存在的，加热提高了磷的活性。麸皮因纤维含量高，当食品中的营养成分含量低时，麸皮可以作为膨化剂，但这要取决于谷物提取的程度，100g 的麸皮可以提供高达 800kJ 的日粮能量。小麦麸的常规营养成分及氨基酸含量见表 1-16、表 1-17。

表 1-16　小麦麸的常规营养成分

干物质/%	粗蛋白/%	粗脂肪/%	粗纤维/%	无氮浸出物/%	粗灰分/%	钙/%	磷/%	非植酸磷/%	总能/（MJ/kg）
87.0	15.7	3.9	8.9	53.6	4.9	0.11	0.92	0.34	16.28

表 1-17　小麦麸的氨基酸含量　单位:%

干物质	赖氨酸	甲硫氨酸	胱氨酸	苏氨酸	异亮氨酸	亮氨酸	精氨酸	缬氨酸	组氨酸	酪氨酸	苯丙氨酸	色氨酸
87.0	0.58	0.13	0.26	0.43	0.46	0.81	0.97	0.63	0.39	0.28	0.58	0.20

2. 营养价值

（1）蛋白质含量高（15%~15.5%），但品质较差。

（2）维生素含量丰富，特别是富含 B 族维生素和维生素 E，但烟酸利用率仅为 35%。

（3）矿物质含量丰富，特别是微量元素铁、锰、锌含量较高，但缺乏钙，磷含量高且主要是植酸磷，加热可以提高磷的活性。

（4）小麦麸的物理结构疏松，可调节营养浓度。小麦麸含有适量的粗纤维和硫酸盐类，日粮中达到一定数量时有利于保持粪便的黏稠度和排粪的连贯性。母犬分娩后消化功能很弱，可适量饲喂麸皮粥，有利于消化道机能恢复。小麦麸吸水性强，如果饲喂小麦麸过多，则易引起便秘。

（5）可作为添加剂，预混合食品的载体、稀释剂、吸附剂和发酵食品的载体。

3. 质量标准

NY/T 119—2021《饲料原料　小麦麸》规定了饲料用小麦麸外观呈细碎屑状，色泽气味正常，无霉变、无结块。不得掺有小麦麸以外的物质，若加入抗氧化剂、防霉剂等添加剂时，应做相应的说明。理化指标应符合表 1-18 的要求。二级为中等质量标准。

表 1-18　饲料用小麦麸的理化指标①

项目	等级	
	一级	二级
粗蛋白质/%	≥17.0	≥15.0
水分②/%	≤13.0	≤13.0
粗纤维/%	≤12.0	≤12.0
粗灰分/%	≤6.0	≤6.0

注：①各项理化指标含量除水分外，其他均以 88%干物质为基础计算；低于二级者为等外品；②在能够确保产品安全的前提下，供需双方可协商约定该指标数值。

（二）米糠

1. 简介

（1）米糠　稻谷去壳后的产品为糙米，糙米经精加工成为精米，是人们的主食，在此过程中产生的副产物即为米糠，又称为米皮糠、细米糠、玉糠等。糙米的出糠率 7%。谷壳亦称砻糠，是种子的最外层，营养价值极低。实践上也常见到将砻糠和米糠按一定比例混合的糠，如二八糠、三七糠等，其营养价值取决于砻糠的比例。

（2）脱脂米糠［米糠饼（粕）］　脱脂米糠是米糠经过脱脂后的饼粕，其中用压榨法取油后的产物称为米糠饼，用有机溶剂取油后的产物称为米糠粕。

米糠、米糠饼和米糠粕的常规营养成分和氨基酸含量分别见表 1-19 和表 1-20。

表 1-19　　米糠、米糠饼和米糠粕的常规营养成分

名称	干物质/%	粗蛋白/%	粗脂肪/%	粗纤维/%	无氮浸出物/%	粗灰分/%	钙/%	磷/%	非植酸磷/%	总能/(MJ/kg)
米糠	87.0	12.8	5.7	8.2	53.6	1.8	0.08	1.43	0.10	17.11
米糠饼	88.0	14.7	7.4	0.7	48.2	8.7	0.11	1.69	0.22	16.82
米糠粕	87.0	15.1	7.5	1.1	53.6	8.8	0.15	1.82	0.24	15.10

表 1-20　　米糠、米糠饼和米糠粕的氨基酸含量　　单位:%

名称	干物质	赖氨酸	甲硫氨酸	胱氨酸	苏氨酸	异亮氨酸	亮氨酸	精氨酸	缬氨酸	组氨酸	酪氨酸	苯丙氨酸	色氨酸
米糠	87.0	0.74	0.25	0.19	0.48	0.63	1.00	1.06	0.81	0.39	0.50	0.63	0.14
米糠饼	88.0	0.66	0.26	0.30	0.53	0.72	1.06	1.19	0.99	0.43	0.51	0.76	0.15
米糠粕	87.0	0.72	0.28	0.32	0.57	0.78	1.30	1.28	1.07	0.46	0.55	0.82	0.17

2. 营养价值

（1）米糠　国产米糠的蛋白质含量（12.5%）高于玉米，赖氨酸含量（0.55%）高于玉米，但与宠物需要相比，仍然偏低。米糠含脂肪高，最高达 22.4%（平均为 15%），且大多属于不饱和脂肪酸，油酸及亚油酸占 79.2%，其中还含有 2%~5%的维生素 E。米糠的粗纤维含量（11%）不高，所以有效能值较高，位于糠麸类之首。米糠含钙偏低，含磷高，且主要是植酸磷，利用率不高。微量矿物元素中铁、锰丰富，而铜偏低。米糠富含 B 族维生素，而缺少维生素 C、维生素 D。

（2）脱脂米糠　粗脂肪含量少，特别是米糠粕的脂肪含量仅有 2%左右，粗纤维、粗蛋白质、氨基酸和微量元素均有所提高，而有效能值下降。习惯上常常将米糠饼和米糠粕归为饼粕类原料，但按照营养成分含量分，二者仍属于能量类食品原料。

3. 米糠中的抗营养因子

（1）胰蛋白酶抑制因子（TI）　米糠中含有该因子，且活性较高。大量饲喂未经失活处理的米糠，会引起宠物蛋白质消化障碍。

（2）植酸　米糠中植酸含量高，可能会影响矿物质和某些养分的利用率，会抑制宠物的生长。

（3）稻壳　稻壳对宠物毫无营养价值，米糠中掺杂的稻壳可能是抑制宠物生长的主要因素。

4. 饲喂价值

米糠是能值最高的糠麸类原料，新鲜米糠的适口性较好。米糠易发生氧化酸败和水解酸败，易发热和霉变。因此，一定要使用新鲜米糠。

5. 质量标准

NY/T 122—1989《饲料用米糠》、NY/T 123—2019《饲料原料　米糠饼》和 NY/T 124—2019《饲料原料　米糠粕》分别规定了我国饲料用米糠、米糠饼和米糠粕的质量指标（表 1-21）。

表 1-21　饲料用米糠、米糠饼和米糠粕质量指标　单位：%

项目	米糠			米糠饼			米糠粕		
	一级	二级	三级	一级	二级	三级	一级	二级	三级
水分	≤13.0	≤13.0	≤13.0	≤12.0	≤12.0	≤12.0	≤12.5	≤12.5	≤12.5
粗蛋白质	≥13.0	≥12.0	≥11.0	≥14.0	≥13.0	≥12.0	≥16.0	≥15.0	≥13.0
粗纤维	<6.0	<7.0	<8.0	≤8.0	≤10.0	≤12.0	≤8.0	≤10.0	≤11.0
粗灰分	<8.0	<9.0	<10.0	≤9.0	≤10.0	≤12.0	≤9.0	≤10.0	≤11.5

三、认识块根、块茎及瓜果类原料

块根、块茎及瓜果类原料有甘薯、马铃薯、木薯、萝卜、胡萝卜、饲用甜菜、芜菁甘蓝、菊芋及南瓜等。它们属于容积大，含水高的原料，按干物质计，有效能值与谷实类相似，粗纤维和粗蛋白质含量低。

1. 营养特点

（1）最大的特点是鲜样含水量高，一般为 75%～90%；干物质含水量少，为 10%～25%。

（2）以干物质为基础，无氮浸出物为 60%～88%，其中主要是淀粉；粗纤维 3%～10%，木质素几乎为零，所以消化率高。

（3）粗蛋白质含量特别低，为 5%～10%，且多为非蛋白氮。

（4）矿物质含量较低，为 0.8%～1.8%，钙、磷缺乏，但钾、氯含量高。

（5）维生素中胡萝卜素高（仅胡萝卜、黄南瓜、红心甘薯），缺乏 B 族维生素。

（6）这类原料的适口性和消化性均较好。

这类原料属于重要的高能量原料之一，主要含碳水化合物，而蛋白质、脂肪和矿物质含量低，维生素 C 含量丰富。胡萝卜和南瓜中含有丰富的胡萝卜素，是体内维生素 A 的良好来源。但鲜用时，水分高，能值低，若单独饲用这类原料，干物质和能量的采食量难以保证，而且矿物质、蛋白质和维生素均不能满足宠物的需要。因此，必须与其他原料配合使用。

2. 饲用特性

（1）甘薯　新鲜甘薯多汁，有甜味，对泌乳期宠物，有促进消化、贮积脂肪和增加产奶的效果。其生喂和熟喂的干物质及能量消化率基本相同，但蛋白质消化率则熟喂比生喂约高1倍。甘薯中各种矿物质，如钙、磷、铁、锰、锌、硒等的含量，在能量饲料中均居于末位，饲用时必须添加补充。还应注意黑斑病问题，黑斑病甘薯有毒，宠物采食后腹痛，并有喘息症状。

（2）马铃薯　饲喂马铃薯时，应与蛋白质饲料、谷实饲料等混喂，效果较好。马铃薯含有龙葵素，采食过多会使宠物患肠胃炎。成熟的块茎含量不高，但发芽龙葵素就大量生成龙葵素。一般在块基青绿色的皮上、芽眼及芽中最多。

（3）木薯　原产于巴西，较耐旱，现全世界热带地区广泛栽培。长期以来，木薯块根的薯肉是人们主要利用对象，而大量的木薯薯皮、木薯茎叶被丢弃。食用木薯块根富含淀粉，被称为“淀粉之王”。木薯块根中含有较为丰富的营养因子，同时含有抗营养因子，其主要抗营养因子为氢氰酸、单宁。木薯块根或叶片去皮后水煮或去皮后切片日光晒干或适宜温度烘干均是较为适宜的去除氢氰酸的方法。

（4）瓜类　瓜类的主要代表为南瓜，南瓜干物质中无氮浸出物占60%~70%，以干物质比较，南瓜的有效能值与薯类相似，肉质南瓜富含胡萝卜素，南瓜切碎后可喂各种宠物，煮熟后适口性更佳。

四、认识油脂类原料

油脂是油与脂的总称，按照一般习惯，在室温下呈液态的称为“油”，呈固态的称为“脂”。随温度的变化，两者的形态可以互变，但其本质不变，它们都是由脂肪酸与甘油组成。油脂来源于动植物，是宠物重要的营养物质之一，特别是它能提供比其他任何原料都多的能量，因而成为配制高热量食品所不可缺少的原料。

（一）油脂的分类

天然存在的油脂种类繁多，分类方法也不少，根据产品的来源及状态可分为植物性油脂和动物性油脂。植物性油脂多由不饱和脂肪酸组成，因此熔点低，常温下呈液态。动物性油脂包括猪、牛等陆地动物油脂和沙丁鱼等海产动物油脂，陆地动物油脂含有很多饱和脂肪酸，熔点高，常温下呈固态。但鱼油特别是深海鱼油具有预防心脑血管疾病及增智等功能，将其用于日粮，可在肉、蛋等产品中富集，从而生产出有益于宠物体健康的动物产品。

（二）油脂的营养特性与添加目的

1. 营养特性

（1）油脂是高热量的来源　油脂蕴含很高的能量，添加油脂很容易配制成高能食品。

（2）油脂是必需脂肪酸的重要来源之一　必需脂肪酸缺乏会造成宠物受损，出现角质化、生长抑制、繁殖功能障碍、生产性能下降等。油脂特别是植物性油脂可提供丰富的必需脂肪酸。

（3）油脂具有额外热能效应　一是添加的油脂与基础日粮中的脂肪，在脂肪酸组成上发生了协同作用，得以互相补充；二是添加油脂促进了非脂类物质的吸收。油脂所提供的热能高于其本身所含的热能。

（4）油脂能促进色素和脂溶性维生素的吸收。

（5）油脂的热增耗低，可减轻畜禽热应激　脂肪的热增耗最低，因而添加油脂可减少因代谢而造成的体温上升，故在高温环境下畜禽可处于舒适状态，即提高了抗热应激能力，避免热应激所带来的损失。

2. 添加目的

原料中添加油脂，除了由于油脂具有上述的特性外，还有以下几点好处：减少原料因粉尘而导致的损失及宠物呼吸道疾病；减少热应激带来的危机；提高粗纤维的使用价值；提高食品风味；改善食品外观；提高制粒效果；减少混合机等机械设备的磨损。

（三）油脂的质量标准

宠物食品用油脂是宠物食品中常用的原料，主要是喷涂或包裹于颗粒食品的表面，提高宠物食品的适口性，是宠物必需脂肪酸的良好来源，同时有利于脂溶性维生素的运输和吸收利用。油脂易于氧化酸败，贮存时间不宜过长。

油脂的感官要求：将抽取的混合油充分摇匀，取适量于直径25mm试管中，在光线明亮处检查其外观，颜色深度应在浅黄色到浅棕色之间，取混合油试样50mL，注入100mL的烧杯中，加温至50℃用玻璃棒边搅拌边检查气味。有酸味、焦臭或其他异味者为不合格产品。明显有分层现象、混合酸味严重者为不合格。

拓展知识

能量与营养物质的关系

能量是宠物生命活动的基础。宠物食物中碳水化合物、脂肪、蛋白质是其主要能量来源，占有绝对比重。这些有机营养物质的代谢均伴随着能量代谢。

（一）能量与蛋白质的关系

食物中的能量与蛋白质应保持适宜的比例，比例不当会影响营养物质的利用效率并导致营养障碍。例如，饲喂高能量低蛋白或低能量高蛋白的食品都能使哺乳期母犬体重下降、泌乳量下降等。很多宠物自身具有能够根据食品的能量水平而调节采食量的能力，饲喂高能食品可能会使其采食量减少，尽管满足了能量的需要，但却减少了蛋白质及其他营养物质的摄入；或者宠物为了达到饱腹感过多地采食，造成能量过剩，对于宠物来说，这种自我调节的能力稍差，必须较好地控制其采食量。大量实践表明，饲喂高能量低蛋白食品会使宠物机体出现负氮平衡，能量利用率下降。反之，饲喂低能量高蛋白食品，由于代谢蛋白质的热增耗较高，能量利用率也会下降。倘若蛋白质供给量不足，未能满足机体最低生理需要量，单纯提高能量供给将会使改善氮平衡的效果受到限制，只有在蛋白质满足机体最低需要量的前提下，增加能量才能有效地发挥节约蛋白质的作用。同时，也只有在能量超过机体最低需要量时，增加蛋白质供给方能获得较好的效果。因而，必须保持食品中能量和蛋白质比例在一个合理的范围内，既能提高能量的利用率，又能避免蛋白质的浪费。

不仅蛋白质水平对能量利用率有影响，食品中氨基酸的种类及水平对能量利用率也有明显影响。食品中苏氨酸、亮氨酸、缬氨酸缺乏时，会引起能量代谢水平下降。当氨基酸量超过宠物需要量时，未参加体蛋白合成的氨基酸会被氧化而释放出能量，氨则以尿素的形式排出体外，导致能量损失。一般来说，宠物氨基酸的需要量随着能量浓度的提高而增加，因而保持能量和氨基酸适宜的比例非常重要。

（二）能量与碳水化合物的关系

食品的碳水化合物中粗纤维含量高会影响有机物的消化率，降低食品消化能量。犬对粗纤维的消化率很低，一般来说，食品中有机物的消化率与粗纤维含量呈负相关。尽管犬不能很好利用粗纤维，但其食品中粗纤维含量仍需保持一定的水平，粗纤维通过促进胃肠的蠕动，提高食品的消化率并防止便秘。因而，适宜的粗纤维水平对宠物很重要。

（三）能量与脂肪的关系

一般情况下，脂肪作为能源的利用率高于其他有机物。添加脂肪可增加宠物的有效能摄入量，提高能量转化效率。食物中增加脂肪，可增加代谢能的摄入量，尤其在高温环境下有利于提高宠物的能量摄入。在食品中添加一定水平的油脂替代等能值的碳水化合物和蛋白质，能提高食品代谢能，使消化过程中能量消耗减少，热增耗降低，使食品净能增加，植物油和动物脂肪同时添加的效果更加明显，这种效应称为脂肪的额外能量效应或脂肪的增效作用。这种效应可能是由于饱和脂肪酸和不饱和脂肪酸间存在协同作用，不饱和脂肪酸键能高于饱和脂肪酸，促进饱和脂肪酸分解代谢。这种效应还受蛋白质氨基酸含量、脂肪与碳水化合物间的相互作用等因素影响。

（四）能量与矿物质的关系

有些矿物质在能量代谢中起重要作用。机体代谢过程中释放的能量以高能磷酸键形式存在于 ATP 及磷酸肌酸中。镁是焦磷酸酶、ATP 酶等的活化剂，并能促使 ATP 的高能键断裂而释放能量。食品中大量的脂肪酸可与钙形成不溶钙皂，影响钙吸收，乳糖可以增加细胞的通透性，促进钙的吸收。

（五）能量与维生素的关系

脂肪是脂溶性维生素的溶剂，脂溶性维生素 A、维生素 D、维生素 E、维生素 K 及胡萝卜素，在宠物体内必须溶于脂肪后才能被消化吸收和利用。食品中脂肪不足可导致脂溶性维生素缺乏。

B 族维生素作为辅酶的组成成分参与体内碳水化合物、蛋白质、脂肪的代谢。硫胺素与能量代谢最为密切，硫胺素不足时，能量代谢效率下降，当食品能量水平增加时，硫胺素需要量提高。

胆碱参与卵磷脂和神经磷脂的形成，卵磷脂是构成细胞膜的主要成分，胆碱在肝脏脂肪的代谢中起重要作用，能防止脂肪肝的形成。

维生素E作为一种抗氧化剂，有利于保持细胞膜稳定性，它的需要量随着食品中多不饱和脂肪酸氧化剂、维生素A、类胡萝卜素和微量元素的增加而增加，随着脂溶性抗氧化剂、含硫氨基酸和硒水平的增加而减少。

项目小结

项目	内容	要点
相关知识	能量的来源	(1) 碳水化合物；(2) 脂肪；(3) 蛋白质
	能量在宠物体内的转化	(1) 总能；(2) 消化能；(3) 代谢能；(4) 净能
	宠物对碳水化合物的代谢	以葡萄糖代谢为主，挥发性脂肪酸代谢为辅
	宠物对脂肪的代谢	脂肪在小肠中与大量的胰液和胆汁混合，在肠蠕动影响下乳化，在胰脂肪酶的作用下水解为甘油和脂肪酸，被肠壁吸收后主要在脂肪组织（皮下和腹腔）中重新合成脂肪
项目实施	识别与利用谷物籽实类原料	(1) 识别常用的谷物籽实类原料的饲用价值；(2) 认知谷物籽实类原料的营养价值
	识别与利用糠麸类原料	(1) 识别几种常用的糠麸类原料；(2) 认知糠麸类原料的营养特性
	识别与利用淀粉质的块根块茎类原料	(1) 识别几种常用的淀粉质块根块茎类原料；(2) 认知淀粉质块根块茎类原料的营养特点
	识别与利用油脂类宠物食品原料	识别与利用油脂
拓展知识	能量与其他营养物质的关系	(1) 能量与蛋白质的关系；(2) 能量与碳水化合物的关系；(3) 能量与脂肪的关系；(4) 能量与矿物质的关系；(5) 能量与维生素的关系

项目三　认识蛋白质类宠物食品原料

蛋白质类宠物食品原料，顾名思义就是为宠物提供蛋白质营养的食品原料。通过学习，了解宠物食品中常用的蛋白质类原料的种类，掌握各种蛋白质类原料的营养特点，培养针对不同宠物的营养需要选择合适的蛋白质类原料的能力。

项目目标

一、知识目标

1. 掌握蛋白质的营养生理作用；
2. 熟悉蛋白质类宠物食品原料的种类及其质量标准；
3. 了解识别掺假蛋白质类原料的方法。

二、技能目标

1. 能解释生产中蛋白质不足的后果和蛋白质过量的危害；
2. 能正确识别蛋白质类宠物食品原料；
3. 能依据质量标准进行蛋白质类宠物食品原料的品质鉴定；
4. 能合理利用蛋白质类宠物食品原料。

三、素质目标

1. 树立合理开发利用蛋白质类原料资源意识；
2. 认识生命的本质，关注健康，关爱生命。

必备知识

一、蛋白质的组成

（一）元素组成

蛋白质是由氨基酸组成的一类数量庞大的物质的总称。宠物食品中的蛋白质类包括真蛋白质和非蛋白质类含氮化合物，统称为粗蛋白质。

蛋白质的主要组成元素是碳、氢、氧、氮，大多数的蛋白质还含有硫，少数含有磷、铁、铜和碘等元素。比较典型的蛋白质元素组成：碳 51.0%～55.0%、氢 6.5%～7.3%、氧 21.5%～23.5%、氮 15.5%～18.0%、硫 0.5%～2.0%、磷 0～1.5%。

各种蛋白质的含氮量虽不完全相等，但差异不大。一般蛋白质的含氮量按16%计。宠物组织和宠物食品中真蛋白质含量的测定比较困难，通常只测定其中的氮元素含量，再乘6.25计算出粗蛋白质的含量，6.25称为蛋白质的换算系数，即：宠物食品中粗蛋白质的含量=食品中氮元素的含量×6.25。

(二) 氨基酸组成

蛋白质的基本组成单位是氨基酸。自然界中存在的氨基酸有200多种，构成蛋白质的氨基酸只有20余种。植物能合成自己全部所需的氨基酸，宠物不能全部自己合成。氨基酸有L型和D型2种构型。除甲硫氨酸外，L型氨基酸的生物学效价比D型高。大多数D型氨基酸不能被宠物利用或利用率很低。天然食品中仅含易被利用的L型氨基酸，微生物能合成L型和D型2种构型的氨基酸，化学合成的氨基酸多为D型、L型混合物。

二、蛋白质的营养生理功能

蛋白质是宠物生命活动的物质基础，是塑造一切细胞和组织结构的重要成分。蛋白质在宠物营养中占有特殊地位，它的营养作用是其他营养物质不能代替的。

(一) 蛋白质是构成宠物体最基本的物质

宠物的各种组织，如骨骼、肌肉、皮肤、内脏、血液、角、喙等都以蛋白质为主要组成成分，具有传导、运输、支持、保护、连接、运动等多种生理功能。宠物的肌肉、肝脏、脾脏等组织器官的干物质中蛋白质含量达80%以上。蛋白质也是形成乳、肉、蛋、皮毛及羽绒等宠物产品的主要成分。

(二) 蛋白质是宠物体内功能物质的主要成分

蛋白质对于生命的意义不仅在于它是生命的组成成分，更重要的是为机体提供了多种具有特殊生物学功能的物质。例如，在宠物的生命和代谢活动中起催化作用的酶、起调节作用的激素、具有免疫和防御功能的抗体，都是以蛋白质为主要原料构成的。另外，蛋白质对维持宠物体内的渗透压和水分的正常分布，也起着重要的作用。

(三) 蛋白质是组织更新、修补的主要原料

宠物体在新陈代谢过程中，旧的蛋白质不断分解，新的蛋白质不断合成，据同位素测定，全身蛋白质经6~7个月可更新一半。另外，损伤组织的修补也需要蛋白质。

(四) 蛋白质是遗传物质的基础

宠物的遗传物质DNA与组蛋白组合成为一种复合蛋白体——核蛋白，存在于染色体上，将本身所蕴藏的遗传信息，通过自身的复制过程遗传给下一代。在DNA的复制过程中，需要30多种酶和蛋白质的参与。

(五) 蛋白质可分解供能

当宠物体内供能的碳水化合物及脂肪供应不足时，蛋白质也可分解释放热能，维持

机体的代谢活动。当摄入蛋白质过量或蛋白质品质不佳时，多余的氨基酸经分解代谢，可氧化供能或转化成为体脂肪储存起来，以备能量不足时动用。

三、蛋白质不足与过量的危害

（一）蛋白质不足的后果

宠物日粮中蛋白质不足或蛋白质品质低下，影响宠物的健康、生长及繁殖性能，其主要表现有以下几个方面。

1. 消化功能紊乱

日粮中蛋白质的缺乏会影响消化道组织蛋白质的更新和消化液的正常分泌。宠物会出现食欲下降、采食量减少、营养不良及慢性腹泻等症状。

2. 幼龄宠物生长发育受阻

幼龄宠物正处于皮肤、骨骼、肌肉等组织迅速生长和各种器官发育的旺盛时期，需要蛋白质多。若供应不足，幼龄宠物增重缓慢、瘦弱、生长停滞甚至死亡。

3. 易患贫血症及其他疾病

宠物缺少蛋白质，体内不能形成足够的血红蛋白和球蛋白而患贫血症，并因血液中抗体数量的减少，使宠物抗病力减弱，容易感染各种疾病。犬缺乏蛋白质时，胸腹下部常伴发浮肿，易感染而死亡。

4. 影响繁殖力

雄性成年宠物性欲降低，精液品质下降，精子数目减少；雌性成年宠物不发情，性周期失常，卵子数量少质量差，受胎率低。受孕后胎儿发育不良，以致产生弱胎、死胎或畸形胎儿。

5. 其他方面

缺乏蛋白质时，泌乳宠物的泌乳量下降，导致幼犬、仔猫大量死亡。犬的正常换毛也会因蛋白质缺乏而受到影响。缺乏牛磺酸时，猫的视网膜就会出现退行性的病损。

（二）蛋白质过量的危害

宠物日粮中蛋白质供给量超过需要时，不仅造成浪费，还会引起宠物机体内代谢紊乱，使心脏、肝脏、肾脏、消化道、中枢神经系统的功能失调，严重时发生酸中毒。过量蛋白质中多余的氨基酸在肝脏中脱氨，形成尿素由肾排出体外，加重肝肾负担，严重时引起肝肾疾病，夏季还会加剧宠物的热应激。

四、蛋白质的消化与吸收

宠物对食品蛋白质的消化是由胃开始的，在胃酸和胃蛋白酶的作用下，部分蛋白质被分解为分子较小的蛋白胨与脲及少量游离氨基酸，然后随同未被消化的蛋白质一起进入小肠。在小肠中受到胰蛋白酶、糜蛋白酶、羧基肽酶及氨基肽酶等消化酶作用，最终被分解为大量氨基酸及部分寡肽（二肽、三肽）。氨基酸和寡肽都可被小肠黏膜直接吸收。但二肽和三肽在肠黏膜细胞内经二肽酶等作用继续分解为氨基酸。被吸收的氨基酸进入门静脉到肝脏。未被小肠消化吸收的蛋白质和氨化物进入大肠后，在腐败菌的作用下，降解为吲哚、粪臭素、酚、甲酚等有毒物质，其中一部分经肝脏解毒后生成尿素随尿排出，另一部分随粪便排出。在大肠中，少部分蛋白质和氨化物还可在细菌酶的作用下，程度较小地被降解为氨基酸和氨，其中部分可被细菌利用合成菌体蛋白，但合成的菌体蛋白绝大部分随粪排出，而被再度降解为氨基酸后能由大肠吸收的为数甚少，吸收后也由血液输送到肝脏。最后，在所有消化道中未被消化吸收的蛋白质等物质，随粪便排出体外。随粪便排出的蛋白质，除了食品中未消化吸收的蛋白质外，还包括肠脱落黏膜、肠道分泌物及残存的消化液等。

进入肝脏中的氨基酸，一部分合成肝脏蛋白和血浆蛋白，大部分经过肝脏由体循环转送到各个组织细胞中，连同来源于体组织蛋白质分解产生的氨基酸和由糖类等非蛋白质物质在体内合成的氨基酸（两者均称为内源氨基酸）一起进行代谢。代谢过程中，氨基酸可用于合成组织蛋白质，供机体组织的更新、生长及形成宠物产品的需要；氨基酸也可用来合成酶类和某些激素以及转化为核苷酸、胆碱等含氮的活性物质。没有被细胞利用的氨基酸，在肝脏中脱氨，脱掉的氨基生成氨又转变为尿素，由肾脏以尿的形式排出体外，尿中排出的氮有一部分是体组织蛋白质的代谢产物，通常将这部分氮称为“内源尿氮”。剩余的酮酸部分氧化供能或转化为糖原和脂肪作为能量储备。氨基酸在肝脏中还可通过转氨基作用，合成新的氨基酸。宠物对蛋白质的消化代谢过程如图 1-6 所示。

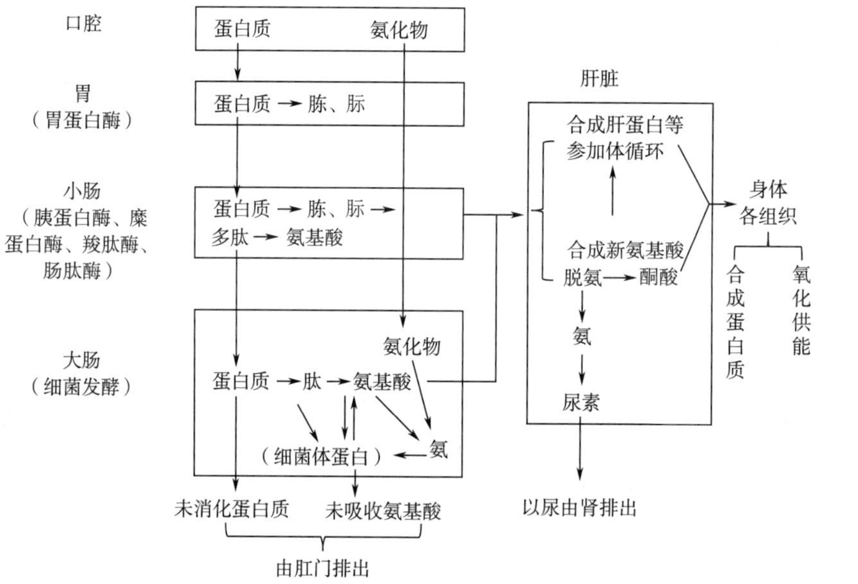

图 1-6　宠物对蛋白质消化代谢过程

犬、猫的肠管较短，但肠壁厚，具有典型的食肉动物特征，对食品中蛋白质消化吸收能力很强，而对氨化物几乎不能消化吸收。

新生幼犬、幼猫的血液内几乎不含 γ -球蛋白。但在出生后 24~36h 内可依赖肠黏膜上皮的胞饮作用，直接吸收初乳中的免疫球蛋白，以获取抗体得到免疫力。

五、宠物的蛋白质营养

宠物主要依靠各种消化酶的作用对宠物食品中的蛋白质进行消化，蛋白质最终是以大量氨基酸和少量寡肽的形式进行吸收并加以利用。所以，宠物的蛋白质营养实质上就是氨基酸营养。蛋白质品质的好坏，取决于它所含各种氨基酸的平衡状况。

（一）氨基酸的种类

构成蛋白质的氨基酸有 20 多种，对宠物来说都是必不可少的。根据是否必须由食品提供，通常将氨基酸分为必需氨基酸和非必需氨基酸两大类。

1. 必需氨基酸

必需氨基酸是指在机体内不能合成，或者合成的速度慢、数量少，不能满足宠物需要而必须由宠物食品供给的氨基酸。宠物犬必需氨基酸有 10 种，即精氨酸、赖氨酸、甲硫氨酸、色氨酸、苯丙氨酸、亮氨酸、异亮氨酸、缬氨酸、苏氨酸和组氨酸。宠物猫的必需氨基酸除上述 10 种外，还有一种非常重要的氨基酸，即牛磺酸（牛胆素）。这些必需氨基酸的主要营养生理功能和缺乏的危害见表 1-22。

表 1-22　必需氨基酸的主要营养生理功能和缺乏的危害

名称	主要营养生理功能	缺乏的危害
赖氨酸	合成细胞蛋白质和血红蛋白所必需的氨基酸，也是幼宠生长发育所必需的营养物质	宠物食欲降低，体况憔悴消瘦，生长停滞，贫血，甚至引起肝脏病变；皮下脂肪减少，骨的钙化失常
甲硫氨酸	参与肾上腺素、胆碱和肌酸的合成；参与脂蛋白的合成，防止产生脂肪肝，降低胆固醇；促进宠物被毛生长；甲硫氨酸脱甲基后可转变为胱氨酸和半胱氨酸	宠物发育不良，体重减轻，肌肉萎缩，鸟蛋变轻，被毛变质，肝脏、肾脏功能损伤，易产生脂肪肝
色氨酸	参与血浆蛋白的更新，并与血红素、烟酸的合成有关；促进维生素 B_2 作用的发挥，并具有神经冲动的传递功能；是幼宠生长发育和成宠繁殖、泌乳所必需的氨基酸	宠物食欲降低，体重减轻，生长停滞，产生贫血、下痢、视力破坏并患皮炎等
苏氨酸	参与体蛋白的合成，是免疫球蛋白的成分，作为黏膜糖蛋白的组成成分，有助于形成防止细菌与病毒侵入的非特异性防御屏障	宠物体重迅速下降，免疫功能下降
缬氨酸	缬氨酸具有保持神经系统正常功能的作用；免疫球蛋白的成分，并影响宠物的免疫反应	宠物生长停滞，运动失调；明显阻碍胸腺和外围淋巴组织的发育，抑制中性和嗜酸性粒细胞增殖
亮氨酸	合成体蛋白与血浆蛋白所必需的氨基酸；是免疫球蛋白的成分，并能促进骨骼肌蛋白质的合成；对除骨骼肌以外的机体组织蛋白质的降解有抑制作用	宠物生长发育受阻，贫血，免疫功能下降

续表

名称	主要营养生理功能	缺乏的危害
异亮氨酸	与亮氨酸共同参与体蛋白的合成，特殊生理时期（如饥饿、泌乳、运动）时，还能氧化供能；在调节氨基酸与蛋白质代谢方面也起着重要的作用，并影响雌性宠物的泌乳与繁殖；另外，还影响宠物的免疫反应与健康	宠物不能利用食品中的氮
精氨酸	生长期宠物的必需氨基酸；在精子蛋白质精氨酸占80%左右；宠物在免疫应激期间，精氨酸可通过产生一氧化氮，在巨噬细胞与淋巴细胞间的粘连与激活过程中起着极为重要的作用	宠物体重迅速下降；精子生成受到抑制；猫精氨酸不足会导致流口水、呕吐、肌肉颤抖、运动失调、痉挛，甚至昏迷
组氨酸	大量存在于细胞蛋白质中，参与机体的能量代谢，生长期宠物的必需氨基酸	宠物生长停滞
苯丙氨酸	合成甲状腺素和肾上腺素所必需的氨基酸	宠物甲状腺和肾上腺功能受到破坏
牛磺酸	牛磺酸以游离状态存在于无脊椎动物和哺乳动物的胆汁中，它能促使肠道吸收诸如胆固醇等类脂（脂肪）；对提高猫的生殖能力有非常明显的作用，预防猫的“膨胀心肌病”	会导致宠物机体组织变化包括听力减弱、白细胞数减少等；使猫的神经组织成熟减缓并发生退化，出现“中央视网膜退化症”

2. 非必需氨基酸

非必需氨基酸是指在宠物体内能合成，或可由其他氨基酸转化替代，无须宠物食品提供即可满足需要的氨基酸。如丙氨酸、谷氨酸、丝氨酸、羟谷氨酸、脯氨酸、瓜氨酸、天冬氨酸等。

从食品供应角度考虑，氨基酸有必需与非必需之分。但从营养角度考虑，二者都是宠物合成体蛋白和生产产品蛋白（乳、后代等）所必需的营养，且它们之间的关系密切。某些必需氨基酸是合成某些特定非必需氨基酸的前体，如果食品中某些非必需氨基酸不足时，则会动用必需氨基酸来转化代替。这点在饲养实践中不可忽视。研究表明，甲硫氨酸脱甲基后，可转变为胱氨酸和半胱氨酸，苯丙氨酸可转化为酪氨酸。非必需氨基酸绝大部分仍需由食品来提供，不足部分才由体内合成。因此，在配制食品时尽量做到氨基酸种类齐全且比例适当。

3. 限制性氨基酸

宠物对各种必需氨基酸的需要量有一定的比例，但不同种类、不同生理状态等情况下，所需要的比例不同。宠物食品中缺乏一种或几种必需氨基酸时，就会限制其他氨基酸的利用，致使整个食品中蛋白质的利用率下降，故称它们为该食品的限制性氨基酸。必需氨基酸的供给量与需要量相差越多，则缺乏程度越大，限制作用就越强。根据食品中各种必需氨基酸缺乏程度的大小，分别称为第一、第二、第三……限制性氨基酸。根据食品氨基酸分析结果与宠物需要量的对比，即可推断出食品中哪种必需氨基酸是限制性氨基酸。

宠物食品的种类不同，所含必需氨基酸的种类和数量有显著差别。宠物则由于种类等不同，对必需氨基酸的需要量也有明显差异。因此，同一种食品对不同宠物或不同种食品对同一种宠物，限制性氨基酸的种类和顺序不同。犬、猫常用禾谷类及其他植物性宠物食品中，赖氨酸为第一限制性氨基酸。

（二）理想蛋白质与食品氨基酸平衡

1. 理想蛋白质

理想蛋白质是指这种蛋白质的氨基酸在组成和比例上与宠物某一生理阶段所需蛋白质的氨基酸的组成与比例一致，包括必需氨基酸之间以及必需氨基酸和非必需氨基酸之间的组成与比例，即供给与需要之间是平衡的，则宠物对该种蛋白质的利用率应为100%。通常以赖氨酸作为100，其他氨基酸用相对比例表示。在进行食品配制时，可以根据氨基酸与赖氨酸的比例关系算出其他氨基酸的需要量，以保证食品氨基酸平衡，从而有效地提高氨基酸的利用率。

2. 食品氨基酸平衡

饲喂给宠物理想蛋白质可获得最佳的生长性能。因为理想蛋白质可使食品中各种氨基酸保持平衡，即食品中各种氨基酸在数量和比例上同宠物最佳生长水平或保持健康状态的需要相平衡。现实生活，常用宠物食品中的蛋白质及氨基酸含量和比例与其需要相比，有时相去甚远。这直接涉及到食品蛋白质的品质和蛋白质的转化率，因此，饲粮的氨基酸平衡显得十分重要。

平衡饲粮的氨基酸时，应重点考虑和解决的有以下几个方面。

（1）氨基酸的缺乏　氨基酸的缺乏是指宠物食品中一种或几种必需氨基酸的含量不能满足宠物的需要。氨基酸缺乏不完全等于蛋白质缺乏，有时在蛋白质水平适宜或超标时也可能会出现一种或几种氨基酸缺乏。

（2）氨基酸失衡　氨基酸失衡是指宠物食品中各种必需氨基酸相互间的比例与宠物需要的比例不相适应。一种或几种氨基酸数量过多或过少都会导致氨基酸失衡。可根据“理想蛋白质”中各种必需氨基酸同赖氨酸间的比例调整其他氨基酸的供给量，使食品中氨基酸达到平衡。一般说来，食品中不会出现各种氨基酸都超量的情况。多数情况是少数或个别氨基酸低于需要的比例。不平衡主要是比例问题，缺乏则是量不足。宠物饲养中，饲粮的氨基酸不平衡一般都同时存在氨基酸的缺乏。因此，在配制宠物食品时，可根据理想蛋白质的必需氨基酸模式，采用补加必需氨基酸和增加食品原料品种来平衡食品中的氨基酸，从而降低食品蛋白质水平，改善食品蛋白质的品质，提高蛋白质的利用率。

（3）氨基酸的互补　氨基酸的互补是指利用各种食品原料氨基酸含量和比例的不同，通过两种或两种以上食品蛋白质配合，使各种氨基酸互相取长补短，弥补氨基酸的缺陷，使食品氨基酸比例达到较理想的状态。在饲养实践中，这是提高食品蛋白质品质和利用率的有效方法。

（4）氨基酸的拮抗　氨基酸的拮抗是指某种氨基酸的过量影响另一种或几种氨基酸的代谢。缬氨酸与亮氨酸、异亮氨酸之间，苯丙氨酸与缬氨酸、苏氨酸之间，亮氨酸与甘氨酸之间，苏氨酸与色氨酸之间存在拮抗作用。

（5）氨基酸中毒　在自然条件下几乎不存在氨基酸中毒，在平衡食品氨基酸时，要防止氨基酸过量。添加过量的氨基酸会引起宠物中毒，且不能通过补加其他氨基酸来消除。特别是甲硫氨酸，过量摄入会引起宠物生长抑制，食品蛋白质利用率降低。

（三）提高宠物食品蛋白质转化效率的措施

1. 配合食品时原料应多样化

原料种类不同，蛋白质中所含的必需氨基酸的种类、数量也不同。多种原料搭配，能起到氨基酸的互补作用，改善食品中氨基酸的平衡，提高蛋白质的转化效率。

2. 补饲氨基酸添加剂

向宠物食品中直接添加所缺少的限制性氨基酸，力求氨基酸的平衡。目前，生产中广泛应用的有赖氨酸、甲硫氨酸、色氨酸和苏氨酸等必需氨基酸。

3. 合理供给蛋白质营养

参照饲养标准，均衡地供给氨基酸平衡的蛋白质营养，则食品蛋白质转化效率高；若蛋白质水平不适宜或氨基酸不平衡，蛋白质的转化效率就会下降。采用有效氨基酸（如可消化氨基酸、真可消化氨基酸）指标平衡日粮，更能准确满足宠物的营养需要。

4. 日粮中蛋白质与能量要有适当比例

正常情况下，被吸收蛋白质的70%~80%被宠物合成为体蛋白或产品，20%~30%分解供能。碳水化合物和脂肪不足时，必然会加大蛋白质的供能部分，减少合成体蛋白和宠物产品的部分，导致蛋白质转化效率的降低。因此，必须合理配合日粮中蛋白质与能量之间的比例，以最大限度地减少蛋白质的供能部分。

5. 控制食品中的粗纤维水平

犬、猫肠管较短，发酵能力很差，对粗纤维消化吸收性差。粗纤维含量高时，会加快食物通过消化道的速度，不仅使其本身消化率降低，而且影响蛋白质及其他营养物质的消化。大约粗纤维每增加1%，蛋白质消化率降低1.0%~1.5%。因此，要严格控制宠物食品中粗纤维水平，一般不超过5%。

6. 保证与蛋白质代谢有关维生素和微量元素的供应

维生素A、维生素D、维生素B_{12}及微量元素铁、铜、钴等与蛋白质代谢有密切关系，应保证供应。

7. 食品原料的加工

生豆类与生豆饼等原料中含有胰蛋白酶抑制因子等，抑制胰蛋白酶和糜蛋白酶等的活性，影响蛋白质的消化吸收。采取浸泡蒸煮、常压或高压蒸汽处理的方法破坏抑制因子。但加热时间不宜过长，否则会使蛋白质变性，赖氨酸被破坏。

8. 正确的饲喂技术

应该注意食品（原料）的新鲜与多样性，长期饲喂单调的食品，宠物猫会产生厌食，从而引起蛋白质等营养缺乏。沙丁鱼、生肝脏、脾脏对猫具有轻泻通便作用，熟的动物肝脏无此作用，有时会引起猫的便秘。用脾脏喂猫，最好每周不超过2次。用肺脏喂猫，既安全，又有营养，饲喂时最好切成小块。为了防止采食过多生肝脏而导致维生素A过量，猫每周饲喂肝脏不超过2次，且喂量不能过大。最好不要给宠物饲喂动物结缔组织，因为结缔组织中的蛋白质很难被宠物消化吸收。

六、小肽的营养

小肽一般是指由2~3个氨基酸组成的寡肽。小肽能加快蛋白质的合成，提高食品矿物质的吸收和利用，提高宠物机体免疫力，具有一定的生理调节作用。

小肽作为蛋白质的消化产物，在氨基酸消化、吸收以及宠物营养代谢中起着重要的作用。小肠黏膜吸收和水解小肽的机制，充分解释了氨基酸不能完全代替蛋白质的原因。与游离氨基酸相比，小肽的吸收具有两大特点：一是吸收速度快、耗能低、不易饱和，且各种肽之间转运无竞争性与抑制性；二是小肽本身能促进氨基酸和氨基酸残基的吸收。小肽作为宠物消化道蛋白质的主要酶解产物，是迅速吸收的氨基酸供体，同时具有多种作用，能够调节机体的生物学活性。活性肽具有调节宠物体消化系统、神经系统、内分泌系统和免疫功能的作用，为进一步提高宠物生长性能和健康水平提出了新的研究领域和方向。

此外，小肽可以提高矿物质的利用率，能阻碍脂肪的吸收，并能促进脂质代谢，因此，在保证摄入足够量的肽的基础上，可将食品中的其他能量组分减至最低。

近年来，生物活性肽在宠物蛋白质营养中的作用越来越受到关注，对生物活性肽功能的认识及其生产日益广泛。生物活性肽是一类分子质量较小、构象较松散具有多种生物功能的小肽。这些小肽包括由体内分泌腺分泌的多肽激素（肽类激素）、由血液或组织中的蛋白质经专一的蛋白酶分解而产生的组织激肽等。

生物活性肽既有丰富的营养作用，又有全面的功能性作用。在宠物食品中添加生物活性肽具有增强免疫力，提高矿物质利用率的多种生理调节作用。常用的生物活性肽有以下几种。

（1）乳链菌肽　也称为乳酸链球菌肽，是某些乳酸链球菌产生的一种小肽。若在食品中加入十万分之几到万分之几这种物质，就足以抑制引起食物腐败的许多革兰氏阳性菌的生长和繁殖，是一种高效、无毒的天然食品防腐剂。

（2）大豆多肽　经生物发酵大豆蛋白质水解产生的小肽，在宠物消化道中能更快的吸收和利用，有利于改善适口性，富含酵母菌等有益微生物，适用于各类水产养殖的蛋白质原料。

（3）阿片肽类　研究最多最早的酪蛋白生物活性肽，具有非常重要的生物学功能及调节功能，能够增强宠物的耐受性、独立性，具有镇静作用和睡眠诱导作用。

（4）免疫刺激剂　免疫刺激剂是从酪蛋白的胰蛋白酶-糜蛋白酶降解产物中分离得到的，是激活巨噬细胞吞噬功能的肽。从人酪蛋白酶降解物中分离得到的两种活性肽，能激活腹膜巨噬细胞的吞噬作用，静脉注射这两种活性肽可保护幼犬免受肺炎菌感染。另一个刺激免疫系统的酪蛋白肽是血管紧张素转换酶（ACE）的抑制剂，此酶催化血管紧张素Ⅱ的活性，而钝化缓激肽。缓激肽能刺激巨噬细胞，以增强淋巴细胞的转移和淋巴因子的释放。另外，由绵羊初乳的乳清中分离出的富含脯氨酸的多肽（Prp）也具有刺激或抑制免疫反应的调控作用。

（5）酪蛋白磷酸肽　酪蛋白磷酸肽（CPPs）是从牛乳蛋白中分离出来的。由于酪蛋白磷酸肽在中性和碱性时，通过磷酸丝氨酸与钙、锌、铁等离子结合，由犬小肠肠壁细胞吸收后再释放出来，有效地避免了小肠中性和偏碱性环境的影响，促进了钙、锌、铁吸收。

最近几年，已有大量食品来源的多肽被分离和鉴定，应用于食品甜味剂、抗氧化剂、风味剂和营养强化剂。

拓展知识

蛋白质、氨基酸及其他营养物质之间的关系

（一）蛋白质与氨基酸的关系

宠物利用的各种来源的蛋白质间存在互补作用，实质上是蛋白质中氨基酸的互补作用，是指两种或两种以上的蛋白质食品原料通过相互搭配，以弥补各自在氨基酸组成和含量上的营养缺陷，从而使搭配后的蛋白质利用率（或生物学价值）高于搭配中各蛋白质的利用率（或生物学价值）的加权平均数。当宠物机体合成蛋白质所需的各种氨基酸数量及比例合适时，宠物才能有效利用食品中的蛋白质和合成体蛋白。如果食品中某种氨基酸缺乏，即使其他必需氨基酸充足，体蛋白合成也不能完全正常进行。在宠物饲养实践中，利用蛋白质的互补作用配制食品是广泛用以提高蛋白质营养价值的有效措施。

食品中的必需氨基酸需要量与食品中粗蛋白质水平有密切关系。食品中蛋白质含量增加，其必需氨基酸的需要量也随之增加，而且如果食品中限制性必需氨基酸平衡后，可使食品粗蛋白质的需要量适当降低。

（二）氨基酸之间的相互关系

虽然组成蛋白质的20多种氨基酸的代谢是相对独立的，但彼此之间仍存在一定的联系。组成食品蛋白质的氨基酸在机体代谢过程中复杂的相互关系包括协同、转化、替代和拮抗。

氨基酸间的拮抗作用是指结构相似的氨基酸，因某些氨基酸在吸收过程中属一个转移系统，导致相互竞争，即过量的某一氨基酸顶替了食品中不足的另一氨基酸在物质代谢中的位置，或使该不足的氨基酸被吸引到过量氨基酸所特有的代谢过程中，从而破坏该不足氨基酸的正常代谢。例如赖氨酸和精氨酸，赖氨酸可干扰精氨酸在肾小管的重吸收，当赖氨酸过量时，机体对精氨酸的需要量也会增加，添加精氨酸可缓解赖氨酸过量的现象。亮氨酸和异亮氨酸由于化学结构相似，存在拮抗作用，亮氨酸过量时，会激活肝脏中异亮氨酸氧化酶和缬氨酸氧化酶，致使异亮氨酸和缬氨酸大量氧化分解而不足。在吸收过程中，同属于一个转移系统的鸟氨酸、精氨酸、赖氨酸和胱氨酸，由于彼此竞争而在吸收上互相抑制。苯丙氨酸与缬氨酸、苯丙氨酸与苏氨酸、异亮氨酸与缬氨酸、异亮氨酸与苯丙氨酸、苏氨酸与色氨酸之间也存在拮抗作用，而且比例相差愈大，拮抗作用愈明显。为防止某些氨基酸间的拮抗作用，应力求食品中各种氨基酸保持平衡。精氨酸和甘氨酸可消除其他氨基酸过量产生的负影响，这可能与它们参加尿酸形成有关，如补加精氨酸和甘氨酸可全面消除由饲喂过量赖氨酸、组氨酸和苯丙氨酸所造成的不良后果。

氨基酸间的协同作用表现为某些氨基酸可能是机体中形成另一种氨基酸的来源。甲硫氨酸在体内可转化为胱氨酸，也可转化成半胱氨酸，但胱氨酸和半胱氨酸却不能转化成甲硫氨酸。因而对于总含硫氨基酸来说，甲硫氨酸只能由其自身来满足，而胱氨酸和

半胱氨酸则可以互变或由甲硫氨酸来满足。苯丙氨酸可以转化为酪氨酸，反之则不可。因而，在考虑必需氨基酸，通常将甲硫氨酸和胱氨酸、苯丙氨酸和酪氨酸共同计算。实验证明，甘氨酸和丝氨酸可相互转化，羟脯氨酸可能起脯氨酸和谷氨酸前体的作用。

（三）蛋白质、氨基酸与碳水化合物、脂肪的关系

蛋白质可在宠物体内转变成碳水化合物。除亮氨酸外，其他氨基酸均可经脱氨基作用生成 α-酮酸，沿着糖异生途径合成糖，反之，糖也可生成 α-酮酸，经过转氨基作用变成非必需氨基酸。

氨基酸也可在体内转变成脂肪。生酮氨基酸可转变成脂肪，生糖氨基酸可先变成糖，然后转变成脂肪。脂肪中的甘油可转变成丙酮酸和其他一些酮酸，经转氨基作用转变成非必需氨基酸。

对于哺乳期宠物来说，碳水化合物和脂肪对蛋白质具有节省作用，充分供给碳水化合物或脂肪，可保证宠物体对能量的需要，这样可减少或避免蛋白质作为供能物质的分解代谢，有利于氮的存留，以便合成机体蛋白质。

（四）蛋白质、氨基酸与矿物质的关系

矿物质在体内代谢主要是以与蛋白质及氨基酸相结合的形式存在。

在半胱氨酸和组氨酸存在的情况下，肠道中锌的吸收增加。因而在缺锌的食品中添加半胱氨酸和组氨酸可在某种程度上减少缺锌的发病率。甲硫氨酸、赖氨酸、色氨酸和苏氨酸对促进锌吸收也有一定作用。精氨酸与锌有拮抗作用。

食品中含硫氨基酸不足会使硒的需要量增加。在宠物体内甲硫氨酸转化为半胱氨酸过程中，硒起着关键作用。如果缺硒，会影响体内甲硫氨酸向胱氨酸的转化。

高蛋白和某些氨基酸可促进钙、磷的吸收。当赖氨酸水平下降时，钙、磷的吸收也会下降。

硫、磷、铁等作为蛋白质的组成部分可直接参与蛋白质代谢。某些微量元素是蛋白质代谢酶系的辅助因子，为蛋白质代谢所必需。锌参与细胞分裂及蛋白质的合成过程，补锌有助于促进蛋白质的合成。

大豆蛋白可减少铁和其他微量元素（锌、镁）的吸收，因而在含有高水平大豆蛋白时，应增加铁的含量。半胱氨酸可促进铁的吸收。

（五）蛋白质与维生素的关系

食品中蛋白质不足时，会影响维生素 A 载体蛋白的形成，使维生素 A 利用率降低。蛋白质的生物学价值也会影响维生素 A 的利用和储备。相对于植物性蛋白质来说，添加动物性蛋白质可提高肝脏中维生素 A 的储备，反之，维生素 A 缺乏时，甲硫氨酸在组织蛋白质中的沉积量减少。

维生素 D 与所饲喂蛋白质的质量有关。未熟化的大豆蛋白，会使宠物对维生素 D 的需要量增加，这是因为生大豆中含有抗维生素 D 的物质。

B 族维生素主要作为辅酶，催化碳水化合物、脂肪和蛋白质代谢中的各种反应。核黄素是黄素的组成成分，参与氨基酸代谢、缺乏时会影响宠物体蛋白质的沉积。饲喂低

蛋白质食品时，会使宠物核黄素的需要量增加。

宠物体内的烟酸可转化为有活性的衍生物——烟酰胺，烟酰胺需要量受色氨酸水平影响，色氨酸可以转化为烟酸，但转化率低。

叶酸在自然界中通常以与谷氨酸结合的形式存在，具有生物活性的辅酶是四氨叶酸衍生物，在一碳单位的转移中是必不可少的，通过一碳单位的转移而参与嘌呤、嘧啶、胆碱的合成和某些氨基酸的代谢。

甲硫氨酸在提供甲基时，可部分补偿胆碱和维生素 B_{12} 的不足。同样，胆喊在体内也可作为甲基供体，参与甲基移换反应。当胆碱不足时会使甲硫氨酸提供甲基，从而降低其蛋白质的合成。维生素 B_{12} 对甲硫氨酸和核酸代谢有重要作用，参与蛋白质的合成，还可提高植物性蛋白质的利用率。

维生素 B_6 以磷酸吡哆醛的形式组成多种酶的辅酶，参与蛋白质、氨基酸的代谢。当维生素 B_6 不足时，会引起各种氨基转移酶活性降低，影响氨基酸合成蛋白质。高蛋白食品将加重维生素 B_6 的缺乏。

必备技能

一、认识蛋白质类原料的营养特点

蛋白质类原料是指干物质中粗纤维含量在 18%以下，粗蛋白质含量在 20%以上的原料，与能量类原料相比，蛋白质类原料蛋白质含量很高，且品质优良。根据蛋白质类原料的来源，可分为植物性蛋白质原料、动物性蛋白质原料以及微生物蛋白质原料。

二、认识植物性蛋白质类原料

植物性蛋白质原料主要包括豆类籽实及其加工副产品、各种油料作物及其加工副产品以及某些谷类籽实的加工副产品等。饼粕类原料是植物性食品中含蛋白质较高的原料，其蛋白质含量可达 40%~45%。这类原料种类繁多、来源方便、价格低廉。

（一）营养特点

（1）蛋白质含量高，且蛋白质质量较好，一般植物性蛋白质饲料粗蛋白质含量在 20%~50%，蛋白质品质高于谷物类蛋白，蛋白质利用率是谷类的 1~3 倍。但植物性蛋白质的消化率一般仅有 80%左右。

（2）粗脂肪含量变化大，油料籽实含量在 15%~30%以上，非油料籽实只有 1%左右。饼粕类脂肪含量因加工工艺不同差异较大，高的可达 10%，低的仅 1%左右。

（3）粗纤维含量一般不高，基本上与谷类籽实近似，饼粕类稍高些。

（4）矿物质中钙少磷多，且主要是植酸磷。

（5）维生素含量与谷类籽实相似，B 族维生素较丰富，而维生素 A、维生素 D 较缺乏。

（6）大多数含有一些抗营养因子，影响其饲喂价值。

（二）豆类籽实

豆类分大豆（黄豆、黑豆和青豆）和其他豆类（豌豆、蚕豆、绿豆、小豆、芸豆等）。其蛋白质含量高，一般为20%~40%，蛋白质品质高于谷类籽实，其中赖氨酸含量丰富，甲硫氨酸含量略低，谷豆搭配产生氨基酸的互补作用。几种干豆的营养成分含量见表1-23。

表1-23 几种干豆的营养成分（100g）

名称	蛋白质/g	脂肪/g	碳水化合物/g	粗纤维/g	灰分/g	胡萝卜素/mg	硫胺素/mg	核黄素/mg	烟酸/mg
黄豆	36.3	18.4	25.3	4.8	5.0	0.40	0.79	0.25	2.1
蚕豆	28.2	0.8	48.6	6.7	2.7	0	0.39	0.27	2.6
豌豆	24.6	1.0	57.0	4.5	2.9	0.04	1.02	0.12	2.7
绿豆	23.8	0.5	58.8	4.2	3.2	0.22	0.53	0.12	1.8

1. 大豆

大豆中以黄豆的产量最高，黄豆含蛋白质35%~40%，蛋白质生物学价值高，赖氨酸含量较高，为2.3%，但含硫氨基酸相对不足。大豆中无氮浸出物含量较低，粗纤维含量较低，为4%~5%，但粗脂肪含量高达17%，故有效能含量高。脂肪酸中多为不饱和脂肪酸，亚油酸和亚麻酸含量可达55%，且含有1.8%~3.2%的磷脂（卵磷脂、脑磷脂），具有乳化作用及抗氧化等特殊生理作用。矿物质和维生素含量与谷物类原料相似，钙含量稍高，但仍低于磷。GB/T 20411—2006《饲料用大豆》规定了饲料用大豆质量指标与分级标准（表1-24）。

表1-24 饲料用大豆质量指标与分级标准

质量标准	一级	二级	三级
水分/%	≤13.0	≤13.0	≤13.0
不完善粒/%	≤5	≤15	≤30
热损伤粒/%	≤0.5	≤1.0	≤3.0
粗蛋白质/%	≥36	≥35	≥34

未经加工的豆类籽实中含有多种抗营养因子，最典型的是胰蛋白酶抑制因子、脲酶等。生喂不利于宠物对营养物质的吸收，会导致宠物腹泻和生长性能下降。绝大部分抗营养因子不耐热，可通过加热处理来提高其消化利用率。大豆经膨化后，所含的胰蛋白酶抑制因子、脲酶等物质大部分被破坏，适口性及蛋白质消化率明显改善。

所谓抗营养因子是指食品中对营养物质的消化、吸收和利用产生不利影响的物质以及影响宠物健康和生产能力的物质。抗营养因子存在于所有的植物性食物中，也就是说，所有的植物都含有抗营养因子，这是植物在进化过程中形成的自我保护物质，起到平衡植物中营养物质的作用。抗营养因子有很多，已知的抗营养因子主要有蛋白酶抑制剂、植酸、凝集素、芥酸、棉酚、单宁酸、硫苷等。一些抗营养因子对机体健康具有特殊的作用，如大豆异黄酮、大豆皂苷等，这些物质在食用过多的情况下，会对机体的营养素吸收产生影响，甚至会造成中毒。

豆类籽实中含有的抗营养因子主要有蛋白酶抑制剂、大豆凝聚素、胃肠胀气因子及抗维生素因子以及对无机盐吸收不利的植酸等。

（1）蛋白酶抑制剂　蛋白酶抑制剂会抑制胰蛋白酶、糜蛋白酶、胃蛋白酶等多种蛋白酶活性的物质的统称。其中抗胰蛋白酶因子（或称胰蛋白酶抑制因子）存在最普遍，对宠物胰蛋白酶的活性有部分抑制作用，使蛋白质的消化率降低。对多数宠物胰蛋白酶抑制因子均会引起生长抑制、胰腺肥大，甚至产生肿瘤等。

采用常压蒸汽加热30min或0.1MPa加热10~25min即可破坏大豆中的抗胰蛋白酶因子。大豆中脲酶的抗热能力较抗胰蛋白酶因子强，且测定方法简单，故常用脲酶反应来判断大豆中抗胰蛋白酶因子是否已被破坏。

（2）大豆凝集素　大豆凝集素是一种能够凝集动物和人红细胞的一种蛋白质。其分子质量大，难以完整地被机体吸收进入血液，从而导致红细胞凝集，但仍会引起宠物生长抑制，甚至产生其他毒性。通过对豆类籽实进行加热即可破坏大豆凝集素。

（3）胃肠胀气因子　占大豆碳水化合物一半的水苏糖和棉籽糖，在肠道微生物作用下可产气，故将两者称为胃肠胀气因子。大豆通过加工制成豆制品时胃肠胀气因子可被除去。水苏糖和棉籽糖都是由半乳糖、葡萄糖和果糖组成的支链杂糖，又称大豆低聚糖，是生产浓缩大豆蛋白和分离大豆蛋白时的副产品。

（4）植酸　植酸又称肌酸、环己六醇六全-二氢磷酸盐，它主要存在于植物的种子、根干和茎中，其中以豆科植物的种子、谷物的麸皮和胚芽中含量最高。植酸具有很强的螯合能力，它不仅使植酸磷的利用率很低，植酸还能与钙、镁、锌、蛋白质、氨基酸和淀粉等形成难以消化的络合物，导致食物中多种营养消化率下降。植酸在消化道还与消化酶结合，使其活性下降，成为抑制成分。生产上，可通过添加植酸酶降低植酸的抗营养作用。

（5）豆腥味　大豆特有的不良气味，即大豆腥味，一般称作豆腥味，在豆浆、豆粉、豆腐及其再制品中普遍存在。在大豆粉碎时大豆中的脂肪氧化酶被氧气和水激活，其中的亚油酸、亚麻酸等多不饱和脂肪酸被氧化，生成氢过氧化物，再降解成多种具有不同程度异味的小分子醇、醛、酮、酸和胺等挥发性化合物，从而形成了大豆腥味，豆腥味一旦形成，很难去除。大豆脱腥方法很多，主要有基因工程技术、加热处理法、化学处理法、微生物法、去皮法和风味掩盖法。加热处理法是一种最常用的消除豆腥味的方法。加热可钝化脂肪氧化酶的活性，使一些豆腥味成分挥发并产生豆香味掩盖部分豆腥味，热处理还可破坏胰蛋白酶抑制因子、大豆凝聚素和脲酶等抗营养因子。不过，脂肪氧化酶比较耐热，110℃下处理10min才完全失活，而加热时间过长可引起蛋白质变性、某些氨基酸破坏损失、氮溶解指数降低等，且加热后大豆蛋白质不易为机体吸收，蛋白还会失去一些加工特性。因此选择适当的加热条件十分重要。

（6）皂苷和异黄酮　大豆皂苷的分子是由低聚糖与齐墩果烯三萜连接而成，为五环三萜类皂苷。大豆皂苷在大豆中的含量为0.1%~0.5%，对热稳定，当达到一定浓度时具有苦涩味。其生物学作用有抗突变作用、抗癌作用、抗氧化作用、免疫调节作用、抗病毒作用和降低血胆固醇和血脂的作用。大豆异黄酮是一类具有弱雌性激素活性的化合物，具有苦味和收敛性。长期以来，被认为是大豆中的不良成分。

2. 其他豆类

蚕豆、豌豆、绿豆、赤小豆、豇豆、芸豆等豆类含碳水化合物55%~60%，蛋白质为20%~25%，蛋白质组成中赖氨酸丰富，但含硫氨基酸偏低；脂肪仅含0.5%~2%；微量元素、B族维生素含量均高于谷类。

（1）绿豆　绿豆是我国夏季常食的豆类，它具有某些特殊的保健作用。《本草纲目》中就曾有“绿豆煮食，可消肿下气，清热解毒，消暑止渴”之说，近代医学研究也证实绿豆皮有抗菌作用，绿豆还具有利尿、促进机体代谢及促进体内毒物排泄的功效。

（2）菜豆　菜豆又称四季豆、刀豆。主要用来烹调菜肴。菜豆中含凝集素、刀豆氨酸。食用烹调不充分的菜豆易引起中毒。有实验结果表明，当大白鼠饲料中含0.5%的菜豆凝集素时，会明显影响白鼠生长，剂量再高时会引起死亡。用油炒或沸水加热15~45min，可使菜豆凝集素失去活性，因此菜豆应充分煮熟后食用。

（3）蚕豆　蚕豆又称胡豆、南豆、罗汉豆。蚕豆因其豆荚状如老蚕而得名。蚕豆中含有毒性非蛋白氨基酸β-氰基丙氨酸和L-3，4-二羟基苯丙氨酸。β-氰基丙氨酸是一种神经毒素，中毒后会出现肌肉无力、腿脚麻痹等症状。通常加热烹制可消除蚕豆毒性。

（三）饼粕类

饼粕是油料作物的籽实脱油之后留下的副产品。脱油的方法主要有两种，机械压榨法和溶剂浸提法。用压榨法脱油得到的副产物叫油饼，而用浸提法脱油得到的副产物称油粕。压榨法脱油效率低，油饼内常残留4%以上的油脂，可利用能量高，但油脂易氧化酸败。浸提法脱油效率高，油粕中残油量很少，有的可在1%以下，而蛋白质含量高。

饼粕类由于原料种类、品质及加工工艺不同，其营养成分差别较大。饼粕类原料通常含蛋白质较多（30%~45%），且品质优良；脂肪含量由于加工方法不同差别较大，通常土榨、机榨、浸提的含油量分别为10%、6%、1%；含磷较多，富含B族维生素，缺乏胡萝卜素。但杂粕（饼）有四个主要缺陷：①氨基酸平衡性差，有效氨基酸含量低；②有效能量低；③含有毒素；④有时粗纤维含量高，有效养分含量变异大。使用时，针对上述四点可采用真可利用氨基酸和有效能含量设计配方，补充氨基酸和油脂、多种饼粕搭配使用、必要时进行脱毒处理等。

1. 大豆饼（粕）

大豆饼（粕）在所有饼粕类蛋白质原料中质量最好，也是宠物食品中较常用的一种植物性蛋白质原料。粗蛋白质含量为40%~50%，去皮豆粕可高达49%，蛋白质消化率达80%以上。大豆饼（粕）富含必需氨基酸，尤以赖氨酸的含量为最高，常用来调节食品中的赖氨酸的含量，甲硫氨酸含量低，配制食品时要注意平衡氨基酸。大豆饼（粕）的常规营养成分和氨基酸含量分布见表1-25和表1-26。

表1-25　大豆饼和大豆粕的常规营养成分

名称	干物质/%	粗蛋白/%	粗脂肪/%	粗纤维/%	无氮浸出物/%	粗灰分/%	钙/%	磷/%	非植酸磷/%	总能/(MJ/kg)
大豆饼	87.0	40.9	5.7	4.7	30.0	5.7	0.30	0.49	0.24	18.07
大豆粕	87.0	43.0	1.9	5.1	26.1	6.0	0.32	0.61	0.17	16.48

表 1-26　　大豆饼和大豆粕的氨基酸含量　　单位：%

名称	干物质	赖氨酸	甲硫氨酸	胱氨酸	苏氨酸	异亮氨酸	亮氨酸	精氨酸	缬氨酸	组氨酸	酪氨酸	苯丙氨酸	色氨酸
大豆饼	87.0	2.38	0.59	0.61	1.41	1.53	2.69	2.47	1.66	1.08	1.50	1.75	0.63
大豆粕	87.0	2.45	0.64	0.66	1.88	1.76	3.20	3.12	1.95	1.07	1.53	2.18	0.68

在我国，过去大豆饼（粕）是大豆加工的副产品，随着饲料工业和宠物食品工业的发展，目前大豆饼（粕）实际上是主要产品，大多数情况下是为了得到大豆饼（粕）而制油。

大豆饼（粕）中胰蛋白酶抑制因子含量与其加工过程中熟化程度呈正相关，但是如果熟化过度又会导致蛋白质变性而影响蛋白质的消化。因此，生产上常把大豆饼（粕）熟化程度作为评定大豆饼（粕）质量的依据。大豆饼（粕）熟化程度主要依靠大豆饼（粕）的色泽、脲酶活性和氢氧化钾蛋白质溶解度来判断。大豆饼（粕）的色泽应该一致，呈深黄色至棕色说明过热，呈浅黄色至乳白色说明加热不足；用色度计进行测定，红色色度值在 4.50~5.50 时，品质良好。大豆饼（粕）中的脲酶活性在 0.03~0.4U/g 时，饲喂效果最佳。生大豆饼（粕）氢氧化钾蛋白质溶解度可达到 100%，当其大于 85%时，则说明大豆饼（粕）加热处理不足；当低于 65%时，则表明大豆饼（粕）加热过度。NY/T 130—2023《饲料原料　大豆饼》和 GB/T 19541—2017《饲料原料　豆粕》分别规定了饲料用大豆饼、大豆粕质量标准（表 1-27、表 1-28）。

表 1-27　　饲料用大豆饼质量标准

质量指标	一级	二级	三级
粗蛋白质/%	≥43.0	≥40.0	≥37.0
粗脂肪/%	≥4.0	≥4.0	≥4.0
粗纤维/%	≤7.0	≤7.0	≤7.0
粗灰分/%	≤7.0	≤7.0	≤7.0

表 1-28　　饲料用大豆粕质量标准

质量指标	等级			
	特级品	一级	二级	三级
粗蛋白质/%	≥48.0	≥46.0	≥43.0	≥41.0
粗纤维/%	≤5.0	≤7.0	≤7.0	≤7.0
粗灰分/%	≤7.0	≤7.0	≤7.0	≤7.0
脲酶活性/（U/g）	≤0.3	≤0.3	≤0.3	≤0.3
氢氧化钾蛋白质溶解度/%	≥73	≥73	≥73	≥73

注：各项理化指标数值均以 88%干物质为基础计算。

2. 棉籽饼（粕）

棉籽饼（粕）是以棉籽为原料经脱壳取油后的副产品，完全去壳的称为棉仁饼

（粕）。根据取油工艺不同，分为棉籽饼和棉籽粕。

棉籽饼（粕）的营养价值相差很大，影响棉籽饼（粕）营养价值的主要因素是棉籽脱壳程度及制油方法。完全脱壳的棉仁制成的棉仁饼（粕）粗蛋白质含量可达40%，与大豆饼（粕）的粗蛋白质相比，棉籽饼（粕）蛋白质组成不太理想，精氨酸含量高达3.6%~3.8%，而赖氨酸含量仅有1.3%~1.5%，只有大豆饼（粕）的一半，甲硫氨酸也不足，约0.4%。同时，赖氨酸的利用率较差。多数情况下，赖氨酸是棉籽饼（粕）的第一限制性氨基酸。棉籽饼（粕）中有效能量主要取决于粗纤维含量，即棉籽饼（粕）的含壳量。维生素含量受加热损失较多。矿物质中含磷多，但多属植酸磷，利用率低。棉籽饼（粕）的常规营养成分和氨基酸含量分布见表1-29和表1-30。

表1-29　棉籽饼和棉籽粕的常规营养成分

名称	干物质/%	粗蛋白/%	粗脂肪/%	粗纤维/%	无氮浸出物/%	粗灰分/%	钙/%	磷/%	非植酸磷/%	总能/(MJ/kg)
棉籽饼	88.0	36.3	7.4	12.5	26.1	5.7	0.21	0.83	0.28	17.15
棉籽粕	88.0	42.5	0.7	10.1	28.9	6.5	0.24	0.97	0.33	18.37

表1-30　棉籽饼和棉籽粕的氨基酸含量　单位:%

名称	干物质	赖氨酸	甲硫氨酸	胱氨酸	苏氨酸	异亮氨酸	亮氨酸	精氨酸	缬氨酸	组氨酸	酪氨酸	苯丙氨酸	色氨酸
棉籽饼	88.0	1.32	0.39	0.38	1.05	1.18	2.36	4.60	1.28	0.83	1.31	1.81	0.42
棉籽粕	88.0	1.40	0.41	0.40	1.11	1.25	2.50	4.88	1.36	0.88	1.39	1.92	0.45

NY/T 129—2023《饲料原料　棉籽饼》规定了我国饲料用棉籽饼质量标准，GB/T 21264—2007《饲料用棉籽粕》规定了棉籽粕质量指标及分级标准（表1-31、表1-32）。

表1-31　饲料用棉籽饼质量标准

质量指标	一级	二级	三级
粗蛋白质/%	≥40.0	≥32.0	≥25.0
粗纤维/%	≤10.0	≤14.0	≤23.0
粗灰分/%	≤6.0	≤7.0	≤7.0

表1-32　饲料用棉籽粕质量指标及分级标准

指标项目	一级	二级	三级	四级	五级
粗蛋白质/%	≥50.0	≥47.0	≥44.0	≥41.0	≥38.0
粗纤维/%	≤9.0	≤12.0	≤14.0	≤14.0	≤16.0
粗灰分/%	≤8.0	≤8.0	≤9.0	≤9.0	≤9.0
粗脂肪/%	≤2.0	≤2.0	≤2.0	≤2.0	≤2.0
水分/%	≤12.0	≤12.0	≤12.0	≤12.0	≤12.0

注：各项理化指标数值均以88%干物质为基础计算。

棉籽饼（粕）中也存在很多抗营养因子，最主要的是游离棉酚。棉酚被宠物摄食后，在体内有明显的蓄积作用，会引起累积性中毒。棉酚中毒表现为生长受阻、生产性能下降、贫血、呼吸困难、繁殖力下降甚至不育，严重会导致宠物死亡，剖检可见肺水肿、出血、心脏肿大、胸腔积水、肝脏充血、胃肠炎等。

棉酚在体内会与蛋白质、铁结合，干扰一些重要的功能蛋白质、酶及血红蛋白的合成，从而引起缺铁性贫血。

宠物食品中使用棉籽饼（粕）时，要限量使用，且最好使用经过脱毒处理的棉籽饼（粕）。其脱毒方法很多，生产中最常用的是硫酸亚铁处理法，方法简单，脱毒效果亦好。也可以将棉籽饼（粕）进行膨化脱毒，棉籽饼中游离棉酚含量在0.08%以下的，可不加脱毒剂膨化，脱毒率50%~60%；游离棉酚含量在0.08%以上的，可在膨化前加入脱毒剂，脱毒率在60%~90%或更高。两者均可达到安全的饲用标准。近年来，也有很多固态发酵棉籽饼脱毒技术的研究，即微生物脱毒法，但成本较高。棉籽粕中游离棉酚（FG）含量≤300mg/kg为低酚棉籽粕，300<FG≤750mg/kg为中酚棉籽粕，750<FG≤1200mg/kg高酚棉籽粕。

3. 菜籽饼（粕）

菜籽饼（粕）是以油菜为原料经脱壳取油后的副产品，经过机械压榨取油后残渣称为菜籽饼，经过浸提取油后得到的残渣称为菜籽粕。油菜是我国的主要油料作物之一，具有悠久的栽培历史，主产区在四川、湖北、湖南、江苏、浙江、安徽等省，四川菜籽产量最高。菜籽饼（粕）的蛋白质含量中等，在36%左右。其氨基酸组成特点是甲硫氨酸含量较高，在饼粕中仅次于芝麻饼（粕），居第二位。赖氨酸含量2.0%~2.5%，在饼粕类中仅次于大豆饼（粕），居第二位。菜籽饼（粕）中硒含量高，达1mg/kg，其中磷的利用率也较高。菜籽饼（粕）的常规营养成分和氨基酸含量见表1-33和表1-34。

表1-33 菜籽饼和菜籽粕的常规营养成分

名称	干物质/%	粗蛋白/%	粗纤维/%	无氮浸出物/%	粗灰分/%	钙/%	磷/%	非植酸磷/%	总能/(MJ/kg)
菜籽饼	88.0	35.7	7.4	11.4	26.3	7.2	0.59	0.96	0.33
菜籽粕	88.0	38.6	1.4	11.8	28.9	7.3	0.65	1.02	0.35

表1-34 菜籽饼和菜籽粕的氨基酸含量 单位:%

名称	干物质	赖氨酸	甲硫氨酸	胱氨酸	苏氨酸	异亮氨酸	亮氨酸	精氨酸	缬氨酸	组氨酸	酪氨酸	苯丙氨酸	色氨酸
菜籽饼	88.0	1.33	0.60	0.82	1.40	1.24	2.26	1.82	1.62	0.83	0.92	1.35	1.42
菜籽粕	88.0	1.30	0.63	0.8	1.49	1.29	2.34	1.83	1.74	0.86	0.97	1.45	0.43

菜籽饼（粕）是一种良好的蛋白质原料，但因含有硫代葡萄糖苷、芥子碱、植酸和单宁等抗营养因子，使其应用受到限制。

硫代葡萄糖苷的降解产物噁唑烷硫酮和异硫氰酸酯等有毒物质均会引起甲状腺肿大。使用量过大，轻则影响食品适口性，减少宠物采食量，重则影响宠物生长性能甚至发生中毒。芥子碱有苦味，导致菜籽饼（粕）适口性不良。菜籽饼（粕）中植酸含量在2%左右，在一定程度上会影响营养物质的利用。单宁有苦涩味，易在中性或碱性条件下产生氧化和聚合作用，使菜籽饼（粕）产品颜色变黑，并有不良气味和干扰蛋白质的消化利用。

菜籽饼（粕）的脱毒方法主要有坑埋法、浸泡法、蒸煮法、干热钝化酶法、酸碱法、氨化处理法、紫外线照射法、微波处理法、发酵中和法及其他微生物发酵法等。

近年来，国内外培育的“双低”（低芥酸和低硫代葡萄糖苷）品种已在我国部分地区推广，并获得较好效果。NY/T 125—1989《饲料用菜籽饼》规定了我国饲料用菜籽饼质量标准，见表1-35，GB/T 23736—2009《饲料用菜籽粕》规定了饲料用菜籽粕质量指标及分级标准，见表1-36。

表1-35　　饲料用菜籽饼质量标准

项目	菜籽饼		
	一级	二级	三级
粗蛋白质/%	≥37.0	≥34.0	≥30.0
粗纤维/%	<14.0	<14.0	<14.0
粗灰分/%	<12.0	<12.0	<12.0
脂肪/%	<10.0	<10.0	<10.0

表1-36　　饲料用菜籽粕质量指标及分级标准

指标项目	一级	二级	三级	四级
粗蛋白质/%	≥41.0	≥39.0	≥37.0	≥35.0
粗纤维/%	≤10.0	≤12.0	≤12.0	≤14.0
赖氨酸/%	≥1.7	≥1.7	≥1.3	≥1.3
粗灰分/%	≤8.0	≤8.0	≤9.0	≤9.0
粗脂肪/%	≤3.0	≤3.0	≤3.0	≤3.0
水分/%	≤12.0	≤12.0	≤12.0	≤12.0

注：各项理化指标数值均以88%干物质为基础计算。

4. 花生饼（粕）

花生饼（粕）是指脱壳或部分脱壳花生取油后的副产物，经过机械压榨取油后副产物称为花生饼，经过浸提取油后得到的副产物称为花生粕。花生饼（粕）的蛋白质含量高，花生饼的蛋白质含量为44%左右，花生粕的蛋白质含量为48%左右，比大豆饼（粕）还高，但蛋白质品质较差，氨基酸不平衡，赖氨酸、甲硫氨酸含量低，而精氨酸含量和组氨酸含量较高，其中精氨酸含量可高达5.2%。花生饼（粕）中胡萝卜素、维生素D含量较低，但烟酸和泛酸含量特别丰富。花生饼（粕）的常规营养成分和氨基酸含量见表1-37和表1-38。

表 1-37 花生饼和花生粕的常规营养成分

名称	干物质/%	粗蛋白/%	粗脂肪/%	粗纤维/%	无氮浸出物/%	粗灰分/%	钙/%	磷/%	非植酸磷/%	总能/(MJ/kg)
花生饼	88.0	44.7	7.2	5.9	25.1	5.1	0.25	0.53	0.31	18.95
花生粕	88.0	47.8	1.4	6.2	27.2	5.4	0.27	0.56	0.33	17.82

表 1-38 花生饼和花生粕的氨基酸含量 单位:%

名称	干物质	赖氨酸	甲硫氨酸	胱氨酸	苏氨酸	异亮氨酸	亮氨酸	精氨酸	缬氨酸	组氨酸	酪氨酸	苯丙氨酸	色氨酸
花生饼	88.0	1.32	0.39	0.38	1.05	1.18	2.36	4.60	1.28	0.83	1.31	1.81	0.42
花生粕	88.0	1.40	0.41	0.40	1.11	1.25	2.50	4.88	1.36	0.88	1.39	1.92	0.45

生花生中含有胰蛋白酶抑制因子，可在取油后经加热除去，但加热温度过高会影响蛋白质的利用率。花生饼（粕）极易感染黄曲霉菌而产生黄曲霉毒素，黄曲霉毒素有多种，其中以黄曲霉毒素 B_1 毒性最强，会引起宠物中毒。蒸煮、干热对去除黄曲霉毒素无效。为了安全，宠物食品配制尽量少用花生饼（粕），而且应选用优质花生取油后得到的饼（粕），不能饲喂发霉的花生饼（粕）。

NY/T 132—2019《饲料原料　花生饼》和 NY/T 133—1989《饲料用花生粕》分别规定了我国饲料用花生饼、花生粕的质量标准（表 1-39、表 1-40）。

表 1-39 饲料用花生饼质量标准

指标项目	一级	二级	三级
粗蛋白质/%	≥48.0	≥40.0	≥36.0
粗纤维/%	≤7.0	≤9.0	≤11.0
粗灰分/%	≤6.0	≤8.0	≤9.0
粗脂肪/%	≤3.0	≤3.0	≤3.0
赖氨酸/%	≥1.2	≥1.2	≥1.2
水分/%	≤11.0	≤11.0	≤11.0

注：各项理化指标数值均以 88%干物质为基础计算。

表 1-40 饲料用花生粕质量标准

质量指标	一级	二级	三级
粗蛋白质/%	≥51.0	≥42.0	≥37.0
粗纤维/%	<7.0	<9.0	<11.0
粗灰分/%	<6.0	<7.0	<8.0

（四）玉米蛋白粉

玉米蛋白粉又称玉米筋蛋白，是以玉米为原料用湿磨法加工生产，采用离心分离，使淀粉与蛋白质分离而得到玉米浆，经过滤干燥得到富含蛋白质的产品。依据工艺可以知道，玉米蛋白粉的蛋白质主要来自于玉米胚芽乳和醇溶蛋白。

玉米蛋白粉中的抗性淀粉不易消化吸收。粗纤维成分主要由非淀粉多糖和木质素组成，非淀粉多糖的含量、种类、结构会影响玉米蛋白粉的消化吸收。玉米蛋白粉氨基酸比例不太合理，矿物质和维生素组成、含量也较差。粗蛋白含量60%的玉米蛋白粉粗纤维含量一般都在2%以下；粗蛋白含量在40%的玉米蛋白粉粗纤维含量在3%~6%。依据粗纤维含量，可判断是否有植物性物质掺入。灰分含量一般不超过4%，灰分偏高可以推断是否掺入黄土、砂石等杂质。对于掺入非蛋白氮的检测方法，测定氨基酸组成是最有效的方法。NY/T 685—2003《饲料用玉米蛋白粉》规定了玉米蛋白粉呈浅黄色至黄褐色，色泽均匀；具有本制品固有气味，无腐败变质气味；呈粉状或颗粒状，无发霉、结块、虫蛀；不含砂石杂质；不得掺入非蛋白氮等物质；质量标准及分级如表1-41所示。

表1-41　饲料用玉米蛋白粉质量标准及分级　单位：%

项目	指标		
	一级	二级	三级
水分	≤12.0	≤12.0	≤12.0
粗蛋白质（干物质基础）	≥60.0	≥55.0	≥50.0
粗脂肪（干物质基础）	≤5.0	≤8.0	≤10.0
粗纤维（干物质基础）	≤3.0	≤4.0	≤5.0
粗灰分（干物质基础）	≤2.0	≤3.0	≤4.0

注：一级饲料用玉米蛋白粉为优等质量标准，二级饲料用玉米蛋白粉为中等质量标准，低于三级者为等外品。

三、认识动物性蛋白质类原料

动物性蛋白质类宠物食品原料来自动物机体及其副产品，包括畜禽的肉、内脏、血粉、肉粉（肉骨粉）、鱼类、鱼粉、蛋和乳品类，是宠物日粮中不可缺少的成分。

（一）营养特点

（1）蛋白质含量高，一般在40%以上，蛋白质品质好，必需氨基酸种类齐全，比例合理，生物学价值高，是理想的蛋白质来源。

（2）有些种类粗脂肪也较高，加之蛋白质含量高，故能量也较高。

（3）除乳品外，碳水化合物含量低，不含粗纤维，消化利用率高。

（4）钙磷丰富且比例适宜，磷为有效磷，利用率高，富含微量元素。

（5）富含B族维生素，尤其是植物性食品中缺乏的维生素B_{12}。

（6）含有促幼龄宠物生长的动物性蛋白因子。

（二）鱼类

1. 鱼类

鱼类一般含蛋白质13%~20%，脂肪含量差别很大。低脂肪鱼类含脂肪2%左右，而高脂肪鱼类脂肪含量高达5%~20%。鱼类蛋白质的组成好，能被宠物全部吸收；微量元素中含碘较多；含脂肪高的鱼类维生素A、维生素D等含量丰富。常用鱼类的营养成分见表1-42。

表1-42　常用鱼类及鱼粉的营养成分（每100g的含量）

品名	能量/kJ	水分/g	蛋白质/g	脂肪/g	灰分/g	钙/mg	磷/mg	镁/mg
大黄鱼	327.6	81.8	17.6	0.8	0.9	33	135	1.0
小黄鱼	415.8	79.2	16.7	3.6	0.9	43	127	1.2
带鱼	583.8	74.1	18.1	7.4	1.1	24	160	1.1
草鱼	462.0	77.3	17.9	4.3	1.0	36	173	0.7
白鲢	495.6	76.2	18.6	4.8	1.2	28	167	1.2
鲫鱼	260.4	85.0	13.0	1.1	0.8	54	203	2.5
鱼粉	1348.2	9.2	55.6	11.0	24.2	7705	2928	47.5

鱼类常被分为脂肪类鱼和蛋白类鱼。蛋白类鱼的脂肪含量低于2%，如鳕鱼、小口鳕、小鳕鱼；而脂肪类鱼的脂肪含量较高，达5%~20%，如鲱鱼、沙丁鱼、鳗鱼、鲭鱼、金枪鱼、鳝鱼、鲑鱼和鳟鱼，根据捕获时的成熟阶段和季节的不同，其脂肪含量为5%~18%。蛋白类鱼肉中蛋白质组成和瘦肉相同，而且蛋白类鱼中蛋白质的含量相对高些，但维生素A和维生素D的含量一般缺乏或者仅微量。鱼肉中含有适量的碘，而且由于骨骼常与肉一起加工，因而钙、磷的含量更均衡。去骨的鱼片中严重缺钙和缺磷。含油的鱼的鲜肉中含有维生素D和维生素A，而且像鳕鱼和大比目鱼这样的鱼肝中维生素A和维生素D的含量尤其丰富。含骨的整鱼（如果熟制或磨成粉则更安全），作为宠物猫营养物质均衡的来源比多数肉类更好。脂肪类鱼含脂溶性维生素丰富。

虽然鱼的适口性常常不如肉类，却总能被宠物很好的接受，但是它们的味道和外观可能不太容易被宠物的主人接受。与肉一样，鱼也有寄生虫，因而饲喂前必须制熟。另外，有些鱼肉中含有硫胺素酶而能分解维生素B_1，而维生素B_1的缺乏会导致猫的神经炎症，严重时会致命；加热可以破坏此酶或使之失活。

2. 鱼粉

鱼粉是由整鱼或渔业加工废弃物制成。优质鱼粉含蛋白质60%以上。国产鱼粉原料不同，加工条件不同，鱼粉品质相差很大。优质国产鱼粉含蛋白质60%以上，但也有的蛋白质含量很低，而食盐含量却很高。如在食品中添加食盐比例过高，易发生食盐中毒。鱼粉中必需氨基酸含量丰富，蛋白质营养价值高，是很好的蛋白质原料。

GB/T 19164—2021《饲料原料　鱼粉》规定了饲料原料鱼粉的技术要求。原料应新鲜。不应使用腐败变质、发生疫病、农兽药残留超标、受到石油或重金属等有毒有害物质污染的原料。必要时应进行原料分拣，去除沙、石、草木、金属等杂物。可添加饲料添加剂抗氧化剂、防腐剂。外观和性状以及理化指标的要求分别见表1-43、表1-44。

表 1-43　　饲料原料鱼粉的外观和性状

项目	红鱼粉	白鱼粉	鱼排粉
色泽	黄褐色至褐色，或青灰色	黄白色至浅黄褐色	黄白色至黄褐色
状态	肉眼可见粉状物，可见少量鱼骨、鱼眼等；显微镜下可见颗粒状或纤维状鱼肉、颗粒状鱼内脏和鱼溶浆以及鱼骨、鱼鳞；鱼虾粉中可见虾、蟹成分；无生虫、霉变、结块	肉眼可见粉状物，可见鱼骨、鱼眼等；显微镜下可见纤维状鱼肉，有较多鱼骨；无生虫、霉变、结块	肉眼可见粉状物，可见鱼骨、鱼眼、鱼鳞等；显微镜下可见颗粒状或纤维状鱼肉，较多鱼骨、鱼眼、鱼鳞及褐色块状内脏；无生虫、霉变、结块
气味	具有鱼粉正常气味、无腐臭味、油脂酸败味及焦煳味	具有白鱼粉正常气味，无腐臭味、油脂酸败味及焦煳味	具有鱼排粉正常气味，无腐臭味、油脂酸败味及焦煳味

表 1-44　　饲料原料鱼粉的理化指标

项目	红鱼粉				白鱼粉		鱼排粉	
	特级	一级	二级	三级（含鱼虾粉）	一级	二级	海洋捕捞鱼	其他鱼
粗蛋白质/%	≥66.0	≥62.0	≥58.0	≥50.0	≥64.0	≥58.0	≥50.0	≥45.0
赖氨酸/%	≥5.0	≥4.5	≥4.0	≥3.0	≥5.0	≥4.2	≥3.2	
17 种氨基酸总量[①]/粗蛋白质/%	≥87.0		≥85.0	≥83.0	≥90.0		≥85.0	
甘氨酸/17 种氨基酸总量/%		≤8.0		—	≤9.0		—	
DHA[②]与 EPA[③]占鱼粉总脂肪酸比例之和/%				≥18.0				—
水分/%				≤10.0				
粗灰分/%	≤18.0	≤20.0	≤24.0	≤30.0	≤22.0	≤28.0	≤34.0	
砂分（盐酸不溶性灰分）/%		≤1.5		≤3.0	≤0.4		≤1.5	
盐分（以 NaCl 计）/%			≤5.0		≤2.5		≤3.0	≤2.0
挥发性盐基氮/(mg/100g)	≤100	≤130	≤160	≤200	≤70		≤150	≤80
组胺/(mg/100g)	≤300	≤500	$\leq 1.0\times10^3$	$\leq 1.5\times10^3$	≤25.0		≤300	

续表

项目	红鱼粉				白鱼粉		鱼排粉	
	特级	一级	二级	三级（含鱼虾粉）	一级	二级	海洋捕捞鱼	其他鱼
丙二醛（以鱼粉所含粗脂肪为基础计）/（mg/100g）	≤10.0	≤20.0	≤30.0		≤10.0	≤20.0	≤10.0	

注：①17种氨基酸总量：胱氨酸、甲硫氨酸、天门冬氨酸、苏氨酸、丝氨酸、谷氨酸、甘氨酸、丙氨酸、缬氨酸、异亮氨酸、亮氨酸、酪氨酸、苯丙氨酸、赖氨酸、组氨酸、精氨酸和脯氨酸之和；②DHA：二十二碳六烯酸（C22：$6n-3$）；③EPA：二十碳五烯酸（C20：$5n-3$）。

鱼粉是以全鱼或鱼下脚料（鱼头、尾、鳍、内脏等）为原料，经过蒸煮、压榨、干燥、粉碎加工之后的粉状物。这种加工工艺所得的干鱼粉为普通鱼粉。如果把制造鱼粉时产生的煮汁浓缩加工，做成鱼汁，添加到普通鱼粉里，经干燥粉碎，所得的鱼粉叫全鱼粉。以鱼下脚料为原料制得的鱼粉叫粗鱼粉。各种鱼粉中，全鱼粉质量最好，普通鱼粉次之，粗鱼粉最差。

（1）营养特性　鱼粉的营养价值因鱼种、加工方法和贮存条件不同而有较大差异。鱼粉含水量变异幅度大（4%~15%），平均为10%，取决于加工中的干燥方法。鱼粉蛋白质含量高，消化率好（达90%以上）。鱼粉蛋白质含量从40%~70%不等，进口鱼粉一般在60%以上，国产鱼粉约50%。粗蛋白质含量太低，可能不是全鱼鱼粉，而是粗鱼粉；粗蛋白质含量太高，则可能掺假。鱼粉蛋白质品质好，氨基酸含量高，蛋白质中的氨基酸相当平衡，利用率也高。鱼粉含粗脂肪5%~12%，一般在8%左右，高于12%可能会给使用带来很多问题。海产鱼的脂肪中含大量不饱和脂肪酸，具有特殊的营养生理作用。鱼粉的粗灰分含量高，磷主要以磷酸钙形式存在，利用率高。鱼粉含有丰富的B族维生素，尤以维生素 B_{12}、维生素 B_2 含量高。真空干燥的鱼粉含有较丰富的维生素A、维生素D，此外，鱼粉中含有未知生长因子。

（2）饲用价值　新鲜鱼粉适口性好。因此，鱼粉的饲用价值比其他蛋白质原料高。使用鱼粉时，应考虑到鱼粉含有较高的组胺，组胺会与赖氨酸结合，形成糜烂素。鱼粉含有较高的脂肪，储存过久易发生氧化酸败，影响适口性，幼龄宠物使用后会出现下痢。鱼粉中添加抗氧化剂可延长其储存期。生鱼粉中含有维生素 B_1 分解酶。宠物如果食用加热不充分的鱼粉或鲜鱼会出现生长下降，此时需添加维生素 B_1，或将鱼粉再加热处理。

目前市场上鱼粉掺假掺杂现象比较严重。掺假的原料有血粉、羽毛粉、皮革粉、硫酸铵、菜籽饼、棉籽饼、钙粉等，起不到鱼粉应有的作用。食盐含量也是限制鱼粉用量的因素之一。

3. 鱼溶粉、虾（蟹）粉

（1）鱼溶粉　鱼溶粉是制造鱼粉时所得的鱼黏液，经浓缩干燥而成；或以鱼体内脏经自体消化后的液状物，经离心分离鱼肝油后的蛋白液浓缩干燥而成的产品。如上述鱼黏液经浓缩为含水约5%的鱼溶浆，再以脱脂米糠、麸皮等原料吸附，干燥而得产品则称混合鱼溶粉。

鱼溶粉所含蛋白质以水溶性蛋白为主，其中部分属非蛋白氮；水溶性维生素及矿物质含量较多，且含有丰富的未知生长因子，是良好的食品原料。

（2）虾（蟹）粉　将虾（蟹）可食部分除去后的新鲜虾（蟹）杂，经干燥、粉碎的产品称虾（蟹）粉。虾粉及蟹粉的成分随原料品种、处理方法及鲜度不同而有很大差异，所含蛋白质多为来自几丁质的氮，利用价值很低；虾（蟹）粉还含有着色效果的虾红素。使用时应注意其鲜度及含盐量。

（三）肉类及其加工副产物

1. 畜禽肉的营养价值

胴体是指畜禽屠宰后除去毛、皮、头、蹄、内脏（猪保留板油和肾脏，牛、羊等毛皮动物还要除去皮）后的部分，因带骨又称为带骨肉或白条肉。从广义上讲，畜禽胴体则是肉。从狭义上讲，原料肉是指胴体的可食部分，即除去骨的胴体，又称其为净肉。

肉（胴体）是由肌肉组织、脂肪组织、结缔组织和骨组织四部分组成，其组成比例大致为肌肉组织 50%~60%，脂肪组织 15%~20%，结缔组织 9%~13%，骨组织 5%~20%。

各种肉类都含有水分、蛋白质、脂肪、碳水化合物、矿物质、维生素。一般碳水化合物含量极少，其中不含淀粉和粗纤维。其营养成分的含量依动物的种类、性别、年龄、营养与健康状况、部位等不同，见表 1-45、表 1-46。

表 1-45　　各种畜禽肉的化学组成

名称	水分/%	蛋白质/%	脂肪/%	碳水化合物/%	灰分/%	热量/（kJ/kg）
牛肉	72.91	20.07	6.48	0.25	0.92	6.19
羊肉	75.17	16.35	7.98	0.31	1.99	5.89
肥猪肉	47.40	14.54	37.34	—	0.72	13.73
瘦猪肉	72.55	20.08	6.63	—	1.10	4.87
马肉	75.90	20.10	2.20	1.88	0.95	4.31
兔肉	73.47	24.25	1.91	0.16	1.52	4.89
鸡肉	71.80	19.50	7.80	0.42	0.96	6.35
鸭肉	71.24	23.73	2.65	2.33	1.19	5.10

表 1-46　　猪肉各部位的化学组成　　单位:%

名称	水分	蛋白质	脂肪	灰分
腿肉	74.02	20.52	4.46	1.00
背肉	73.39	22.38	3.20	1.03
里脊	75.28	18.72	5.07	0.93
肋骨肉	65.02	17.05	17.14	0.78
肩肉	61.50	17.47	20.15	0.88
腹肉	58.40	15.80	25.09	0.71

（1）畜肉的营养价值　畜肉就是指猪、牛、羊等家畜的肉。这类原料的营养价值高，蛋白质含量丰富，蛋白质品质好，并且加工后适口美味，是宠物食品搭配时提高营养价值、改善适口性的重要原料。

①蛋白质：畜肉含蛋白质一般为15%~25%，主要为肌肉蛋白质、肌浆蛋白质和结缔组织蛋白质。通常牛、羊肉的蛋白质含量高于猪肉，兔肉含蛋白质最多，而脂肪含量最少；蛋白质含量最高的部位是脊背的瘦肉，蛋白质含量高达22%，里脊肉鲜嫩，水分含量较多，奶脯肉蛋白质含量最少，而含有最多的脂肪。畜肉蛋白质品质好，为完全蛋白质，营养价值高，但结缔组织中所含的胶原蛋白和弹性蛋白缺乏色氨酸和甲硫氨酸等必需氨基酸，故结缔组织含量越多，营养价值越低。

②脂肪：从胴体获得的脂肪称为生脂肪，生脂肪熔炼提出的脂肪称为油。猪肉脂肪含量高于牛肉、羊肉，但动物的肥瘦程度使肉的脂肪含量差异很大。脊背肉含脂肪较少，而猪肋、腹肉的脂肪含量较高。动物脂肪主要成分为甘油三酯，占96%~98%，还有少量的磷脂和胆固醇脂。畜肉脂肪酸以饱和脂肪酸含量较多，磷脂和胆固醇脂是能量的来源之一，也是构成细胞的特殊成分，它对肉类制品的质量、颜色、气味具有重要意义。

③矿物质：畜肉矿物质含量约为1%，其中钙含量较低，仅为70~110mg/kg，磷为1270~1700mg/kg，铁为62~250mg/kg。畜肉是锌、铜、锰等多种微量元素的良好来源，宠物对肉中矿物质的吸收率都高于对植物性食品，尤其对铁的吸收率均高于其他食品。

④碳水化合物：肉类碳水化合物含量很低，一般为0.3%~0.9%，主要以糖原形式存在。动物被宰杀后保存过程中由于酶的分解作用，糖原含量下降，乳酸含量上升，pH逐渐下降，对畜肉的风味和贮存有利。

⑤维生素：畜肉肌肉组织中维生素A、维生素D含量少，B族维生素较高，猪肉中维生素B_1的含量较牛羊肉高，牛肉的叶酸含量比猪肉高。

（2）禽肉　通常指鸡、鸭、鹅等家禽的肉，禽肉所含营养成分与畜肉接近，是一类营养价值很高的食品原料。

①蛋白质：禽肉一般含蛋白质17%~23%，属优质蛋白质。一般禽肉较畜肉有较多的柔软的结缔组织，且均匀地分布在肌肉组织中，故禽肉较畜肉更细嫩，并容易消化。

②脂肪：禽肉中脂肪含量不一，一般含脂肪7%左右。鸡肉含脂肪较低，如鸡胸脯肉仅含脂肪3%，但肥的鸭、鹅脂肪含量可高达40%，如北京填鸭脂肪含量可达41%。禽肉脂肪含有丰富的亚油酸，其含量约占脂肪总量的20%左右，禽肉脂肪的营养价值高于畜肉脂肪。

③矿物质：禽肉中钙、磷、铁等的含量均高于畜肉，微量元素锌也略高于畜肉，硒的含量明显高于畜肉。

④维生素：禽肉含丰富的维生素，B族维生素含量与畜肉相近，其中烟酸含量较高，为40~80mg/kg，维生素E为900~4000μg/kg，禽肉内脏富含维生素A和核黄素。

禽肉所含含氮浸出物（水浸出）与年龄有关，同一品种的幼禽肉汤中含氮浸出物少于老禽，故老禽烹制的肉汤比幼禽汤鲜美。禽肉中碳水化合物的含量亦很低。

（3）加工处理对肉类营养价值的影响

①食品加工的前处理：肉类去骨、整形后采用盐腌再进一步加工，盐腌对肉类维生素 B_1、维生素 B_2 及烟酸的影响较小，其损失率为 1%～5%，对蛋白质无不利影响。

②贮存：牲畜屠宰后发生一系列变化，肉经过僵直、解僵、自溶三阶段，僵直状态的肉持水性低，成熟后的肉风味、营养价值都得到提高，但如继续贮存在常温下，肉就会腐败，氨基酸转化为胺，如组氨酸、酪氨酸和色氨酸分别形成组胺、酪胺和色胺等有毒物质，营养价值降低。冷冻贮藏是肉类保藏的最好方法，营养物质损失较少，微生物繁殖减缓，解冻时仅有少量的水溶性物质可能随汤液流失。冷冻对畜肉蛋白质变性影响较小。

罐装的肉制品在 38℃贮藏 6 个月，维生素 B_1 大约损失 50%，但在 0℃贮藏时，3 年后维生素 B_1 只损失 10%，而在－18℃贮藏时维生素 B_1 几乎无损失。带汤汁的罐头食品在贮藏中由于沥滤作用，固形物中的水溶性物质流入汤汁中，如采用冷藏保存带汤汁的罐头，这种沥滤作用大大缓慢。

③烹调：畜肉的烹调方法多种多样，常用的有炒、蒸、焖、煮、煎炸、熏烤等方法。在肉的表面加少许水淀粉后炒炸，加热时会在原料表面迅速形成保护层，从而减少原料中水分和营养物质的逸出，又可避免原料与空气过多接触而产生的氧化作用，蛋白质也不致过分变性，维生素的破坏和流失相应减少，鲜嫩并容易消化。

煮、炖、蒸时，随温度逐渐升高，肉中结缔组织收缩而使瘦肉块收缩，肉汁逸出。若温度保持在 100℃煮 30min，瘦肉中约有 4%的蛋白质和部分含氮浸出物、40%～50%的游离无机盐、20%或更多的 B 族维生素进入汤汁，因此肉汤味道鲜美，营养价值高。

熏烤时肉汁逸出，其中的水分蒸发，大部分肉汁在肉的表面浓缩，使烤肉香味更浓。熏烤温度通常超过 200℃，表层的蛋白质因结硬壳，吃后不易消化，B 族维生素被破坏 30%左右。煎炸肉时，油的温度通常在 180～200℃，使肉的表面蛋白质迅速结成硬壳，内部的可溶性物质不易流出，因此味美多汁。煎炸时因油温过高（高于 250℃），甘油三酯的脂肪酸之间会发生聚合，使油脂黏稠度增大，同时亦会生成环状单聚体、二聚体及多聚体，环状单聚体能被机体吸收，产生毒性。

2. 肉类副产品的营养价值

（1）新鲜副产品　畜禽副产品包括头、蹄、翅、爪、尾、内脏及骨架。它们的营养价值差异较大，如心、肝、肾、脑等含骨较少，营养价值高，而肠、胃、肺营养价值较低些，骨架、蹄等含骨较多，且氨基酸不齐全，营养价值更低些。因此，使用畜禽副产品时要注意合理搭配，以达到营养平衡和氨基酸互补。

①肝脏：各种动物的肝都是宠物优质的食物，具有丰富的蛋白质和多种维生素、微量元素，维生素 A 和维生素 D 含量比其他动物性食品含量高。肝对宠物的生长发育和繁殖有良好的作用，特别是在繁殖期的日粮中加入 5%的鲜肝，可以提高宠物的繁殖率。但肝有轻泻作用，喂量太多会引起稀便。

②心和肾：心和肾含有丰富的蛋白质和维生素，尤其是肾中的维生素 A 含量丰富，但胆固醇的含量太高。

③胃和肠：营养价值较低，并且胃肠里寄生虫、微生物含量较多，不易清洗，所以最好熟喂。肠系膜上脂肪的含量很多，应除去全部或部分脂肪后饲喂。禽肠主要用于饲

喂宠物，制成的干粉含粗蛋白质约45%、粗脂肪16%、无氮浸出物26.5%。

④脑：各种动物的脑内含有大量的磷脂和必需氨基酸，营养丰富，消化率高，对生殖器官的发育有促进作用，通常作为催情食品。在发情配种前，给宠物饲喂一定量的动物脑可以促进性腺的发育，尤其对雄性宠物的性器官发育、精子形成、增强性欲都有良好的作用。

⑤肺：肺的营养价值较低，含蛋白质较低，含有较多的结缔组织，对胃有刺激作用，易产生呕吐现象。一般煮熟后饲喂。

⑥血：血是屠宰场废弃的一种副产品。血中水分含量高，含较多的蛋白质、维生素和矿物质，赖氨酸含量极为丰富。一般需要熟喂，消化率较低，不易多喂。

另外，骨架的产量很高，也是宠物食品的优质原料。根据含骨的比例不同，可食部分比例差异较大，营养成分含量亦差异较大。各种畜禽副产品营养成分见表1-47。

表1-47　　畜禽副产品营养成分含量（每100g的含量）

名称	食部/%	能量/kJ	水分/g	脂肪/g	灰分/g	视黄醇当量/μg	钙/mg	磷/mg
牛心	100	444	77.2	3.5	0.8	17	4	178
羊肝	100	561	69.7	3.6	1.4	20972	8	299
猪大肠	100	799	74.8	18.7	0.8	7	10	56
猪肚	96	460	78.2	5.1	1.8	3	11	124
猪肝	99	540	70.7	3.5	1.5	4972	6	310
猪心	97	498	76.0	5.3	1.0	13	12	189
猪血	100	230	85.8	0.3	0.8	—	4	16
鸡翅	69	817	65.4	11.8	0.8	68	8	161
鸡肝	100	506	74.4	4.5	1	10414	7	263
鸭翅	67	611	70.6	6.1	6.3	14	20	84
鸭肝	100	536	76.3	7.5	1.2	1040	18	283

（2）干燥副产品

①肉骨粉和肉粉：这类原料是不能用作食品的畜禽下水及各种废弃物或畜禽尸体经高温、高压脱脂干燥而成的产品。含骨量小于10%的称为肉粉，含骨量大于10%的称为肉骨粉，其蛋白质含量随骨的比例提高而降低。一般肉骨粉含粗蛋白质35%～40%，进口肉骨粉粗蛋白质含量为50%；粗脂肪为8%；含钙磷丰富，钙为8.5%，磷为4%，且磷的利用率较高。1kg干物质消化能为11.72MJ（猪），并含有一定量的钙、磷和维生素B_{12}。饲料用肉骨粉为黄至黄褐色油性粉状物，具肉骨粉固有气味，无腐败气味。除不可避免的少量混杂以外，产品中不应添加毛发、蹄、角、羽毛、血、皮革、胃肠内容物及非蛋白含氮物质。不得使用发生疫病的动物废弃组织及骨加工饲料用肉骨粉。加入抗氧剂时应标明其名称。产品应符合《饲料和饲料添加剂生产许可管理办法》的有关规定；应符合国家检疫有关规定；应符合GB 13078—2017《饲料卫生标准》的规定。沙门氏菌不得检出。铬含量≤5mg/kg，总磷含量≥3.5%，粗脂肪含量≤12.0%，粗纤维含量≤3.0%，水分含量≤10.0%，钙含量应当为总磷含量的180%～220%，以粗蛋白质、

赖氨酸、胃蛋白酶消化率、酸价、挥发性盐基氮、粗灰分为定等级指标（表1-48）。

表1-48　　饲料用肉骨粉质量指标（GB/T 20193—2006）

等级	质量指标					
	粗蛋白质/%	赖氨酸/%	胃蛋白酶消化率/%	酸价（KOH）/（mg/g）	挥发性盐基氮/（mg/100g）	粗灰分/%
1	≥50	≥2.4	≥88	≤5	≤130	≤33
2	≥45	≥2.0	≥86	≤7	≤150	≤38
3	≥40	≥1.6	≥84	≤9	≤170	≤43

肉粉是以纯肉屑或碎肉制成的可饲品。肉粉的粗蛋白质含量一般为50%~60%，牛肉粉可达70%以上。赖氨酸和色氨酸含量低于鱼粉，适口性也略差。国产肉粉含蛋白质较低，在40%~50%之间，品质相对较低，且原料变化较大，质量难以保持稳定，影响使用效果。某些肉粉由于高温熬制使部分蛋白质变性，消化率降低，尤其赖氨酸受影响较严重。

肉粉虽作为一类蛋白质饲料原料，可与谷类饲料搭配补充蛋白质的不足。但由于肉粉主要由肉、腱、韧带、内脏等组成，还包括毛、皮及血等废弃物，所以品质差异很大。若以腐败的原料制成产品，品质更差，甚至可导致中毒。加工过程中热处理过度的产品适口性和消化率均下降。贮存不当时，所含脂肪易氧化酸败，影响适口性和动物产品品质。总体饲养效果不是很理想。

肉粉的原料很易感染沙门氏菌，在加工处理畜禽副产品过程中，要进行严格的消毒。

②血粉：血粉是畜禽被屠宰后所得鲜血，经干燥而制成，其蛋白质含量在80%~90%。血粉的赖氨酸含量相当高，为6%~8%，但其甲硫氨酸和异亮氨酸含量较低，此外精氨酸含量亦较低。在使用血粉时应注意与精氨酸、异亮氨酸高的饲料搭配使用。血粉蛋白质与氨基酸的利用率受血粉加工工艺的影响，一般干燥方法所获血粉的消化率较低，而喷雾干燥血粉的氨基酸消化率较高，可达90%。血粉的适口性较差，日粮中的使用量不宜过高，一般在3%左右为宜。

发酵血粉是开发我国饲用血粉的一个重要方向。利用米曲霉发酵后，血粉的消化吸收率得以改善，营养价值有所提高。发酵血粉的蛋白质含量一般在60%~65%，赖氨酸为3.47%~4.32%，氨基酸表观消化率较普通干燥血粉提高20%左右。饲料用血粉感官及理化指标见表1-49。

表1-49　　饲料用血粉感官及理化指标（LS/T 3407—1994）

质量指标	一级品	二级品
色泽	暗红色或褐色	暗红色或褐色
气味	具有本制品固有气味；无腐败变质气味	具有本制品固有气味；无腐败变质气味
粗蛋白质/%	≥80	≥70
粗纤维/%	<1	<1

续表

质量指标	一级品	二级品
水分/%	≤10	≤10
灰分/%	≤4	≤6

（四）乳及乳制品

乳品包括牛乳、脱脂乳、奶油、乳清粉、酸乳和乳制品，如乳粉、黄油等。代乳品有糕干粉和代乳糕。乳中含有犬所需要的大多数的营养成分，但铁和维生素 D 缺乏，每100g 乳含能量 271.7kJ，蛋白质 3.4g，脂肪 3.9，乳糖 4.7g，钙 0.12g，磷 0.1g，乳对犬的适口性较好。常用的乳及乳制品的营养成分见表 1-50。

表 1-50　常用乳及乳制品的营养成分（每 100g 的含量）

品种	能量/kJ	水分/g	蛋白质/g	脂肪/g	灰分/g	碳水化合物/g	钙/mg	磷/mg	铁/mg
牛乳	289.8	87.0	3.3	4.0	5.0	0.7	120	93	0.2
羊乳	289.8	86.9	3.8	4.1	4.3	0.9	140	106	0.1
牛乳粉	2192.4	2.0	26.2	30.6	25.5	5.7	1030	883	0.8
奶油	865.2	73.0	2.9	20.0	3.5	0.9	140	106	0.1
代乳糕	1806.0	5.0	18.8	13.6	58.1	3.6	661	419	5.6
糕干粉	1621.2	7.6	5.1	5.6	79.0	0.6	508	540	1.7

乳制品中含有比肉和鱼中更多的蛋白质和更齐全的氨基酸，犬比猫更爱吃乳制品，但个别犬体内缺乏乳糖分解的消化酶——乳糖酶而引起腹泻，这种现象称为乳糖不耐受。出现乳糖不耐受，立即停止给予牛奶或其他乳制品。对于其他宠物，按每千克体重给予 20mL 左右的乳是有益的，乳中含有犬、猫所需要的大部分营养物质，但是铁与维生素 D 含量缺乏。乳是容易利用的高质量的蛋白质、脂肪、碳水化合物、钙磷和许多微量元素、维生素 A 和 B 族维生素的很好来源。维生素 B_2（核黄素）对阳光敏感，如果乳暴露在阳光下 1~2h 以上则维生素 B_2 与维生素 C 容易被破坏。

（1）巴氏杀菌乳　亦称消毒牛乳，它是将新鲜生牛乳经过过滤、加热杀菌后分装出售的饮用奶。巴氏杀菌乳除维生素 B_1 和维生素 C 有一定损失外，营养价值与新鲜牛乳差别不大。市售巴氏杀菌乳常常强化一些维生素，如维生素 D 和维生素 C 等。

（2）脱脂乳　脱脂乳是将鲜牛乳脱去脂肪再干燥而成，除脂肪可降低至 1%左右外，其他变化不大。对于老年宠物，消化不良的幼宠，经常腹泻及患有胆囊疾患、高脂血症、慢性胰腺炎等的宠物有一定益处。脱脂乳因其脂肪含量较少，所以易保存，不易发生氧化作用，是制作饼干、零食等其他食品的最好原材料。脱脂乳中不含脂肪，适宜肥胖而又需要补充营养的宠物食用。

（3）乳粉　根据使用要求，乳粉又分为全脂乳粉、脱脂乳粉、加糖乳粉和强化乳粉等。

①全脂奶粉：鲜乳消毒后除去 70%~80%水分，采用喷雾干燥法将乳制成雾状颗粒。该法生产的奶粉溶解性好，对乳的性质、乳的气味及其他营养成分影响较小。

②脱脂乳粉：生产工艺同全脂乳粉，但原料乳经过脱脂过程。由于脱脂使脂肪的含量大为减少，脂溶性维生素含量亦大为减少。

③加糖乳粉：为改变乳粉的口味，加入一定数量的蔗糖，使乳粉的甜度增加。

④强化乳粉：在乳粉中加入一些维生素、矿物质等营养成分，使其更符合宠物某一生理阶段的营养需要或特殊生理要求。强化乳粉又称为调制乳粉。

（4）炼乳　炼乳是一种浓缩乳，种类较多，有甜炼乳、淡炼乳、全脂炼乳、脱脂炼乳、强化炼乳等。

①甜炼乳：是在牛乳中加入约16%的蔗糖，并经减压浓缩到原体积的40%的一种乳制品。成品中蔗糖含量为40%~45%，渗透压增大，成品保质期较长。

②淡炼乳：为无糖炼乳，又称为蒸发乳。将牛乳浓缩到原体积的1/3后装罐密封，经加热灭菌后制成具有保存性的乳制品。其与甜炼乳的差别一是不加糖；二是进行了均质操作，即为防止脂肪上浮，使用适当压力和温度，使脂肪球变小，表面积变大，增加脂肪球表面酪蛋白的吸附，脂肪球比重增大，上浮能力变小；三是密封装罐后再经过一次灭菌消毒。淡炼乳经高温处理后维生素有一定损失，经均质后脂肪的消化率提高。

（5）奶油　由牛乳中分离出的脂肪制成的产品，一般脂肪的含量为80%~83%，而含水量低于16%。

（6）乳清粉　乳清脱水干燥后的产品即为乳清粉，蛋白质含量不低于11%，乳糖含量不低于61%。乳清粉中一般乳糖含量在70%左右，足以供给宠物所需的热能，且乳糖有促进乳酸菌繁殖的作用，可抑制大肠杆菌的生长。此外，钙、磷等矿物质及B族维生素含量丰富。此外，还可做黏结剂使用。

（7）酪乳　酪乳是制作奶油的副产品。从全乳分离出脱脂乳，再抽出奶油后剩下的部分就是酪乳。酪乳的成分与脱脂乳相近，只是酪乳比脱脂乳脂肪含量略多，同时还含有乳酸。酪乳的蛋白质易被机体吸收，加强新陈代谢，促进幼宠增重，但要注意发酵了的酪乳以及腐败的酪乳不能做原料。酪乳可经干燥加工成干燥酪乳，用法与脱脂乳相同。宠物猫非常爱吃富含脂肪和脂溶性维生素的奶油和奶酪（乳蛋白凝结物）。当乳糖和B族维生素被移入乳清中时，乳中的大部分蛋白质、脂肪、钙和维生素A仍留在奶酪内。除了用脱脂乳粉的软干酪几乎不含脂肪外，大多数酪乳的蛋白质和脂肪含量相似。奶油乳酪所含脂肪量最高。对于猫来说，乳制品是许多营养物质的极佳来源，但是个别有乳糖不耐受应避免给予它任何乳及乳制品。

（五）蛋及蛋制品

蛋内平均含蛋白质12.6%，氨基酸品质很好，宠物能很好地消化吸收。蛋中含有丰富的维生素A、维生素D、维生素B_2，但缺乏烟酸；微量元素中富含铁。常用的蛋及蛋制品的营养成分见表1-51。

蛋类常用于饲喂生长发育期的猫、犬，因为蛋中富含铁、蛋白质、维生素B_2、叶酸、维生素B_{12}和维生素A、维生素D。它还含有除维生素C和碳水化合物之外的大多数其他营养物质。蛋清中主要含蛋白质、水、微量元素和某些B族维生素（烟酸在蛋中含量甚微）。蛋黄中有多数B族维生素、全部脂溶性维生素，而且蛋黄中脂肪和蛋白质含量高于蛋清而水分少于蛋清。未加热的蛋清（蛋白）含有一种被称为卵白素的蛋白质，影响生物素的生物活性，导致犬掉毛、生长减缓、骨骼畸形等症。此外，生鸡蛋通常也含有病菌，容易导致犬生病，加热可以破坏这种对生物素的束缚作用以及病菌而提高蛋清的消化率，因此饲喂蛋类前以先煮熟为宜。

表 1-51　常用蛋及蛋制品的营养成分（每 100g 的含量）

品种	能量/kJ	水分/g	蛋白质/g	脂肪/g	灰分/g	碳水化合物/g	钙/mg	磷/mg	铁/mg
鸡蛋	714.0	71.0	14.7	11.6	1.6	1.1	55	210	2.7
鸭蛋	688.8	70.0	8.7	9.8	10.3	1.2	71	210	3.2
鸡蛋粉	2238.6	1.9	42.2	34.5	13.4	8.0	24	160	1.1
蛋壳粉	—	1.2	—	—	—	94.1	7705	2928	47.5

四、认识单细胞蛋白质类原料

单细胞蛋白质（SCP）是对结构简单的单细胞或多细胞生物的菌体蛋白的统称。包括各种酵母、细菌、真菌、一些单细胞藻类及某些原生生物。宠物食品中应用最广泛的就是酵母。其粗蛋白质含量为 40%~50%，生物学价值介于动物蛋白与植物蛋白之间，且赖氨酸含量高。酵母可作为宠物食品中蛋白质和维生素的添加成分，改善氨基酸的组成，补充 B 族维生素。由于单细胞蛋白质只作为添加剂，因此可根据宠物口味偏好选择利用。

拓展技能

宠物食品原料掺假掺杂的识别

（一）宠物食品原料品质检测与鉴别方法

1. 一般鉴别法

宠物食品原料品质的一般鉴别法，是指用视觉、嗅觉、触觉等鉴别原料品质的一些方法，故又称感官法。

（1）视觉法　指通过肉眼或放大镜观察原料形态、颜色、虫害及霉变的一种方法。观察时若发现原料结块，可能是水分含量过高或发生了霉变。粉碎、过筛时若发现粉料呈球块，一捻又成粉末时，除上述原因外，可能与脂肪含量较高、有黏性物质存在有关。正常豆粕应呈黄或金黄色，若呈褐色、棕褐色或棕黑色，可能加热过度。要确切判断，尚需通过脲酶活性等方法进一步确定。

（2）嗅觉法　原料因发酵、腐败，可导致蛋白质分解，人为添加非蛋白含氮化合物也可产生挥发性氨气味，脂肪酸败和过热焦化可产生焦臭味等，都可通过嗅觉判断。如发现鱼粉有刺激性氨味、哈喇味、霉味，即可判定该鱼粉已发生腐败、霉变或脂肪酸败。

（3）触觉法　指原料水分含量可通过手摸、耳听来判断。如手插入料堆感觉湿凉，表示原料含水量超标。青干草手触无湿凉感，手摇有沙沙响声，表明品质优良。

2. 物理性鉴别法

（1）容重测定　一定体积的原料都有一定相对密度，故通过检测样和标准样的容重比较，即可初步判定原料是否掺杂或水分含量是否异常等。

(2) 相对密度测定与浮选技术　原料不同，相对密度不同，根据原料不同相对密度，选用相应相对密度的浮选液对其分离，分离物再进一步用镜检或浮选法确认浮选实例。

①饲料中有机物质与无机物质分离时，浮选液可选四氯化碳。上浮者为有机物，下沉者为无机物。将两部分分别干燥称量，即可计算出两者的大致比例。

②骨粉中肉骨分离，也可选用四氯化碳。上浮者为肉粉，下沉者为骨粉。

③玉米粉中分离玉米芯粉时，一般可选相对密度 1.439 的浮选液。上浮者为玉米芯粉，下沉者为玉米粉。

④棉籽粕中棉籽壳分离时，可选用相对密度 1.438 的浮选液，上浮者为棉籽壳，下沉者为棉仁粕。

⑤鱼粉中水解羽毛粉和海蜇废弃物分离时，可选用相对密度 1.326 的浮选液，上浮者为水解羽毛粉和海蜇废弃物。若在下沉物中加入四氯化碳，则上浮者为鱼肉（极少量水解羽毛粉），下沉者为鱼骨。

3. 快速点滴试验

快速点滴试验是指利用饲料的某些特性，或者通过与化学试剂发生某种特定反应，以检测或鉴别原料是否掺假、伪造的一种方法。该法具有快速、准确、不需特殊设备、适合于现场操作等特点。

（二）常见原料的掺假掺杂的检测与鉴定

1. 掺假鱼粉的鉴定

(1) 物理方法

①感官检查法：根据鱼粉成分的形状、结构、颜色、质地、光泽度、透明度、颗粒度等特征来检查。

标准鱼粉一般为颗粒大小均匀一致，稍显油腻的粉状物，可见到大量疏松呈粉末的鱼肌纤维及少量的骨刺、鱼鳞、鱼眼等物；颜色均匀一致，呈浅黄、黄棕或黄褐色；手握有疏松感，不结块，不发黏，不成团；有浓郁的烤鱼味，略有鱼腥味。

鱼粉色泽随鱼种而异，墨罕敦鱼粉呈淡黄色或淡褐色，沙丁鱼粉呈红褐色，白鱼粉为淡黄色或灰白色。加热过度或含油脂高者，颜色加深。如果鱼粉色深偏黑红，外观失去光泽，闻之有焦煳味，为储藏不当引起自燃的烧焦鱼粉。如果鱼粉表面深褐色，有油臭味，是脂肪氧化的结果。如果鱼粉有氨臭味，可能是储藏中脂肪变性。如果色泽灰白或灰黄，腥味较浓，光泽不强，纤维状物较多，粗看似灰渣，易结块，粉状颗粒较细且多成小团，触摸易粉碎，不见或少见鱼肌纤维，则为掺假鱼粉，需要进一步检验。

②漂浮法：取少许样品放入洁净的玻璃杯中，加入 10 倍体积的水，剧烈搅拌后静置。观察水面漂浮物和水底沉淀物，如果水面有羽毛碎片或植物性物质（稻壳粉、花生壳粉、麦麸等），或水底有沙石等矿物质，说明鱼粉中掺入该类物质。

③气味测试法：根据样品燃烧时产生的气味判别是否掺入植物性物质。真品燃烧时是毛发燃烧的气味，如果出现谷物干炒的芳香味，说明掺入植物性物质。另外还可以根据气味判别是否掺入尿素。只需要取样品 20g 放入小烧杯中，加 10g 生大豆粉和适量水，

加塞后加热 15~20min，去掉塞子后如果能闻到氨气味，说明掺入了尿素。

④气泡鉴别法：取少量样品放入烧杯中，加入适量稀盐酸或白醋，如果出现大量气泡并发出吱吱声，说明掺有石粉、贝壳粉、蟹壳粉等。

⑤显微镜检法：显微镜检法是最常用的一种方法，可以识别出大多数掺假物，但因为需要使用立体显微镜，故一般常用于大中型饲料企业或养殖户。使用显微镜检法需要熟悉一些常见掺假物的典型显微特征。谷壳粉中谷壳碎片外表面有纵横条纹；麦麸中麦片外表面有细皱纹，部分有麦毛；棉籽饼中棉籽壳碎片较厚，断面有褐色或白色的色带呈阶梯形，有些表面附有绵丝；菜籽饼中菜籽壳为红褐色或黑色，较薄，表面呈网状；贝壳粉颗粒方形或不规则，灰白色，不透明或半透明；花生壳有点状或条纹状突起，也有成锯齿状；碱处理的骨粒出现小孔。

（2）化学方法

①鱼粉中掺入植物质的检测：凡植物质均含淀粉和木质素。淀粉可与碘化钾反应，产生蓝色或蓝黑色化合物。木质素在酸性条件下，可与间苯三酚反应，产生红色化合物。故利用上述两种反应，即可迅速检出鱼粉中是否掺有植物质。

检测方法：取被检鱼粉 1~2g 加入试管中，加 4~5 倍蒸馏水加热至沸以浸出淀粉；冷却后，滴入 1~2 滴碘-碘化钾溶液（取碘化钾 6g 加入 100mL 蒸馏水中，再加入 2g 碘，溶解后摇匀，置棕色瓶中保存），若溶液即现蓝色或黑蓝色，表明鱼粉中掺有淀粉。取被检粉碎鱼粉少许平铺入表面皿中，用间苯三酚液（2g 间苯三酚溶入 100mL 的浓度为 90%的乙醇溶液中）浸湿，放置 5~10min，再滴加 2~3 滴浓盐酸，若试样中出现散布的红色点，说明鱼粉中掺入了含木质素的物质。

②鱼粉中掺入血粉的检测：血粉中含有铁质，该铁质具有类似过氧化物酶的作用，能分解过氧化氢放出新生态氧，使联苯胺氧化成联苯胺蓝，出现蓝色环或点。根据是否有蓝色环或点，即可判断出鱼粉是否掺有血粉。

检测方法：取少许被检鱼粉入白瓷皿或白色点滴板中，加联苯胺-冰乙酸混合液（1g 联苯胺入 100mL 冰乙酸中，加 150mL 蒸馏水稀释）数滴浸湿被检鱼粉，再加 3%过氧化氢液一滴，若掺有血粉，被检样即显深绿或蓝绿色。

③鱼粉中掺入铵盐、尿素的检测：铵盐一般均含铵态氮。尿素在碱性条件下经脲酶催化也可生成铵态氮。奈氏试剂可与铵态氮反应生成棕红色胶体络合物，并可依其红棕—红褐—深红色的颜色变化，判断其掺入量多少。下面以硫酸铵为例，说明其反应过程。

检测方法一：奈氏试剂法。取被检鱼粉 1~2g 加入 250mL 烧杯中，加蒸馏水 25~50mL，混匀后静置 20min，以便掺入的铵盐或尿素充分溶于水，备用。取一支试管，加 2mL 奈氏试剂（称碘化钾 5g 加入 5mL 蒸馏水中，边搅拌边滴加 25%氯化汞饱和液至稍有红色沉淀出现，再加入 40mL 50%NaOH 溶液，最后用蒸馏水稀释至 100mL，混匀加入棕色试剂瓶保存），然后沿管壁用滴管滴加上述被检样浸出液 1~2 滴，液面立即出现棕红色环，表明有铵盐掺入。若液面出现白或黄色环，可怀疑有尿素掺入，再用脲酶法进行进一步检测。

检测方法二：指示剂观察脲酶活性法。称取被检鱼粉 2~3g 加入 250mL 三角瓶中，加蒸馏水 100mL，黄豆粉滤液 20mL（5g 生黄豆粉加入 100mL 水中浸泡 1h，过滤），加塞摇匀。置40~50℃水浴锅内温热30min（温度不宜超过45℃，否则脲酶失活）。最后用镊子取红色石蕊试纸一条浸入该溶液中，若试纸变蓝，表明被检鱼粉掺有尿素。

④鱼粉中掺入双缩脲的检测：依据双缩脲在碱性介质中可与Cu^{2+}结合成紫红色化合物的原理，检测鱼粉中是否含有双缩脲。

检测方法：称取被检鱼粉2g加入20mL蒸馏水中，搅拌均匀后静置10min，用干燥滤纸过滤。取滤液4mL入试管中，加6mol/L NaOH溶液1mL，再加1.5%的$CuSO_4$溶液1mL，摇匀后立即观察，溶液显蓝色表示未掺，显紫红色说明掺有双缩脲，且颜色越深，掺入比例越大。

⑤鱼粉中掺入皮革粉的检测：皮革粉中铬经灰化后部分可变成Cr^{6+}，Cr^{6+}在强酸溶液中能与均二苯胺基脲发生反应，生成紫红色水溶性铬-二苯硫代偕肼腙化合物。该反应极灵敏，微量铬即可检出。

检测方法：取被检鱼粉1~2g入瓷坩埚中，炭化后入茂福炉灰化。冷却后，用少许蒸馏水将灰分湿润，加10mL $(NH_4)_2SO_4$溶液使呈酸性。再加数滴均二苯胺基脲溶液（0.2~0.5g均二苯胺基脲溶入100mL 90%乙醇中），片刻后若出现紫红色，即证明有皮革粉掺入。

上述各法同样适于玉米蛋白粉、酵母等的掺假检测。

2. 掺假豆粕的鉴定

（1）外观鉴别法　指人用感觉器官对饲料的外观形状、颗粒大小、颜色、气味、质地等指标进行鉴定。纯豆粕呈不规则碎片状，浅黄色或淡褐色，色泽一致，偶有少量结块，闻有豆粕固有豆香味，如果颜色金黄、颗粒均匀，有豆香味的是好豆粕。反之，如果颜色灰暗，颗粒不均，有霉变气味的，不是豆粕，而是掺入了沸石粉、玉米等杂质后，颜色浅淡，色泽不一，结块多，剥开后用手指捻，可见白色粉末状物，闻之稍有豆香味，掺杂量大的则无豆香味，如果将假豆粕粉碎后，再与豆粕比较，色差更是显而易见，真品为浅黄褐色，在粉碎过程中，假豆粕粉尘大，装入玻璃容器中粉尘会黏附于瓶壁，而纯豆粕则无此现象。

（2）外包装鉴别法　颗粒细、容重大、价格廉，这是绝大多数掺杂物所共同的特点，饲料中掺杂了这类物质后，必定是包装体积小，而质量增加。

（3）水浸鉴别法　取待检豆粕25g放入盛有250mL水的玻璃杯中浸泡2~3h，然后用木棒轻轻搅动，若掺假可以看出分层，上层为豆饼，下层为泥沙。

（4）显微镜检查法　取待检样品和纯豆粕样品各一份置于培养皿中，并使之分散均匀，分别放于显微镜下观察：纯豆粕外壳的表面光滑，有光泽，并有被针刺时的印记，豆仁颗粒无光泽，不透明，呈奶油色；玉米粒皮层光滑，半透明，并带有似指甲纹路和条纹，这是玉米粒区别于豆仁的显著特点。另外玉米粒的颜色也比豆仁深，呈橘红色。

（5）碘酒鉴别法　取少许豆粕放在干净的磁盘中，铺薄铺平，在其上面滴几滴碘酒，6min后，其中若有物质变成蓝黑色，说明可能掺有玉米、麸皮、稻壳等。

（6）容重测量鉴别法　饲料原料都有一定的容重，如果有掺杂物，容重就会发生改变，因此，测定容重也是判断豆粕是否掺假的方法之一。

具体方法：用四分法取样，然后将样品非常轻而仔细地放入1000mL量筒内，使之正好到1000mL刻度处，用匙子调整好容积，然后将样品从量筒内倒出并称量，每一样品重复做3次，取其平均值为容重，一般纯大豆粕容重为594.1~610.2g/L，将测得的结果与之比较，如果超出较多，说明该豆粕掺假。

（7）生熟豆粕检查法　饲料应用熟豆粕做原料，而不用生豆饼。因为生豆饼含有抗胰蛋白酶、皂角素等物质，影响畜禽适口性及消化率。

试纸法：生豆饼含脲酶，可分解尿素成氨，使溶液呈碱性。故观察红色石蕊试纸是否变蓝即可检测出大豆饼粕的生熟度。取尿素0.1g左右加入250mL三角瓶中，加被检粉料豆饼粉0.1g，再加蒸馏水100mL，加塞在45℃水浴锅上温热1h。然后取红色石蕊试纸一条，浸入上述溶液中，若试纸变蓝，说明豆饼生，试纸颜色不变，说明豆饼熟。

酚红法：生大豆粕中含有脲酶，室温下可将尿素分解成氨，使溶液pH偏向碱性，从而使酚红指示剂由黄变红（酚红指示剂在pH6.4~8.2时由黄变红）。取细度40目以上被检豆粕0.2g加入三角瓶中，加0.02g尿素和1~2滴酚红指示剂（0.1g酚红溶入100mL 95%乙醇中）。再加20~30mL蒸馏水，振摇后观察溶液由黄变红时间。一般10min以上不显红或粉红者认为其脲酶活性丧失。其判断标准为1min内显红色者表示脲酶活性很强（豆粕生）；1~5min内显红或粉红色者表示脲酶活性强（豆粕生）；5~15min内显红或粉红色者表示脲酶活性弱（合格粕）；15~30min内显红或粉红色者表示脲酶无活性（过熟粕）。

项目小结

项目	内容	要点
相关知识	蛋白质的组成	（1）元素组成；（2）氨基酸组成
	蛋白质的营养生理功能	（1）蛋白质是构成宠物体最基本的物质；（2）蛋白质是宠物体内功能物质的主要成分；（3）蛋白质是组织更新、修补的主要原料；（4）蛋白质是遗传物质的基础；（5）蛋白质可分解供能
	蛋白质不足的后果与过量的危害	（1）蛋白质不足的后果；（2）蛋白质过量的危害
	蛋白质的消化与吸收	（1）宠物蛋白质代谢过程；（2）宠物蛋白质代谢特点
	宠物对食品蛋白质的需要特点	（1）氨基酸的种类；（2）理想蛋白质与食品氨基酸平衡；（3）提高宠物食品蛋白质转化效率的措施
	小肽的营养	（1）小肽的概念；（2）小肽的作用；（3）生物活性肽
项目实施	认识蛋白质类原料的营养特点	（1）蛋白质类原料的营养特点；（2）蛋白质类原料的种类
	认识植物性蛋白质类原料	（1）营养特点；（2）豆类籽实；（3）饼粕类；（4）玉米蛋白粉
	认识动物性蛋白质类原料	（1）营养特点；（2）鱼粉；（3）肉类及其加工副产物；（4）乳及乳制品；（5）蛋及蛋制品
	认识单细胞蛋白质类原料	单细胞蛋白质的概念
拓展技能	宠物食品原料掺假掺杂的识别	（1）宠物食品原料品质检测与鉴别方法；（2）常见原料的掺假掺杂的检测与鉴定

项目四　认识矿物质类宠物食品原料

矿物质是宠物维持生命和生产产品必不可少的营养素之一，但常规原料一般满足不了宠物对矿物质的需要，必须额外添加，尤其是一些微量矿物质。在明确宠物必需矿物质的种类及其营养生理功能的基础上，熟悉宠物生产中常见的矿物质原料的种类及作用，在宠物食品中正确添加矿物质类原料，预防宠物矿物质营养缺乏症的发生，为设计宠物食品配方中合理选择矿物质类原料奠定基础。

项目目标

一、知识目标

1. 掌握宠物必需的矿物质的种类；
2. 理解各种矿物质的营养生理作用；
3. 掌握宠物食品中常用矿物质类原料的种类。

二、技能目标

1. 能阐述各种矿物质的缺乏症临床表现；
2. 能识别各种矿物质类原料；
3. 能正确识别宠物矿物质营养缺乏症并予以有效预防。

三、素质目标

1. 量变引起质变，从身边小事、易事做起，持之以恒，才能成就难事、大事；
2. 提高理论指导实践的能力。

必备知识

矿物质是一类无机营养物质。现已证明自然界中存在的元素有 60 种以上可在动物组织器官中找到，其中已确认有 45 种参与动物体组成。矿物质在机体生命活动过程中起十分重要的调节作用，尽管占比很小，但缺乏时宠物生长受阻，甚至死亡；过量时亦会影响宠物健康，严重时会使宠物中毒、生病或死亡。

一、矿物质的分类及作用

（一）*必需矿物质*

除碳、氢、氧和氮 4 种元素主要以有机化合物形式存在外，其余各种元素无论含量多少，统称为矿物质或矿物质元素。宠物所需要的，在体内具有确切生理功能和代谢作用，日粮供给不足或缺乏时可引起生理功能和结构异常，并导致缺乏症的发生，补给相应的元素，缺乏症即可消失的矿物质叫必需矿物质。

迄今为止，已知的必需常量元素（体内含量大于或等于0.01%的元素）有钙、磷、钾、钠、氯、镁、硫7种。微量元素（体内含量小于0.01%的元素）有铁、铜、钴、锌、锰、硒、碘、钼、氟、铬、镉、硅、矾、镍、锡、砷、铅、锂、硼、溴20种，后10种在已知必需矿物质中需要量较低，实际饲养中基本上不会出现这些元素的缺乏症。

宠物体内矿物质存在形式多种多样，或与蛋白质及氨基酸结合，或游离，或作为离子的组成成分存在。不管矿物质以何种形式存在或转运，都始终在血液、肌肉、骨骼、消化道、体表等之间保持动态平衡。

矿物质在不同器官中周转代谢速度不同，血浆中钙每天可周转代谢几次，而牙齿中钙几乎没有变化。

（二）矿物质的营养生理功能

矿物质虽然不是宠物体能量的来源，但它是宠物体组织器官的组成成分，并在物质代谢中起着调节等重要作用。

1. 矿物质是构成宠物体组织的重要成分

钙、磷、镁是构成骨骼和牙齿的主要成分；磷和硫是组成体蛋白的重要成分，还有些矿物质存在于毛、蹄、肌肉、体液及组织器官中。

2. 矿物质在维持体液渗透压恒定和酸碱平衡上起着重要作用

宠物的体液中，1/3是细胞外液，2/3是细胞内液，细胞内液与细胞外液间的物质交换，必须在等渗情况下才能进行。维持细胞内液渗透压的恒定主要靠钾，而维持细胞外液则主要靠钠和氯。宠物体内各种酸性离子（如 Cl^-）与碱性离子（如 K^+、Na^+）之间保持适宜的比例，配合重碳酸盐和蛋白质的缓冲作用，即可维持体液的酸碱平衡，从而保证宠物体的组织细胞进行正常的生命活动。

3. 矿物质是机体内多种酶的成分或激活剂

磷是辅酶Ⅰ、辅酶Ⅱ和焦磷酸硫胺素酶的成分，铁是细胞色素酶等的成分，铜是细胞色素氧化酶、酪氨酸酶、超氧化物歧化酶等多种酶的成分。氯是胃蛋白酶的激活剂，钙是凝血酶的激活剂等。矿物质借此参与调节和催化宠物体内多种生化反应。

4. 矿物质是维持神经和肌肉正常功能所必需的物质

钾和钠能促进神经和肌肉的兴奋性，而钙和镁却能抑制神经肌肉的兴奋性，各种矿物质，尤其是钾、钠、钙、镁离子保持适宜的比例，即可维持神经和肌肉的正常功能。

二、常量元素

（一）钙、磷

1. 体内分布

钙、磷是体内含量最多的矿物质，占体重的1%~2%，其中98%~99%的钙、80%的磷存在于骨和牙齿中，其余存在于软组织和体液中。

骨中的钙约占骨灰分的36%，磷约占17%。正常的钙、磷比约是2∶1。宠物种类、年龄和营养状况不同，钙、磷比也有一定变化。多数宠物的血钙正常含量为9~12mg/100mL，血磷含量较高，一般在35~45mg/100mL。而血浆中磷含量较少，一般在4~9mg/100mL，生长期宠物稍高，主要以离子状态存在，少量与蛋白质、脂质、碳水化合物结合存在。

2. 营养生理功能

（1）钙的营养作用

①宠物机体中约有99%的钙构成骨骼和牙齿，起支持和保护作用。

②钙在维持神经和肌肉正常功能中起着抑制神经和肌肉兴奋性的作用，当血钙含量低于正常水平时，神经和肌肉兴奋性增强，引起机体抽搐。

③钙可促进凝血酶的激活，参与正常血凝过程。

④钙是多种酶的激活剂或抑制剂，钙能激活肌纤凝蛋白-ATP酶与卵磷脂酶，能抑制烯醇化酶与二肽酶的活性。

（2）磷的营养作用

①机体中约80%的磷构成骨骼和牙齿，骨中的钙约占骨灰分的36%，磷约占骨灰分的17%，正常的钙磷比约为2∶1。

②磷以磷酸根的形式参与糖的氧化和糖酵解以及脂肪酸的氧化和蛋白质的分解等多种物质代谢。

③在能量代谢中，磷作为ADP和ATP的成分，在能量贮存与传递过程中起着重要作用。

④磷还是DNA、RNA和辅酶的成分，与蛋白质的生物合成及宠物的遗传有关。

⑤磷也是细胞膜和血液中缓冲物质的成分。

3. 缺乏症与过量的危害

（1）钙、磷缺乏症　钙、磷缺乏症主要表现为食欲不振、身体消瘦、不爱活动、四肢无力、繁殖性能下降、异食癖（喜食墙面、泥土、地板，互相舔舐被毛或咬耳朵，甚至喜食自己的粪便）等。不同生理状态下，还表现出不同的典型症状。

①幼龄宠物的佝偻症：常见于1~3月龄的幼龄宠物和生长速度比较快的青年宠物。初期的症状是精神不振，食欲减退，消化不良，逐渐消瘦，生长缓慢，表现为腹泻或便秘等消化障碍。随病情的进展，四肢关节疼痛，关节僵硬，伸屈不灵活，出现跛行或轻瘫，骨骼变形，如弓背、凹腰、四肢变形等，呈现“O”或“X”形腿，严重时后肢瘫痪。

②成年宠物的骨软化症：表现为食欲减退，消化不良，精神不振，不愿活动，卧地不起，骨骼软化，骨质疏松、多孔呈海绵状，骨壁变薄，颌骨异常，牙槽骨和牙龈退化，失去繁殖力，容易在骨盆骨、股骨和腰荐骨处发生骨折。此外，血钙降低，四肢抽搐。

③哺乳母犬、猫的低钙血症：哺乳母犬、猫低钙血症也称为产后抽搐、产后癫痫、产褥痉挛病、产后风。本病主要发生于小型玩赏犬，尤以狮子犬多发，中型犬与大型犬很少发病。临床症状表现为没有先兆，突然发病。病初表现为不安、兴奋、呻吟、流

涎、肌肉震颤，继而全身肌肉痉挛、站立困难、头向后仰、眼向上翻、角弓反张、张口伸舌、口吐白沫、呼吸急促困难、因窒息而死亡。

（2）钙、磷过量的危害　宠物对钙、磷有一定的耐受力。过量的钙会降低磷及其他矿物质（包括锌、锰、铁）的吸收，脂肪消化率也会降低。过量的磷会使血钙降低，为调节血钙，刺激甲状腺分泌增多而引起甲状腺功能亢进，致使骨中磷大量分解，易产生跛行或长骨骨折。

4. 钙、磷的合理供应

（1）影响钙、磷吸收的因素　钙、磷的吸收需要在溶解的状态下进行，因此，凡是能促进钙、磷溶解的因素就能促进钙、磷的吸收。一般，有机钙的吸收率要大于无机钙。影响钙、磷吸收的因素主要有以下几种。

①酸性环境：宠物食品中的钙可与胃液中的盐酸化合生成氯化钙，氯化钙极易溶解，故可被胃壁吸收。小肠中的磷酸钙、碳酸钙等的溶解度受肠道 pH 影响很大，在碱性、中性溶液中其溶解度很低，难于吸收，酸性溶液中溶解度大大增加，易于吸收。小肠前段为弱酸性环境，是宠物食品中钙和无机磷吸收的主要场所。小肠后段偏碱性，不利于钙、磷的吸收。因此，增强小肠酸性的因素有利于钙、磷的吸收。蛋白质在小肠内水解为氨基酸，乳糖、葡萄糖在肠内发酵生成乳酸，均可增强小肠酸性，促进钙磷吸收。

②食品中可利用的钙磷的比例：一般而言，犬、猫饲粮钙磷比例分别在（1.2~1.4）：1 和 1：（0.9~1.1）范围内吸收率高。若钙磷比例失调，小肠内又偏碱性条件下，如果钙过多，将与食品中的磷更多地结合成磷酸钙沉淀；如果磷过多，同样也与更多的钙结合成磷酸钙沉淀；磷酸钙沉淀被排出体外。所以宠物食品中钙过多易造成磷的不足，磷过多又造成了钙的缺乏。实践证明，若食品中钙、磷量的供应充足，但由于比例不当，同样会产生软骨症。但不同宠物对不适宜的钙磷比耐受力不同。宠物猫食品中 3：1 的钙磷比会导致佝偻病，0.5：1 的钙磷比会出现骨质疏松症。

③维生素 D：维生素 D 对钙、磷代谢的调节，是通过它在肝脏、肾脏羟化后的产物 1，25-二羟维生素 D_3 起作用的。1，25-二羟维生素 D_3 具有增强小肠酸性，调节钙磷比例，促进钙、磷吸收与沉积的作用。因此，保证宠物对维生素 D 的需要，可促进钙、磷的吸收。但是，过高的维生素 D 会使骨骼中钙、磷过量动员，反而可能产生骨骼病变。

④脂肪、草酸、植酸：食品中脂肪过多，易与钙结合成钙皂，由粪便排出，影响钙的吸收；蔬菜叶等食物中草酸较多，易与钙结合为草酸钙沉积，也不能吸收。谷物籽实类及加工副产品中的磷，大多以植酸（六磷酸肌醇）或植酸钙镁磷复盐的有机磷形式存在，宠物对它的水解能力弱，很难吸收。植酸与钙结合为不易溶解的植酸钙，也影响钙的吸收。

此外，维生素 A、维生素 C 以及适量的氨基酸有利于钙、磷在骨骼中的沉积和骨骼的形成。

（2）钙、磷的来源与供应

①饲喂富含钙磷的天然食品：含有骨骼的动物性食品，如鱼粉、骨头、肉骨粉等钙、磷含量均高，可以让宠物经常啃食一些生或熟骨头，这样既可以补充钙、磷，同时又能清除牙垢，对于宠物犬还可以满足其喜欢啃食骨头的习性。一般每周 2 次左右。

②补饲矿物质：可以在宠物食品中添加含钙的蛋壳粉、贝壳粉、石灰石粉、石膏粉等。含钙、磷的蒸骨粉、磷酸氢钙等。此外，还可以在猫的饲粮中加入5%~10%的骨粉，或每饲喂100g湿肉，加入碳酸钙0.5g，或每100mL牛奶加入150mg钙。资料表明，泌乳猫每天饲喂400~600mg的钙才能满足需要。

③多晒太阳：宠物犬的被毛、皮肤、血液等中的7-脱氢胆固醇在阳光紫外线的照射下可转变为维生素D_3，有利于钙、磷的吸收，也可在宠物犬和猫的饲粮中直接添加维生素D。

④优良价值高的种用宠物可采用注射维生素D和钙的制剂或口服鱼肝油的办法，起预防和治疗作用。

（二）钾、钠、氯

1. 体内分布

钾、钠、氯这三种元素又称为电解质元素，主要存在于宠物体液和软组织中。钠主要分布在细胞外，大量存在于体液中，少量存在于骨中；钾主要分布在肌肉和神经细胞内；氯在细胞内外均有。

2. 营养生理功能

维持细胞内液渗透压的恒定主要靠钾，而维持细胞外液渗透压则主要靠钠和氯。机体内各种酸性离子（如Cl^-）与碱性离子（如K^+、Na^+）之间保持适宜的比例，配合重碳酸盐和蛋白质的缓冲作用，即可维持体液的酸碱平衡，从而保证宠物体的组织细胞进行正常的生命活动。

钾和钠能促进神经和肌肉的兴奋性，而钙和镁却能抑制神经和肌肉的兴奋性，钾、钠、钙、镁离子保持适宜的比例，即可维持神经和肌肉的正常功能。钾还参与蛋白质和糖的代谢。

3. 缺乏症和过量的危害

（1）缺乏症　宠物体内不具有贮存钠的能力，所以，钠最容易缺乏，其次是氯，钾一般不会缺乏。植物性食品原料，尤其是细嫩植物中含钾丰富。犬缺乏钠和氯时，表现为食欲不振、疲劳无力、饮水减少、皮肤干燥、被毛脱落、生长缓慢或失重、异食癖，同时蛋白质利用率下降。食盐是供给宠物钠和氯的最好来源，食盐具有调节食品口味、改善适口性、刺激唾液和胃液分泌、活化消化酶等作用。

（2）过量的危害　新鲜肉中含盐很少，但家庭的残汤剩饭中食盐过多，若饮水量少，易引起宠物食盐中毒，表现极度口渴、拉稀、步态不稳、抽搐等症状，严重时可导致死亡，老龄犬会因食盐超量而使心脏遭受损害。犬粮中干物质含盐量最多为1%。犬粮中钾过量会影响钠、镁的吸收，甚至引起“缺镁痉挛症”。

健康的宠物一般不会发生电解质失衡现象，只有在发病产生厌食、呕吐、腹泻、肠道阻塞时，电解质的平衡遭到破坏而紊乱，应该口服或静脉注射含有电解质的溶液，如生理盐水（浓度为0.9%的氯化钠水溶液）、复方氯化钠溶液、复方氯化钾溶液等。

（三）镁

1. 体内分布

宠物体约含0.05%的镁，其中60%~70%存在于骨骼中，占骨灰分的0.5%~0.7%。

骨骼中的镁 1/3 以磷酸盐形式存在，2/3 吸附在矿物质元素结构表面。软组织中镁约占体内镁总含量的 30%~40%，主要存在于细胞内亚细胞结构中，线粒体内镁浓度特别高，细胞质中绝大多数镁以复合形式存在，其中 30%左右与腺苷酸结合。肝细胞质中复合形式的镁达 90%以上。细胞外液中镁的含量甚少，约占体内镁总量的 1%左右。血液中的镁 75%在红细胞中。

2. 营养生理功能

约有 70%的镁参与骨骼和牙齿的组成；镁作为酶的活化因子或直接参与酶的组成，如磷酸酶、氧化酶、激酶、肽酶、精氨酸酶等，从而影响三大有机物的代谢；镁参与遗传物质 DNA 和 RNA 的合成和蛋白质的合成；镁具有抑制神经和肌肉兴奋性，保证心脏、神经、肌肉的正常功能的作用。

3. 缺乏症和过量的危害

（1）缺乏症　宠物食品中营养搭配不合理，就有可能导致镁缺乏，主要表现过度兴奋、厌食、肌肉抽搐，严重时发生痉挛，甚至昏迷死亡。缺镁还影响心脏、血管等软组织中钙的沉积，会使主动脉中钙的水平提高约 40 倍，因此应该注意日粮中钙、磷、镁的平衡。患缺镁症的犬站立姿势就像站在光滑的地板上，无法站立起来。

（2）过量的危害　镁中毒主要表现为昏睡、运动失调、腹泻、采食量下降、生长缓慢甚至死亡。猫摄入过量的镁，会以磷酸铵镁的形式由尿液排出，但尿中过多的磷酸铵镁结晶沉积会阻塞尿道，造成膀胱积尿，公猫比母猫多发。

4. 来源与补充

镁普遍存在于各种宠物食品中，尤其是糠麸、饼粕和蔬菜类含镁丰富。谷实类、块根茎类中食物也含有较多的镁。

（四）硫

1. 体内分布

硫约占宠物体体重的 0. 15%，广泛地分布于宠物体的每个细胞中，其中大部分硫以有机形式存在于肌肉组织、骨骼和牙齿中，而少量以硫酸盐的形式存在于血中。在宠物的被毛、羽毛中含硫量高达 4%。

2. 营养生理功能

硫是蛋白质化学组成中的重要元素。硫以含硫氨基酸形式参与被毛、羽毛、蹄爪等角蛋白的合成，宠物的毛、羽中含硫量高达 4%左右。硫是硫胺素、生物素和胰岛素的成分，参与碳水化合物的代谢；硫作为黏多糖的成分参与胶原蛋白及结缔组织的代谢等。

3. 缺乏症和过量的危害

（1）缺乏症　硫的缺乏通常是宠物缺乏蛋白质时才会发生。宠物缺硫表现消瘦，蹄、爪、羽毛生长缓慢。

（2）过量的危害　自然条件下硫过量的现象很少。用无机硫作添加剂，用量超过 0. 3%~0. 5%时，可能使宠物产生厌食、失重、便秘、腹泻、抑郁等症状，严重者可导致死亡。

三、微量元素

（一）铁

1. 体内分布

各种宠物体内含铁 30~70mg/kg 体重，平均 40mg/kg 体重。随宠物种类、年龄、性别、健康状况、营养水平等不同，变化较大。成年宠物种类间体内含铁量差异不明显。体内的铁有 60%~70%存在于血红素中，20%左右的铁和蛋白质结合形成铁蛋白，存在于肝脏、脾脏及其他组织中。0.1%~0.4%分布在细胞色素中，约 1%存在于转运载体化合物和酶系统中。

2. 营养生理功能

（1）参与载体组成，转运和贮存营养物质　铁是合成血红蛋白和肌红蛋白的原料。血红蛋白作为氧和二氧化碳的载体，能保证其正常运输，肌红蛋白是肌肉在缺氧条件下做功的供氧原。

（2）参与体内物质代谢　铁作为细胞色素氧化酶、过氧化物酶、过氧化氢酶、黄嘌呤氧化酶的成分及碳水化合物代谢酶类的激活剂，参与机体内的物质代谢及生物氧化过程，催化各种生化反应。

（3）生理防御功能　转铁蛋白除运载铁以外，还有预防机体感染疾病的作用。乳或白细胞中的乳铁蛋白在肠道内能与游离铁离子结合成复合物，防止大肠杆菌利用，有利于乳酸杆菌的利用，这对预防新生宠物腹泻具有重要意义。

3. 缺乏症与过量的危害

因食品中的含铁量超过宠物需要量，且机体内红细胞破坏分解释放的铁 90%可被机体再利用，故成年宠物不易缺铁。常用肉喂宠物，不易发生铁的缺乏。

（1）缺乏症　宠物缺铁的主要症状是贫血。表现为食欲降低，生长缓慢，轻度腹泻，昏睡，皮肤和可视黏膜苍白，呼吸频率增加，体质虚弱，抗病力减弱，呼吸困难。血液检查，血红蛋白比正常值低。低于正常值 25%时仅表现贫血；低于正常值 50%~60%则可能表现出生理功能障碍。犬缺乏铁时影响其毛色，直接损伤淋巴细胞的生成，影响机体内含铁球蛋白类的免疫功能，宠物易得病。

（2）过量的危害　铁摄入过量一般不表现病理反应，因为宠物对过量铁的耐受力很强。日粮干物质中含铁量达 1000mg/kg 时，会导致宠物慢性中毒，表现为消化功能紊乱，引起腹泻、胃肠炎，重者导致死亡。猫平均每天需要铁 5mg。

4. 来源与补充

动物性食品原料一般不缺铁，动物肝脏、蛋黄、肉末、血类中铁含量较多。海带、油菜、苋菜等铁含量也较为丰富。补充的方式主要是硫酸亚铁、甲硫氨酸铁等。

（二）铜

1. 体内分布

体内平均含铜 2~3mg/kg 体重，其中以肝脏、脑、心脏、眼的色素部分以及被毛中含量最高；其次是胰脏、脾脏、肌肉、皮肤和骨骼。幼龄宠物体组织中的铜含量高于成年宠物。肝脏中铜的储备约占体内铜总量的一半。

2. 营养生理功能

（1）作为酶的组成成分，直接参与体内代谢　铜是细胞色素氧化酶、尿酸氧化酶、抗坏血酸酶、氨基酸氧化酶、超氧化物歧化酶和单胺氧化酶系统的组成部分，这些酶主要催化弹性蛋白肽链中赖氨酸残基转变为醛基，使弹性纤维变成不溶性，以维持组织的韧性及弹性。

（2）维持铁的正常代谢，有利于血红蛋白合成和红细胞成熟　促进铁从网状内皮系统和肝细胞中释放出来进入血液，以合成血红素；铜是红细胞的成分，可加速卟啉的合成，促进红细胞的成熟。

（3）参与骨形成并促进钙、磷在软骨基质上的沉积　铜是骨细胞、胶原蛋白和弹性蛋白的形成不可缺少的成分。

（4）铜在维持中枢神经系统功能上起着重要作用　铜可促进垂体释放生长激素、促甲状腺激素、促黄体激素和促肾上腺皮质激素等。

（5）铜能促进被毛中双硫基的形成及双硫基的交叉结合，从而影响被毛的生长　铜作为酪氨酸酶的成分参与被毛中黑色素的形成过程。

（6）增强机体免疫功能　铜参与血清免疫球蛋白的构成并通过由它组成的酶类构成机体防御体系，增强机体的免疫功能，特别是对幼龄宠物具有促生长作用。

3. 缺乏症与过量的危害

（1）缺乏症　宠物一般不易缺铜，但缺铜地区或食品中锌、钼、硫过多时，影响铜的吸收，可导致缺铜症。缺铜时，影响宠物正常的造血功能，缩短红细胞的寿命，降低铁的吸收率与利用率；血管弹性硬蛋白合成受阻、弹性降低从而导致宠物血管破裂死亡；长骨外层很薄，骨畸形或骨折；参与色素形成的含铜酶合成受阻，活性降低，使有色毛褪色，黑色毛变为灰白色，犬的毛色不良；宠物机体免疫系统损伤，免疫力下降，宠物繁殖力降低。牛奶中铜、铁的含量较少，以牛奶为食物的正在生长发育的幼猫，如果铜、铁不予额外补充，容易发生贫血。

（2）过量的危害　铜过量会危害宠物健康，甚至中毒。过量铜在肝脏中蓄积到一定水平时，就会释放进入血液，使红细胞溶解，宠物出现贫血（主要原因是高浓度铜抑制铁的吸收）、血尿和黄疸症状，组织坏死，甚至死亡。伯灵顿犬有特殊的缺陷，经常因为过量的铜对肝产生毒性，产生的病变会引起肝炎、肝硬化，而且表现出遗传性。因此，对此品种的犬，禁用含铜高的食物，避免使用含铜的矿物质添加剂。

4. 来源与补充

宠物食品中铜的补充主要以硫酸铜、甲硫氨酸铜等形式。

（三）锌

1. 体内分布

宠物体内含锌在10~100mg/kg体重，在体内的分布不均衡，骨骼肌中锌占体内总锌50%~60%，骨骼中约占30%，皮和毛中锌含量随宠物种类不同而变化较大，其他组织器官含锌较少；而按单位干物质浓度计算，眼角膜中锌含量最高，其次是毛、骨、雄性器官、心脏和肾脏等。

2. 营养生理功能

（1）体内多种酶的成分或激活剂 已知体内200种以上的酶含锌，如DNA聚合酶、RNA聚合酶、胸腺嘧啶核苷酸酶、碱性磷酸酶等。在不同酶中，锌起着催化分解、合成和稳定酶蛋白质四级结构、调节酶活性等多种生化作用。锌参与肝脏和视网膜内维生素A还原酶的组成，与视力有关；锌是碳酸酐酶的成分，与宠物呼吸有关。

（2）参与维持上皮细胞和皮毛的正常形态、生长和健康 其生化基础与锌参与胱氨酸和酸黏多糖代谢有关，缺锌使这些代谢受影响，从而使上皮细胞角质化和脱毛。

（3）维持激素的正常作用 锌与胰岛素或胰岛素原形成可溶性聚合物有利于胰岛素发挥生理生化作用，Zn^{2+}对胰岛素分子有保护作用，锌对其他激素的形成、储存、分泌有影响。

（4）维持生物膜的正常结构和功能 防止生物膜遭受氧化损害和结构变形，锌对膜中正常受体的功能有保护作用。

（5）锌在蛋白质和核酸的生物合成中起重要的作用 锌参与骨骼和角质的生长并能增强机体免疫和抗感染能力，促进创口的愈合。

3. 缺乏症与过量的危害

（1）缺乏症 幼龄宠物缺锌食欲降低，生长发育受阻。宠物猫缺乏锌时，消瘦、呕吐、结膜炎、角膜炎、毛发褪色、全身虚弱、生长发育迟缓。宠物犬缺乏锌时，不仅生长缓慢、精子活力下降，而且伴发皮肤发炎、被毛发育不良，甚至导致糖尿病。缺锌影响宠物性腺发育，影响繁殖功能，如雄性宠物睾丸、附睾及前列腺发育受阻，影响精子生成，雌性宠物性周期紊乱，不易受孕或流产。缺锌导致骨骼发育不良，长骨变短增厚；宠物外伤愈合缓慢；引起免疫器官（淋巴结、脾脏和胸腺）明显减轻，免疫反应显著降低，影响机体免疫力。

（2）过量的危害 各种宠物对高锌都有较强的耐受力。过量锌对铁、铜吸收不利，导致贫血。

4. 来源与补充

锌的来源广泛，幼嫩植物、酵母、鱼粉、麸皮、油饼类及动物性食物中含锌均丰富。猫每天需要0.23~0.3mg的锌。成年犬每日每千克体重需要锌1.1mg。日粮中的钙抑制锌的吸收，日粮配合时应该注意锌、钙间的平衡。

（四）硒

1. 体内分布

宠物体内含硒0.05~0.2mg/kg体重，肌肉中总硒含量最多，肾脏、肝脏中硒浓度最高，体内硒一般与蛋白质结合存在。

2. 营养生理功能

硒元素在1957年前一直被认为是有毒元素，1957年施瓦茨证明硒是必需微量元素。

①硒最重要的营养生理作用是参与谷胱甘肽过氧化物酶组成，对体内氢或脂过氧化物有较强的还原作用，从而避免对红细胞、血红蛋白、精子原生质膜等的氧化破坏，保护细胞膜结构完整和功能正常。

②硒对胰腺的组成和功能有重要影响。缺硒时，胰腺萎缩，胰脂酶产量下降，从而

影响脂质和维生素 E 的吸收。

③硒能保证肠道脂肪酶活性，促进乳糜微粒形成，从而促进脂质及脂溶性物质的消化吸收。

④硒能促进蛋白质、DNA、RNA 的合成并对宠物生长发育有刺激作用，此外和繁殖密切相关。

⑤硒能促进免疫球蛋白的合成，增强白细胞的杀菌能力。

⑥硒在机体有拮抗和降低汞、镉、砷等元素的毒性作用，并可减轻维生素 D 中毒引起的病变，硒还有活化含硫氨基酸和抗癌的作用。

3. 缺乏症与过量的危害

(1) 缺乏症　一般是缺硒的土壤引起人畜缺硒。我国从东北到西南的狭长地带内均发现不同程度缺硒，其中黑龙江克山县和四川凉山缺硒比较严重。

缺硒主要表现为肝坏死，心肌和骨骼肌萎缩，繁殖力下降。严重缺硒会引起胰腺萎缩，胰腺分泌的消化液明显减少。缺硒还加重缺碘症状，并降低机体免疫力。

(2) 过量的危害　硒的毒性较强，各种宠物长期摄入 5~10mg/kg 硒可产生慢性中毒，其表现是消瘦、贫血、关节强直、脱蹄、脱毛，常因饥渴而死。摄入 500~1000mg/kg 硒可出现急性或亚急性中毒，轻者盲目蹒跚，重者死亡，常因窒息而死，呼出的气体带有蒜味。我国湖北恩施和陕西紫阳（属高硒地区）可能出现自然条件下的硒中毒。

4. 预防或治疗缺硒症

将亚硒酸钠稀释后，拌入食品中补饲，要严格控制供给量，并要搅拌均匀。

（五）碘

1. 体内分布

碘分布于全身组织细胞，70%~80%存在于甲状腺内，是单个微量元素在单一组织器官中浓度最高的元素。血中碘以甲状腺素形式存在，主要与蛋白质结合，少量游离存在于血浆中。

2. 营养生理功能

碘最主要功能是参与甲状腺组成，调节代谢和维持体内热平衡，对繁殖、生长、发育、红细胞生成和血液循环等起调控作用。体内一些特殊蛋白质（如皮毛角质蛋白质）的代谢和胡萝卜素转变成维生素 A 都离不开甲状腺素。

3. 缺乏症与过量的危害

(1) 缺乏症　缺碘的典型症状是甲状腺肿大，因甲状腺细胞代偿性实质增生而表现肿大，生长受阻，繁殖力下降。猫缺乏碘后表现为生长缓慢，被毛稀疏，皮肤增厚变硬，头部水肿变大，行动迟缓，表情呆板，性功能下降，不易受孕，有的难产，胎儿有腭裂，产弱仔、死仔或无毛仔。犬严重缺乏碘时，甲状腺功能降低，使正常生长发育的幼犬患呆小症，成年犬患黏性水肿，病犬表现为被毛短而稀疏，皮肤硬厚、脱皮，迟钝与困倦。妊娠宠物缺碘会导致胎儿死亡和重呼吸，产死胎或新生胎儿无毛、体弱、重量轻、生长慢和成活率低。血中甲状腺素浓度下降，细胞氧化能力下降，基础代谢降低。

(2) 过量的危害　各种宠物对过量碘的耐受力不同。成年猫每天可以接受 5mg 的碘，不会出现过量反应。长期摄入过量的碘，可使甲状腺增大，甲状腺功能亢进，表现为兴奋、好动不好静、厌食，但短时间活动之后，表现为疲劳、气喘、体温略有升高、伸懒腰。

4. 来源与补充

宠物所需的碘，主要是从食物和饮水中摄取。一般情况下，远离海洋的内陆山区，土壤中含碘较少，其食物和饮水中的含量也较低，称为缺碘地区。我国缺碘地区面积较大，此地区的各种宠物尤其要注意补碘。

各种食物含碘量不同，沿海地区植物的含碘量高于内陆地区植物。海洋植物含碘丰富，如某些海藻含碘量高达 0.6%，海盐中含碘也丰富。缺碘宠物常用碘化食盐（含 0.01%~0.02%碘化钾的食盐）补饲。正常生长发育的幼猫每天需要碘 0.1~0.4mg，哺乳期的母猫需要量更大。

（六）锰

1. 体内分布

锰分布于所有体组织中，以肝脏、骨骼、胰腺及垂体中的浓度较高。肝脏中的锰含量较稳定。肌肉和血液中的锰含量较低。骨中锰占总体锰量的 25%，主要沉积在骨的无机物中，有机基质中含少量。

2. 营养生理功能

①锰是精氨酸酶和脯氨酸肽酶的成分，又是肠肽酶、羧化酶、ATP 酶等的激活剂，参与蛋白质、碳水化合物、脂肪及核酸代谢。

②锰参与骨骼基质中硫酸软骨素的生成并影响骨骼中磷酸酶的活性。

③锰可催化性激素的前体胆固醇的合成，与宠物繁殖有关。

④锰还与造血功能密切相关，并维持大脑的正常功能。

3. 缺乏症与过量的危害

（1）缺乏症　宠物缺锰时，采食量下降；生长发育受阻；骨骼畸形，关节肿大，骨质疏松。雄性宠物性欲丧失，睾丸退化，精子缺乏而不育。雌性宠物不发情或性周期失常，不易受孕，妊娠初期流产或产弱胎、死胎、畸形胎。锰缺乏或过量都会抑制抗体的产生。

（2）过量的危害　宠物对过量锰具有一定的耐受力，饲养实践中锰中毒现象非常少见。锰过量，损害宠物胃肠道，生长受阻，贫血，并致使钙、磷利用率降低，导致“佝偻病”“骨软症”，还可引起宠物猫的繁殖力下降和血红蛋白的形成，导致部分白斑病。

4. 来源与补充

植物性食物中含锰较多，尤其糠麸类、青绿蔬菜类中含锰较丰富。宠物食品中锰的补充主要以硫酸锰或甲硫氨酸锰等形式。

（七）钴

1. 体内分布

体内钴分布比较均匀，不存在组织器官集中分布，以肾脏、肝脏、脾及胰腺中的含量居多。

2. 营养生理功能

在诸多营养素中钴是一个比较特殊的必需微量元素。宠物不需要无机态的钴，只需要体内不能合成、存在于维生素 B_{12} 中的有机钴。因此，体内钴的营养代谢作用，实质上是维生素 B_{12} 的代谢作用。维生素 B_{12} 促进血红素的形成，在蛋白质、甲硫氨酸和叶酸等代谢中起着重要作用。钴是磷酸葡萄糖变位酶和精氨酸酶等的激活剂，与蛋白质和碳水化合物代谢有关。

3. 缺乏症与过量的危害

（1）缺乏症　钴缺乏会导致维生素 B_{12} 合成受阻，表现为食欲不振、生长停滞、体弱消瘦、黏膜苍白等贫血症状。机体中抗体减少，降低了细胞免疫反应。犬缺钴还表现为神经障碍，运动失调和生长停滞。

（2）过量的危害　天然食品原料钴过量的可能性很小，且各种宠物对钴的耐受力都比较强，达 10mg/kg。食品钴超过需要量 300 倍才会产生中毒反应。

4. 来源与补充

各种食物中均含微量的钴，一般都能满足宠物的需要。缺钴地区，可给宠物补饲硫酸钴、碳酸钴和氯化钴。

（八）其他微量元素

实践已经证明表 1-52 所列的微量元素对宠物犬、猫等宠物是必需的，这些微量元素的需要量很小。在饲养实践中，正常食品不缺乏这些微量元素。相反，如果食入过多，极可能引起宠物中毒，特别是砷、钒、氟、钼。

表 1-52　　宠物所需其他微量元素

微量元素	主要生理功能
铬	铬是葡萄糖耐受因子的成分，通过它协助和增强胰岛素的作用，影响糖类、脂肪、蛋白质和核酸代谢；维持血中葡萄糖正常水平；调节脂肪和胆固醇代谢，维持血中胆固醇正常水平，防止动脉硬化，影响氨基酸合成蛋白质，促进核酸合成。
氟	95%参与骨骼和牙齿的构成，具有抗酸防腐保护牙齿的作用；氟能增强骨强度，预防成年宠物的“软骨症”。也可能影响宠物的繁殖功能。
镍	作为酶的结构成分或活化因子，如某些脱氢酶。也可能在体内作为生物配位的辅助因子，使肠道三价铁更易吸收。参与膜作用和 RNA 代谢。
硅	是结缔组织和生骨细胞的成分，是骨骼发育所必需的物质并能使皮肤具有弹性。
钒	参与生长、繁殖和脂肪的代谢
钼	机体内黄嘌呤氧化酶、亚硫酸盐氧化酶、硝酸盐还原酶及细菌脱氢酶的成分，参与蛋白质、尿酸、含硫氨基酸和核酸的代谢。
砷	砷以氧化剂、还原剂影响物质代谢，参与蛋白质和脂肪代谢；砷有抑菌作用和改善宠物营养吸收的作用，并可促进宠物生长；影响血液形成与血红蛋白的产生。

四、应激对微量元素需要的影响

应激是指宠物在遇到各种刺激，如激烈运动、高温、高湿、寒冷、炎热、疼痛、疫苗接种、惊吓、运输、有害气体的侵袭及饲养管理不当等情况时，机体所产生的一系列生理活动亢进现象。宠物产生应激后，在饲养实践中主要表现为生长发育减慢、食欲降低、对疾病的抵抗力下降、自身免疫功能降低、发病率上升等。

微量元素铁、铜、钴、锌和碘等，均是影响宠物免疫功能和抗应激能力的重要因素。由于应激因素使微量元素摄入量相对减少，而此时机能的代谢却要增强，即从不同方面加大了对微量元素的需要量，所以必须额外补充。

必备技能

一、认识矿物质类原料的营养特点

宠物常量元素包括钙、磷、钾、钠、氯、镁和硫 7 种。其中，钾、镁和硫 3 种元素普遍存在各种食品原料中，基本不会缺乏。虽然在动物性食品原料和植物性食品原料中都含有钙、磷、氯和钠等矿物质，但钙、氯和钠等的含量与宠物的需要量相差很多。植物性食品原料中含磷较多，但大部分磷是以利用率较低的植酸磷的形式存在，因此可利用的磷不能满足宠物需要。在宠物食品中，要平衡矿物质营养时，必须补充各种矿物质原料，以满足宠物对矿物质的需要。

二、认识含钙的原料

（一）石粉

石粉主要指石灰石粉，为天然的碳酸钙，俗称钙粉，主要成分为碳酸钙，一般含碳酸钙 80%~90%，含钙 35%以上，是补钙来源最广、价格最低的矿物质原料。天然的石灰石只要镁、铅、汞、砷、氟含量在卫生标准范围之内均可使用。

（二）贝壳粉

贝壳粉是将贝类外壳（牡蛎壳、蚌壳、蛤蜊壳等）经烘干粉碎而成的粉状或颗粒状产品。在烘干时要求高温消毒。优质的贝壳粉含钙高，杂质少，呈灰白色，杂菌污染少。但如果肉质未除尽或水分高，放置过久，容易腐臭发霉。贝壳粉内常夹杂碎石和沙砾，使用时应予以检查并注意贝壳内有无残次的生物尸体的发霉、发臭情况。贝壳粉一般含钙 38%左右。

三、认识含钙和磷的原料

选用含钙和磷的原料时，一般都作为磷的补充原料，钙的不足部分用含钙的矿物质原料补充，可以降低成本。

（一）骨粉

骨粉是以新鲜无变质的动物骨骼，经高压蒸汽灭菌、脱脂或经脱胶干燥粉碎后的产品，为浅灰褐至浅黄褐色粉状物。骨粉中含钙量为 30%~35%。含磷量为 8%~15%。钙磷比为 2∶1 左右，符合宠物机体的需要。同时还富含多种微量元素。是补充宠物钙磷的良好矿物质原料。骨粉按加工方法可分为煮骨粉、脱脂煮骨粉、蒸汽处理骨粉、脱脂蒸汽骨粉、骨制沉淀磷酸钙等。其磷、钙含量略有不同，见表 1-53。

表 1-53　　骨粉中钙和磷的含量　　单位:%

名称	磷	钙
煮骨粉	10.95	24.53
脱脂煮骨粉	11.65	25.40
蒸汽处理骨粉	12.86	30.71
脱脂蒸汽骨粉	14.88	33.59
骨制沉淀磷酸钙	11.35	28.77

使用骨粉时，要注意氟中毒。有些骨粉品质低劣，有异臭；灰泥色的骨粉，常携带有大量致病菌，引起禽类产蛋量下降或死亡。更有的兽骨收购场地，为避免蝇蛆繁殖，喷洒敌敌畏等药剂，致使骨粉带毒。

（二）磷酸钙盐类

磷酸钙盐类包括磷酸氢钙、磷酸二氢钙和磷酸三钙等，最常用的是磷酸氢钙。

1. 磷酸氢钙

磷酸氢钙又称磷酸二钙，白色或灰白色，粉末或粒状，分无水磷酸氢钙和二水磷酸氢钙两种，后者的钙磷利用率较高。GB 22549—2017《饲料添加剂　磷酸氢钙》规定了饲料添加剂磷酸氢钙的技术要求（表 1-54）。

表 1-54　　饲料添加剂磷酸氢钙的技术要求

<table>
<tr><th>项目</th><th>指标</th><th colspan="2">项目</th><th>指标</th></tr>
<tr><td rowspan="3">钙/%</td><td>≥20.0（Ⅰ型）</td><td colspan="2" rowspan="3">铅/（mg/kg）</td><td rowspan="3">≤30</td></tr>
<tr><td>≥15.0（Ⅱ型）</td></tr>
<tr><td>≥14.0（Ⅲ型）</td></tr>
<tr><td rowspan="3">总磷/%</td><td>≥16.5（Ⅰ型）</td><td colspan="2" rowspan="3">砷/（mg/kg）</td><td rowspan="3">≤20</td></tr>
<tr><td>≥19.0（Ⅱ型）</td></tr>
<tr><td>≥21.0（Ⅲ型）</td></tr>
<tr><td rowspan="2">氟/（mg/kg）</td><td rowspan="2">≤1800</td><td rowspan="2">细度/%</td><td>粉状，通过 0.5mm 试验筛</td><td>≥95</td></tr>
<tr><td>粉状，通过 0.2mm 试验筛</td><td>≥90</td></tr>
</table>

2. 磷酸二氢钙

磷酸二氢钙又称磷酸一钙、过磷酸钙，纯品为白色结晶粉末，含磷量为 22%左右，含钙量为 15%左右。利用率比磷酸氢钙、磷酸三钙好，尤其在水产动物日粮中更为明显。由于本品磷高钙低，在配制食品时，可用于调整钙、磷平衡。水产动物对其吸收率比其他含磷原料高，因此磷酸二氢钙常用作水产动物的磷源。GB 22548—2017《饲料添加剂磷酸二氢钙》规定了饲料添加剂磷酸二氢钙技术要求（表 1-55）。

表 1-55 饲料添加剂磷酸二氢钙技术要求

项目	指标	项目	指标
钙/%	≥13.0	砷/（mg/kg）	≤20
总磷/%	≥22.0	pH（2.4g/L 溶液）	3~4
水溶性磷/%	≥20.0	游离水分/%	≤4.0
氟/（mg/kg）	≤1800	细度（通过 0.5mm 网孔的试验筛）/%	≥95.0
铅/（mg/kg）	≤30		

四、认识含钠与含氯的原料

（一）食盐

常用的植物性食品原料中，钠、氯含量都少，食盐是钠、氯的最简单、价廉和有效的添加源。食盐中含氯 60%，钠 39%。碘化食盐中还含有 0.007%的碘。

为了保证宠物的生理平衡，饲喂以植物性食品原料为主的食品，应补充食盐。食盐还可以改善口味，增进食欲，促进消化。食盐不足会引起宠物食欲下降、采食量降低、生长性能下降；还有可能导致宠物异食癖。食盐过量时，只要有充足饮水，一般对宠物健康无不良影响。但若饮水不足，可能出现食盐中毒。犬的盐分摄入量很低，使用含盐量高的鱼粉等原料时应特别注意。食盐还可作为微量元素添加剂的载体。但由于食盐吸湿性强，在相对湿度 75%以上时就开始潮解。因此，作为载体的食盐必须保持含水量在 0.5%以下。制作微量元素预混料以后也应妥善储藏保管。

（二）碳酸氢钠

碳酸氢钠，俗称小苏打，除提供钠离子外，还是一种缓冲剂，可缓解宠物热应激，保证胃正常 pH。可增加机体的碱储备，防治代谢性酸中毒，饲用后可中和胃酸，溶解黏液，促进消化，平衡电解质。

拓展知识

矿物质间的相互关系

矿物质在机体内有其独特的功用，但它们之间存在着普遍的相互作用，这种相互作用影响可能发生于食物中、消化道内，也可发生于中间代谢过程中。矿物质在宠物体内根据含量分为常量元素和微量元素。各元素间存在的协同和拮抗的关系见图 1-7。

（一）常量元素间的关系

食品中的钙、磷含量及钙磷比是影响宠物体内矿物质正常代谢的重要因素。钙磷比例失调会引起骨质营养不良。食品中钙含量过高或钙、磷同时增加会影响镁的吸收。镁缺乏则造成钾排出增加。钙和食盐有拮抗作用，钙、磷不足时需食盐较低，食品中含磷量增加可节省食盐。食盐也能提高锰的需要量。钠、钾、氯是维持体内电解质平衡和渗透压平衡的关键元素，具有协同作用。日粮离子平衡状况影响能量、氨基酸、维生素及矿物质的代谢。

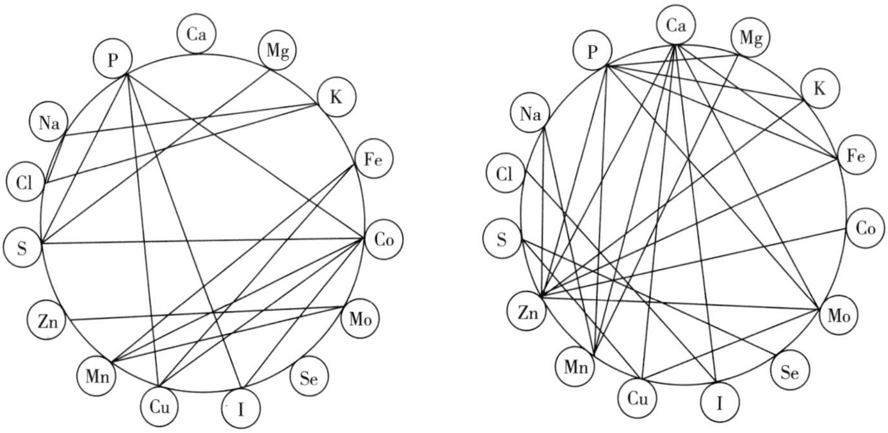

（1）协同　　（2）拮抗

图 1-7　矿物质之间的相互关系

（二）微量元素间的关系

铁的利用必须有铜的存在，铜可维持铁的正常代谢，有利于血红蛋白合成和红细胞成熟。过量的铜、锰、锌、钴、铬、磷、植酸等可与铁产生结合竞争，抑制铁的吸收。铜过多可导致贫血，是由于铜与铁在肠内竞争吸收位点引起的。铜含量过高可引起体内铁储备下降，与铜相似，也是与铁竞争吸收位点引起的。同样，食品中铁过高会降低铜的吸收。

锌和镉会干扰铜的吸收，食品中锌、镉过多时会增加尿铜的排出量，降低宠物体内血浆含铜量。高铜食品会引起肝损伤，通过加锌可缓解，但高锌又会抑制铁代谢，导致贫血，而铜不足会引起锌过量导致中毒，如果食品中铁和铜的含量正常，即使锌的水平达到最小需要量的 8 倍也不会产生负影响。镉是锌的拮抗物，可影响锌的吸收。钴能代替羧基肽酶中的全部锌和碱性磷酸酶中部分锌，因而补充钴能防止锌缺乏所造成的机体损害。

（三）常量元素与微量元素间的关系

钙、磷和锌之间存在拮抗作用，钙、磷含量过高会引起锌不足。钙、磷和锰之间也存在拮抗作用，锰过量会引起宠物牙齿损害及患佝偻病，这是因为锰过量会损伤宠物胃肠道，使钙磷利用率降低。铜的利用与食品中的钙量有关，含钙越高，对宠物体内铜平衡越不利。在肠道大量存在铁、铝、镁时，可与磷形成不溶性的磷盐，降低磷的吸收率。硫和铜会在消化道中形成不易吸收的硫酸铜而影响铜的吸收，硫和钼结合成难溶的硫化钼，增加钼的排出。硫酸盐可减轻硒酸盐的毒性，但对亚硒酸盐或有机硒化合物无效。

项目小结

项目	内容	要点
相关知识	矿物质的分类及作用	（1）必需矿物质；（2）矿物质的营养生理功能
	常量元素	（1）钙、磷；（2）钾、钠、氯；（3）镁；（4）硫
	微量元素	（1）铁；（2）铜；（3）锌；（4）硒；（5）碘；（6）锰；（7）钴；（8）其他微量元素
	应激对微量元素需要的影响	应激是指宠物在遇到各种刺激，如激烈运动、高温、高湿、寒冷、炎热、疼痛、疫苗接种、惊吓、运输、有害气体的侵袭及饲养管理不当等情况时，机体所产生的一系列生理活动亢进现象
项目实施	认识矿物质类原料的营养特点	钾、镁和硫3种元素普遍存在各种食品原料中，基本不会缺乏，但钙、氯和钠等的含量与宠物的需要量相差很多，需额外补充
	认识含钙的原料	（1）石粉；（2）贝壳粉
	认识含钙与磷的原料	（1）骨粉；（2）磷酸钙盐类
	认识含钠与氯的原料	（1）食盐；（2）碳酸氢钠
拓展知识	矿物质间的相互关系	（1）常量元素间的关系；（2）微量元素间的关系；（3）常量元素与微量元素间的关系

项目五　认识维生素

维生素是一类机体维持正常代谢和生理机能所必需的低分子有机化合物。宠物对维生素的需要量极低，但非常重要，如果宠物维生素不足，其他养分再充足，同样会导致宠物健康受损。通过学习，理解维生素在宠物饲养实践中的意义，明确维生素的种类及营养特点，能够依据维生素的营养作用及宠物对维生素需要的特点，合理供给宠物维生素营养，更好地服务于宠物饲养，也为宠物食品配方设计奠定基础。

项目目标

一、知识目标

1. 掌握维生素的种类；
2. 了解维生素的营养生理作用；
3. 熟悉宠物维生素缺乏症。

二、技能目标

1. 能阐述各种维生素的营养生理作用；
2. 能识别出维生素缺乏症并予以有效预防。

三、素质目标

1. 心怀责任，勇于担当，为社会发展贡献自己的力量；
2. 努力学习专业知识，不断提高理论指导实践的能力。

必备知识

一、维生素概述

维生素是维持宠物正常生理功能所必需的一类低分子有机化合物。体内一般不能合成，必须由食品提供，或者提供其前体。犬自身能合成维生素 C，猫自身能合成维生素 K、维生素 D、维生素 C、维生素 B_{12} 等，但除了维生素 K、维生素 C 的自身合成量能够满足机体的最佳生长需要外，其他几种维生素都需要额外添加。

维生素不是形成机体各组织器官的原料，也不是能源物质，主要以辅酶和催化剂的形式广泛参与体内代谢和各种化学反应，从而保证机体组织器官的细胞结构和功能正常，以维持宠物的健康和各种生命活动。

与其他养分相比，宠物对维生素的需要量很少，通常以微克（μg）、毫克（mg）计，而且可直接被宠物完整的吸收。它作为养分利用的调节剂，可促进能量、蛋白质及矿物质等营养的高效利用。维生素的作用是特定的，不能被其他养分所替代，而且每种维生素又有各自特殊的作用，相互间也不能替代。宠物缺乏维生素将导致特异性缺乏症。

（一）维生素的分类

根据维生素是否易溶于水，将其分为脂溶性维生素和水溶性维生素两大类，其中脂溶性维生素包括维生素 A、维生素 D、维生素 E 和维生素 K；水溶性维生素包括 B 族维生素和维生素 C。

（二）维生素的营养生理功能

1. 调节营养物质的消化、吸收和代谢

维生素作为调节因子或酶的辅酶或辅基的成分，参与蛋白质、脂肪和碳水化合物三种有机物的代谢过程，促进其合成与分解，从而实现代谢调控作用。

2. 抗应激作用

宠物产生应激后，在饲养实践中主要表现为生长发育减慢、食欲降低、对疾病的抵抗力下降、自身免疫功能降低、发病率上升等，可通过添加抗应激营养物质（如维生素），提高宠物自身抗应激能力，保证宠物健康。

3. 增强机体的免疫功能

几乎所有维生素都可提高宠物的免疫功能，其中以维生素 A、维生素 D、维生素 K、维生素 B_6 和维生素 B_1 及维生素 C 最为明显。

4. 提高宠物繁殖力

与宠物繁殖力有关的维生素有维生素 A、维生素 E、维生素 B_2、泛酸、烟酸、维生素 B_{12}、叶酸及生物素等。

二、脂溶性维生素

脂溶性维生素包括维生素 A、维生素 D、维生素 E 和维生素 K。其特点有以下几点。

①分子中仅含有碳、氢、氧三种元素。

②能溶于脂肪和大部分有机溶剂如乙醚、氯仿等，而不溶于水。

③脂溶性维生素的存在与吸收均与脂肪有关。在消化道内随脂肪一同被吸收，有利于脂肪吸收的条件如充足的胆汁和形成良好的脂肪微粒，也利于脂溶性维生素的吸收。

④脂溶性维生素有相当数量贮存在宠物机体的脂肪组织中，若宠物吸收的多，体内贮存的也多。

⑤宠物缺乏时，有特异的缺乏症。

⑥未被宠物消化吸收的脂溶性维生素，通过胆汁随粪便排出体外，但排泄较慢。过多会产生中毒症或者妨碍与其有关养分的代谢，尤其是维生素 A 和维生素 D_3。维生素 E 和维生素 K 的中毒现象在饲养实践中很少见。

⑦易受光、热、湿、酸、碱、氧化剂等破坏而失效。

(一) 维生素 A

1. 理化特性

纯净的维生素 A 为黄色片状结晶体，是不饱和的一元醇，它有视黄醇、视黄醛和视黄酸三种衍生物。维生素 A 只存在于动物性食品中，植物性食品中含有维生素 A 原——类胡萝卜素，其中 β-胡萝卜素生理效力最高，它们在宠物（猫除外）体内可转变为维生素 A。

维生素 A 和胡萝卜素易被氧化破坏，尤其是在湿热和与微量元素及酸败脂肪接触的情况下。在无氧黑暗处较稳定，在 0℃以下的暗容器内可长期保存。

2. 营养作用与缺乏症

(1) 营养作用

①维持宠物在弱光下的视力：维生素 A 是视觉细胞内的感光物质——视紫红质的成分。而视紫红质具有维持暗视觉的功能。缺少维生素 A，在弱光下，视力减退或完全丧失，患“夜盲症”。

②维持上皮组织的健康：维生素 A 与黏液分泌上皮的黏多糖合成有关。缺乏维生素 A，上皮组织干燥和过度角质化，易受细菌侵袭而感染多种疾病。泪腺上皮组织角质化，发生“干眼病”，严重时角膜、结膜化脓溃疡，甚至失明；呼吸道或消化道上皮组织角质化，易引起生长宠物肺炎或下痢；泌尿系统上皮组织角质化，易产生肾结石和尿道结石。

③促进幼龄宠物的生长：维生素 A 能调节碳水化合物、脂肪、蛋白质及矿物质代谢。缺乏时，影响体蛋白合成及骨组织的发育，造成幼龄宠物精神不振，食欲减退，生长发育受阻。长期缺乏时肌肉脏器萎缩，严重时死亡。

④参与性激素的形成：维生素 A 缺乏时，繁殖力下降。

⑤维持骨骼的正常发育：维生素 A 与成骨细胞活性有关，影响骨骼的合成。缺乏时，破坏软骨骨化过程；骨骼造型不全，骨弱且过分增厚，压迫中枢神经，出现运动失调、痉挛、麻痹等神经症状。

⑥具有抗癌作用：维生素 A 对某些癌症有一定治疗作用，机理不完全清楚，推测可能是由于维生素 A 改变了细胞中内质网的结构及致癌物质的代谢，从而抑制了某些致癌物的活化。

⑦增强机体免疫力和抗感染能力：维生素 A 对传染病的抗感染能力是通过保持细胞膜的强度，使病毒不能穿透细胞，则避免了病毒进入细胞利用细胞的繁殖机制来复制自己。

(2) 缺乏症　猫的慢性维生素 A 缺乏，一般表现为厌食、消瘦和毛焦，怕光羞明，角膜炎、结膜炎，生殖力下降。公猫睾丸萎缩、无精子，严重缺乏的母猫不发情，轻的缺乏会导致出现流产，或产生体弱畸形的仔猫，母猫胎衣不下，幼猫易患消化道或呼吸道疾病。

犬缺乏维生素 A 时，会引起夜盲症、干眼病，共济失调，结膜炎，皮肤及上皮表层损伤等。长期缺乏，导致呼吸道感染，神经功能紊乱致使行走困难、四肢痉挛，生殖细胞异常，母狗不易受孕或中途流产等，被毛粗乱无光，食欲降低，骨骼生长不良，易形成网状骨质，骨脆弱易发生骨折。

3. 过量的危害

过量的维生素 A 贮存在肝脏和脂肪组织中，易引起中毒。长期或突然摄入过量维生素 A 均可引起宠物中毒。如过量饲喂维生素 A 或只用生肝、牛奶喂养猫时，引起维生素 A 中毒，病猫表现为骨畸形、骨质疏松、颈椎骨脱离和颈软骨增生，骨骺生长缓慢、器官退化、生长缓慢、失重、皮肤损害以及先天畸形。患犬表现为骨质疏松、四肢跛行、齿龈炎、牙齿脱落、皮肤干燥、脱毛。

4. 合理供应

宠物对维生素 A 的需要量，通常采用国际单位（IU）或重量单位（mg）来表示。1IU 维生素 A 相当于 0.3μg 的视黄醇或相当于 0.6μg β-胡萝卜素。

猫不能将植物中的 β-胡萝卜素在肠黏膜细胞里或肝中转化成维生素 A，只能从动物性食物中获取。动物肝脏、鱼肝油、鲜牛奶中维生素含量丰富，其他食物中含量较少。母猫妊娠期将大量消耗体内的维生素 A，致使肝中维生素贮存量减少一半，哺乳仔猫时，又将减少一半。猫的呼吸道感染也将大量消耗肝脏中的维生素 A。成年和正在生长发育的猫，每天应供应 1500~2100 IU 的维生素 A，妊娠期和哺乳期的母猫每天应再多一些。猫血液中维生素 A 的水平可以作为其维生素 A 是否缺乏的一项判断指标。为了帮助猫对维生素 A 的吸收，饲粮中添加适量的脂肪很有必要。平日里饲养猫时，可将动物肝脏煮熟，剁成肝末晾干低温保存，每次在猫食中加入少许，既增加了营养，又调理了猫食的适口性。

（二）维生素 D

1. 理化特性

维生素 D 有维生素 D_2（麦角钙化醇）和维生素 D_3（胆钙化醇）两种活性形式。植物体中的麦角固醇经紫外线照射而转变成维生素 D_2，宠物体中的 7-脱氢胆固醇经紫外线照射而转变成维生素 D_3。猫没有此功能。

结晶的胆钙化醇是一种白色针状物，低温和暗环境下较稳定。紫外线的照射、酸败的脂肪以及矿物质均可使之氧化失效。维生素 E 和其它抗氧化剂可防止胆钙化醇的破坏。

2. 营养作用与缺乏症

维生素 D 被吸收后并无活性，它必须首先在肝脏、肾脏中经羟化，如维生素 D_3 转变为 1，25-二羟维生素 D_3 后，才能发挥其生理作用。1，25-二羟维生素 D_3 具有增强小肠酸性，调节钙磷比例，促进钙磷吸收的作用，它还可直接作用于成骨细胞，促进钙磷在骨骼和牙齿中的沉积，有利于骨骼钙化。还可刺激单核细胞增殖，使其成为成熟巨噬细胞，影响巨噬细胞的免疫功能。

缺乏维生素 D，导致钙磷代谢失调，幼年宠物患“佝偻病”，常见表现为行动困难、不能站立、生长缓慢。成年宠物，尤其是妊娠和泌乳宠物患“佝偻病”，表现为骨质疏松、四肢关节变形、肋骨变形、易骨折、弓形腿。

研究表明，即使将犬背上的毛剃去使其受到更多紫外线照射，其体内合成的维生素 D 仍不能满足需要。因此，犬的食物中应提供充足的维生素 D 以保证其营养需要。

3. 过量的危害

维生素 D 供应过量时，也可导致宠物中毒，其特征是血钙过多，出现高钙血症，动脉中钙盐广泛沉积，各种组织和器官如动脉管壁、心脏、肾小管等发生钙质沉积，出现钙化灶。维生素 D_3 的毒性比维生素 D_2 的毒性大 10~20 倍。

4. 合理供应

宠物对维生素 D 的需要量用国际单位（IU）表示。1IU 维生素 D 相当于 0.025μg 维生素 D_3。为保证宠物对维生素 D 的需要：第一，饲喂富含维生素 D 的食物，动物性食品如鱼肝油、肝粉、血粉、酵母中都含有丰富的维生素 D；第二，加强舍外运动，多晒太阳，促使宠物被毛、皮肤、血液、神经及脂肪组织中 7-脱氢胆固醇大量转变为维生素 D_3，或在饲粮中补饲维生素 D_3；第三，病宠可注射骨化醇。

（三）维生素 E

1. 理化特性

维生素 E（又称生育酚）是一组化学结构近似的酚类化合物。自然界中存在 α、β、γ 等 8 种具有维生素 E 活性的生育酚，其中 α-生育酚活性最高。α-生育酚是一种黄色油状物，不溶于水，易溶于油、脂肪、丙酮等有机溶剂。维生素 E 易被食品中的矿物质和不饱和脂肪酸氧化破坏，因此，它本身是一种很好的生物抗氧化剂。

2. 营养作用与缺乏症

（1）营养作用

①抗氧化作用：维生素 E 是一种细胞内抗氧化剂，可阻止过氧化物的产生，保护维生素 A 和必需脂肪酸等，尤其保护细胞膜免遭氧化破坏，从而维持膜结构的完整和改善膜的通透性。

②维持正常的繁殖功能：维生素 E 可促进性腺发育，调节性功能；促进精子的生成，提高其活力；增强卵巢功能。缺乏时雄性宠物睾丸变性萎缩，精细胞的形成受阻，甚至不产生精子，造成不育症；雌性宠物性周期失常，不受孕，分娩时产程过长，产后无奶或胎儿发育不良，胎儿早期被吸收或死胎。

③保证肌肉的正常生长发育：缺乏时肌肉中能量代谢受阻，肌肉营养不良。

④维持毛细血管结构的完整和中枢神经系统的功能健全。

⑤参与机体内物质代谢：维生素 E 是细胞色素还原酶的辅助因子，参与机体内生物氧化；它还参与维生素 C 和泛酸的合成；参与 DNA 合成的调节及含硫氨基酸和维生素 B_{12} 的代谢等。

⑥增强机体免疫力和抵抗力：研究确认维生素 E 可促进抗体的形成和淋巴细胞的增殖，提高细胞免疫反应，降低血液中免疫抑制剂皮质醇的含量，提高机体的抗病能力，还具有抗感染、抗肿瘤与抗应激等作用。

⑦降低某些重金属毒性及其不良影响：维生素 E 可以降低银、汞、砷等重金属和有毒元素的毒性。另外，可通过使含硒的氧化型谷胱甘肽过氧化物酶变成还原型谷胱甘肽过氧化物酶以及减少其他氧化物的生成而节约硒，减轻因缺硒带来的不良影响。

（2）缺乏症

维生素 E 的缺乏症是多样化的，涉及多种组织和器官。其症状都与硒的缺乏相似，而且也与食品硒、不饱和脂肪酸和含硫氨基酸的水平有关。由于过氧化物的存在与蓄积，使机体里的脂肪变为黄色、棕色或橘黄色，质地变硬，称为脂肪组织炎或黄色脂肪病。长期饲喂金枪鱼时，可诱发此病。

3. 过量的危害

维生素 E 相对于维生素 A 和维生素 D 而言是无毒的，大多数宠物能耐受 100 倍于需要量的剂量。

4. 合理供应

宠物对维生素 E 的需要量用国际单位（IU）和重量单位（mg/kg）表示。1mg DL-α-生育酚乙酸酯相当于 1IU 维生素 E；1mg α -生育酚相当于 1.49IU 维生素 E。

宠物体内不能合成维生素 E，植物能合成维生素 E。所有谷物类食品原料都含有丰富的维生素 E，特别是种子的胚芽中。小麦胚芽、豆油、花生油也含有丰富的维生素 E。

宠物犬和猫的食品中含有大量不饱和脂肪酸，因此维生素 E 的需要量较大。专家建议维生素 E 在 30IU/kg 添加量的基础上，每添加 1g 鱼油要相应添加 10 IU/kg 的维生素 E。维生素 E 需要与日粮中硒的水平和其他抗氧化剂的含量也有关。

（四）维生素 K

1. 理化特性

维生素 K 是一类萘醌衍生物。其中最重要的是维生素 K_1（叶绿醌）、维生素 K_2（甲基萘醌）和维生素 K_3（甲萘醌）。维生素 K_1 和维生素 K_2 是天然产物，维生素 K_1 为黄色油状物，维生素 K_2 为黄色晶体。维生素 K_3 是人工合成的产品，其中大部分溶于水，效力高于维生素 K_2。维生素 K 耐热，但易被光、辐射、碱和强酸所破坏。

2. 营养作用与缺乏症

维生素 K 主要参与凝血活动。它可催化肝脏中凝血酶原和凝血活素的合成。维生素 K 与钙结合蛋白的形成有关，并参与蛋白质和多肽的代谢；维生素 K 还具有利尿、强化肝脏解毒功能及降低血压等作用。

缺乏维生素 K 易发生出血，凝血时间延长，可发生皮下、肌肉及胃肠道出血。犬、猫机体内可合成维生素 K，因此通常情况下不出现缺乏。

3. 过量的危害

维生素 K_1 和维生素 K_2 相对于维生素 A 和维生素 D 来说是无毒的，但大剂量的维生素 K_3 可引起溶血。

4. 合理供应

宠物对维生素 K 的需要量用重量单位（mg 或 mg/kg）表示。维生素 K_1 遍布于各种植物性食品中。维生素 K_2 除动物性食品中含量丰富外，还能在犬、猫等宠物消化道中经微生物合成。因此，正常情况下不会缺乏。但当宠物患肠道疾病或肝胆疾病、长期服用抗生素或磺胺类药物时，易引起维生素 K 缺乏，此时，可以向饲粮中添加维生素 K。

三、水溶性维生素

水溶性维生素包括 B 族维生素和维生素 C。其特点有以下几点。

①分子中除含有碳、氢、氧三种元素外，多数含有氮元素，有的还含硫、钴或其他

元素。

②溶于水。

③可随水分很快地由肠道吸收。

④除维生素 B_{12} 外，水溶性维生素几乎不在体内储存。

⑤短期缺乏即对代谢有影响，但表现临床症状尚需一段时间；多数情况下，缺乏症无特异性，而且难与其生化功能相联系，食欲下降和生长受阻是共同的缺乏症症状。

⑥未被宠物利用的水溶性维生素主要由尿液很快排出体外。因此，即使一次较大剂量服用也不易中毒。

宠物体内可合成维生素 C。但在高温、疾病、防疫应激条件下，维生素 C 需要量增加，应额外补充。

（一）维生素 B_1

1. 理化特性

维生素 B_1 含有硫和氨基，故又称硫胺素。能溶于 70% 的乙醇和水，受热、遇碱迅速被破坏。

2. 营养作用与缺乏症

维生素 B_1 可作为辅酶的形式进入糖代谢和三羧酸循环，参与能量代谢；作为神经介质和细胞膜成分，维持神经组织和心脏的正常功能；抑制胆碱酯酶的活性，减少乙酰胆碱的水解，从而增加胃肠蠕动和腺体分泌的作用，维持胃肠正常消化功能。

维生素 B_1 缺乏表现为宠物食欲下降、呕吐、体重减轻与脱水，严重时出现多发性神经炎，心脏功能障碍，消化不良等症状。因此，临床上维生素 B_1 常用来作为辅助药物治疗神经炎、心肌炎、食欲不振、消化不良等疾病。

3. 来源

酵母是维生素 B_1 最丰富的来源。谷物食物中维生素 B_1 含量也较多，胚芽和种皮是维生素 B_1 主要存在的部位。瘦肉、肝、糙米、粗面粉、肾和蛋等动物性食品也是维生素 B_1 的丰富来源。宠物的肠道微生物也可以合成维生素 B_1。食品中碳水化合物含量增加，宠物对维生素 B_1 的需要也增加。脂肪和蛋白质有节约维生素 B_1 的作用。妊娠期、泌乳期、生病发热时维生素 B_1 需要量增加。一些食物含有抗硫胺素因子，如许多鱼类产品中含有硫胺素酶。

（二）维生素 B_2

1. 理化特性

维生素 B_2 为橙黄色的结晶，微溶于水，耐热，易被光、碱及重金属破坏，但对酸比较稳定。巴氏灭菌和暴露于太阳光可使牛奶中的维生素 B_2 损失 10%~20%。

2. 营养作用与缺乏症

维生素 B_2 以辅基形式与许多氧化还原酶结合（统称为黄酶类），参与调节三大有机物质代谢；维生素 B_2 还与色氨酸、铁的代谢及维生素 C 的合成有关；与视觉有关，具有强化肝脏的功能，为生长和组织修复所必需。

幼龄宠物缺乏维生素 B_2 表现为食欲减退、生长停滞、被毛粗乱、眼角分泌物增多，常伴有腹泻，成年宠物繁殖性能下降。

宠物猫维生素 B_2 缺乏表现为缺氧、消瘦、脱毛，慢性缺乏 6~9 个月后，发展为白内障、脂肪肝、睾丸发育不全和小红细胞增多，严重时死亡。在发病早期，及时注射维生素 B_2 注射液，症状会消除，疗效可靠。宠物犬维生素 B_2 缺乏时，仔犬生长停滞，厌食、被毛粗乱、腹泻、眼角分泌物增多、失重、后腿肌肉萎缩、睾丸发育不全、结膜炎和角膜浑浊，有时可见口腔黏膜出血、口角唇边溃烂、流涎等症状。

3. 来源

维生素 B_2 能由植物、酵母菌、真菌和其他微生物合成，但宠物肠道合成很少，吸收率较差。高碳水化合物、低脂肪食物有利于肠道合成维生素 B_2。绿色的叶子，尤其是苜蓿，维生素 B_2 的含量较丰富，鱼粉和饼粕类次之。瘦肉、蛋类、奶类、酵母、乳清和酿酒残液以及动物的肝脏含维生素 B_2 很多。谷物及其副产物中维生素 B_2 含量少。

（三）泛酸

1. 理化特性

泛酸又称遍多酸。游离的泛酸是一种黏性的油状物，对氧化还原剂均稳定，易吸湿，也易被酸碱和热破坏。

2. 营养作用与缺乏症

食品中的泛酸大多是以辅酶 A 的形式存在，少部分是游离的。只有游离形式的泛酸以及它的盐和酸能在小肠被吸收。泛酸是两个重要辅酶，即辅酶 A 和酰基载体蛋白质（ACP）的组成成分。辅酶 A 参与三大营养物质代谢，促进脂肪代谢及类固醇和抗体的合成，是生长期宠物所必需的。

宠物一般不会发生泛酸的缺乏。缺乏泛酸时，表现生长发育受阻、消瘦、胃肠功能紊乱、腹泻、运动失调、脂肪肝、繁殖力下降等症状。

3. 来源

泛酸广泛分布于动物性食品原料和植物性食品原料中，花生饼、糖蜜、酵母、米糠和小麦麸中含量丰富；谷物的种子及其副产物中含量也较多。饲粮能量浓度增加，宠物对泛酸的需要量增加。

（四）烟酸

1. 理化特性

烟酸，又称尼克酸、维生素 PP。烟酸是吡啶的衍生物，它很容易转变成烟酰胺，烟酸和烟酰胺都是白色、无味的针状结晶，性质稳定，溶于水，耐热，遇碱、酸及氧化剂均不易被破坏。

2. 营养作用与缺乏症

烟酸以烟酰胺的形式合成烟酰胺腺嘌呤二核苷酸（NAD^+，又名辅酶Ⅰ）及烟酰胺腺嘌呤二核苷酸磷酸（$NADP^+$，又名辅酶Ⅱ），在体内生物氧化过程中起传递氢的作用。两者均为脱氢酶的辅酶，在体内参与碳水化合物、脂肪和蛋白质的合成与分解，同时也参与视紫红质的合成；促进铁吸收和血细胞的生成；维持皮肤的正常功能和消化腺分泌等。

烟酸和烟酰胺合成不足会影响生物氧化反应，使宠物体内新陈代谢发生障碍，即出现癞皮症、角膜炎、神经和消化系统障碍症状。宠物猫缺乏时表现为腹泻、消瘦，糙皮病，口腔有溃疡、流涎，幼猫出生 3 周死亡。犬缺乏时，表现为黑舌病，症状是皮炎、食欲减退、溃疡、腹泻或便秘、粪便恶臭。

3. 来源

烟酸广泛分布于各种食物中，但谷物中，如玉米、小麦、稻谷中的烟酸呈结合状态，宠物利用率低。动物性产品、酒糟、发酵液以及油饼类食物中含量丰富。谷物类的副产物、绿色的叶子，特别是青草中的含量较多。食品中的色氨酸在多余的情况下可在体内转化为烟酸，食物中色氨酸多时，犬对烟酸的需要减少，但猫、貂以及大多数鱼类缺乏这种能力，应从食物中提供足够的烟酸。对大多数宠物而言，大剂量的烟酰胺比烟酸安全。一只成年猫，每天需要烟酸 2.6~4.0mg。生的动物性产品中，烟酸含量丰富，在猫对烟酸需要量大的生长期、怀孕期、哺乳期可适当饲喂生肉、生奶，为防止寄生虫病的发生，喂前最好煮 1~3min。

（五）维生素 B_6

1. 理化特性

维生素 B_6 包括吡哆醇、吡哆醛和吡哆胺三种吡啶衍生物。维生素 B_6 的各种形式对热、酸和碱稳定；遇光，尤其是在中性和碱性溶液中，易被破坏。合成的吡哆醇是白色结晶，易溶于水。

2. 营养作用与缺乏症

维生素 B_6 以转氨酶和脱羧酶等多种酶系统的辅酶形式参与氨基酸、蛋白质、脂肪和碳水化合物代谢；参与抗体合成；促进血红蛋白中原卟啉的合成。

幼龄宠物缺乏维生素 B_6，表现为食欲下降，消瘦，生长发育受阻，皮肤发炎，脱毛，眼睛周围有褐色分泌物、流泪，视力减退，甚至失明，心肌变性。成年宠物则表现为被毛粗乱，食欲差，小细胞性贫血，腹泻，惊厥，阵发型抽搐或痉挛，运动失调，急性肾脏疾患，昏迷。

3. 来源

维生素 B_6 广泛分布于各种食物中，酵母、肝、肌肉、乳清、谷物及其副产物和蔬菜都是维生素 B_6 的丰富来源。由于来源广而丰富，生产中没有明显的缺乏症。人和宠物食物蛋白质水平的升高，色氨酸、甲硫氨酸或其它氨基酸过多也将增加维生素 B_6 的需要。

（六）生物素

1. 理化特性

生物素，又称维生素 H。生物素具多种异构体，但只有 D-生物素才有活性。合成的生物素是白色针状结晶，在常规条件下很稳定，酸败的脂和胆碱能使它失去活性，紫外线照射可使之缓慢破坏。自然界存在的生物素，有游离和结合两种形式。结合形式的生物素常与赖氨酸或蛋白质结合。被结合的生物素不能被某些宠物所利用。

2. 营养作用与缺乏症

生物素以各种羧化酶的辅酶形式参与三大有机物代谢，主要起传递 CO_2 作用，它和碳水化合物与蛋白质转化为脂肪有关，促进不饱和脂肪酸的形成。生物素与溶菌酶活化和皮脂腺功能有关。

生物素广泛分布于动植物组织中，正常饲喂的宠物，由于肠道微生物可合成大量的生物素，一般不会出现缺乏症。但在下列情况下可导致缺乏症：食物加工和储藏过程中对生物素的破坏，肠道和呼吸道的感染及服用抗菌药（磺胺类），使用大量生物素利用率低的食物（小麦、大麦、高粱、棉籽饼）。生蛋清中含有生物素拮抗物，会引起生物素缺乏，因此用蛋类喂宠物时最好煮熟。缺乏的症状一般表现为生长不良，皮炎以及被毛脱落。缺乏生物素的猫，厌食、眼睛和鼻子有干性分泌物，唾液分泌增多，继续严重发展可能出现血痢和显著消瘦。犬生物素缺乏的早期表现为皮屑状皮炎，进而发展为精神抑制、食欲不振、贫血、恶心、呕吐、舌头与皮肤发炎。

（七）叶酸

1. 理化特性

叶酸是橙黄色的结晶粉末，无臭无味，有多种生物活性形式，对空气和热稳定，能被可见光和紫外线辐射分解，在酸性溶液中加热易分解，室温保存易损失。

2. 营养作用与缺乏症

叶酸以辅酶形式通过一碳基团的转移参与蛋白质和核酸生物合成及某些氨基酸的代谢，促进红细胞、白细胞、抗体的形成与成熟。

幼猫缺乏叶酸后，血液及红细胞中叶酸含量降低很多，幼猫停止生长，发展成大细胞性贫血，白细胞总数减少，血液凝固时间延长等。犬叶酸缺乏的典型症状为贫血和白细胞减少。

3. 来源

叶酸广泛分布于动植物产品中。绿色的叶片、肉质器官、谷物、大豆以及其他豆类和多种动物性食品中，如肝脏中叶酸的含量都很丰富，但奶中的含量不多。宠物肠道微生物也能合成叶酸，并可满足部分需要，一般情况下不会缺乏叶酸。但长期给猫、犬应用治疗剂量的抗生素或磺胺类药物，可能引起叶酸缺乏。

饲喂较多的叶酸盐可防止妊娠母猫及其后代的叶酸缺乏。母猫临产前 3 周，母体有适量的叶酸盐可通过胎盘输送给胎儿。

（八）维生素 B_{12}

1. 理化特性

维生素 B_{12} 是一个结构最复杂的，唯一含有金属元素（钴）的维生素，故又称钴胺素。有多种生物活性形式，呈暗红色结晶，易吸湿，可被强酸、强碱、氧化剂、还原剂、醛类、抗坏血酸、二价铁盐等破坏。

2. 营养作用与缺乏症

维生素 B_{12} 在体内主要以二脱氧腺苷钴胺素和甲钴胺素两种辅酶的形式参与多种代谢活动，如嘌呤和嘧啶的合成、甲基的转移、某些氨基酸的合成以及碳水化合物和脂肪的代谢。与缺乏症密切相关的两个重要功能是促进红细胞的形成和维持神经系统的完整。

宠物食品中含有微量的钴时，宠物可以在肠道中合成维生素 B_{12}，所以一般不会缺乏。

猫缺乏时，生长迟缓、贫血、血红蛋白减少。宠物犬缺乏维生素 B_{12} 的症状与叶酸缺乏症相似，以贫血和白细胞减少为主，厌食、营养不良、生长停滞、毛粗乱、肌肉软弱、皮炎。此外，由于脑磷脂生成不足，造成神经组织损伤，后肢运动失调。当犬感染钩虫造成贫血时，应该额外补充维生素 B_{12}，有利于血液的补充。

日粮中蛋白质少时，不利于维生素 B_{12} 的吸收。

3. 来源

在自然界，维生素 B_{12} 只在动物产品和微生物中发现，植物性食品基本不含此维生素。宠物饲喂植物性食品、含钴不足的日粮，患有胃肠道疾病以及由于先天缺陷而不能产生内因子等情况下，需补给维生素 B_{12}。

B 族维生素的作用不是孤立的，往往是几种 B 族维生素共同作用于一种或几种生理活动，因此它们的缺乏症也有许多相似之处。饲养实践中要通过观察宠物的临床症状，结合每种维生素特有的作用和食品中的含量进行综合分析，从而进行针对性的补饲。

（九）胆碱

1. 理化特性

胆碱是类脂肪的成分。分子中除含有三个不稳定的甲基外，还有羟基，具有明显的碱性。胆碱对热稳定，但在强酸条件下不稳定，吸湿性强，胆碱可在肝脏中合成。

2. 营养作用与缺乏症

胆碱在宠物体内不是以辅酶的形式，而是作为结构物质发挥其作用的。胆碱是细胞的组成成分，它是细胞卵磷脂、神经磷脂和某些原生质的成分，同样也是软骨组织磷脂的成分。因此，它是构成和维持细胞的结构，保证软骨基质成熟必不可少的物质，并能防止骨短粗病的发生；胆碱参与肝脏脂肪代谢，可促使肝脏脂肪以卵磷脂形式输送或者提高脂肪酸本身在肝脏内的氧化利用，防止脂肪肝的产生；胆碱在机体内作为甲基的供体参与甲基转移；胆碱还是乙酰胆碱的成分，参与神经冲动的传导。

宠物缺乏胆碱时，表现为精神不振，食欲丧失，生长发育缓慢，贫血，衰竭无力，关节肿胀，运动失调，消化不良等。还会引起脂肪代谢障碍，易发生肝小叶周围被脂肪浸润而形成脂肪肝，产生低白蛋白血症。犬缺乏胆碱时能引起严重的肝脏、肾脏功能障碍，如脂肪肝和凝血功能变差。

3. 来源

胆碱广泛存在于各种食品中，以绿色植物、豆饼、花生饼、谷实类、酵母、鱼粉、肉粉及蛋黄中最为丰富。因此，一般不易缺乏。但日粮中动物性食品不足，缺少叶酸、维生素 B_{12} 及锰或烟酸过多时，常导致胆碱的缺乏。饲喂低蛋白高能量日粮时，常用氯化胆碱进行补饲。生长发育中的猫每天日粮中加入 100mg 的胆碱即可满足需要。宠物进食胆碱过多时，表现为胆碱中毒：流涎、颤抖、痉挛、黏膜发绀和呼吸麻痹。

宠物体内，甲硫氨酸、胆碱在中间产物代谢中的作用相同，食物中增加其中的一种可减少另外一种的需要量。宠物体可利用甲硫氨酸等含硫氨基酸和甜菜碱等合成胆碱。

（十）维生素 C

1. 理化特性

维生素 C 为白色或微黄色粉状结晶，有酸味，除能溶于水外，微溶于丙酮或乙醇，在弱酸中稳定，遇碱易被破坏，具有强还原性，极易被氧化剂所破坏，特别在中性或碱性环境中，或当有金属离子（特别是 Fe^{2+}、Cu^{2+}）或荧光物质（如维生素 B_2）存在时，更易被氧化分解，失去生物活性。

2. 营养作用与缺乏症

（1）营养作用

①参与细胞间质胶原蛋白的合成：维生素 C 是合成胶原和黏多糖等细胞间质所必需的物质。

②解毒、抗氧化作用：某些毒物如铅、砷、苯及某些细菌毒素进入体内，给予大量维生素 C 往往可缓解其毒性。

③参与体内氧化还原反应：维生素 C 可脱氢成为脱氢抗坏血酸，此反应是可逆的，它在体内可能参加生物氧化反应，能使三价铁还原为易吸收的二价铁，促进铁的吸收，故临床上治疗营养性贫血时常用维生素 C 作辅助药物。

④参加体内其他代谢反应：在叶酸变为具有活性的四氢叶酸的过程、酪氨酸代谢过程及肾上腺皮质激素合成过程中都需要维生素 C 的存在。

⑤促进抗体的形成和白细胞的噬菌能力，促进创口的愈合，增强机体免疫功能和抗应激能力。

（2）缺乏症　维生素 C 缺乏，毛细血管的细胞间质减少，通透性增强而引起皮下、肌肉、肠道黏膜出血。骨质疏松易折，牙龈出血，牙齿松脱，创口溃疡不易愈合，患“坏血症”；宠物食欲下降，生长阻滞，体重减轻，活动力丧失，皮下及关节弥漫性出血，被毛无光，贫血，抵抗力和抗应激力下降。犬缺乏时，呈现阵发性剧烈疼痛，然后恢复正常。如犬睡后醒来时，四肢在几分钟内难以伸展，但在睡前补偿规定量的维生素 C，症状可得到缓解或消失。

维生素 C 的毒性很低，宠物一般可耐受需要量的数百倍，甚至上千倍的剂量。

3. 来源

维生素 C 来源广泛，青绿植物、块根鲜果中含量均丰富。况且，动物体内又能合成。因此，在宠物饲养中，一般不用补饲，但宠物处在高温、寒冷、惊吓、患病等应激状态下，合成维生素 C 的能力下降，而消耗量却增加，必须额外补充。断奶的幼犬、仔猫饲粮中也应该补充维生素 C。日粮中能量、蛋白质、维生素 E、硒和铁等不足时，也会增加对维生素 C 的需要量。

四、影响宠物维生素需要量的因素

（一）应激对维生素需要量的影响

有些维生素，如维生素 A、维生素 B_2、维生素 C、维生素 E 等都具有缓解应激反应的功能。正常情况下，宠物能够合成维生素 C 供机体利用。热应激时，宠物为了维持体温的恒定，利用维生素 C 合成类固醇激素——皮质酮，增加机体的免疫功能，因而对维生素 C 的需要量增加。但维生素 C 的抗热应激作用并不是无限的，当环境温度超过 34℃时，维生素 C 就没有抗热应激的作用了。维生素 E 作为种天然的抗氧化剂，在抗热应激中也有一定的作用。

（二）维生素之间的关系

维生素 E 具有抗氧化的作用，在肠道中可保护维生素 A 和胡萝卜素免遭氧化，且对胡萝卜素转化为维生素 A 具有促进作用。维生素 E 也参与维生素 C 和泛酸的合成及维生素 B_{12} 的代谢。维生素 E 不足会影响体内维生素 C 的合成，叶酸则能促进肠道微生物合成维生素 C。维生素 C 能减轻因维生素 A、维生素 E、维生素 B_1、维生素 B_2、维生素 B_{12} 及泛酸不足所出现的症状。

缺乏维生素 B_1 会影响体内维生素 B_2 的利用，同样缺乏维生素 B_2 会使体组织中的维生素 B_1 下降。缺乏核黄素时，色氨酸形成烟酸过程受阻，引起烟酸缺乏。维生素 B_{12} 能提高叶酸的利用率，促进胆碱的合成。泛酸不足会加重维生素 B_{12} 的缺乏，维生素 B_6 不足也会影响维生素 B_{12} 的吸收。

（三）矿物质与维生素的关系

维生素 D 及其激素代谢物作用于小肠黏膜细胞，形成钙结合蛋白，可促进钙、镁、磷的吸收，能促进磷在肾小管的重吸收，减少磷从尿中排出，提高血液钙和磷的水平，促进骨的钙化。维生素 D 对维持体内的钙、磷平衡起重要作用。

维生素 E 和硒可协同保护宠物的活体磷脂免遭过氧化作用的破坏。维生素 E 还能防止在活体细胞膜磷脂内过氧化物的生成。同样，无论维生素 E 存在与否，所生成的那些过氧化物均可被含硒的谷胱甘肽过氧化物酶所破坏。因而，维生素 E 可以看作防止过氧化物生成的第一道防线，而含硒的谷胱甘肽过氧化物酶则起第二道防线的作用，因为这种酶能破坏所生成的任何过氧化物，并且这种破坏是在过氧化物尚未损害细胞时进行的。维生素 E 和硒对机体的代谢及抗氧化能力作用相似，在一定条件下，维生素 E 通过使含硒的氧化型谷脱甘肽过氧化物酶变成还原型谷胱甘肽过氧化物酶以及减少其他过氧化物的生成而节约硒，减轻缺硒的影响，但硒却不能代替维生素 E，食品中维生素 E 不足时易出现缺硒症状。硒及维生素 E 可降低镉、汞、砷、银等重金属和有毒元素的毒性。

维生素 C 能促进肠道铁的吸收，并使转铁蛋白中的三价铁还原成二价铁，从而被释放出来再与铁蛋白结合。当食品中铜过量时，补饲维生素 C 可消除过量铜造成的影响。

拓展知识

如何保存宠物食品中的维生素

由于各种维生素的性质不同，加工条件与方法不同，在宠物食品加工过程中维生素的损失情况也不尽相同。造成维生素损失的主要因素包括氧化、温度和时间、酸碱度、金属与酶的作用、光或电子辐射、水分含量等。

只用详细了解各种维生素的稳固性特点后，才能最大限度地避免损失，保持宠物食品的营养价值。为便于掌握，可记住各种维生素保存条件口诀。

维生素 A、D 怕光怕氧酸，密封保存最为先。

维生素 E 怕光怕氧碱，加热酮铁数量减。

维生素 K 只怕光和碱，最稳要算烟酰胺。

要数维生素 C 最“小气”，光照氧酸碱脱水。

维生素 B_6 泛酸耐储藏，加工磨粉一半损。

必备技能

宠物维生素代谢性疾病诊治

维生素是犬、猫机体所必需的一类有机化合物。它们都是以本体形式或可被利用的前体形式，存在于天然食物中。犬、猫对维生素的需要量很少，常以 mg 或 μg 作为计量单位，但其生理功能却很大，缺乏或不足就会引起犬、猫发病，甚至死亡。宠物机体维生素缺乏或不足是一种渐进过程，长期轻度维生素缺乏，并不一定出现临床症状，但会使患病宠物呈现活动能力下降，对疾病的抵抗力降低等。因此，犬、猫食物中供给合理的维生素量，不仅可预防缺乏症的发生，而且也能不断增进健康水平。

（一）脂溶性维生素营养代谢性疾病诊治

1. 维生素 A 缺乏症

（1）病因　植物类食品原料中不含有维生素 A，只含有其前体——类胡萝卜素，其中最早研究的是 β -胡萝卜素，1 分子 β -胡萝卜素在宠物机体内可形成 2 分子维生素 A。但与其他哺乳动物不同的是，宠物猫本身不能将植物中的 β -胡萝卜素在机体中转化成维生素 A，只能从动物性食品中获得维生素 A。含维生素 A 多的食物有动物肝脏、鱼肝油、蛋黄和鲜牛乳等。长期饲喂猫缺乏维生素 A 的食物，会发生维生素 A 缺乏症。犬大肠黏膜上的某些酶，能将 β -胡萝卜素转化成维生素 A，因此犬维生素 A 缺乏症较少发生。但如果长期饲喂营养不全的单一饲料，或患慢性胃肠炎，影响维生素 A 吸收的犬，容易得维生素 A 缺乏症。

妊娠期和泌乳期的犬、猫对维生素 A 的需要量增大，此时如果不增加供给量，不但使犬、猫易患维生素 A 缺乏症，而且还影响胎儿和幼龄犬、猫的生长发育和抗病能力。食物中脂肪能促进消化道对维生素 A 的消化吸收，而食物中蛋白质又有助于维生素 A 在血浆中的运输，当食物中脂肪和蛋白质缺乏时，也会导致维生素 A 缺乏症的发生。

（2）症状　成年犬、猫维生素 A 缺乏症表现为厌食、消瘦和被毛稀疏，进一步发展出现毛囊角化、皮屑增多、夜盲和干眼病、角膜变厚、混浊、结膜发炎、羞明流泪、有红色分泌物。由于鳞状上皮细胞变化，角膜表面干燥，发生溃疡，形成穿孔。检眼镜检查可见患宠的视神经乳头肿胀，视网膜上血管管径变小。

公犬、公猫维生素 A 缺乏症：睾丸萎缩，精液中精子少或无。母犬、母猫维生素 A 缺乏症：重症不发情，轻者虽然发情、妊娠，但易引发流产或产死胎，即使产下虚弱活仔，也易患呼吸道疾病，成活率也低。犬、母猫产后还常见胎衣停滞。

患维生素 A 缺乏症的母犬、母猫产下的不死的幼龄犬、猫，常常由于骨骼畸形，颅骨和椎骨变厚；枕骨大孔变窄，压迫小脑和脊髓。临床上呈现共济失调、震颤和痉挛，最后瘫痪。同窝幼仔均会发病，只是轻重不同。断奶后维生素 A 缺乏症的犬、猫通常多死于继发性呼吸道疾病。

（3）防治　参考成年和正在生长发育的幼龄犬、猫维生素 A 需要量，增加妊娠期和泌乳期的犬、猫供给量，促进对维生素 A 的消化吸收。食物中添加适量的脂肪。猫 1 次肌肉注射维生素 A 210000IU，可维持 4~6 个月维生素 A 的需要；如饲喂含有维生素 A 的动物肝脏，每周饲喂 1 或 2 次，就可满足对维生素 A 的需要量。犬、猫维生素 A 缺乏症的治疗为每天补充维生素 A 400IU/kg 体重，连续口服 10d 为一疗程。

2. 维生素 D 缺乏症

（1）病因　由于宠物皮肤中的 7-脱氢胆固醇经紫外线照射后，能转变为胆钙化醇，即维生素 D_3，一般成年犬、猫只要保证有足够的紫外线照射，在通常饲喂食物条件下是不会发生维生素 D 缺乏症的。但长期采食缺乏维生素 D 的食物的犬、猫体内合成维生素 D 不足或发生慢性消化不良、寄生虫感染引起吸收障碍时，可能会发生维生素 D 缺乏症。

（2）症状　维生素 D，对骨骼形成极为重要，它不仅能促进钙和磷在肠道中的吸收，还可作用于骨骼组织，使钙磷最终成为骨质的基本结构。如正在生长发育时的幼犬，维生素 D 缺乏会发生佝偻病。幼猫不像幼犬那样易患维生素 D 缺乏性佝偻病。猫患佝偻病，主要原因是食物中钙含量不足或钙、磷比例不当，或较长期不晒太阳所致，而与食物中维生素 D 缺乏关系不大。

维生素 D 缺乏时犬、猫出现异嗜症状，关节疼痛，步态强拘、跛行，呈现膝弯曲姿势、O 形腿、X 形腿，骨变形，关节肿胀。幼龄宠物的肋骨与肋软骨结合部肿胀，呈念珠状，胸骨下沉，脊柱骨弯曲。成年宠物上颌骨肿胀，口腔狭窄，咀嚼障碍，易发生龋齿和骨折。

（3）防治　首先要保证犬、猫充足的日光浴，加强运动。在食物中注意补充钙制剂。药物治疗时使用维生素 D 制剂：皮下或肌肉注射维生素 D_2 钙注射液 0.25 万~0.5 万 IU，或肌肉注射维生素 D_3 0.15 万~0.3 万 IU，也可口服鱼肝油。

3. 维生素 E 缺乏症

现在已知 4 种生育酚和 4 种生育三烯酚具有维生素 E 的生物活性，其中以 α-生育酚的生理活性最高，故通常以 α-生育酚作为维生素 E 的代表。α-生育酚是黄色油状液体，属于脂溶剂，对热和酸稳定，对碱不稳定，可缓慢地被氧化破坏。因此，在酸败的油脂中往往遭到破坏。α-生育酚广泛地分布于所有绿色植物组织中，尤其是棉籽油、花生油和芝麻油中含量最多。在肉、奶油、奶、蛋及鱼肝油中也都含有此种维生素。

（1）病因　维生素 E 是一种抗氧化剂，保护食物和宠物机体中脂肪，保护并维持骨骼肌、心肌、平滑肌以及外周血管系统结构完整性和生理功能。另外，维生素 E 还与提高免疫功能、生殖功能和神经功能有关。维生素 E 的生理功能与微量元素硒有密切关系，它的需要量与动物性食品中不饱和脂肪酸含量呈正相关，食物中不饱和脂肪酸含量增多，如饲喂含不饱和脂肪酸多的金枪鱼，维生素 E 的需要量也多。酸败的脂肪会破坏维生素 E，故犬、猫应避免食用这类变质性食物。

（2）症状　犬缺乏维生素 E 时会引起骨骼肌萎缩，公犬睾丸生殖上皮细胞受损，母犬难以妊娠。猫缺乏维生素 E 时，尤其是当食物中含有大量不饱和脂肪酸时，将引起体内脂肪变性，变质变硬，称为脂肪织炎或黄脂病。

患黄脂病的猫，多为母猫，平均年龄 2.5 岁，一般表现食欲不振、无精神、发热、嗜睡。严重时因皮下脂肪发炎，手抓甚至抚摸皮肤时有明显的疼痛反应；可感知皮下结节状的脂肪或纤维素性沉淀物，尤其在腹股沟区多见，在 X 射线影像中皮下组织可见斑点状，通常发生中性粒细胞明显增多的核左移；有时发生低蛋白质性腹水。

（3）防治　注意营养平衡，避免猫过量食用含不饱和脂肪酸过多的鱼类。每天坚持口服维生素 E 30mg/kg，至临床症状消失。初期作为支持疗法也可给予肾上腺皮质激素。

4. 维生素 K 缺乏症

（1）病因　犬、猫维生素 K 缺乏症见于使用抗凝血药物香豆素时，此药与维生素 K 有拮抗作用。磺胺类药物也具有抗凝作用，因此使用磺胺类药物时，会大大增加维生素 K 的需要量。抗生素药物会抑制动物肠道中微生物群合成维生素 K 的能力，使维生素 K 需要量也增加。另外，犬、猫患球虫病和其他寄生虫病时，也会增加维生素 K 的需要量。健康犬、猫像其他哺乳动物一样，在其小肠中微生物群合成的维生素 K 可满足机体的需要，因此很少发生缺乏症。

（2）症状　食欲减退，体弱，贫血，皮下、肌肉和鼻出血，粪尿带血，伤口或溃疡面难以愈合。严重者，出现重度贫血，眼结膜苍白，皮肤干燥。血红蛋白含量和红细胞总数减少。

（3）防治　注意补充富含维生素 K 的绿色食物。缺乏时可肌肉注射维生素 $K_1$10~20mg，或维生素 K 注射液 10~30mg，12h 1 次。

（二）水溶性维生素营养代谢性疾病诊治

1. 维生素 B_1 缺乏症

（1）病因　宠物维生素 B_1 摄入不足会导致缺乏症。犬、猫饲喂生鱼和软体动物，会发生维生素 B_1 缺乏症，这与某些鱼类和软体动物的内脏中含有硫胺素酶，可分解维生素 B_1 有关。另外，妊娠后期、泌乳期间和生病高热时，由于维生素 B_1 需要量增多，也易发本病。

（2）症状　临床上症状呈现食欲不振，呕吐，脱水，体重减轻；严重时伴有多发性神经炎，心脏功能障碍，以及由于脑白质及脊髓出血而发生惊厥、共济失调、麻痹和虚脱，最后心力衰竭死亡。

（3）防治　早期，宜口服维生素 B_1 制剂，犬 10~100mg/d，猫 5~30mg/d，疗效明显。严重病例，由于大脑受损，疗效较差。

2. 维生素 B_2 缺乏症

（1）病因　犬、猫小肠内微生物群能合成部分动物机体需要的维生素 B_2，饲喂高碳水化合物低脂肪食物更有利于其合成维生素 B_2，食物中含量不足或吸收障碍可导致缺乏症的发生。

（2）症状　宠物维生素 B_2 缺乏时，表现厌食、消瘦、脱毛、结膜炎以及角膜混浊甚至发生白内障、后腿肌肉萎缩、睾丸发育不全等，重症病例也会死亡。有的表现为口炎、阴囊炎。

（3）防治　口服维生素 B_2，犬 10~20mg/d，猫 5~10mg/d，或者皮下注射复合维生素 B_2。

3. 泛酸缺乏症

（1）病因　泛酸正像它的名字那样，广泛地存在于自然界和多数动植物组织中，肠道内细菌也能合成泛酸，所以犬、猫一般不发生泛酸缺乏症。

（2）症状　犬、猫缺乏时，临床上表现为生长发育迟缓，胃肠功能紊乱，胃炎、肠炎，甚至溃疡；发生低血糖症、低氯血症，血浆尿素氮浓度升高，昏睡甚至死亡，死后剖解可见脂肪肝；在犬还出现脱毛。

（3）防治　饲喂全价食品，给予复合维生素。给予干酵母、乳酶生、胰酶、胃蛋白酶等助消化药。犬、猫严重缺乏时，可口服泛酸 0.055mg/kg 体重。

4. 烟酸缺乏症

（1）病因　长期饲喂缺乏烟酰胺的食物，妊娠、高热、发育、感染等会使机体对其需要量增加，从而导致缺乏症的发生。在犬和其他哺乳动物体内，能将色氨酸转化为烟酸，猫无这种能力。因此，在猫食物中即使含有色氨酸，也会发生烟酸缺乏症。

（2）症状　犬、猫烟酸缺乏时，无食欲，常发生口腔黏膜炎和溃疡，往往从中流出大量黏稠带血的唾液，呼出气恶臭。犬烟酸缺乏时综合表现为黑舌病。有的病例发生糙皮病的皮肤病变，表现对称性皮肤炎，界限明了，在容易受到刺激的颈部、肘部及会阴部多发。严重的缺乏症，发生水样腹泻、红斑性皮肤炎及脂溢性皮肤炎，甚至会引起死亡。

（3）防治　犬口服烟酰胺 50~100mg，每天 2 或 3 次；或皮下或肌肉注射 10~15mg，每天 2 或 3 次。猫每天口服或注射 2~5mg。多给予动物性蛋白质饲料，必要时控制感染。

患病宠物使用大剂量烟酸治疗，会引起中毒。但烟酰胺毒性较低，可大剂量用于治疗。中毒时表现为血管扩张、瘙痒症、皮肤热感发红。

5. 维生素 B_6 缺乏症

（1）病因　通常情况下不会发生维生素 B_6 缺乏，但在成年犬每天摄取的维生素 B_6 每千克体重不足 22μg、幼犬不足 44μg 的情况下，以及慢性腹泻造成呼吸不良、妊娠时需要量增加，或使用具有拮抗维生素 B_6 作用的药物，如异烟酸、异烟肼等，都会发生维生素 B_6 缺乏症。此外，由于维生素 B_6 参与蛋白质代谢，凡饲喂高蛋白质食物，宠物其对维生素 B_6 的需要量都会增多，因而也易发生维生素 B_6 缺乏症。

（2）症状　幼犬、猫发育不良，成年犬、猫体重减轻。由于缺铁使血红素合成障碍，发生小细胞低色素性贫血。临床上表现有神经症状，以及过敏反应、胃肠障碍、痉挛、口内炎、舌炎、口角炎等症状。眼睑、口唇周围和颜面等部位易发生瘙痒性红斑性皮炎及脂溢性皮炎。幼犬缺乏维生素 B_6 导致发育不良。成年犬缺乏时，食欲减退，体重减轻。猫由于草酸钙结晶在肾小管内沉积，会发生不可逆性肾损伤。血清铁含量升高，达 300~400μg/dL。尿中出现黄尿酸。肝、脾及骨髓可见含铁血黄素沉积。

（3）防治　食物中添加肉类、肝脏和酵母粉等。缺乏严重犬、猫，可肌肉注射维生素 B_6 注射液 10~30mg，然后用片剂每千克体重 1~5mg，每天 2 或 3 次，连用 10d。

6. 生物素缺乏症

（1）病因　使用大量抗生素、磺胺类药物或抗球虫药后，抑制了肠道中微生物生成生物素；或增饲犬、猫大量生鸡蛋蛋白时，由于其中含有抗生物素蛋白，能与食物或肠道中生物素牢固结合，使其丧失活性，这时宠物有可能发生生物素缺乏症。

（2）症状　缺乏的早期阶段，出现鳞状性皮肤炎；生长发育受阻，身上有臭味，后躯麻痹。猫长期饲喂生鸡蛋后，会出现食欲不振，眼睛和鼻子有干性分泌物和唾液增多，衰弱，腹泻，进行性痉挛，后躯麻痹，后期出现明显消瘦和血便。

（3）防治　抗生物素蛋白对热较敏感，用煮熟鸡蛋饲喂犬、猫，就可避免生物素缺乏症。治疗每天 7~30mg，口服或肌肉注射生物素均可。

7. 叶酸缺乏症

（1）病因　犬、猫肠道中微生物群能合成足够的叶酸供其需要，因此，通常不易发生叶酸缺乏症。当犬、猫大量出血或长期吸收不良，或服用大量抗生素和磺胺类药物，抑制了肠道中微生物群合成叶酸时，才会发生叶酸缺乏症。叶酸能通过胎盘传给胎儿，因此，妊娠后期犬、猫只要不缺乏叶酸，所生幼龄犬、猫通常不会发生叶酸缺乏症。

（2）症状　宠物叶酸缺乏时，临床上除出现厌食和体重减轻外，还会出现大细胞性贫血现象，白细胞总数减少，血凝时间延长、骨髓形成不全、舌炎等。

（3）防治　注意日粮结构调整，增加酵母、青绿蔬菜、豆类等富含叶酸的成分。在使用鱼粉或油浸豆饼，或服用磺胺类等抗菌药物时，可适当增加叶酸的供给量。犬、猫严重缺乏叶酸时，可口服叶酸盐，犬每天每只 5mg，猫 2.5mg。同时，给予维生素 C 和维生素 B_{12} 制剂，以减少叶酸消耗。

8. 维生素 B_{12} 缺乏症

（1）病因　犬、猫对维生素 B_{12} 需要量都较少，一般不会发生维生素 B_{12} 缺乏。在有钴存在的条件下，其肠道中微生物群可合成维生素 B_{12} 以满足需要。犬、猫食物中含蛋白质多时，维生素 B_{12} 可通过与内因子糖蛋白结合而被吸收，再运送到所需要的组织中去。

（2）症状　维生素 B_{12} 缺乏对机体内的所有细胞都会产生影响，尤其对细胞分裂快的组织影响最为严重，如影响骨髓的造血组织，使之产生巨幼红细胞，从而引起恶性贫血。神经组织也会受到影响而引起神经纤维变性，出现食欲不振、异食癖和渐进性消瘦，甚至恶病质。

（3）防治　维生素 B_{12} 常和其他 B 族维生素同时缺乏，防治时最好应用多种 B 族维生素。维生素 B_{12} 用量为每天 10μg。

项目小结

项目	内容	要点
相关知识	维生素营养概述	（1）概念；（2）特点；（3）分类
	脂溶性维生素	（1）维生素 A；（2）维生素 D；（3）维生素 E；（4）维生素 K
	水溶性维生素	（1）维生素 B_1；（2）维生素 B_2；（3）泛酸；（4）烟酸；（5）维生素 B_6；（6）生物素；（7）叶酸；（8）维生素 B_{12}；（9）胆碱；（10）维生素 C
	影响宠物维生素需要量的因素	（1）应激对宠物维生素需要量的影响；（2）维生素之间的关系；（3）矿物质与维生素的关系
拓展知识	如何保存宠物食品中的维生素	维生素 A、D 怕光怕氧酸，密封保存最为先；维生素 E 怕光怕氧碱，加热酮铁数量减；维生素 K 只怕光和碱，最稳要算烟酰胺；要数维生素 C 最“小气”，光照氧酸碱脱水；维生素 B_6 泛酸耐储藏，加工磨粉一半损
项目实施	宠物维生素代谢性疾病诊治	（1）观察与识别脂溶性维生素营养缺乏症；（2）观察与识别水溶性维生素营养缺乏症

项目六　认识蔬果类宠物食品原料

蔬菜、水果一直是人类始终热爱的食品，那么宠物需不需要吃一些蔬菜和水果呢？哪些宠物需要吃蔬菜和水果？哪一些蔬菜水果是宠物可以吃的？哪些蔬菜水果是宠物万万不可以吃的呢？通过学习，掌握一些蔬菜水果的营养特点，培养针对不同宠物的营养需要选择合适的蔬菜水果类宠物食品原料的能力。

项目目标

一、知识目标

1. 了解蔬果类原料的营养特点和饲喂价值；
2. 掌握宠物能食用和不能食用的蔬果类原料种类。

二、技能目标

1. 能识别并正确使用宠物能食用的蔬果类原料；
2. 生产实践中严禁给宠物饲喂不能食用的蔬果类原料。

三、素质目标

1. 培养查阅资料、收集信息、总结归纳能力；
2. 培养安全意识，关爱宠物生命。

必备知识

一、蔬果类原料的营养特点

（一）碳水化合物

蔬菜、水果所含的碳水化合物包括可溶性糖、淀粉及食物纤维，可溶性糖主要有果糖、葡萄糖、蔗糖，其次为甘露糖和阿拉伯糖等，随着水果成熟可溶性糖增多，甜味增加。如香蕉在成熟过程中淀粉由20%降到5%，而可溶性糖由8%增至17%。

大多数叶菜、嫩茎、瓜果、茄果等蔬菜，其碳水化合物含量为3%~5%，鲜毛豆、四季豆、豇豆等为5%~7%，豌豆、刀豆约为12%。根茎类蔬菜通常含碳水化合物略高，如白萝卜、大头菜、胡萝卜等为7%~8%，而马铃薯、芋头、山药等为14%~25%，大多数鲜果碳水化合物含量为8%~12%。

蔬菜、水果含有丰富的纤维素、半纤维素、果胶等食物纤维。蔬菜中粗纤维含量为0.3%~2.8%，水果中粗纤维含量为0.2%~0.41%。食物纤维含量少的蔬菜和瓜果，肉质柔软，反之肉质粗、皮厚多筋。水果中的果胶物质，在一定条件下形成凝胶，利用此特性可制造果酱和果冻。果胶能与肠内致癌物质结合，使其转变成无毒形式排出体外，粗纤维中的木质素能使体内吞噬细菌及癌细胞的巨噬细胞活力提高3~4倍。

（二）维生素

蔬菜水果含有丰富的维生素C和胡萝卜素，是供给维生素C的重要来源。绿色的叶、茎类蔬菜维生素C含量为200~400mg/kg；茄果类维生素C含量丰富的有柿子椒和青辣椒，为1250~1600mg/kg，其次为番茄；瓜类维生素C含量相对较少，其中苦瓜维生素C含量高，为600~800mg/kg。水果中维生素C含量最丰富的是鲜枣，可达3000mg/kg左右，其次分别是猕猴桃为1300mg/kg、山楂为900mg/kg、柑橘为400mg/kg，苹果、梨、桃的维生素含量也较丰富。刺梨、沙棘等野生果类的维生素C含量比一般水果高10倍，甚至数十倍。

胡萝卜素含量与蔬菜颜色有关，凡绿叶菜和橙黄色菜都有较多的胡萝卜素。蔬菜、水果中含有丰富的胡萝卜素，绿色、黄色蔬菜如油菜、苋菜、莴苣叶等胡萝卜素含量超过20mg/kg；水果中橙黄色的芒果、杏、枇杷、红橘含胡萝卜素较高，为15~30mg/kg，一般水果的胡萝卜素较少。

蔬菜、水果中含有丰富的B族维生素，但不含维生素B_{12}，维生素B_2的含量也较少。

（三）矿物质

蔬菜、水果中含有丰富的钾、钙、钠、镁及铁、铜、锰、硒等矿物质，其中以钾最多，钙、镁含量也丰富，各种微量元素的含量虽比其他食品少，但锰的含量高于肉类食品。某些绿叶蔬菜中钙、镁、铁等元素虽含量丰富，但由于同时含有较多的草酸，因此吸收利用率均低于动物性食品。

（四）蛋白质

蔬菜蛋白质含量极低，1%~3%，质量不如动物蛋白，赖氨酸、甲硫氨酸不足，但比谷类好。

（五）其他

（1）蔬果中天然色素如叶绿素、类胡萝卜素、花青素、花黄素等鲜艳的色泽，可增进食欲。

（2）水果中有机酸如柠檬酸、酒石酸、苹果酸等含独特果酸味，还可增强消化液分泌，以利消化。

（3）某些蔬菜含有促进消化的酶，如萝卜中的淀粉酶、菠萝和无花果中的蛋白酶。

（4）特殊保健作用　大蒜含二烯丙基硫有助于降低肺癌发病率。黄瓜含丙醇二酸有抑制糖类转化为脂肪的作用。南瓜能促进胰岛素的分泌。番茄红素可降低患前列腺癌的危险。萝卜所含的酶和芥子油一起有促进胃肠蠕动、增进食欲、帮助消化的功效。白菜中有吲哚三甲醇能帮助分解同乳腺癌有关的致癌雌激素。菠菜中含大量抗氧化剂，具有抗衰老、减少老年人记忆力减退的作用。花茎甘蓝含大量萝卜硫素可杀死幽门螺杆菌，对治疗各种胃病有好处。

常见蔬菜和水果的营养价值和维生素含量见表1-56、表1-57。

表1-56　　常见蔬菜和水果的营养价值（每100g的含量）

名称	食部/%	水分/g	蛋白质/g	脂肪/g	纤维/g	糖/g	灰分/%	胡萝卜素/μg	钙/mg	磷/mg
萝卜	95	93.4	0.9	0.1	1.0	4.0	0.6	20	36	26
胡萝卜	96	89.2	1.0	0.2	1.1	7.7	0.8	4130	14	27
马铃薯	94	79.8	2.0	0.2	0.7	16.5	0.8	30	8	40
藕	88	80.5	1.9	0.2	1.2	15.2	1.0	2.0	39	58
黄芽白菜	92	93.6	1.7	0.2	0.6	3.1	0.4	250	69	30
菠菜	89	91.2	2.6	0.3	1.7	2.8	1.4	2920	96	54
大白菜	83	95.1	1.4	0.1	0.9	2.1	0.4	80	35	28
茭白	74	92.2	1.2	0.2	1.9	4.0	0.5	30	4	36
黄花菜	98	40.3	19.4	1.4	7.7	27.2	4.0	1840	301	216
芦笋	90	93.0	1.4	0.1	1.9	3.0	0.6	100	10	42
芹菜（茎）	66	94.2	0.8	0.2	1.4	2.5	1.0	60	48	103
芹菜（叶）	100	89.4	2.6	0.6	2.2	3.7	1.5	2930	40	64
空心菜	76	92.6	2.2	0.3	1.4	2.2	1.0	1520	99	38
莴苣	62	95.5	1.0	0.1	0.6	2.2	0.6	150	23	48
莴苣叶	89	94.2	1.4	0.2	1.0	2.6	0.6	880	34	26
苋菜（紫）	73	88.8	2.8	0.4	1.8	4.1	2.1	1490	178	63
小白菜	81	94.5	1.5	0.3	1.1	1.6	1.0	1680	90	36
冬瓜	80	96.6	0.4	0.2	0.7	1.9	0.2	80	19	12
哈密瓜	71	91.0	0.5	0.1	0.2	7.7	0.5	920	4	19
黄瓜	92	95.8	0.8	0.2	0.5	2.4	0.3	90	24	24
苦瓜	81	93.4	1.0	0.1	1.4	3.5	0.6	100	14	35
南瓜	85	93.5	0.7	0.1	0.8	4.5	0.4	890	16	24
西瓜	59	93.4	0.6	0.1	0.2	5.5	0.2	210	4	11
西葫芦	73	94.9	0.8	0.2	0.6	3.2	0.3	30	15	17
长茄子	96	93.1	1.0	0.1	1.9	3.5	0.4	180	55	2
番茄	97	94.4	0.9	0.2	0.5	3.5	0.5	550	10	2
蘑菇	99	92.4	2.7	0.1	2.1	2.0	0.7	10	6	94
鸭梨	82	88.3	0.2	0.2	1.1	10.0	0.2	10	4	14

续表

名称	食部/%	水分/g	蛋白质/g	脂肪/g	纤维/g	糖/g	灰分/%	胡萝卜素/μg	钙/mg	磷/mg
苹果	76	85.9	0.2	0.2	1.2	12.3	0.2	20	4	12
桃	93	92.7	1.3	0.1	0.9	4.6	0.4	—	—	—
香蕉	59	75.8	1.4	0.2	1.2	20.8	0.6	60	7	28

表 1-57　　常见蔬菜和水果中维生素的含量（每 100g 的含量）

名称	食部/%	水分/g	视黄醇当量/μg	维生素 B_1/mg	维生素 B_2/mg	烟酸/mg	维生素 C/mg	维生素 E/mg
萝卜	95	93.4	3	0.02	0.03	0.3	21	0.92
胡萝卜	96	89.2	688	0.04	0.03	0.6	13	0.41
马铃薯	94	79.8	5	0.08	0.04	1.1	27	0.34
藕	88	80.5	3	0.09	0.03	0.3	44	0.73
黄芽白菜	92	93.6	42	0.06	0.07	0.8	47	0.92
菠菜	89	91.2	487	0.04	0.08	1.2	32	0.52
大白菜	83	95.1	13	0.03	0.04	0.4	28	0.36
茭白	74	92.2	5	0.02	0.03	0.5	5	0.99
黄花菜	98	40.3	307	0.05	0.21	3.1	10	4.92
芦笋	90	93.0	17	0.04	0.05	0.7	45	—
芹菜（茎）	66	94.2	10	0.01	0.08	0.4	8	2.21
芹菜（叶）	100	89.4	488	0.08	0.15	0.9	22	2.5
空心菜	76	92.6	253	0.03	0.08	0.8	25	1.09
莴苣	62	95.5	25	0.02	0.02	0.5	4	0.19
莴苣叶	89	94.2	147	0.06	0.10	0.4	13	0.58
苋菜（紫）	73	88.8	248	0.03	0.10	0.6	30	1.54
小白菜	81	94.5	280	0.02	0.09	0.7	28	0.70
冬瓜	80	96.6	13	0.01	0.01	0.3	18	0.08
哈密瓜	71	91.0	153	—	0.01	—	12	—
黄瓜	92	95.8	15	0.02	0.03	0.2	9	0.46
苦瓜	81	93.4	17	0.03	0.03	0.4	56	0.85
南瓜	85	93.5	148	0.03	0.04	0.4	4	0.36
西瓜	59	93.4	35	0.02	0.04	0.3	6	0.13
西葫芦	73	94.9	5	0.01	0.03	0.2	6	0.34
长茄子	96	93.1	30	0.03	0.03	0.6	7	0.20
番茄	97	94.4	92	0.03	0.03	0.6	19	0.57

续表

名称	食部/%	水分/g	视黄醇当量/μg	维生素 B_1/mg	维生素 B_2/mg	烟酸/mg	维生素 C/mg	维生素 E/mg
蘑菇	99	92.4	2	0.08	0.35	4.0	2	0.56
鸭梨	82	88.3	2	0.03	0.03	0.2	4	0.31
苹果	76	85.9	3	0.06	0.02	0.2	4	2.12
桃	93	92.7	—	0.01	0.04	0.2	—	—
香蕉	59	75.8	10	0.02	0.04	0.7	8	0.24

二、蔬果类原料的饲喂价值

新鲜的蔬菜和水果，水分含量一般在90%以上，碳水化合物、蛋白质、脂肪含量均很低，能够给宠物提供的能量也很低，大多数叶类蔬菜、瓜果可以为宠物提供的碳水化合物在3%~5%，新鲜水果相应的要高一些，一般在8%~12%，但蔬菜水果含有丰富的维生素、矿物质等，对宠物具有相当重要的积极作用。由蔬菜、水果为宠物提供的植物纤维素、半纤维素等食物纤维，在宠物生理发育过程中也起到了非常重要的作用，一般蔬菜中粗纤维含量为0.3%~2.8%，水果中含粗纤维0.2%~0.4%，这些营养物质对宠物的生理健康发育与促进消化系统的正常运行，都起着举足轻重的意义。

正常情况下，除了完全喂食含真新鲜蔬菜狗粮的，并且是处于正常生理阶段的宠物狗，可以不需要额外补充蔬菜水果，除此以外的情况下，给宠物补充一定数量的蔬菜水果，作为宠物营养补充均有一定积极意义，尤其是对处于特殊生理阶段的幼年宠物、妊娠期宠物和产后泌乳期宠物，及时的补充一些蔬菜水果，如胡萝卜、菠菜、倭瓜甚至是比较昂贵的蓝莓、蔓越莓等，这类蔬菜水果对宠物健康而言都是有益的选择。

同时，对待在日常饲喂时经常吃生食生肉的宠物，应该补充一些蔬菜水果，这类宠物在日常的饮食结构中多以生肉、未经高温预熟化的植物类食品为主要食物，就更加需要额外补充一些蔬菜水果，从而提供足够的维生素营养物质。

如果是以肉食为主的饲喂方式，那么补充蔬菜水果就是更加必要的，肉里含有20%左右的蛋白质和多种维生素，但是肉中的碳水化合物仅为0.3%~0.9%，而且，肉中的矿物质含量非常有限，仅为1%左右，钙元素仅有100mg/kg，这就需要从其他多种蔬菜水果中获取。不是所有的宠物都需要吃蔬菜和水果，更不是所有的蔬菜和水果都可以给宠物提供。

三、加工处理对蔬果类原料营养价值的影响

（一）加工前处理的影响

蔬菜加工前必须进行清理、修整和漂洗处理。如蔬菜、水果的清洗、去皮、切短、浸泡等。在蔬菜前处理中，营养素大量流失，特别是水溶性维生素和无机盐分别达60%和35%。蔬菜去除外叶，会损失维生素和矿物质，如莴苣外部的青叶比内部的嫩叶含有

更多的钙、铁和胡萝卜素，圆白菜外部的绿叶比内部的白色叶子所含的胡萝卜素高20倍、铁高2倍、维生素C高50%。一些蔬菜、水果切片或切碎后在空气中放置，维生素C损失严重，如黄瓜切片放置1h，维生素C损失33%~35%。蔬菜在洗修、浸泡时，大量水溶性维生素流失。

（二）热处理的影响

加热可破坏蔬菜中的酶、杀灭微生物，使营养物质免遭氧化分解和损失；可破坏蔬菜中的天然有毒蛋白质、抗胰蛋白酶、植物凝集素和其他有害物质；改善风味，提高适口性。蔬菜、水果浸在热水中热烫，对维生素特别是水溶性维生素的流失和破坏严重，而蒸汽热烫能减少水溶性物质的损失，如菠菜用蒸汽热烫2.5min，维生素C的损失率仅为3%。

（三）生物加工

黄豆和绿豆发芽后蛋白质营养基本不变，但棉籽糖和鼠李糖等不被人体吸收使腹部胀气的寡糖消失，植物凝集素和植酸盐分解，磷、锌等矿物质分解释放出来，黄豆发芽到根长1.5~6.5cm时，绿豆芽长4~6cm时，维生素C最高可达15.6mg/100g和9.5mg/100g（豆芽很短时维生素C不高），高寒地区冬季可把豆芽作为维生素C良好来源，黄豆发芽后胡萝卜素增加2倍、维生素B_2增加3倍、烟酸增加2倍、维生素B_{12}则达10倍。

（四）烹调的影响

蔬菜烹调一般采用煮、炒、炸等方法，烹调过程要注意维生素、胡萝卜素的破坏及无机盐的损失。胡萝卜素不溶于水，性质比较稳定，通常烹调后损失率为10%~20%，但长时间加热会使损失率大大提高。维生素C损失较多，一般烹调会破坏50%左右维生素C，钙、磷、铁等矿物质损失率均低于25%。蔬菜经烹调后，维生素的损失率因蔬菜品种和烹调方法、加热时间而有差异。温度越高、时间越长，维生素损失越多。

（五）储藏过程中的变化

食品保藏的方法很多，有物理的、化学的和生物的保藏法，按保藏原理分类可大致分为四大类。目前最常用的保藏方法有干制、高温杀菌、低温冷藏、辐射和加防腐剂。

1. 常温保藏

果蔬在常温储存期损失最多的是维生素，苹果储存2~3个月后，维生素C仅存1/3，绿色蔬菜在室温下数天维生素丧失殆尽，在0℃则可保存一半；刚收获的土豆维生素C 3000mg/kg，3个月后为2000mg/kg，7个月后为1000mg/kg。

2. 冷冻保藏

大多数食品在冷冻状态下储存可降低营养素的损失，柑橘冷藏半年维生素C损失5%~10%，如再加上缺氧、低pH可进一步降低维生素C的损失。

3. 脱水处理

利用阳光或自然风使蔬菜、水果干燥脱水，由于长时间与空气接触，某些容易氧化的维生素损失率比人工脱水大得多。在冷冻干燥时维生素的损失最少，脂溶性维生素损失低于10%，而在空气中损失达26%。

必备技能

一、认识几种常用的蔬果类原料

（一）胡萝卜

胡萝卜含有丰富的胡萝卜素，近50%的胡萝卜素转变成维生素A，维生素A在肝脏中大量储存，有利于维持与提高宠物在弱光环境下的视力，避免宠物患上“夜盲症”。

此外，维生素D、维生素E、维生素K含量也很高，还含有丰富的植物纤维，吸水性强，在宠物肠道中体积容易膨胀，是肠道中的“充盈物质”，可加强宠物肠道的蠕动，防止宠物便秘，如果发现宠物的粪便过于干燥，可以在食品中适量添加一些胡萝卜，宠物的肠道相对较短，一天的时间就可以看到宠物粪便的变化。

宠物食品添加胡萝卜最好要切成细丁过油，因为胡萝卜含的维生素绝大部分都是脂溶性的，也就是说要和油脂充分接触才能融于油脂中并被吸收，所以不能直接生吃。也不一定要油炒，可以和生肉或者奶酪一起喂。但是一顿不要喂太多，否则宠物不吸收排出来的也是胡萝卜，一周喂1~3次即可。

（二）薯类

现在很多饲主自制狗粮或者零食都会用紫薯。红薯能提供非常好的碳水化合物，比大米土豆效果好，还为宠物提供纤维素、维生素B_6、维生素C、β-胡萝卜素和锰元素。同时红薯还是人类抗癌蔬菜排行榜第一名。红薯对宠物也能起到润肠通便的作用，但要适量。红薯淀粉含量很高，喂食过多会导致宠物犬变胖，且爱排臭气。和红薯一样，土豆也富含碳水化合物，亦能为宠物补充能量，还可以帮助平衡膳食。

（三）菠菜

菠菜是宠物延缓衰老、促进长寿的有效保证。菠菜中含有大量的抗氧化剂，维生素E和硒元素，具有延缓宠物衰老、促进宠物犬细胞增殖作用，既能激活宠物脑部发育功能，又可增强宠物活力，有助于防止宠物过早衰老，起到促进宠物长寿的作用。

随着宠物生活环境的变化与宠物饮食结构的改善，宠物患糖尿病的概率大大增加，菠菜叶中含有铬和一种类胰岛素物质，其作用与胰岛素非常相似，因此给宠物喂食一定数量的菠菜能使宠物狗血糖保持稳定，过于肥胖宠物补食一些菠菜可以有效预防宠物糖尿病的发生。

营养性缺铁是宠物经常发生的一种营养不均衡症，宠物缺铁则会表现出贫血、食欲下降、轻度腹泻、被毛枯涩无光等症状，严重时，出现血红蛋白下降、呼吸困难甚至死亡，而菠菜中含有丰富的铁，是宠物获得天然铁的极佳来源，每1kg菠菜可以为宠物提供18mg的铁元素，充足的铁元素营养物质，可以有效预防宠物机体感染疾病，减少宠物患病概率。

（四）南瓜

南瓜中富含纤维、维生素 A 和抗氧化剂，能促进其心血管的健康。自制食品时食用南瓜要去皮去籽，最好是切成丁，蒸熟了比较容易吃。但也不要过量否则易引起腹泻。南瓜含 β -胡萝卜素、维生素 E、维生素 K，这些对宠物犬、猫的消化和泌尿系统相当有好处，而且还可以帮助宠物犬减肥和治疗便秘。

（五）白菜

白菜的营养成分很丰富，富含胡萝卜素、维生素 B_1、维生素 B_2、维生素 C、粗纤维以及蛋白质、脂肪、钙、磷、铁等。

宠物犬可以吃生大白菜。生大白菜的营养元素如维生素、矿物质以及一些活性物质没有被破坏，直接食用比煮熟的白菜更有营养，而且里面的活性物质能刺激机体免疫系统，提高抗病能力。

但要注意，现在很多蔬菜会喷洒农药，所以喂食之前，一定要将大白菜清洗干净，并用水浸泡 1h 以上。同时注意一次不能喂得过多，因为生大白菜偏凉性，吃多了容易腹泻。白菜有助于消化，提高皮肤的抵抗力，甚至有抗癌作用。但大白菜吃多了会导致宠物犬胃肠道产生大量气体，引起胃肠胀气的症状。所以给犬吃大白菜的话不能喂太多，只喂一点点，比如在自制狗粮撒上切碎的白菜。

（六）黄瓜

黄瓜富含蛋白质、糖类、维生素 B_2、维生素 C、维生素 E、胡萝卜素、钙、磷、铁等营养成分。同时也具有除热、利水利尿的作用。但黄瓜属于凉性且水含量很高，吃多了容易导致宠物犬、猫出现腹泻等情况。所以在平时生活中可以少量混合在宠物的食物里食用。

此外黄瓜含钾，黄瓜籽含钙虽然很少，但对牙齿和骨骼生长有好处。与胡萝卜配对时，黄瓜还可以促进肝脏和肾脏的健康，对体重管理也有好处。

（七）苹果

苹果被称为“水果之王”，含有宠物犬、猫生长发育所需的矿物质、维生素 C、维生素 K、钙质和水溶性纤维，营养丰富，宠物犬、猫可以适量食用。

（八）香蕉

香蕉含有丰富的钾元素，对宠物犬、猫很有益处，而且香蕉含有丰富的膳食纤维，能够促进胃肠蠕动。当宠物犬、猫便秘的时候，可以给它们吃一点香蕉，促进肠道蠕动，有利于排便；而且香蕉的味道也不错，还能增强宠物犬、猫的食欲。但不能多吃，因为香蕉中的糖分很高，吃多了对宠物的身体是一种负担。

（九）蓝莓

宠物犬、猫也可以适量吃些蓝莓，蓝莓含有丰富的营养元素，包括维生素 A、B 族维生素、维生素 C、维生素 E、维生素 K、植物纤维和抗氧化剂，有保护眼睛、增强免疫和减缓衰老等效果，因此目前部分高端宠物犬、猫食品中也会添加蓝莓。

（十）西瓜

天气炎热时，宠物犬、猫也可以适量食用西瓜来清热解暑，不过饲主在喂食前最好将西瓜籽全部剔除，避免宠物犬、猫误食后引起肠胃不适。而且宠物犬、猫每次吃一块西瓜就可以，吃多了容易引起腹泻。

（十一）蔓越莓

蔓越莓可以促进肠胃蠕动，预防便秘，并且起到调理肠胃的作用。适量给宠物犬、猫吃些蔓越莓，可以帮助维护泌尿系统，预防许多疾病。目前，许多宠物罐头中都含有蔓越莓成分。

二、宠物食品中禁用的蔬果类原料

现实中，普遍存在一个宠物的饮食误区，就是绿色蔬菜就是新鲜的、天然食品就是营养价值高的，其实不是所有人能吃的蔬菜水果都可以给宠物吃。人类已经将能吃与不能吃的食物挖掘到了极限，而宠物对于蔬菜水果，却有着它们独特的安全采食范围，很多蔬菜和水果是人们热衷的，却是宠物必须远离的禁区。

（一）洋葱

宠物犬、猫采食一定数量的洋葱就会死亡，这是由于洋葱会破坏红细胞。红细胞在宠物的生理功能上承担着重要作用，是把氧气运输给宠物身体组织各部位的重要“中介”，通过输送给各部位氧气，然后再从各部位运送出代谢产物二氧化碳，所以红细胞是宠物身体内不可缺少的“运输队”。而洋葱中主要含有二硫化物成分，对人体无害，却能够破坏宠物犬、猫体内红细胞，造成红细胞氧化，引发宠物溶血性贫血、溶血性黄疸或者血红细胞破坏中毒症。一到两片剂量的洋葱就能够损害宠物体内红细胞正常运作，阻碍输氧，使提供给宠物机体必须的氧气减少并丧失，出现静脉急速、意志昏迷、中毒性死亡等严重后果。因此，以高营养价值著称，被欧美国家誉为“菜中皇后”的洋葱，尽管对人而言是益处多多，但对宠物犬、猫却是足以致命的毒药。

（二）菠萝

菠萝是一种很容易造成过敏的水果，它含有特殊成分酶可以消化蛋白质，磨损胃黏膜的厚度，当体内的蛋白质减少，酶的成分增多就会产生过敏症状。宠物犬吃了菠萝会造成腹泻，更为严重时会造成生命危险，所以宠物犬不适合吃菠萝。

（三）葡萄

人们赋予葡萄一个美丽的称号——水晶明珠，因为其果色艳丽、汁多味美、营养丰富而备受人们追崇。广泛应用于人类的各个食品领域，品种繁多、形态多样。但是，即便是这样一种美食，却也列入了宠物犬禁食的范畴。葡萄会导致宠物犬腹泻，严重的会出现氮质血症。

实验观察显示，有人曾经在实验室分别喂食给一只2月龄金毛猎犬、一只4月龄巨型贵宾犬、一只1岁龄阿拉斯加雪橇犬100g新鲜葡萄，观察12~24h，三只狗均出现轻微腹泻与食欲不振，进行血检，呈弱氮质血症，记录该现象后立刻给宠物输液，并加大饮水量，继续观察24h，腹泻症状逐渐减弱，开始恢复。由此看来，葡萄会迅速引起宠物犬腹泻，是不可以给宠物犬喂食的，剂量大时则会出现严重的氮质血症，直至肾衰竭死亡。这主要是因为葡萄中含有大量的葡萄糖及果糖，在葡萄中含有30%的葡萄糖，而葡萄干中甚至超过40%，犬对于糖类非常的敏感，最终引发中毒。

（四）柿子、桃子、李子、樱桃、杏、牛油果等

柿子、桃子、李子、樱桃、杏、牛油果等尽可能不给宠物犬、猫吃，吃也不能吃太多，量过多会使宠物犬、猫的肠胃出现问题，甚至出现堵塞的情况，严重的还会使宠物犬、猫出现呼吸困难的情况。

（五）辣椒、胡椒、花椒、大蒜

大蒜、胡椒、生姜、辣椒等属于辛辣蔬菜，这类食品具有较强的刺激性，对宠物犬的嗅觉神经具有麻痹作用，而宠物犬则主要是依赖嗅觉来对周围环境进行判断与分析，一般宠物面对胡椒、花椒会表现出不适应，比如出现打喷嚏等，长期在这种刺激性味道的环境中，会减弱宠物犬嗅觉的灵敏度，造成不能准确判断周围环境和模糊宠物犬所面对食物的安全性，发生误食引起的其他各种问题。因此，在犬粮的调味料中应避免这类物质的出现。

项目小结

项目	内容	要点
相关知识	蔬果类原料的营养特点	（1）碳水化合物；（2）维生素；（3）矿物质；（4）蛋白质；（5）其他
	蔬果类原料的饲喂价值	宠物需不需要吃一些蔬菜和水果，哪些宠物需要吃蔬菜和水果
	加工处理对蔬果类原料营养价值的影响	（1）加工前处理的影响；（2）热处理的影响；（3）生物加工；（4）烹调的影响；（5）储藏过程中的变化
项目实施	认识几种常用的蔬果类原料	（1）胡萝卜；（2）薯类；（3）菠菜；（4）南瓜；（5）白菜；（6）黄瓜；（7）苹果；（8）香蕉；（9）蓝莓；（10）西瓜；（11）蔓越莓
	宠物食品中禁用的蔬果类原料	（1）洋葱；（2）菠萝；（3）葡萄；（4）柿子、桃子、李子、樱桃、杏、牛油果；（5）辣椒、胡椒、花椒、大蒜

项目七　认识宠物食品添加剂

通过学习，掌握宠物食品营养性添加剂和非营养性添加剂的种类和作用，培养针对不同宠物的营养需要选择合适的宠物食品添加剂的能力。

项目目标

一、知识目标

1. 理解宠物食品添加剂的概念及选用原则；
2. 掌握宠物食品添加剂的种类。

二、技能目标

1. 能正确选择、使用营养性宠物食品添加剂；
2. 能正确选择、使用非营养性宠物食品添加剂。

三、素质目标

1. 树立远大理想，要将个人命运与国家命运联系起来、将个体之“小我”融入祖国与人民之“大我”的理想；
2. 遵纪守法，增强安全意识。

必备知识

一、宠物食品添加剂概述

宠物食品中使用的添加剂，要求必须在原农业部 2013 年发布的《饲料添加剂品种目录》及后续发布的修订公告中，包括营养性添加剂和非营养性添加剂。

（一）在宠物饲养中的地位和意义

宠物食品添加剂是为了某种目的而以微小剂量添加到宠物食品中物质的总称。使用食品添加剂的目的有改善宠物食品的营养价值，提高食品利用率，促进宠物生长；改善食品的物理特性，增加食品耐储性；增进宠物健康等；最终达到提高宠物生产性能，降低饲养成本。食品添加剂的使用剂量通常以 mg/kg 或 g/t 计，部分添加剂的添加量按百分含量计。

（二）选用原则和使用标准

食品添加剂的使用涉及到宠物的安全，必须防止滥用。宠物食品使用的添加剂原料，同样必须在最新修订的《饲料添加剂品种目录》中，选择和使用添加剂时，应遵循以下原则：

（1）经食品毒理学安全性评价证明，在使用限量内长期使用对宠物安全无害；

（2）不影响食品自身的感官性状和理化指标，对营养成分无破坏作用；

（3）食品在宠物机体中应有较好的稳定性，应有明确的检验方法；

（4）不影响食品的适口性；

（5）不得以掩盖食品腐败变质或以掺杂、掺假、伪造为目的；

（6）所有化工原料，其中所含有毒金属不得超过允许限度；

（7）不影响种用宠物的生殖生理或胎儿的健康；

（8）不得超过有效期或失效。

二、宠物食品添加剂的种类

添加剂种类繁多，性能各异，按其作用分类如图 1-8 所示。

- 宠物食品添加剂
  - 营养性添加剂
    - 微量元素添加剂
    - 维生素添加剂
    - 氨基酸添加剂
  - 非营养性添加剂
    - 微生态制剂
    - 酶制剂
    - 软骨保护剂
    - 食品风味剂
    - 食品保存剂

图 1-8　宠物食品添加剂的分类

必备技能

一、认识营养性宠物食品添加剂（营养强化剂）

营养性宠物食品添加剂是指用于补充食品营养成分的少量或微量物质，包括饲料级微量元素、维生素、氨基酸等。

（一）微量元素类宠物食品添加剂

为宠物提供微量元素的食品添加剂叫微量元素添加剂。此类食品添加剂多为各种微量元素的无机盐类或氧化物。近年来微量元素的有机酸盐和螯合物以其生物效价高和抗营养干扰能力强而受到重视，但因质量不稳定和价格昂贵而使其在生产上大范围的使用受到限制。常用的补充微量元素类有铁、铜、锌、锰、钴、碘、硒等，这些微量元素除为宠物提供必需的养分外，还能激活或抑制某些维生素、激素和酶，对保证宠物的正常生理机能和物质代谢有着极其重要的作用。确定微量元素添加剂原料时，应注意三个问题：一是微量元素化合物及其活性成分含量（表 1-58）；二是微量元素化合物的可利用性；三是它们的规格（包括细度、卫生指标及某种化合物的特殊特点等）。

表 1-58　　常用微量元素及含量

微量元素	含量/%
硫酸亚铁	30
硫酸铜	25
硫酸锰	31.8
硫酸锌	34.5
10%碘化钾	10
10%亚硒酸钠	10

常用的微量元素添加剂包括氯化钾、硫酸铁、硫酸铜、硫酸锌、碘化钾、亚硒酸钠等。

有机微量元素包括氨基酸微量元素，如甲硫氨酸锌、甲硫氨酸锰、甲硫氨酸铁、甲硫氨酸铜、甲硫氨酸硒、赖氨酸铜、赖氨酸锌、甘氨酸铜、甘氨酸铁、胱氨酸硒等。

蛋白质-金属螯合物包括二肽、三肽和多肽与金属的螯合物，有钴-蛋白化合物、铜-蛋白化合物、碘-蛋白化合物、锌-蛋白化合物和铬-蛋白化合物等。另外还有酵母硒等。

微量元素螯合与不螯合对吸收率的影响取决于微量元素本身，研究发现，与无机状态相比，有机螯合的硒、铬、铁更容易被吸收，锌和铜有机螯合与不螯合没有区别，钙和镁没有必要螯合，本身吸收率就很高。

（二）氨基酸类宠物食品添加剂

氨基酸类添加剂是配方中用量较大的一类添加剂，添加氨基酸是提高日粮蛋白质利用率的有效手段。宠物常用的氨基酸为甲硫氨酸、精氨酸和赖氨酸，牛磺酸作为类氨基酸，在猫粮中泛使用。

1. 甲硫氨酸食品添加剂

食品工业中广泛使用的甲硫氨酸有两类，一类是 DL-甲硫氨酸，另一类是 DL-甲硫氨酸羟基类似物（液体）及其钙盐（固体）。目前国内使用最广泛的是粉状 DL-甲硫氨酸，含量一般为 99%。后者虽没有氨基，但含有转化为甲硫氨酸所特有的碳架，故具有甲硫氨酸的生物活性，其生物活性相当于甲硫氨酸的 88%左右。甲硫氨酸及其同类产品在宠物食品中的添加量，一般按配方计算后，补差定量供给。D 型与 L 型甲硫氨酸的生物利用率相同。

2. 赖氨酸食品添加剂

生产中常用的赖氨酸商品为 98.5%的 L-赖氨酸盐酸盐，其生物活性只有 L-赖氨酸的 78.8%。天然食品中赖氨酸的 ε-氨基比较活泼，易在加工、储藏中形成复合物而失去作用，故可利用氨基酸一般只有化学分析值的 80%左右。此外，还有一种赖氨酸添加剂为 DL-赖氨酸盐酸盐，其中的 D 型赖氨酸是发酵或化学合成工艺中的半成品，没有进行或没有完全进行转化为 L 型的工艺，价格便宜，使用时应引起注意，因为宠物体只能利用 L 型赖氨酸。

（三）维生素类宠物食品添加剂

维生素是最常用也是最重要的一类添加剂。列入饲料添加剂的维生素有 16 种以上。在各维生素添加剂中，氯化胆碱、维生素 A、维生素 E 及烟酸的使用量所占的比例最大。维生素类食品添加剂的种类很多，常见的有维生素 A、维生素 D_3、维生素 E、维生素 K_3、维生素 B_1、维生素 B_2、维生素 B_6、维生素 B_{12}、烟酸、生物素、叶酸、胆碱、维生素 C 等（表 1-59）。

表 1-59　　常用维生素及含量

维生素	含量
维生素 A	50 万 IU/g
维生素 D_3	50 万 IU/g
维生素 E	50%
维生素 K_3	96%
维生素 C 磷酸酯	35%
维生素 B_1	98%
维生素 B_2	80%
D-泛酸	98%
烟酰胺	99%
维生素 B_6	98%
叶酸	8%
D-生物素	2%
维生素 B_{12}	1%

1. 维生素 A 添加剂

维生素 A 添加剂多由维生素 A 醋酸酯制成，用维生素 A 棕榈酸酯制成的也较多。维生素 A 添加剂的活性成分维生素 A 的含量，常见的为 50 万 IU/g，多由维生素 A 醋酸酯原料制成。也有其他规格如 65 万 IU/g 和 20 万 IU/g。

紫外线和空气中的氧都可促使维生素 A 醋酸酯或维生素 A 棕榈酸酯分解。湿度和温度较高时，稀有金属可使维生素 A 的分解速度加快。与氯化胆碱接触时，活性将受到严重损失。在强酸或强碱环境中，维生素 A 很快分解。维生素 A 酯经包被后，可使损失减少。

维生素 A 添加剂的储存，要求容器密封、避光、防湿，温度在 20℃以下，且温差变化小，在这种情况下储存一年，仍可使用。

2. 维生素 D 添加剂

食品工业上使用的维生素 D 大多为维生素 D_3。

维生素 D_3 添加剂，是用胆骨化醇醋酸酯为原料制成，维生素 D_3 添加剂的活性成分含量多为 50 万 IU/g，也有 20 万 IU/g 的产品。

维生素 D_3 酯化后，又经明胶、糖和淀粉包被，稳定性好。常温（20~25℃）条件下，在含有其他维生素添加剂的预混剂中，即使储存一年，损失量亦较低。但是，如果温度为 35℃，在预混剂中储存一年，活性将损失 35%

3. 维生素 E 添加剂

在自然界中，具有维生素 E 活性的化合物有多种，商品形式皆为 α-生育酚。维生素 E 添加剂多由 DL-α-生育酚醋酸酯制成。

1mgDL-α-生育酚醋酸酯=1IU 维生素 E。

人工合成的 α-生育酚醋酸酯添加剂比较稳定。维生素 E 添加剂，在维生素预混剂中，储存一年，5℃条件下，仅损失 2%；20~25℃条件下，将损失 7%；在 35℃条件下，则损失 13%。可见，低温是储存的重要条件。

4. 维生素 K 添加剂

在食品添加剂中使用的维生素 K 添加剂是人工合成的维生素 K_3。维生素 K_3 添加剂的活性成分是甲萘醌。甲萘醌是黄色粉末，刺激皮肤和呼吸道。操作时要有保护措施。

生产中常使用的维生素 K_3 添加剂是亚硫酸氢钠甲萘醌（MSB），含活性成分 50%，比较稳定。它在添加剂预混料中，在 23.9℃条件下，每月损失 6%~20%，微量元素对它影响不大，但湿度高时它的分解加速。

亚硫酸氢钠甲萘醌复合物（MSBC）为晶粉状维生素 K_3 添加剂，可溶于水，含活性成分 25%。将其加热到 50℃活性也无损失。

亚硫酸嘧啶甲萘醌（MPB）是近年来维生素 K_3 添加剂的新产品，它的活性比 MSBC 还稳定，含活性成分 22.5%。但是，MPB 有一定毒性，应谨慎限量使用。

5. 维生素 B_1 添加剂

维生素 B_1 添加剂，常用的有两种，一种是盐酸硫胺素，简称盐酸硫胺；一种是单硝酸硫胺素，简称硝酸硫胺。一般活性成分含量为 96%。在干燥环境下很稳定，在酸性溶液（pH≤3.5）中最稳定，在碱性溶液中很快被破坏，在中性或碱性环境中对热敏感，食品 pH>5.5 时，即可使其破坏。单硝酸硫胺素的水溶性较差，水溶液清而无色，pH6.8~7.5，其稳定性较好。

6. 维生素 B_2 添加剂

维生素 B_2 添加剂为橘黄色结晶粉状，具特殊味道和气味。纯品对热和氧都稳定，但易被还原剂，如亚硫酸盐、维生素 C 等破坏，也易被碱破坏。

维生素 B_2 在维生素预混剂中稳定性很好，在 5℃、20℃和 35℃条件下，储存 24 个月基本没有损失。但是，在储存过程中要避免高湿。维生素 B_2 添加剂常用的浓度是含核黄素 96%和 80%，也有 55%或 50%的剂型。96%的产品有静电作用，有附着性，如预处理成 80%或 55%的产品，流散性好。

7. 泛酸添加剂

泛酸是不稳定的黏性油质，在宠物食品中很难使用。作为添加剂的是泛酸钙。泛酸钙是白色粉末，有亲水性，极易吸水，易溶于水。5%水溶液的 pH 为 6.0~9.0。

作为添加剂的泛酸钙有两种：一为 D-泛酸钙；另一为 DL-泛酸钙，只有 D-泛酸钙才具有活性。如果D-泛酸钙的活性为100%，DL-泛酸钙的活性只有50%。1mgD-泛酸钙相当于0.92mgD-泛酸，两者相差不大，故在实际应用中，不必考虑D-泛酸和D-泛酸钙二者间的差数。

泛酸钙单独储存时，稳定性尚好，在维生素预混剂中，温度升高时，破坏严重。当与酸性添加剂接触时，很易受到破坏，储存一个月就要损失25%。加之泛酸钙吸湿性强，而湿度又加快了这种分解反应。

8. 胆碱添加剂

用作食品添加剂的胆碱添加剂是胆碱的衍生物——氯化胆碱，氯化胆碱是黏稠的液体，呈酸性。

氯化胆碱添加剂有两种形式：一种为液体；另一种为固体粉粒。对于液体氯化胆碱添加剂，常用的有两种：一种为含氯化胆碱70%；另一种为含氯化胆碱75%。固体氯化胆碱添加剂多为含氯化胆碱50%，实含胆碱43.5%；另外也有含氯化胆碱60%的产品。目前生产中使用较多的是固体氯化胆碱添加剂。

储存和使用氯化胆碱时，必须注意两个特点：一个是它的吸湿性强；另一个是它本身虽很稳定，但对其他添加剂活性成分的破坏很大。它对维生素A、维生素D_3、维生素K_3、泛酸钙等都有破坏作用，而且它的添加量比上述添加剂的添加量大得多，故它在预混料或维生素预混剂中，破坏作用很大。因而，维生素预混剂如果不立即使用，不要预先加入氯化胆碱，而是在使用时再加。

9. 烟酸添加剂

烟酸添加剂有两种，一种是烟酸，另一种是烟酰胺。烟酸为白色或灰白色粉状，1%水溶液的pH为3.0~4.0。稳定性好。烟酸被宠物吸收的形式是烟酰胺，烟酰胺的营养作用与烟酸相同，两者的活性计量相同；烟酰胺为白色结晶粉状，水溶液透明无色（5%水溶液），pH为6.0~7.5。

烟酸本身稳定性好；烟酰胺有亲水性，在常温条件下，容易起拱、结块，容易与维生素C形成黄色复合物，使两者的活性都受到损失。

10. 维生素B_6添加剂

维生素B_6添加剂其商品形式为盐酸吡哆醇制剂，为白色或近乎白色的结晶粉。吡哆醛和吡哆胺具有与吡哆醇一样的生物学效用。活性成分有98%及其他规格。

盐酸吡哆醇的稳定性一般，在两年储存期内，25℃以下环境中储存将损失10%，在35℃环境中储存将损失25%。

11. 叶酸添加剂

叶酸添加剂为黄色结晶粉末。干粉稳定。由于叶酸有黏性，一般经预处理，商品叶酸添加剂活性成分为95%或其他。

12. 生物素添加剂

生物素添加剂一般为2%的D-生物素，标签上标有H-2，为带白色到浅褐色的细粉。也有1% D-生物素制品，标签上标有H-1。

13. 维生素B_{12}添加剂

维生素B_{12}为红褐色细粉。作为食品添加剂，有维生素B_{12}含量分别为1%、2%和0.1%等剂型，制成0.1%含量的制品，更便于配料使用。

维生素 B_{12} 容易受到盐酸硫胺素和维生素 C 的损害。在 25℃以下储存两年，损失 5%左右，在 35 ℃下储存两年，损失将近 60%。

14. 维生素 C 添加剂

维生素 C 是白色的结晶粉末，它的水溶液（5%）清而无色，pH 为 2.2~2.5；抗坏血酸钠为白色或浅黄色粉末，pH 为 7.0~8.0（5%水溶液）；抗坏血酸钙为白色粉状，pH 为 6.8~7.4（10%水溶液）；包被的维生素 C 为白色或浅黄色的微粒粉状，包被材料是乙基纤维素。

维生素 C 极易氧化，在光照和高温条件下很易破坏，故须在密封、避光和 20℃以下储存。另外，维生素 C 的酸性很强，对其他维生素会造成损失，故在制作添加剂预混料时，要尽量避免维生素之间的直接接触。抗坏血酸钙、抗坏血酸钠和包被了的维生素 C 避免了以上缺点。

为了生产中使用方便，预先按各种宠物对维生素的需要，拟制出实用型配方，按配方将各种维生素与抗氧化剂和疏散剂加到一起，再加入载体和稀释剂，经充分混合均匀，即成为多种（复合）维生素预混料，使用十分方便。

二、认识非营养性宠物食品添加剂

非营养性宠物食品添加剂是指为保证或者改善食品品质、提高食品利用率而添加到食品中的少量或微量物质。

（一）微生态制剂

宠物消化道内存在的正常微生物群落对宿主具有营养、免疫、生长刺激和生物拮抗等作用，如乳酸杆菌能抑制有害微生物而起到屏障作用或生物保护作用。据此，采用动物微生态学理论指导下已知有益的微生物，经培养、发酵、干燥等特殊工艺制成的用于动物生产的生物制剂或活菌制剂，称为微生态制剂，也叫益生素、竞生素或生菌剂。这类产品在国内外均已开始使用。

1. 微生态制剂的作用机制

（1）微生态制剂对病原菌的拮抗作用　补充有益菌群，维持宠物肠道菌群平衡，通过改变肠道环境抑制有害微生物的生长繁殖，促进有益菌群的生长繁殖。

（2）通过产生某种抗菌物质抑制有害菌生长　乳酸菌除产生有机酸、醇、过氧化氢、丁二酮、氨等外，还可合成溶菌酶以及其他抗菌物质，如乳酸菌素、乳酸链球菌肽、嗜酸菌素、乳酸杀菌素等，这些产物对肠道病原菌都有抑制作用。

（3）在肠道内与有害菌竞争营养素　肠道内虽然富含营养素，很难对微生物菌系产生影响。但如果某种营养素能够成为限制因素时，营养素的竞争机制就会充分发挥作用。

（4）通过占据肠道位置阻止病原菌附着　沙门氏菌黏附于肠黏膜或滞留在盲肠内，是病原微生物存在于寄主消化道，产生临床症状的前提条件。试验表明，当给动物饲喂乳酸杆菌时，其肠道内乳酸杆菌的数量多于未饲喂的，而大肠杆菌的数量则减少。这是因为体内微生物与病原微生物之间存在竞争附着小肠上皮位点的作用，即竞争性排斥作用。如果这些位点被较多的良性菌株占据，病原微生物会被排斥。

(5) 刺激免疫系统，强化非特异性细胞免疫反应　研究证实，口服乳酸杆菌能提高干扰素和巨噬细胞的活性，提高机体免疫力。

(6) 净化肠内环境　微生态制剂的使用可减少氨及其他腐败物质的生成、阻碍肠内细菌产生胺、中和大肠杆菌内毒素等毒性物质。

2. 微生态制剂的种类及使用

常用的活菌剂：乳酸杆菌制剂、枯草杆菌制剂、双歧杆菌制剂、链球菌属、酵母菌等。

微生态制剂不会使宠物产生耐药性，不会产生残留，也不会产生交叉污染，因此，是一种可望替代抗生素的绿色添加剂。为防止失活，一般采用后喷涂工艺。为保证足够的活菌数量，需要稳定而持续的添加。

(二) 酶制剂

酶制剂是将一种或几种利用生物技术生产的酶与载体和稀释剂采用一定的生产工艺制成的一种添加剂。它可以提高宠物的消化能力，提高食品的消化率和养分利用率，改善宠物的生产性能，减少粪便中氮、磷、硫等给环境造成的污染，转化和消除食品（原料）中的抗营养因子，并充分利用新的原料资源。

1. 酶制剂的种类

宠物食品中使用的酶制剂主要有消化碳水化合物酶类、蛋白酶类、脂肪酶及植酸酶。

(1) 消化碳水化合物的酶　这类酶包括淀粉酶和非淀粉多糖酶。非淀粉多糖酶又包括纤维素酶、葡聚糖酶、木聚糖酶、甘露糖酶、半乳糖苷酶和果胶酶。

(2) 蛋白酶　根据最适 pH 不同，蛋白酶可分为酸性蛋白酶、中性蛋白酶和碱性蛋白酶。由于宠物胃液呈酸性，小肠液多为中性，所以食品中多添加酸性蛋白酶和中性蛋白酶，其主要作用是将食品中蛋白质水解为氨基酸。

(3) 脂肪酶　脂肪酶是水解脂肪分子中甘油酯键的一类酶的总称，在 pH3. 5～7. 5 时水解作用最好，最适温度为 38～40℃。脂肪酶一般从动物消化液中提取。

(4) 植酸酶　植酸酶是一种可使植酸磷复合物中的磷变成可利用磷的酸性磷酸酯酶，广泛存在于植物组织中，微生物（细菌、真菌、酵母）中也有存在。植酸酶可显著提高磷的利用率，促进宠物生长和提高食品营养物质转化率。

2. 酶制剂的作用

(1) 补充内源性酶的不足，激活内源性酶的分泌　尽管宠物能自身分泌淀粉酶、蛋白酶、脂肪酶等内源性消化酶，但幼龄宠物内源性酶分泌不足，应添加外源性酶以弥补这一缺陷。

(2) 破碎植物细胞壁，提高养分消化率　植物细胞中淀粉和蛋白质等营养物质被细胞壁包裹，除少部分草食宠物外，其他宠物不能很好的消化植物细胞壁，这样就大大影响了植物性食品原料中淀粉、蛋白质等营养物质的消化率。在食品中适当添加能分解植物细胞壁的酶，使细胞中的营养物质释放出来，可提高宠物食品中各种营养物质的利用率。

(3) 消除抗营养因子　有些食品养分是无法被宠物内源性酶消化的，同时这些不能被消化的养分还会产生抗营养作用。添加外源性酶制剂可以部分或全部消除抗营养因子的不良影响。

（4）降低消化道食糜黏度　构成植物细胞壁的非淀粉多糖物质能够结合大量的水，增加消化道食糜的黏度，使营养物质和内源性酶难以扩散，这不仅降低了食品中营养物质的利用率，而且也使宠物产生黏粪。外源性酶制剂可降低食糜黏度，减少粪便量，降低氮的排出率，提高宠物生长性能。

（三）软骨保护剂

宠物犬、猫中常用的软骨保护剂是硫酸软骨素和葡萄糖胺。

硫酸软骨素是一类硫酸化的黏多糖-糖胺聚糖，大量存在于人和动物的结缔组织中，主要分布于软骨、骨、肌腱和血管壁中。硫酸软骨素主要是从牛和猪的骨组织中提取出来，在关节的软骨中，硫酸软骨素能将水分吸入蛋白多糖分子中，使软骨变厚并增加关节内的滑液量，从而增强关节的减震能力并缓和行走或跳动时的冲击和摩擦。在犬临床上，硫酸软骨素主要用于治疗骨关节疾病（如骨关节炎、关节疼痛）和骨质疏松。

葡萄糖胺是宠物体内自然存在的一种物质，是构成蛋白多糖的主要成分，葡萄糖胺在机体内被进一步用于合成软骨和关节组织内的黏多糖（GACS），同时还有刺激黏多糖的生成和抑制降解酶的作用。商业用途的葡萄糖胺由螃蟹和虾壳含有的几丁质水解得到，多数的葡萄糖胺是以盐酸盐的形式得到，也存在硫酸盐。硫酸将软骨素结合葡萄糖胺合并服用，能更有效地保护、逆转损坏及促进修复关节软骨。

（四）食品风味剂

食品风味剂（诱食剂）是以刺激宠物嗅觉、味觉等器官为基础，提高宠物对食物喜爱程度的促进物质，对宠物的采食、适口性和增进食欲有明显的提高效果。

在宠物食品行业中，适口性是衡量产品品质的典型指标。关于适口性的定义，一直没有统一的说法。Bailliere 的兽医词典中对适口性有这样的描述：动物品尝一种饲料时的愉悦程度；与另一种饲料相比，动物更愿意吃这种饲料；饲料的气味、外观等会影响动物的选择倾向。宠物食品行业的科研工作者，一直在为追求更好的适口性、更准确的适口性测试方法努力着。

作为对适口性提升效果显著，又被广泛使用的重要原料，宠物食品风味剂值得重点介绍。宠物食品风味剂又有人称为诱食剂或口味增强剂，但不同于传统概念中化学或其他成分的诱导，宠物食品风味剂是以刺激宠物嗅觉、味觉、神经性等器官为基础的营养物质所构成。科学配制的宠物风味剂所含成分均为人类或动物可食用的部分，并完全按照饲料添加剂卫生标准执行，对宠物无任何其他副作用，仅对宠物的采食、适口性和增进食欲有明显的提高效果。

风味剂，顾名思义对宠物食品的风味影响很大，但这种风味同时也受脂肪、肉粉等原料以及工艺带来的熟化度等方面的显著影响。宠物食品刚生产出来时，气味更多受风味剂的影响，在放置 2 周及以上时，则会逐渐形成复合的稳定的风味，并最终影响食品的整体感官和适口性。风味剂中出于保质考虑，通常会用到磷酸，磷酸的普遍使用会影响总磷的摄入，同时会部分影响尿中的 pH，这点对猫粮尤其重要。因为适口性是显而易见的产品品质，很容易被消费者看到并重视，因此宠物食品适口性是市场非常关注的要素，也进而使风味剂成为宠物食品原料竞争激烈的环节。

1. 风味剂的种类

风味剂按照形态主要分为液体和粉末。液体多由动物内脏、酵母膏和酶解蛋白等混合，呈液体或黏稠状；固体粉末大多为鸡肝粉、鸡肉粉、鱼肉粉等，由相关原料绞碎、酶解，再加载体喷雾干燥成粉。

按照用途主要分为犬粮风味剂和猫粮风味剂，犬和猫对适口性的喜好有着显著的区别，可以追溯到犬、猫不同的生理特性及在不同区域长期以来的生活习性和习惯问题。相对来说，犬是一种杂食动物，肉类和植物类原料都可以消化并获取营养，猫是食肉动物，过多的植物性原料对猫并无多少意义，这看起来是营养性问题，但实际上也影响到了犬、猫风味剂的不同特点。至于不同区域的影响，比如亚洲和欧洲，相对来说，亚洲的猫很喜欢鱼的味道，欧洲的猫对肝脏及肉的味道则更有兴趣，这是因为传统上亚太地区饮食中鱼类更普遍。

2. 风味剂的添加方式

常规喷涂：油脂、液体浆、粉依次均匀喷涂。在设备受限或者必要时，油和浆混合均匀喷涂，也是较为常用的做法。

真空喷涂：所喷涂的油脂或风味剂吸收到颗粒内部，因此相比常规喷涂，能极大提升喷涂上限。但一般来说，风味剂的使用也不是越多越好，还是要考虑营养的整体平衡。

犬粮和猫粮对不同形态风味剂的需求是有差异的。犬更喜欢软的或者有一定湿度的食品，因此喷点液体风味剂很适合，猫更喜欢酥脆干燥的口感，因此也有猫粮只喷撒固体粉末风味剂。

3. 添加量

风味剂添加量为日粮干物质的 1%~10%，一般固体粉末诱食剂添加量为 1%~2%，液体风味剂添加量一般为 3%~10%。具体添加比例，按照厂商对适口性要求、成本以及产品的品质等综合考虑。

4. 风味剂制作

以比较常用的液体风味剂为例，制作主要依据美拉德（Maillard）反应，蛋白质加热 100~150℃时，蛋白质肽链上的游离氨基（如赖氨酸 ε -氨基）与还原糖（如葡萄糖或乳糖）中的醛基形成了一种氨糖复合物，不能被蛋白酶消化。制作风味剂的原料一般有动物肝脏，蛋白酶、风味酶，氨基酸，酵母抽提物，糖，维生素 B_1，麦芽糊精等。

典型风味剂制作过程：制备好的肝脏加入蛋白酶类，在各种酶的最适温度下置于恒温干燥箱内对其进行生物酶解；经酶解后的肝脏浆液，加入各种氨基酸、维生素、酵母抽提物、糖类等进行美拉德反应。在美拉德反应后的产物中加入糊精、防腐剂、抗氧化剂、增鲜剂等改善风味和防止风味变性的各类食品添加剂，以维持产品的质量稳定。如果是粉状风味剂，则大多采用喷雾干燥的方式来制作。

（五）食品保存剂

为了保证食品的质量，防止食品品质的下降或提高食品调制的效果，有必要在食品中添加各种食品保存剂。

1. 抗氧化剂

添加抗氧化剂的目的是阻止或延迟食品成分氧化，提高食品稳定性和延长储存期。

常用的抗氧化剂有乙氧基喹啉、二丁基羟基甲苯（BHT）、丁基羟基茴香醚（BHA）、没食子酸丙酯（PG）及维生素类抗氧化剂（如维生素 E、维生素 C 等）。

2. 防腐剂

食品防霉防腐剂是一种抑制霉菌繁殖、消灭真菌、防止食品发霉变质的有机化合物，对于水分含量高的食品或储存于高温、高湿条件下的食品，均宜使用防霉防腐剂。常见的防霉防腐剂有苯甲酸及其钠盐、山梨酸及其盐类、脱氢醋酸及其钠盐、对羟基苯甲酸酯类、丙酸、丙酸钙、丙酸钠等。

三、使用宠物食品添加剂的注意事项

第一，严格执行国家的有关法律、法规和法令。

第二，选择合适的添加剂。宠物食品添加剂的种类繁多，特点各异，因此应根据各种添加剂的特性、宠物种类、基础日粮特性等，选用适合的添加剂，即缺什么添什么。

第三，切实掌握宠物食品添加剂的使用量、中毒量和致死量，注意使用期限，防止宠物产生生理障碍和不良后果。

第四，添加剂加到宠物食品中一定要混合均匀。不要把宠物食品添加剂一次混合在大量的宠物日粮里，应先混于少量的日粮中搅拌均匀，然后再混合在一定量的日粮中，充分搅拌均匀。

第五，准确掌握宠物食品添加剂之间的配伍禁忌，注意微量元素、维生素及其相互间的拮抗关系。

第六，宠物食品添加剂应储存于干燥、低温及避光处。

项目小结

项目	内容	要点
相关知识	宠物食品添加剂的概念	（1）在宠物养殖业中的地位和意义；（2）选用原则和使用标准；（3）分类
	宠物食品添加剂的种类	（1）营养性宠物食品添加剂；（2）非营养性宠物食品添加剂
项目实施	认识营养性宠物食品添加剂	（1）认识微量元素类宠物食品添加剂；（2）认识氨基酸类宠物食品添加剂；（3）认识维生素类宠物食品添加剂
	认识非营养性宠物食品添加剂	（1）微生态制剂；（2）酶制剂；（3）软骨保护剂；（4）食品风味剂；（5）食品保存剂
	使用宠物食品添加剂的注意事项	（1）严格执行国家的有关法律、法规和法令；（2）选择合适的添加剂；（3）切实掌握宠物食品添加剂的使用量、中毒量和致死量，注意使用期限；（4）添加剂加到宠物食品中一定要混合均匀；（5）准确掌握宠物食品添加剂之间的配伍禁忌；（6）宠物食品添加剂应储存于干燥、低温及避光处

思政角

张子仪院士：唯冀蜡炬成灰，尤可护花

2022年3月31日，张子仪遗体告别仪式在八宝山举行，享年98岁。悼文称，这位中国动物营养与饲料科学的开拓者和主要奠基人、中国饲料工业及现代养殖业的主要铺路人，“牵头创建了全国统一的饲料样品采集方案，制定了《暂行饲料分析方法》，并于1959年出版了我国第一部《国产饲料营养成分含量表》，为我国饲料工业和畜牧科技发展做出了里程碑式贡献。”

回国，只为了人生无悔

1925年，张子仪出身山西临猗县一个书香世家，从小养成深厚国学功底的他，却选择了科学救国。于1941年9月东渡日本求学，随后考入京都大学学习农学，1948年，他本科毕业后，继续攻读动物营养学。

上学时的张子仪，就显出了农学中卓越的天赋，当时，日本滋贺县出现耕牛“异嗜厌食症”，每到冬季，耕牛往往少食而消瘦，这一症状一度被认为是“氟中毒”的表现，难以治愈。张子仪的导师让他去做环境营养学分析，他遍采水土草料样品，历时一年多，分析发现耕牛的这种症状并非“氟中毒”导致，而是因当地环境中普遍缺乏一种元素“钴”。随后为这些牛配制了含钴剂，使大批耕牛康复。在当时，反刍动物的钴缺乏症，在整个国际上都属前沿性课题，在澳大利亚、美国等均有病例，却缺乏研究。张子仪的研究，不仅解决了钴缺乏症的问题，也开启了动物营养学中，微量元素营养的研究大门。

张子仪在日本攻读学位时，正值中华人民共和国成立初期，百废待兴，人才奇缺。已经在日本小有名声的张子仪，决定回国。对于这个决定，张子仪解释，“从个人得失出发，继续留在国外，不过平添个‘博士’头衔，社会地位、个人生活条件会好一点，但不可能有更大作为。”

张子仪把回国当作人生最重要的起点，“重新自我设计，以告慰冤死敌狱或捐躯疆场的千百万同龄人在天之灵，此乃人生无悔之起步。”

奠基，查遍每一种饲料

20世纪50年代，猪饲料主要依靠青、粗饲料，人们仍旧用千百年来的传统方法喂猪。为此，张子仪主持了国产饲料资源普查及开发利用的项目，并于1958年首次在全国统一了饲料样品采集、制备的规范，制定了《暂行饲料分析方法》，第二年，又出版了我国第一部《国产饲料营养成分表》。

张子仪的研究，开启了中国饲料营养科学的大门，成为科学养殖最重要的基础之一。

1969年后，张子仪随北京畜牧兽医所离京，辗转至柴达木盆地，在当地建立科学养猪示范猪场，并在9年中整理了诸多原始资料，用算盘、巴罗表等手段，整理、勘校、筛选印发了《国产饲料营养成分表》。

张子仪还主持或参加完成了《中国饲料工业标准体系表》《饲料工业原料标准》《饲料工业卫生标准》《饲料添加剂》标准等。同时，还主持了“中国饲料数据库”的建设，实现了饲料营养研究成果信息的现代化管理。

育人，留下宝贵的精神

这位为中国饲料科学奠定基础的学者，也是培养了无数科学家的教师，却在他的自述中格外谦虚，他说“少年十五二十时，曾怀‘步行夺得胡马骑’之志，欲‘按图索骥’，谋科学报国之策……耄耋行列……唯冀蜡炬成灰，尤可护花……”

——资料引自《新京报》

学习情境二 设计宠物食品配方

配方设计是宠物食品生产的核心技术，宠物食品配方的设计水平不仅关系到宠物食品生产企业的效益和形象，甚至关系到一个地区乃至整个国家原料资源的合理利用及宠物行业的可持续发展。通过本情境的学习，熟悉不同品种、不同生理阶段宠物的营养需要；掌握宠物食品配方设计的原则，培养根据不同宠物的营养需要设计食品配方的技能。

情境目标

◆ 知识目标

1. 了解宠物营养需要和饲养标准的涵义和意义；
2. 熟悉不同品种、不同生理阶段宠物的营养需要；
3. 掌握宠物食品配方设计的原则和方法。

◆ 技能目标

1. 能阐述不同种类宠物食品的营养特点和饲喂价值；
2. 能根据不同宠物的营养需要设计科学合理的宠物食品配方。

◆ 素质目标

1. 培养辩证思维，营养需要具有科学性，但其应用也具有局限性；
2. 培养创新精神，针对不同宠物的营养特点选择适合的原料，设计新型食品配方。

项目一　宠物的营养需要

宠物营养与食品研究的根本目的，就在于按照宠物的营养需要平衡供应各种营养物质，以最大限度地满足宠物在不同的阶段对于营养物质的需求。通过学习，理解宠物营养需要的概念和含义、表示方法和测定方法。

项目目标

一、知识目标

1. 理解宠物营养需要的含义；
2. 熟悉宠物营养需要量的表示方式；
3. 了解宠物犬、猫不同生长阶段营养需要的特点。

二、技能目标

1. 熟悉宠物营养需要量的测定方法；
2. 能根据宠物生长发育规律，提供适宜的营养水平。

三、素质目标

1. 营养需要具有科学性，但其应用也具有局限性，培养学习者的辩证思维；
2. 同学之间要互相学习，优势互补，相互促进，共同发展。

必备知识

一、营养需要的概念

由于宠物品种、性别、体重及生理阶段的不同，对营养物质的需要亦不相同。

宠物从食品中摄取的营养物质，一部分用来维持正常体温、血液循环、组织更新等必要的生命活动，另一部分则用于妊娠、泌乳、生长等生产活动。宠物的营养需要是指宠物在生长、繁殖及从事生产等过程中对营养物质需要的量，确切地讲是指宠物达到期望的生长性能时，每天对能量、蛋白质、氨基酸、矿物质、维生素等养分的需要量。

研究宠物的营养需要，就是要探讨各种宠物对营养物质需要的特点、变化规律及影响因素，作为制定营养标准和食品配制的依据。

维持需要一般是理论上的说法，饲养实践中很少有宠物处于绝对的维持状态，但处于近似维持状态的情形却很多，如成年空怀母犬和母猫、成年非繁殖季节的观赏鱼和成年观赏鸟等。

维持需要的研究是一项基本研究，维持需要是其他营养需要的基础和前提。了解维持需要及其变异规律，有助于合理平衡维持需要和生产需要。在宠物生产潜力范围内，增加宠物食品的投入，可相对降低维持需要，增加生产需要，从而可提高生产效率。因此，研究维持需要，对于预测宠物生产效率、降低饲养成本、提高宠物食品利用率和经济效益，特别是体型很小的宠物具有重要的意义。

二、营养需要量的表示方法

宠物的营养需要不仅要考虑所需养分的种类，还要考虑各种养分的数量或比例。通常营养需要量的表示方法有每天每头需要量、养分浓度、能量与养分的比例等。

（一）需要量

营养需要量以 1 只宠物每天对能量和各种养分的需要量表示，单位以不同养分而定，如能量用 MJ/kg 表示；蛋白质、氨基酸、矿物质、维生素等用 g、mg、μg、IU 等表示。

（二）养分浓度

营养需要量按每千克日粮的养分含量（MJ、mg、g）或百分含量（%）表示，可按日粮状态（含自然水分）或绝干状态计算，此法适用于自由采食和食品配制的宠物。

（三）能量与养分的比例

营养需要量按日粮单位能量中的养分含量（g、mg）表示。能量和蛋白质的关系表示为能量蛋白比或蛋白能量比。此法适用于平衡日粮养分用。

（四）体重和养分的比例

营养需要量按养分需要量与体重（自然体重或代谢体重）比表示。

三、营养需要量的测定方法

（一）综合法

综合法是根据“维持需要和生产需要”统一的原理，采用饲养试验、代谢试验及生物学方法笼统地确定某种宠物在特定的阶段、生产水平下对某一养分的总需要量。综合法是研究营养需要量最常用的方法，可直接测定宠物对养分的总需要量，但综合法不能区分开构成总需要量的各项组分，不能将维持需要和生产需要分开，难于总结变异规律。

1. 饲养试验法

饲养试验法即将试验宠物分为数组，在一定时期按一定的营养梯度，喂给一定量已知营养含量的食物，观察其生理变化，如体重的增减、体尺的变化等。例如，有一批宠物犬平均每天喂 2kg 食物既不增重，也不减重，而另一组同样的犬，每天喂 3kg 相同的食物，可获得平均日增重0.8kg。则2kg食物中所含的能量和蛋白质为该宠物维持需要的能量和蛋白质数量，其余1kg所含的能量和蛋白质可视为增加0.8kg体重所需要的养分。若已知每千克食物含若干千焦热量（消化能、代谢能或净能），就可推断出维持需要和一定生产水平的能量需要。

饲养试验法简单，需要的条件也不高，比较容易进行，但此法较粗糙，没有揭示宠物机体代谢过程中的本质，因此，必须要有大量的统计材料才能说明问题。

2. 平衡试验法

平衡试验法根据宠物对各种营养物质或能量的“食入”与“排出”之差计算而得。这种方法纵然不了解体内转化过程，却可知道机体内营养物质的收支情况，由此可测知该物质的需要量和利用率。此法适应于能量、蛋白质和某些矿物质需要量的测定。根据平衡试验法所测数值是绝对沉积量，并非宠物的供给量。例如，对某宠物采用氮平衡试验，测定饲喂日粮、粪及尿中的含氮量。若测得该宠物每天在体内沉积氮10g（相当于粗蛋白质62.5g），则需要可消化粗蛋白质量为沉积数/利用率。

（二）析因法

析因法是根据“维持需要和生产需要”分开的原理，分别测定维持需要和生产需要，各项需要之和即为宠物的营养总需要量，即养分总需要量=维持需要+生产需要。详细剖析见式2-1。

$$R=aW^{b}+cX+dY+eZ+\cdots \tag{2-1}$$

式中 R——某养分的总需要量；

W——自然体重；

W^{b}——代谢体重；

a——常数，即每千克代谢体重的需要量；

X，Y，Z——代表不同产品中某养分的含量；

c，d，e——分别代表宠物饲料养分转化为产品养分的利用率。

按此公式，可以推算任一体重、任一生理阶段、任一生产水平下宠物的营养需要量。

析因法比综合法更科学、合理，但所确定的需要量一般低于综合法。析因法原则上适应于推算任何体重和任一生产目的的宠物对各种营养的需要量，但在实际应用中由于某一生理阶段的生产内容受多种因素干扰，且饲料营养转化为产品的利用率难以准确测定，因此大多数情况下仍用综合法确定。又如维生素、矿物质在体内代谢比较复杂，利用率难以准确测定，因而也采用综合法来确定。

总之，在饲养实践中，综合法和析因法都可用来确定营养需要量，并且两种方法相互渗透，使确定的需要量更为准确。

必备技能

一、了解宠物犬的营养需要

不同生理阶段的犬，包括幼犬、妊娠犬、哺乳犬等对营养的需要有很大差异，在维持需要的基础上要补充不同的营养成分，增加额外的能量、蛋白质、矿物质及维生素，以满足犬在生长阶段、繁殖阶段及哺乳阶段的营养需要。

（一）维持需要

维持需要是指犬既不生长发育又不繁殖和工作，其体重没有任何增长，只是在保持正常的营养状态的情况下，犬所需要的营养物质，用来维持正常的体温，并保持呼吸、循环、消化等器官的正常功能，以及供给起卧、行走等必要行动的热能。维持需要简称“维持”，是最低程度的需要，若不能满足，犬就会消瘦下去。对维持需要来说，宠物体重越小，其单位活动所需的维持需要越高；因此，维持需要是按代谢体重来计算的。为了便于研究比较，犬在不同情况下的营养需要总是从维持需要开始的，再进一步研究其他情况的营养需要。维持状态下各种营养物质的需要如下。

1. 能量需要

（1）犬的维持消化能（DE）需要量：

$$\text{DE（kJ）} = 292.89W^{0.75} \tag{2-2}$$

式中 292.89——常数，即每千克代谢体重的需要量；

W——体重，kg；

$W^{0.75}$——代谢体重，kg。

（2）犬的维持代谢能（ME）需要量：

$$\text{ME（kJ）} = 589.97W^{0.734} \tag{2-3}$$

式中 $W^{0.734}$——代谢体重，kg；

589.97——常数，即每千克代谢体重的需要量。

2. 蛋白质需要

成年犬按体重每千克在维持状态下每天蛋白质需要量为4.8g。

3. 矿物质及维生素需要

犬矿物质及维生素需要量见表2-1。

表2-1 犬在维持状态下每天每千克体重对矿物质和维生素需要量

矿物质	需要量	维生素	需要量
钙/mg	242	维生素A/IU	110
磷/mg	198	维生素D/IU	11
钾/mg	132	维生素E/IU	1.1
氯化钠/mg	242	维生素B_1/μg	22
镁/mg	8.8	维生素B_2/μg	48
铁/mg	1.32	泛酸/μg	220
铜/mg	0.16	烟酸/μg	250
锰/mg	0.11	维生素B_6/μg	22
锌/mg	1.1	叶酸/μg	4.0

续表

矿物质	需要量	维生素	需要量
碘/mg	0.034	生物素/μg	2.2
硒/μg	2.42	维生素 B_{12}/μg	0.5
		胆碱/mg	26

（二）生长犬的营养需要

生长期是指从出生到性成熟为止，包括哺乳和育成两个阶段。在这段时间内，宠物的物质代谢十分旺盛，同化作用大于异化作用。根据宠物生长发育规律，提供适宜的营养水平，是促进幼龄宠物生长发育的重要条件之一。

1. 生长的概念

生长是指宠物通过集体的同化作用进行物质积累，细胞数量增多和组织器官体积增大，从而使宠物整体体积及重量增加的过程。

生长的过程：体尺增长，体重增加；细胞增殖与增大、组织器官发育与功能日趋完善；化学成分积累。

生长的概念包括生长与发育。生长实质上是宠物体重量和体积的增加，它是以细胞增大和分裂为基础的量变过程，如宠物体重由小到大，体高由低变高等。发育则是宠物体组织内在特征上的变化，它是以细胞分化为基础的质变过程。生长和发育既不混淆，亦不能截然分开，生长是发育的物质基础，没有生长就不可能有发育，而发育又促进了生长，并可影响生长的方向。因此，生长乃是宠物发挥潜在生长性能的基础，幼龄时期生长发育不良的宠物将会直接影响其生长性能的充分发挥。

2. 生长的规律

（1）体重　宠物在生长过程中，前期生长速度较快，随着年龄的增长，生长速度逐渐转缓，生长速度由快向慢有一转折点，称为生长转缓点。根据这个生长规律，在饲养实践中应充分利用宠物的生长前期，即利用宠物达到生长转缓点前生长速度快的特点，加强饲养促进其生长发育，以获得较大的生长效益。其次，应根据雌性宠物和雄性宠物生长率不同的特点，在饲养上自幼龄时期开始即区别对待。

（2）体组织、骨骼、肌肉和脂肪　体组织、骨骼、肌肉和脂肪的增长与沉积具有一定规律性，即生长初期以骨骼生长为主，其后肌肉生长加快，接近成熟时脂肪沉积增多乃至生长后期则以沉积脂肪为主。宠物体内肌肉、骨骼、脂肪三者的增长阶段并非截然划分，而是相互重叠，同时增长，只是在不同生长阶段其生长重点不同。根据这一规律，在生长早期重点保证供给幼龄宠物生长骨骼所需要的矿物质；生长中期则满足生长肌肉所需要的蛋白质；生长后期必须供给沉积脂肪所需要的碳水化合物。

（3）部位　宠物在生长期间，各部位的生长速度并不一致，某些部位在生长早期生长速度较快，而某些部位则在晚期生长速度较快。各种宠物其各部位的生长均有一定的转移规律，例如，头腿因属于早熟部位，故年龄越幼小则所占比重越大，且结束发育的时期亦越早。所以，初生宠物表现为头大、腿高。胸、臀部位快速生长的时期开始较晚，而腰部更晚。

（4）器官　宠物内脏器官的生长发育亦具有一定规律。幼龄宠物的各种内脏器官生长发育速度不尽相同。

3. 营养需要

（1）能量需要　根据饲养试验测定能量需要的方法，是在整个生长阶段分组喂给不同能量水平日粮，测定出能得到正常生长的能量水平，进而确定生长阶段适宜的能量需要量。经试验表明，生长犬的代谢能需要量是维持需要的 1.5~2 倍，即：

$$ME（kJ）=（1.5\sim2）\times589.97W^{0.734} \quad (2-4)$$

3~4 周龄的犬，每天的代谢能需要量：

$$ME（kJ）=1146.47W^{0.75} \quad (2-5)$$

在生长中期的犬，每千克代谢体重需要量为 836.84kJ。其每天需要的代谢能需要量：

$$ME（kJ）=836.84W^{0.75} \quad (2-6)$$

为生长幼犬提供的能量既不能过多，也不能过少。过少则犬生长发育受阻，身体瘦；过多则会导致犬肥胖。

（2）蛋白质的需要　犬生长阶段所增加的体重，除水分外，主要成分是蛋白质。从理论上讲，蛋白质的最低需要量就是体内蛋白质的实际贮积量。但由于食品蛋白质在消化代谢过程中有损失，所以事实上蛋白质的需要量远远超过这个数字。

生长犬需要的蛋白质，不仅数量上要足够，而且品质也要好。因为蛋白质品质优劣对于幼犬生长的影响，比成年犬更大。如果日粮中缺乏必需氨基酸，幼犬的生长发育将受到严重影响。

表示蛋白质需要量的方法有两种：一种是以风干日粮中所含的百分比表示，另一种是以绝对量表示，而后者比较合理。犬生长期蛋白质的需要量应包括维持需要在内，维持部分随体重的增加而增加；而构成单位重量新组织的需要量，则随年龄和体重的增加而减少。虽然蛋白质总的需要量随年龄和体重增加而增加（至少早期是这样的），但每单位体重的蛋白质需要量却减少了。

生长犬每千克体重每天约需蛋白质 9.6g，则蛋白质需要量：

$$蛋白质需要量（g/d）=9.6W^{0.75} \quad (2-7)$$

能量和蛋白质之间存在一个比例关系，称为蛋白能量比（简称蛋能比），其含义为每兆焦代谢能所含粗蛋白质的克数。

生长犬最适宜的蛋能比：在断乳后 3 周为 11.8g/MJ，3~4 周为 9.6g/MJ，至生长中期为 7.6g/MJ。

（3）矿物质和维生素的需要　犬在生长阶段，骨骼的增长很快，骨盐沉积较多，故生长期钙、磷的需要量很大，维生素 D 与钙、磷的吸收和利用有关，也是生长期造骨所必需的。生长犬每天对矿物质和维生素的需要量见表 2-2。

表 2-2　生长犬每天对矿物质和维生素的需要量

矿物质	需要量	维生素	需要量
钙/mg	484	维生素 A/IU	220
磷/mg	396	维生素 D/IU	22

续表

矿物质	需要量	维生素	需要量
钾/mg	264	维生素 E/IU	2.2
氯化钠/mg	484	维生素 B_1/μg	44
镁/mg	17.6	维生素 B_2/μg	96
硒/μg	4.84	泛酸/μg	440
铁/mg	2.64	烟酸/μg	500
铜/mg	0.32	维生素 B_6/μg	44
锰/mg	0.22	叶酸/μg	8.0
锌/mg	2.20	生物素/μg	4.4
碘/mg	0.068	维生素 B_{12}/μg	1.0
		胆碱/mg	52

（三）妊娠犬的营养需要

妊娠犬的营养需要特点是妊娠后期比前期需要多，妊娠的最后 1/4 阶段是最重要的时期；妊娠母犬的基础代谢率高于空怀母犬，在妊娠的后期提高 20%~30%。

1. 能量需要

在妊娠前 5 周，妊娠犬的能量需要可采用略高于维持时的代谢能即可，到了第 6、第 7、第 8 周，需要量是在维持的基础上分别增加 10%、20%和 30%；妊娠后期代谢能需要量约为每千克代谢体重 786.6kJ，即 786.6$W^{0.75}$（kJ）。

2. 蛋白质需要

妊娠期的蛋白质需要高于维持需要，但低于泌乳期需要。妊娠后期，每千克代谢体重需要可代谢蛋白质 5~7g。在确定母犬妊娠期蛋白质需要时须注意：蛋白质需要是与能量的需要平行发展的，在正常情况下，妊娠母犬利用蛋白质效率高于空怀母犬，对蛋白质的需要在最后 1/3 时期急剧增长，要提供适量的碳水化合物和脂肪作能源利用，防止蛋白质的不足和浪费。

3. 矿物质和维生素的需要

妊娠期母犬日粮中，钙应占 1.2%、磷占 1.2%（干物质基础），钙、磷比约为 2∶1；其他矿物质元素和维生素略高于维持时的量，低于哺乳期的需要量。

（四）种公犬的营养需要

正确饲养的种公犬应保持良好的种用体况及较强的配种能力，即精力充沛、性欲旺盛、能产生量多质优的精液；日粮中各种营养物质的含量，无论对幼年公犬的培育或成年公犬的配种能力都有重要作用。

1. 能量需要

能量供给不足，对幼年公犬的育成或成年公犬的配种性能均会产生不良影响；反之，如能量供应过多则会造成种公犬过肥，其危害性更为严重。通常，种公犬的能量需要大致在其维持需要量的基础上增加20%左右。公犬代谢旺盛，活动量较大，所以种公犬与同体重的母犬维持需要相比，需要较多的能量。

2. 蛋白质需要

种公犬日粮中若蛋白质不足，会使公犬的射精量、总精子数量显著下降。因此，配种旺季，可在维持的基础上增加50%；日粮含钙1.1%，磷0.9%，一般可满足种公犬的需要。

3. 维生素的需要

维生素A与种公犬的性成熟和配种能力有密切关系。维生素A在体内有一定储备，一般不致缺乏，每千克体重约需110IU；长期缺乏维生素E，亦会导致公犬睾丸退化，每千克干物质中含维生素E 50IU可满足其需要。

（五）泌乳母犬的营养需要

1. 能量需要

泌乳犬在哺乳期的第1周，代谢能需要量为维持时的1.5倍（$1.5\times141W^{0.75}$），即增加50%；在第2周增加100%；在泌乳的第3周达到高峰，代谢能需要量是维持状态的3倍。之后，逐渐下降。泌乳母犬每千克代谢体重（$W^{0.75}$）需要代谢能1966.58kJ。

2. 蛋白质需要

泌乳母犬，每天每千克代谢体重代谢蛋白质的需要量为12.4g。

3. 矿物质和维生素需要

泌乳母犬的矿物质和维生素营养是维持时需要量的2~3倍。每天每千克体重的摄入量等于或超过生长犬的摄入量。

（六）工作犬的营养需要

工作犬的营养需要主要指军犬、警犬（包括训练期）的营养需要。

1. 能量需要

对已成年的工作犬，每天每千克代谢体重所需代谢能为在维持基础上再增加100%，生长发育的未成年犬在紧张训练时，每天每千克代谢体重需要代谢能为在维持基础上再增加200%。

2. 蛋白质需要

成年工作犬蛋白质需要为在维持的基础上增加50%~80%。未成年训练犬则为在维持基础上增加150%~180%。

3. 矿物质和维生素需要

成年工作犬对于矿物质和维生素营养需要无特殊要求。未成年训练犬对矿物质和维生素的营养需要与生长犬的需要一致。

二、了解宠物猫的营养需要

（一）维持需要

1. 能量需要

能量需要指猫进食的食物而产生的能量，用以维持猫的新陈代谢和体温。猫需要的能量可根据猫的体重和年龄计算出来。猫因年龄、生理状况和周围环境温度不同，对能量的需要也不一样（表 2-3）。

表 2-3 猫不同年龄阶段每天需要的能量和最多食品量

年龄	体重/kg	每千克体重每日需要的代谢能/MJ	每日需要的总代谢能/MJ	每日需要的最多食品量/g
初生至 1 周内	0. 12	1. 6	0. 19	30~60
1~5 周龄	0. 15	1. 05	0. 53	85
5~10 周龄	1. 00	0. 84	0. 84	140~145
10~20 周龄	2. 00	0. 55	1. 10	175~185
20~30 周龄	3. 00	0. 42	1. 26	200~210
成年公猫	4. 50	0. 34~0. 35	1. 53	240~250
妊娠母猫	3. 50	0. 40~0. 42	1. 47	245~260
泌乳母猫	2. 50	1. 05	2. 63	415~425
去势公猫	4. 00	0. 34	1. 36	200~210
去势母猫	2. 50	0. 34	0. 85	140~150
老年猫	—	0. 80	—	150

处于生长发育阶段的幼猫，每天代谢能的需要量随年龄的增长而迅速下降。5 周龄的小猫，每千克体重每天需要能量为 1. 05MJ，30 周龄时每千克体重只需要 0. 42MJ。成年猫对维持体重的能量需要减少更多，尤其是去势猫，如不注意控制食量，很容易发胖，母猫妊娠时需要增加维持能量，泌乳母猫需要能量更多，泌乳高峰时，每天每千克体重可超过 1. 05MJ 代谢能，此时即使饲喂不限量的合理配方食品，母猫体重也会有下降的趋势。

2. *蛋白质需要*

蛋白质是猫粮中需要量较大的营养成分，它对维持猫的健康、修补和更替破损或衰老的组织、保证繁殖和促进生长发育都是十分重要的。猫需要含高蛋白质的食品，动物性蛋白质通常要比植物性蛋白质更适合猫的需要，如肉、鱼、鸡蛋、肝脏、肾脏和动物的其他器官组织，可使猫生长发育快，身体健康，对疾病抵抗力强。

成年猫的干粮中，蛋白质含量不应低于 21%，生长发育期的幼猫不应低于 33%。如果是含有 70%左右水分的湿性食物，成年猫的蛋白质含量不应低于 6%，幼猫不应低于 10%，最适宜蛋白质含量为 12%~14%；另一种计算方法是对于成年猫，每天每千克体重应该供给 3g 蛋白质。猫乳的营养成分为蛋白质 4. 5%，脂肪 4. 8%，乳糖 4. 9%，灰分 0. 8%和水分 80%。

3. *矿物质需要*

猫需要的矿物质主要有钙、磷、钾、钠、氯、铜、铁、钴、锰、碘、镁、锌等，这些物质大多数不是独立存在的，而是存在于普通的食物之中。成年猫每天需要的各种矿物质见表 2-4。

表 2-4 成年猫每天矿物质的需要量

矿物质	钠/mg	钾/mg	钙/mg	磷/mg	镁/mg	铁/mg	铜/mg	碘/μg	锰/μg	锌/μg	钴/μg
每天需要量	20~30	80~200	200~400	150~400	80~110	5	0.2	100~400	200	250~300	100~200

注：钠为最小需要量，氯化钠是指食盐需要量，肉和鱼中含有适量的钾，镁在食物中常大量存在，铁应从血红蛋白中获得，肉中缺乏碘。钙供应量在生长和泌乳期为 400mg，钙与磷之比为 0.9∶1.0。铜、锰、锌、钴应防止缺乏。

4. 维生素需要

猫需要的维生素主要有维生素 A、维生素 D、维生素 E、维生素 K、维生素 C 和 B 族维生素，这些物质存在于普通的食物中。成年猫对各种维生素的需要量见表 2-5。

表 2-5 成年猫对各种维生素的需要量

维生素种类	每日需要量	说明
维生素 A/（μg 或 IU）	500~700 或 1500~2100	不能利用胡萝卜素
维生素 D/IU	50~100	能在皮肤合成
维生素 K	很少	肠道可以合成
维生素 E/mg	0.4~4.0	有调节多不饱和脂肪酸成分的作用
维生素 B_1/mg	0.2~1.0	泌乳或高热时需要量增加
维生素 B_2/mg	0.15~0.2	泌乳或高热和高脂肪时需要量增加
烟酸/mg	2.6~4.0	机体不能合成，泌乳或高热时需要量增加
维生素 B_6/mg	0.2~0.3	泌乳或高热时需要量增加
泛酸/mg	0.25~1.0	—
生物素/mg	0.1	—
胆碱/mg	100	—
肌醇/mg	10	必需的
维生素 B_{12}/mg	0.003	有钴存在时肠道可合成
叶酸/mg	0.1	食品中必须含有
维生素 C	适量	能代谢合成

（二）幼猫生长的营养需要

幼猫生命的前几周完全依靠母乳，无需另加食物。这一时期，理想的生长率应该是每周 100g。但由于营养、品种及母猫体重的影响，不同个体间存在很大的差异。有时发生母乳供给不足，则应供给特别的乳代用品，昼夜 24h 分次供应，像幼犬一样，不仅要人工帮助喂奶，也要人工帮助排尿、排粪。

从 3~4 周龄时起，幼猫开始对母猫的食物感兴趣。可给幼猫一些细碎的软食物或经奶或水泡过的干型食品。食品可以是母猫的，也可以是为幼猫特制的。一旦幼猫开始吃固体食物，也就开始了断奶过程。幼猫逐渐吃越来越多的固体食品，7~8 周龄时，则完全断奶。

威豪宠物营养研究所（WCPN）对猫完全断奶之前取自固体食物中的能量进行了调查。4 周龄时，每天每只幼猫吃大约 19g（相当于每千克体重 10~40kJ 能量）食物，其余大部分仍由母乳供给；到5周龄时（泌乳的第6周），每天每只幼猫吃15~45g食物，等于每千克体重250~350kJ能量（取决于日粮中能量水平）。幼猫自固体食物中摄取能量从2、3周龄时的零增加到8周龄时的每千克体重超过800kJ。这说明在哺乳末期幼猫摄取的食物占母猫和幼猫总耗能中相当大的比例。在母猫和幼猫的总摄取量中，幼猫摄取的比例从4周龄的5%增加到6、7周龄的20%和30%。

幼猫一旦断奶，则不需要乳汁。随着幼猫消化道的发育，对乳糖的消化能力逐渐减弱，成年猫则不能消化乳糖。如果想要给幼猫乳汁，则应供给特制的无乳糖奶，而且随时供给新鲜饮水。

因为幼猫的生理功能尚未健全，所以建议供给高能食物，多次喂食；与幼犬不同，幼猫不喜欢吃得过饱，应自由采食；幼猫断奶时体重在600~1000g，公猫明显重于母猫，这种趋势将保持终生；能量需求的高峰约在10周龄，其能量需要为每千克体重840kJ，以后则逐渐降低，但在前6个月由于快速生长仍保持相对高的需求。

幼猫的食物不仅能量要高，而且还应考虑将某些营养成分再提高些。例如，幼猫日粮中蛋白质含量要比成年猫高（约10%），钙和磷的含量要严格保持在适宜水平，因过高或不足均会导致骨骼发育不正常；还要重点强调的是向均衡日粮中加入钙添加剂反而与喂给不平衡日粮一样会引起许多问题。牛磺酸在生殖和生长发育中的作用已被证实，生长期幼猫的食物中均应添加这种氨基酸。

6月龄时，大多数小猫的体重已达最大体重的75%；此后体重增加并非骨骼发育所致，因此，6月龄后的猫适宜喂给成年猫的食物。成年公猫明显重于成年母猫，而且发育时间也较长。因为在6到12月龄之间，公母猫还都在缓慢生长，所以自由采食将持续一段时间，到一周岁时发育就达到了稳定状态。尽管许多人实行全天多次喂食，但6月龄以后喂食次数可以减少。

（三）妊娠猫的营养需要

母猫交配成功后其采食量将增加，体重由妊娠的第1天逐渐发生变化，这一点在哺乳动物中猫是独具特色的。妊娠时总平均增重（不考虑窝仔数）是配种前体重的39%，然而，增重是随窝仔数而变化的。

猫体重增加是妊娠早期子宫外组织沉积的结果，随妊娠天数增加，妊娠后期的增重则主要是胎儿本身所致；窝产仔数、胎次等许多因素也都影响妊娠期；不同胎次及个体之间，其妊娠期的变化很大。

显然，母猫为维持增重需要，妊娠期间对食物和能量的摄取均增加，摄取能量的增加紧随体重的增加而变化。以体重为基础，就能量摄取来说，从成年的维持需要量每千克体重250~290kJ增加到妊娠期的每千克体重370kJ。从实践观点看，猫很少过食，所以可以自由采食，按这种方式母猫能准确地摄取到它所需要的能量，给予母猫比未妊娠时稍多的能量即可；妊娠母猫对营养缺乏或过剩更具敏感性，所以此时的日粮更应精心调节，如钙、磷比例更需严格控制，因为幼猫骨骼发育的最早期在子宫内就开始了，同时蛋白质的需要量也稍高。

（四）泌乳母猫的营养需要

猫的泌乳期是对营养需要的最大考验，母猫不但自身需获得营养，还必须为幼猫提供乳汁。幼猫初生体重在85~120g，每窝1~8只，这些数字将随猫的品种、对日粮的需求等因素而变化，但明显与母猫体重无关。幼猫出生后前4周全靠母猫的乳汁生活，因此母猫在此时的能量需求远远大于妊娠期，同时幼猫生长也非常快，尽管从4周龄起幼猫开始吃固体食物，但母猫的营养需要仍在提高，直到完全断奶（此时小猫在7~8周龄），因为母猫还在喂奶（尽管有一定程度减少），而且母猫也在重建自身的储备；分娩时母猫只减轻体重的40%，分娩后及在8周的泌乳期内，母猫逐渐减轻体重直到配种前的水平。

泌乳母猫的能量需要取决于幼猫的数量和年龄，这两个因素将影响母猫的产奶量。母猫乳汁的能量水平是每100g含能量444kJ，比牛奶的每100g含能量272kJ要高。母猫的能量需要几乎是维持期的3~4倍，因此要提供适口性好、易消化和含能量高的食物。因为猫需少量多次地采食，所以自由采食很可取，母猫也能有效地控制自己的能量摄取；由于母猫在产生乳汁时会损失大量的水分，故应供给充足的新鲜饮水。对于泌乳的母猫来说，食物中的营养水平更应严格控制，为此，泌乳母猫应喂给专门设计的食物，如某些维生素、矿物质及蛋白质的水平要更严格地控制，也要增加食物的能量水平；如果喂的是平衡食品则无需再添加营养成分，否则会引起养分失衡。

（五）种公猫的营养需要

种公猫在非配种季节按一般成年种猫的维持饲养即可，但在公猫配种期间，为了保持有旺盛的性欲、有高质量的精液，必须加强饲养管理，保证全面的营养供给，这对提高母猫的受胎率、产仔数和幼猫成活率等有极大的作用；特别应注意食物要体积较小，质量高，适口性好，易消化，富含丰富的蛋白质、维生素A、维生素D、维生素E和矿物质，如鲜瘦肉、肝、奶等。猫的配种时间一般安排在晚上6~8时，每次配后1h喂食。同时，每天还应有适当的运动，以促进食欲和营养的消化、吸收，增强精子的活力。

项目小结

项目	内容	要点
相关知识	营养需要的概念	宠物达到期望的生长性能时，每天对能量、蛋白质、氨基酸、矿物质、维生素等养分的需要量
	营养需要量的表示方法	（1）每天每头需要量；（2）养分浓度；（3）能量与养分的比例；（4）体重与养分的比例
	营养需要量的测定方法	（1）综合法；（2）析因法
项目实施	了解宠物犬的营养需要	（1）维持需要；（2）生长犬的营养需要；（3）妊娠犬的营养需要；（4）种公犬的营养需要；（5）泌乳母犬的营养需要；（6）工作犬的营养需要
	了解宠物猫的营养需要	（1）维持需要；（2）幼猫生长的营养需要；（3）妊娠猫的营养需要；（4）泌乳母猫的营养需要；（5）种公猫的营养需要

项目二　宠物饲养标准

通过学习，掌握饲养标准的概念、内容及表达方式，明确饲养标准的意义、作用，并且能够正确灵活使用饲养标准。

项目目标

一、知识目标

1. 理解宠物饲养标准的涵义；
2. 熟悉宠物饲养标准的指标；
3. 了解宠物犬、猫不同生长阶段营养需要的特点。

二、技能目标

1. 熟悉宠物营养需要的测定方法；
2. 能根据宠物生长发育规律，提供适宜的营养水平。

三、素质目标

1. 坚持一切从实际出发；
2. 提高理论指导实践的能力。

必备知识

一、饲养标准的概念和种类

（一）饲养标准的概念

根据宠物的不同种类、性别、年龄、体重、生产方向和水平，以生产实践中积累的经验，结合能量与物质代谢试验和饲养试验的结果，科学地规定 1 头（只）宠物每天应该给予的能量和各种营养物质的数量标准，称为饲养标准。

在实际应用中，饲养标准是设计宠物食品配方、制作宠物食品和食品营养性添加剂及规定采食量等的依据，而营养需要又是制订饲养标准的依据。运用饲养科学原理和食品原料科学理论与技术来测定宠物的营养需要，根据宠物的营养需要，从而制订相应的饲养（营养）标准，进行科学饲养，满足宠物生长、繁殖、泌乳等营养需要，最大限度地降低饲养成本。

（二）饲养标准的种类

饲养标准的种类大致可分为两类，一类是国家规定和颁布的饲养标准，称为国家标准；另一类是大型宠物食品公司根据各类宠物的特点，制订的符合该宠物品种营养需要的饲养（营养）标准，称为专用标准。饲养标准在使用时应根据具体情况灵活运用。

“标准”是一个传统专业名词术语，其含义和准确程度受科学研究条件和技术进步程度制约。现行饲养标准则更为确切和系统地表述了经试验研究确定的特定各种宠物个体（不同种类、性别、年龄、体重、生理状态、不同环境条件等）能量和各种营养物质的定额数值。

宠物饲养（营养）标准是一个概括的，但又是系统的、宠物合理营养需要量或供给量的表格式的规定。一个饲养标准应包括两个主要部分：一是宠物的营养需要量或供给量；二是关于宠物常用食品原料的营养价值表。此外，在必要时，应附有宠物典型日粮配方，以便在实际应用中参考。

二、饲养标准的指标

（一）采食量

采食量以干物质或风干物质采食量表示。干物质是指在105℃条件下烘箱内烘干后剩余的物质。风干物质是指食品（原料）自然风干或在60~70℃烘箱内烘干失去部分水分后的物质。通常以24h采食的干物质表示宠物的采食量。饲养标准中规定的采食量是根据宠物营养原理和大量试验结果得出的，科学地规定了宠物不同生长（或生理）阶段的采食量。宠物所需营养物质必须通过采食食品而获得，宠物年龄越小，生长性能越高，采食量占体重的百分比越高。因而，采食量也是确定宠物适宜营养需要量时不可缺少的资料。

在考虑宠物采食量的同时，还要注意日粮的养分浓度，如果日粮养分浓度过高，可能因主要养分的需要量已经满足，而造成采食量的不足。因此，在日粮配制时，应正确协调采食量和养分浓度之间的关系。

（二）能量

能量是宠物的第一营养需要，没有能量就没有宠物体的所有功能活动，甚至没有机体的维持，因此充分满足宠物的能量需要具有十分重要的意义。宠物体内能量来源于食品中三大有机物，即碳水化合物、脂肪、蛋白质。由于食品存在消化利用率问题，因此就有消化能、代谢能、净能之说。一般家禽类对能量的需要用代谢能表示，而猪对能量的需要量，有的国家用消化能表示，有的国家用代谢能表示，如美国、加拿大、中国等用消化能表示，而欧洲多用代谢能表示、也有的用消化能表示。反刍动物对能量的需要多用净能表示。宠物一般用消化能或代谢能表示。

（三）蛋白质及氨基酸

蛋白质的需要，单位一般是克（g），目前一般用粗蛋白质（CP）或可消化粗蛋白质（DCP）表示宠物对蛋白质的需要。配制宠物食品时用百分数表示。粗蛋白质实际上是作为氨基酸的载体使用，宠物对日粮中必需氨基酸有着特殊的需要。随着“理想蛋白质”概念的提出与应用，平衡供给氨基酸，可在降低宠物日粮粗蛋白质浓度的情况下（即减少蛋白质的浪费），提高宠物的生长性能和经济效益。用总可消化氨基酸、表观可消化氨基酸和真可消化氨基酸表示日粮蛋白质营养价值或宠物的蛋白质需要量是总的发展趋势。

（四）维生素

宠物所需的维生素应全部由食品供应。一般脂溶性维生素需要量用国际单位（IU）表示，而水溶性维生素需要量用 mg/kg 或 μg/kg 表示。

（五）矿物质

钙、磷、钠是各类宠物饲养标准中的必需营养素，一般用克（g）表示。给宠物补充各种微量元素已普遍应用于饲养实践，并产生了良好的效果和效益。微量元素是近年宠物营养研究中比较活跃的内容。因此，宠物所需的微量元素在宠物食品中添加时应严格掌握用法和用量。

三、饲养标准的应用

（一）饲养标准的局限性

饲养标准是宠物饲养的准则。它可帮助饲主做到心中有数，不盲目饲养，但并不能保证饲主能合理饲养好所有宠物。实际宠物饲养中影响饲养和营养需要的因素很多，而饲养标准为具有广泛的普遍性的指导原则，不可能对所有影响因素都在制订标准过程汇总时加以考虑。如同品种宠物之间的个体差异对需要和饲养的影响；千差万别的宠物食品适口性和物理特性对宠物需要和采食的影响；不同环境条件的影响；甚至市场、经济形势变化对饲养者的影响，从而影响宠物的需要和饲养等。诸如这些在饲养标准中未考虑的影响因素只能结合具体情况，按饲养标准规定的原则灵活应用。饲养标准规定的数值，并不是在任何情况下都固定不变的，它随着饲养标准制定条件以外的因素而变化。因此，在采用饲养标准中营养定额，拟定饲养日粮、饲粮配方和饲养计划时，对标准要正确理解，灵活应用。既要看到饲养标准的先进性和科学性，又要重视饲养标准的条件性和局限性。不同国家、地区、季节、宠物生长性能、食品规格及质量、环境温度和经营管理方式等存在差异，所以，在适用饲养标准时，要按实际的生产水平、食品饲养条件，对饲养标准中的营养定额酌情进行调整。

（二）应用饲养标准的注意事项

饲养标准在宠物的饲养实践中起着重要作用，但由于它是在不同国家和不同地区根据不同情况和条件制订的，在制订的过程中，尽管总结了生产实践中的经验并进行了一些试验，但这些试验材料和经验还是有限的，所以这种标准虽然适合于不同国家、不同地区，也只能是相对的。因此，在参考应用统一标准时，应注意以下几个问题。

（1）饲养标准不是固定不变的，只是一个相对稳定的标准。它应随宠物品种的改良和提高、日粮全价性的进一步完善、宠物对日粮的利用率不断提高而不断修改，使之成为提高宠物生长性能的一种手段。

（2）各国各地区制定的饲养标准，虽然有一定的代表性，但因为饲养宠物的选择和试验条件的限制，决定了标准的合理性是相对的。同时，因自然条件的差异对食品品质的影响，以及宠物品种和生产方向的不同，所以饲养标准在应用时，应根据具体条件经常进行检验和修正。

（3）饲养标准中所规定的能量和各种营养物质的需要量只是一个概括的平均数，在生产实践中，应根据本地的具体条件灵活运用，切忌生搬硬套。

总之，对饲养标准的认识，应该具有一分为二的观点，既要看到它是合理饲养的科学依据的一面，也要看到它的相对合理性和不完善的一面。

必备技能

一、犬的营养物质需要量

美国国家科学研究委员会（NRC）（2006）建议的犬的营养需求见表 2-6。

表 2-6　　犬的营养需求

营养成分（每 1000kCal 含量）			幼犬（14 周以下）			幼犬（14 周及以上）			成年犬			妊娠犬/泌乳犬		
类别	名称	单位	下限	推荐	上限	下限	推荐	上限	下限	推荐	上限	下限	推荐	上限
一般成分	蛋白质	g	45	56.3	—	35	43.8	—	20	25	—	—	50	—
	脂肪	g	—	21.3	82.5	—	21.3	82.5	—	13.8	82.5	—	21.3	82.5
氨基酸	精氨酸	g	1.58	1.98	—	1.33	1.65	—	0.7	0.88	—	—	2.5	—
	组氨酸	g	0.78	0.98	—	0.5	0.63	—	0.37	0.48	—	—	1.1	—
	异亮氨酸	g	1.3	1.63	—	1	1.25	—	0.75	0.95	—	—	1.78	—
	甲硫氨酸	g	0.7	0.88	—	0.53	0.66	—	0.65	0.83	—	—	0.78	—
	蛋氨酸和胱氨酸	g	1.4	1.75	—	1.05	1.33	—	1.3	1.63	—	—	1.55	—
	亮氨酸	g	2.58	3.22	—	1.63	2.05	—	1.35	1.7	—	—	5	—
	赖氨酸	g	1.75	2.2	>5	1.4	1.75	>5	0.7	0.88	—	—	2.25	—
	苯丙氨酸	g	1.3	1.63	—	1	1.25	—	0.9	1.13	—	—	2.08	—
	苯丙氨酸和酪氨酸	g	2.6	3.25	—	2	2.5	—	1.48	1.85	—	—	3.08	—
	苏氨酸	g	1.63	2.03	—	1.25	1.58	—	0.85	1.06	—	—	2.6	—
	色氨酸	g	0.45	0.58	—	0.35	0.45	—	0.28	0.35	—	—	0.3	—
	缬氨酸	g	1.35	1.7	—	1.13	1.4	—	0.98	1.23	—	—	3.25	—

续表

营养成分（每 1000kCal 含量）			幼犬（14 周以下）			幼犬（14 周及以上）			成年犬			妊娠犬/泌乳犬		
类别	名称	单位	下限	推荐	上限	下限	推荐	上限	下限	推荐	上限	下限	推荐	上限
脂肪酸	亚油酸	g	—	3.3	16.3	—	3.3	16.3	—	2.8	16.3	—	3.3	16.3
	亚麻酸	g	—	0.2	—	—	0.2	—	—	0.11	—	—	0.2	—
	花生四烯酸	g	—	0.08	—	—	0.08	—	—	—	—	—	—	—
	EPA&DHA	g	—	0.13	2.8	—	0.13	2.8	—	0.11	2.8	—	0.13	2.8
矿物质	钙	g	2	3	4.5	2	3	4.5	0.5	1	—	—	1.9	—
	磷	g	—	2.5	—	—	2.5	—	—	0.75	—	—	1.2	—
	镁	mg	45	100	—	45	100	—	45	150	—	—	150	—
	钠	mg	—	550	—	—	550	—	75	200	—	—	500	—
	钾	g	—	1.1	—	—	1.1	—	—	1	—	—	0.9	—
	铁	mg	18	22	—	18	22	—	—	7.5	—	—	17	—
	铜	mg	—	2.7	—	—	2.7	—	—	1.5	—	—	3.1	—
	锌	mg	10	25	—	10	25	—	—	15	—	—	24	—
	锰	mg	—	1.4	—	—	1.4	—	—	1.2	—	—	1.8	—
	硒	μg	52.5	87.5	—	52.5	87.5	—	—	87.5	—	—	87.5	—
	碘	μg	—	220	—	—	220	—	175	220	—	—	220	—
维生素	A	μg	—	379	3750	—	379	3750	—	379	16000	—	379	3750
	B_1	mg	—	0.34	—	—	0.34	—	—	0.56	—	—	0.56	—
	B_2	mg	—	1.32	—	—	1.32	—	1.05	1.3	—	—	1.3	—
	烟酸	mg	—	4.25	—	—	4.25	—	—	4.25	—	—	4.25	—
	泛酸	mg	—	3.75	—	—	3.75	—	—	3.75	—	—	3.75	—
	B_6	mg	—	0.375	—	—	0.375	—	—	0.375	—	—	0.375	—
	叶酸	μg	—	68	—	—	68	—	—	67.5	—	—	67.5	—
	B_{12}	μg	—	8.75	—	—	8.75	—	—	8.75	—	—	8.75	—
	D_3	μg	—	3.4	20	—	3.4	20	—	3.4	20	—	3.4	20
	E	mg	—	7.5	—	—	7.5	—	—	7.5	—	—	7.5	—
	胆碱	mg	—	425	—	—	425	—	—	425	—	—	425	—
其他	钙磷比	/	1∶1	1.2∶1	2∶1	1∶1	1.2∶1	2∶1	1∶1	1.2∶1	2∶1	1∶1	1.2∶1	2∶1

注：犬肠道细菌合成的维生素 K、生物素足够需要，故未列出。

二、猫的营养物质需要量

美国 NRC（2006）建议的猫的营养需求见表 2-7。

表 2-7　　猫的营养需求

营养成分（每 1000kCal 含量）			幼猫			成年猫			妊娠猫			泌乳猫		
类别	名称	单位	下限	推荐	上限	下限	推荐	上限	下限	推荐	上限	下限	推荐	上限
一般成分	蛋白质	g	45	56.3	—	40	50	—	43	53	—	60	75	—
	脂肪	g	—	22.5	>82.5	—	22.5	82.5	—	22.5	82.5	—	22.5	82.5
氨基酸	精氨酸	g	1.93	2.4	8.75	—	1.93	—	—	3.75	—	—	3.8	—
	组氨酸	g	0.65	0.83	>5.5	—	0.65	—	—	1.08	—	—	1.8	—
	异亮氨酸	g	1.08	1.4	>21.7	—	1.08	—	—	1.93	—	—	3	—
	甲硫氨酸	g	0.88	1.1	3.25	—	0.43	—	—	1.25	—	—	1.5	—
	甲硫氨酸和胱氨酸	g	—	2.2	—	0.68	0.85	—	—	2.25	—	—	2.6	—
	亮氨酸	g	2.55	3.2	>21.7	—	2.55	—	—	4.5	—	—	5	—
	赖氨酸	g	1.7	2.1	>14.5	0.68	0.85	—	—	2.75	—	—	3.5	—
	苯丙氨酸	g	1	1.3	>7.25	—	1	—	—	—	—	—	—	—
	苯丙氨酸和酪氨酸	g	3.83	4.8	17	—	3.83	—	3.83	4.78	—	3.83	4.8	—
	苏氨酸	g	1.3	1.6	>12.7	—	1.3	—	—	1.06	—	—	2.7	—
	色氨酸	g	0.33	0.4	4.25	—	0.33	—	—	4.78	—	3.83	—	—
	缬氨酸	g	1.28	1.6	>21.7	—	1.28	—	—	2.23	—	—	3	—
	谷氨酸	g	—	—	18.8	—	—	—	—	—	—	—	—	—
	牛磺酸	g	0.08	0.1	>2.22	0.08	0.1	—	—	0.13	—	—	0.13	—
脂肪酸	亚油酸	g	—	1.4	13.8	—	1.4	13.8	—	1.4	13.8	—	1.4	13.8
	亚麻酸	g	—	0.05	—	—	—	—	—	0.05	—	—	0.05	—
	花生四烯酸	g	—	0.05	—	—	0.015	0.5	—	0.05	—	—	0.05	—
	EPA&DHA	g	—	0.025	—	—	0.025	—	—	0.025	—	—	0.025	—
矿物质	钙	g	1.3	2	—	0.4	0.72	—	—	2.7	—	—	2.7	—
	磷	g	1.2	1.8	—	0.35	0.64	—	1.22	1.9	—	1.22	1.9	—
	镁	mg	40	100	—	50	100	—	104	125	—	104	125	—
	钠	mg	310	350	—	160	170	—	—	670	—	—	670	—
	钾	g	0.67	1	—	—	1.3	—	—	1.3	—	—	1.3	—
	铁	mg	17	20	—	—	20	—	—	20	—	—	20	—
	铜	mg	1.1	2.1	—	—	1.2	—	—	2.2	—	—	2.2	—
	锌	mg	12.5	18.5	—	—	18.5	—	10.5	15	—	10.5	15	—
	锰	mg	—	1.2	—	—	12	—	—	1.8	—	—	1.8	—

续表

营养成分（每 1000kCal 含量）			幼猫			成年猫			妊娠猫			泌乳猫		
类别	名称	单位	下限	推荐	上限	下限	推荐	上限	下限	推荐	上限	下限	推荐	上限
矿物质	硒	μg	30	75	—	—	75	—	—	75	—	—	75	—
	碘	μg	—	450	—	320	350	—	—	450	—	—	450	—
维生素	A	μg	—	250	20000	—	250	20000	—	500	20000	—	500	20000
	B_1	mg	1.1	1.4	—	—	1.4	—	—	1.56	—	—	1.56	—
	B_2	mg	—	1	—	—	1	—	—	1	—	—	1	—
	烟酸	mg	—	10	—	—	10	—	—	10	—	—	10	—
	泛酸	mg	1.15	1.43	—	1.15	1.44	—	1.15	1.9	—	1.15	1.9	—
	B_6	mg	0.5	0.625	—	—	0.625	—	0.5	0.625	—	0.5	0.625	—
	叶酸	μg	150	188	—	150	188	—	150	187	—	150	187	—
	B_{12}	μg	—	5.6	—	—	5.6	—	—	5.6	—	—	5.6	—
	D_3	μg	0.7	1.4	188	—	1.75	188	—	1.75	188	—	1.75	188
	E	mg	—	9.4	—	—	10	—	—	7.8	—	—	7.8	—
	胆碱	mg	510	637	—	510	637	—	510	637	—	510	637	—
其他	钙磷比	/	1∶1	1.2∶1	2∶1	1∶1	1.2∶1	2∶1	1∶1	1.2∶1	2∶1	1∶1	1.2∶1	2∶1

注：猫肠道细菌合成的维生素 K、生物素足够满足需要，故未列出。

设定犬和猫日粮的能量浓度为每千克饲料含 4000kcal 代谢能。处于生长中的幼犬的营养需要是基于体重为 5.5kg 的幼犬每天可消耗 1000kcal 代谢能；处于维持需要的成年犬，是以体重为 15kg 的成年犬为例，其每天可消耗 1000kcal 代谢能；对于妊娠和哺乳期的犬，是以体重 22kg 并哺育 8 个犬崽为例，达到最大泌乳量时每天可消耗 5000kcal 代谢能；处于生长中的幼猫，是以体重为 800g 的幼猫为例，每天可消耗 180kcal 代谢能；处于维持状态的成年猫是以体重为 4kg 的成年猫为例，每天可消耗 250kcal 代谢能；怀孕和哺乳期间的母猫，是以体重为 4kg 并哺育 4 个猫崽为例，达最大泌乳量时每天可消耗 540kcal 代谢能。

项目小结

项目	内容	要点
相关知识	饲养标准的概念和种类	（1）饲养标准的概念；（2）饲养标准的种类
	饲养标准的指标	（1）采食量；（2）能量；（3）蛋白质及氨基酸；（4）维生素；（5）矿物质
	饲养标准的应用	（1）饲养标准的局限性；（2）应用饲养标准的注意事项
项目实施	了解犬、猫的饲养标准	（1）犬的营养需求；（2）猫的营养需求

项目三　宠物食品配方设计

通过学习，理解宠物食品配方的概念，掌握宠物食品配方设计原则和设计方法，能根据不同宠物的营养需要特点选择适合的原料，设计新型宠物食品配方，培养创新精神。

项目目标

一、知识目标

1. 理解宠物食品配方的概念；
2. 掌握宠物食品配方设计原则和设计方法。

二、技能目标

1. 能阐述宠物食品配方设计的原则和方法；
2. 能够根据不同宠物营养需要，设计出较为合理的宠物食品配方。

三、素质目标

1. 配方不是唯一的，培养学习者的创新意识；
2. 设计宠物食品配方目的是保证宠物的健康，培养学习者的安全意识和责任意识。

必备知识

科学合理地设计宠物食品配方是科学饲养宠物的一个重要环节，食品配方的设计也是一项技术性及实践性很强的工作。宠物食品配制的研究发展较晚，并不像动物饲料配方研究那么完善具体。但是，通过从不断的实践工作中总结大量生产经验，以及结合动物饲料配方设计方法的理论成果，宠物食品的配制已经形成了一整套较成熟的理论体系。

一、宠物食品配方的概念

宠物在一昼夜所采食的各种食品的总量叫日粮。由于目前我国销售的商品性宠物食品多为国外进口，价格较贵，故家庭宠物日粮大都由宠物主人自己配制。配制日粮必须根据宠物的营养需要和各种原料的营养成分，将各种原料按一定比例混合在一起，使日粮营养全面，适口性好，饲喂方便。生产实践中，尤其商品性宠物食品的配制，是为同一类宠物在某个生长时期配制食品，通常按日粮中原料的组成的百分比例配得大量的混合食物，我们把这类混合物叫作饲粮。不论日粮，还是饲粮，都是由多种原料根据宠物的营养需要及饲养特点按相应的比例配制而成的。宠物食品中各种原料的搭配比例，即为宠物食品配方。宠物食品厂可根据不同的食品配方，生产出符合各种宠物不同营养需要的系列产品。

二、宠物食品配方的设计原则

食品配方的设计涉及许多制约因素，为了对各种资源进行最佳分配，配方设计应基本遵循以下原则。

（一）营养性原则

配方设计必须按宠物相应的营养需要进行，首先保证能量、蛋白质及限制性氨基酸、钙、有效磷、地区性缺乏的微量元素与重要维生素的供给量，对选用的饲养标准做10%左右的增减调整，最后确定实用的营养需要。在设计宠物食品配方时，一般把营养成分作为优先条件考虑，同时还必须考虑适口性和消化性等方面。例如，观赏宠物首先考虑的是适口性；鳗鱼饲料和幼龄鱼饲料则以食性优先考虑；幼龄宠物人工乳的适口性与消化性都是优先考虑的。

食品配方的营养性表现在平衡各种营养物质之间错综复杂的关系，调整各种原料之间的配比关系，宠物食品的实际利用效率等方面。配方的营养受制作目的（种类和用途）、成本和销售等条件制约。

（1）设计食品配方的营养水平，必须以饲养标准为基础。

①能量优先满足原则：在营养需要中最重要的指标是能量需要量，只有在优先满足能量需要的基础上，才能考虑蛋白质、氨基酸、矿物质和维生素等养分需要。

②多养分平衡原则：能量与其他养分之间和各种养成分之间的比例应符合营养需要，如果食品中营养物质之间的比例失调、营养不平衡，必然导致不良后果。食品中蛋白质与能量的比例关系用蛋白能量比或能量蛋白比表示，蛋白能量比，即每千克食品中蛋白质（g）与能量（MJ）之比。日粮中能量低时，蛋白质的含量需相应降低。日粮能量高时，蛋白质的含量也要相应提高。此外，还应考虑氨基酸、矿物质和维生素等养分之间的比例平衡。

③控制粗纤维的含量：不同宠物具有不同的消化生理特点，一般宠物对粗纤维的消化力很弱，食品配方中不宜采用含粗纤维较高的原料，而且食品中的粗纤维含量也直接影响其能量浓度。

（2）食品配方类型　一是地区的典型食品配方，以利用当地原料资源为主，发挥其饲养效率，不盲目追求高营养指标；二是优质高效专用食品配方，主要是面对国外同类产品的竞争以及适应不同的市场要求。在实际工作中，经常以特定的重量单位，如100kg、1t为基础来设计食品配方，也可用百分比来表示食品的用量配比和养分含量。

设计食品配方时，对食品原料营养成分含量及营养价值必须做出正确评估和决定。食品配方营养平衡与否，在很大程度上取决于设计时所采用的原料营养成分。原料成分尽量选用有代表性的，避免极端数字。原料成分并非衡定，因收获年度、季节、成熟期、加工、产地、品种等不同而异。要注意原料的规格、等级和品质特性。在设计食品配方时，最好对重要原料的重要指标进行实际测定，以便提供准确参考依据。

（3）所配的食品必须保证宠物能够采食进去，才有意义。因此要注意食品的适口性、容积和宠物的随意采食量。

（二）科学性原则

饲养标准是对宠物实行科学饲养的依据，因此，经济合理的食品配方必须根据饲养标准所规定的营养物质需要量的指标进行设计。在选用的饲养标准基础上，可根据饲养宠物的生长、繁殖等情况做适当的调整。

设计食品配方应熟悉所在地区的原料资源现状，根据当地原料资源的品种、数量以及各种原料的理化特性和饲用价值，尽量做到全年比较均衡地使用各种食品原料。在这方面应注意的问题有以下几点。

1. 原料品质

应选用新鲜无毒、无霉变、质地良好的原料。黄曲霉和重金属砷、汞等有毒有害物质不能超过规定含量。含毒素的原料应在脱毒后使用，或控制一定的用量。

2. 食品体积

应注意食品的体积尽量和宠物的消化生理特点相适应。通常情况下，若食品的体积过大，则能量浓度降低，不仅会导致消化道负担过重而影响宠物对食品的消化，而且会稀释养分，使养分浓度不足。反之，食品的体积过小，即使能满足养分的需要，但宠物达不到饱腹感而处于不安状态，影响宠物的生长性能及食品利用效率。

3. 食品的适口性

食品的适口性直接影响采食量。通常影响食品的适口性的因素有味道（甜味、某些芳香物质、谷氨酸钠等可提高食品的适口性）、粒度（过细不好）、矿物质或粗纤维的多少。应选择适口性好、无异味的原料。若采用营养价值虽高，但适口性差的原料，需限制其用量。对适口性差的原料也可采用搭配适口性好的原料或加入风味剂的方法以提高其适口性，促使宠物采食量增加。

4. 配料多样化原则

使不同原料间养分的有无和多少互相搭配补充，提高食品的营养价值。

（三）经济性和市场性原则

经济性即考虑合理的经济效益。产品的目标是市场，设计配方时必须明确产品的定位，例如，应明确产品的档次、客户范围、现在与未来市场对本产品可能的认可与接受前景等。另外，还应特别注意同类竞争产品的特点。

（四）可行性原则

此处的可行性即生产上的可行性。配方在原材料选用的种类、质量稳定程度、价格及数量上都应与市场情况及企业条件相配套。产品的种类与阶段划分应符合宠物的生产要求，还应考虑加工工艺的可行性。

（五）安全性与合法性原则

按配方设计出的产品应严格符合国家法律法规及条例，如营养指标、感官指标、卫生指标、包装等。尤其是违禁药物及对宠物有害物质，应强制性遵照国家规定。

三、宠物食品配方设计的方法

常用宠物食品配方设计方法很多，它是随着人们对原料、营养知识的深入，对新技术的掌握而逐渐发展的，最初人们使用较为简单易理解的方块法、试差法，后来发展为联立方程式法、比价法等。近年来，随着计算机技术的发展，人们开发出了功能越来越完全、使用越来越简单、速度越来越快的计算机专用配方软件，使配方越来越合理。

设计完善的宠物食品配方，至少需要两方面的资料：宠物的营养需要量和常用原料营养成分含量。为了使配方更先进和更科学，必须及时查阅各种原料营养成分数据库，最好要了解最近的原料营养成分分析表，对把握不准、概念含糊的原料遵循宁可放弃选择也不可盲目使用的原则，确保宠物食用后的健康生长与安全。

必备技能

一、方块法设计宠物食品配方

方块法又称正方形法、交叉法、四角法或对角线法，此法简单易于掌握。在原料种类不多，所要求营养指标比较简单的情况下，使用该种方法比较方便，但如果原料种类、要求的营养指标较多时，采用这种方法则要进行两两反复组合计算，比较麻烦，而且也不能同时满足多项指标。方块法简单易行，其缺点是只能满足粗蛋白质的需要量，而不能考虑多项营养指标。在考虑营养指标较少时，可采用此法。用玉米、高粱、麸皮、鱼粉、肉粉、豆饼、骨粉、食盐及复合预混料等为成年犬配制食品配方，其步骤如下。

（1）查成年犬的饲养标准，确定成年犬日粮粗蛋白质为 20%。

（2）把能量原料按一定比例配合起来，作为第 1 组；再把所有蛋白质原料按同样方法配合，作为第 2 组。计算两组的粗蛋白质含量，其他原料作为第 3 组。根据各原料粗蛋白质含量及初拟比例，分别计算出混合能量原料和混合蛋白质原料的粗蛋白质含量（表 2-8）。其中，骨粉、食盐、复合预混料不含蛋白质，在饲粮中各占 1%、1%、0.5%。因此，在饲粮中，混合能量原料和混合蛋白质原料所占配方比例为 97.5%。

表 2-8　　饲粮中粗蛋白含量的计算

原料种类	原料名称	原料中粗蛋白质含量/%	初拟比例/%	饲粮中粗蛋白质含量计算	合计
混合能量原料	玉米	8.7	70	8.7%×70%=6.09%	9.8%
	高粱	9.0	15	9.0%×15%=1.35%	
	麸皮	15.7	15	15.7%×15%=2.36%	
混合蛋白质原料	鱼粉	63.5	20	63.5%×20%=12.7%	47.5%
	肉粉	54.0	20	54.0%×20%=10.8%	
	豆饼	40.0	60	40.0%×60%=24.0%	

(3) 计算混合能量原料和混合蛋白质原料在饲粮中的配比。

①先计算出混合能量原料和混合蛋白质原料应含有的粗蛋白质：

20%÷97.5%=20.5%

②作对角线交叉图，把混合原料预达到的粗蛋白质含量20.5%放在对角线交叉处，能量混合原料和蛋白质混合原料的粗蛋白质含量分别放在左上角和左下角；然后以左方上、下角为出发点，分别通过中心向对角线交叉，用大数减小数，并将得数分别记在右上角和右下角，如图2-1所示。

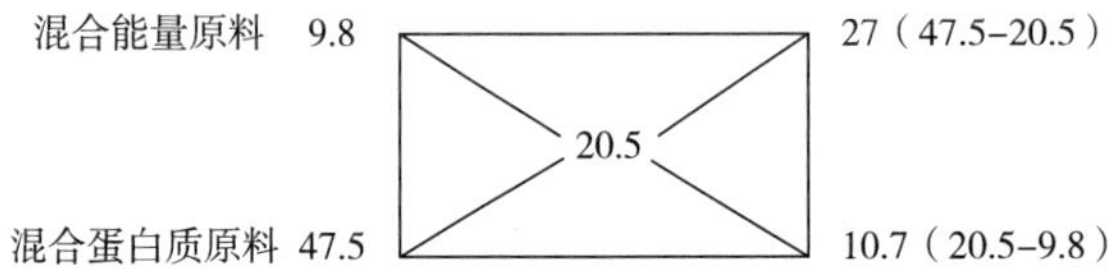

图2-1 对角线交叉图

③用以上所得到的两个差，分别除以两差之和，经计算得出两组原料在最终配方中的含量。

混合能量原料：

27÷（27+10.7）×100%=71.62%

混合能量原料占最终配方中的百分含量：

71.62%×97.5%=69.83%

混合蛋白质原料：

10.7÷（27+10.7）×100%=28.38%

混合蛋白质原料占最终配方中的百分含量：

28.38%×97.5%=27.67%

即混合能量原料和混合蛋白质原料的总和：

69.83%+27.67%=97.5%

④进一步计算各单项原料的用量百分比。

玉米：69.83%×70%=48.9%

高粱：69.83%×15%=10.5%

麸皮：69.83%×15%=10.5%

鱼粉：27.67%×20%=5.5%

肉粉：27.67%×20%=5.5%

豆饼：27.67%×60%=16.5%

(4) 列出最终配方　玉米48.9%，高粱10.5%，麸皮10.5%，鱼粉5.5%，肉粉5.5%，豆饼16.5%，骨粉1%，食盐0.5%，复合预混料1%。复合预混料添加剂按产品说明书添加。

二、试差法设计宠物食品配方

试差法是一种经验法，先初步拟定一个配方，再计算该配方的营养成分含量，并与饲养标准对照比较，若能量和蛋白质成分含量不足，需进行适当调整配方比例，直到满足为止。注意的是，配方中营养成分的浓度可稍高于饲养标准，一般控制在2%以内。

试差法的步骤如下。

（1）首先清楚的确认宠物的年龄、体重、生理状态和阶段水平，选用相应的营养标准。标准需要适当调整时，先确定各阶段的必需能量指标，然后根据宠物营养食品标准中能量和其他营养素的比例关系，再调整其他营养物质的需要量。注意充分考虑各营养阶段的营养成分的排他性和药物添加物的配伍禁忌。

（2）根据当地的原料资源特点来确定参配营养食品的种类和数量，做到因地制宜、采购便利。

（3）查阅原料营养价值表，并记下营养食品中与需要量相应的重要养分的含量。

（4）采用适当的计算方法初拟配方，配方要求基本满足蛋白质、脂肪、灰分、粗纤维、氨基酸水平、功能性特点等常规理化指标的均衡与营养全面要求。

（5）在初拟配方的基础上，进一步调整钙、磷、氨基酸的比例。首先用含磷高的原料（肉骨粉、氢钙、碳酸钙）调整磷的含量，再用碳酸钙调整钙的含量，同时用麦芽糊精、变性淀粉、玉米粉、沸石粉等作为载体，再调整各种氨基酸的含量。

（6）主要矿物质原料的用量确定后，再调整初拟配方营养成分（百分含量）。

（7）根据宠物不同的生理阶段和不同的生存状态补加微量元素和多种维生素。

（8）宠物食品配方中（以宠物犬为代表）营养成分的计算种类和顺序，能量→粗蛋白质→脂肪→磷→钙→食盐→氨基酸→其他矿物质→维生素。

（9）在进行维生素的设计时，要充分考虑维生素在高温下的损失与变异，并根据具体变异数值进行维生素的准确定量。

（10）结合工厂化生产的设备特点，将营养性配方按照设备条件调整成生产配方，注意要做到，充分考虑生产工艺过程中的变形、变性、损失、损耗等因素。

通过以上步骤，可设计出宠物食品的配方，在实际生产中应用。试差法道理简单，容易理解掌握，但是通过试差法配制食品配方也存在一定的缺点，由于要进行多次的配方调整，反复计算，所以计算量非常大；再有，由于初拟配方时盲目性较大，所以一般获得的配方营养含量常与饲养标准有一定差异，很难筛选出最佳配方，获得最佳饲养效果。

三、配方软件法设计宠物食品配方

随着计算机的普及应用，有关配方的线性规划与目标规划法软件已经广泛运用于生产实践中。这类软件给予运筹学所提供的计算各类配方的数学方法，通过机上操作和运行，能够在满足多项营养需要指标的同时，给出最佳配方。

配方软件的种类很多。目前，流行的计算机配方软件有 REFSLI. 0 配方与管理软件、三新智能配方系统、AMIX 配方系统 CFNet 网络、VF123、畜禽配发优化系统及其他软件。

有关配方软件的使用方法，各家推出的产品各有特点，应根据其使用说明进行操作。但必须注意，最低成本配方未必是最佳配方，故有时应附加限制条件，以弥补计算机所不能顾及的方面，如计算机运行中倾向于选择廉价原料，而不用高价原料，廉价原料往往质量不够理想。为了保证配方原料的组成适应特定的动物，应对某些原料限定最高用量，而对另一些原料设定最低用量，即通过“人机对话”解决某些技术问题。

以下针对 VF123 饲料配方软件为例说明其使用方法。

（1）如图 2-2 所示，单击【标准】进入“标准窗”，编辑标准。在“标准窗”中进行下列操作。

①输入配方的编号、名称。

②确定当前配制的是何种宠物的食品配方（如单胃动物的全价料配方或反刍动物精料混合料等）。

③选择本配方要计算的营养素的名称。操作方法：用鼠标在屏幕的右侧框（即待选营养素框）中双击营养素名称，将需要计算的营养素都标上钩号（√），并自动进入到左侧框（即参配营养素框）中。

④在左框中输入各营养素的标准值。

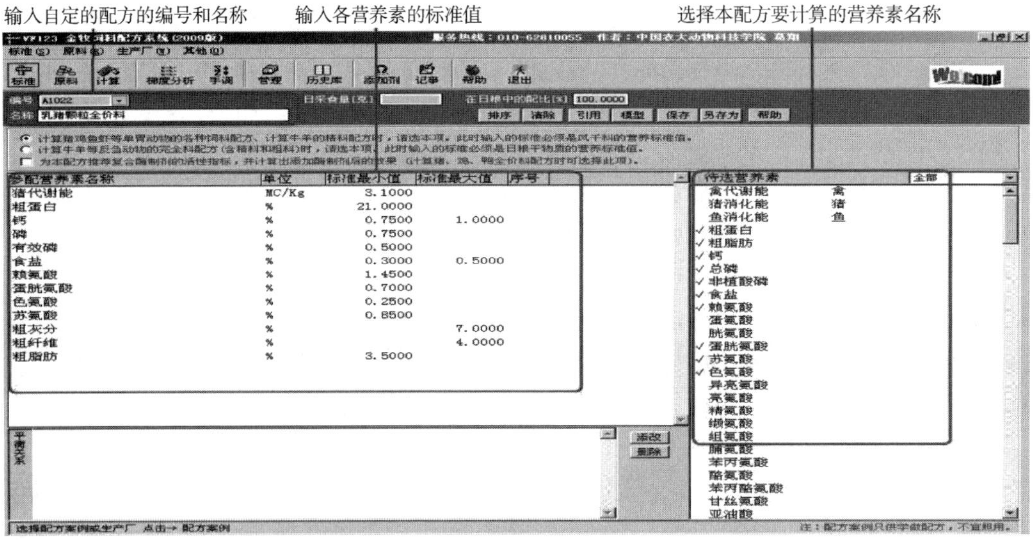

图 2-2　VF123 饲料配方软件系统界面

操作的相关说明有以下几条。

①VF123 中提供了各种动物的营养需要标准，可以点击【引用】按钮来选择标准。

②在输入配方编号后，如果该编号已经存在，该编号的标准会自动调入到屏幕左边的参配营养素框中，供用户修改。

③除了钙和食盐外，一般都不要限最大值。

④从参配营养素框中删除营养素的方法为用鼠标双击。

⑤配制牛羊的全价料（含精料和粗料）配方时，干物质的采食量是必须输入项，输入的饲养标准的单位是每千克干物质的含量。

⑥如果用户要增加“蛋白能量比”、“钙磷比”、“甲硫氨酸赖氨基比”等营养关系，可以在输入标准的下方，通过单击【增改】按钮来完成。

（2）如图 2-3 所示，单击【原料】进入原料窗，选择参配原料。

在“原料窗”中，做以下三件事。

①从右框中选择需要使用的原料到左框中。

②修改原料价格和进行原料限量。操作方法：用鼠标在屏幕的右侧框（即待选饲料原料框）中双击原料名称，将要使用的原料标上钩号（√），自动进入到左侧框（即参配原料框）中。

③修改原料营养含量数据。操作方法：用鼠标点击【修改参配原料营养】按钮，调出屏幕左边框中所列的参配原料的营养数据，进行修改，修改完毕后单击【确定】按钮退出。

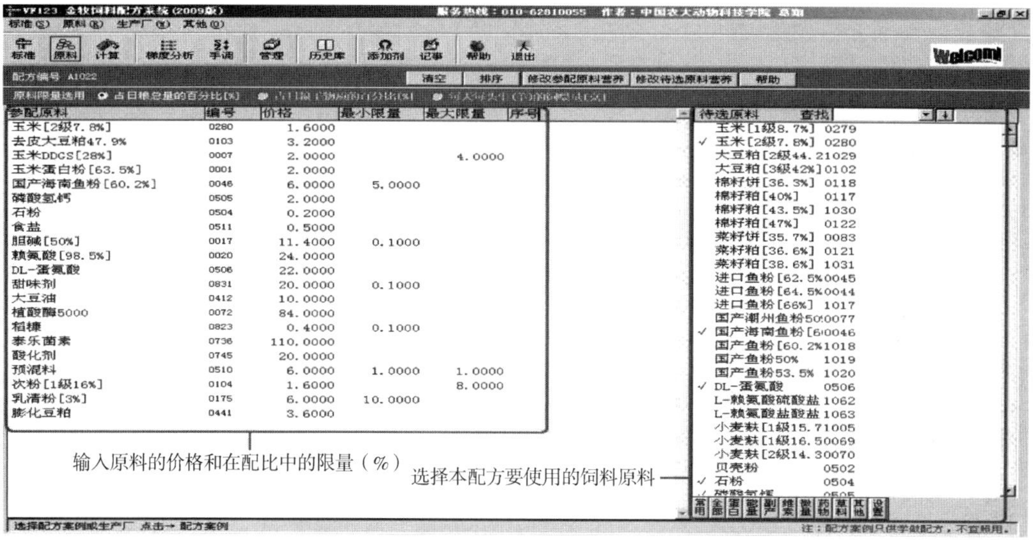

图 2-3　原料界面

操作的相关说明有以下几条。

①VF123 中提供了 900 多种饲料原料及添加剂，以及各种饲料原料的营养含量数据。使用时注意看软件帮助中的“关于［原料］”。

②有些原料需限量：如棉籽粕、菜籽粕等用量过大会影响生产的原料，限最大值；添加剂，比如 1%的添加剂，最大最小限量都应输入 1；给要强制使用的原料限最小值。

③如果是配制牛羊的全价料（含精料和粗料）配方时，还要确定原料限量选用哪种方式以及在参配的原料中哪些是粗料。

（3）当标准和原料都给定之后，用鼠标点击【计算】按钮，这时程序将自动进行优化计算，显示出如图 2-4、图 2-5 所示的计算结果。计算出的配方应该是满足所给定的标准值，且配方成本是最低的配方。

操作的相关说明有以下几条。

①本配方的三步顺序不能颠倒。不可先选原料再定标准，因为在原料窗中修改原料的营养含量数据时，修改的营养素种类是标准窗中规定的。

②优化计算结束后，可以继续单击【手调】按钮，进行人工修改配方、计算浓缩料以及验算已有配方的营养等工作。

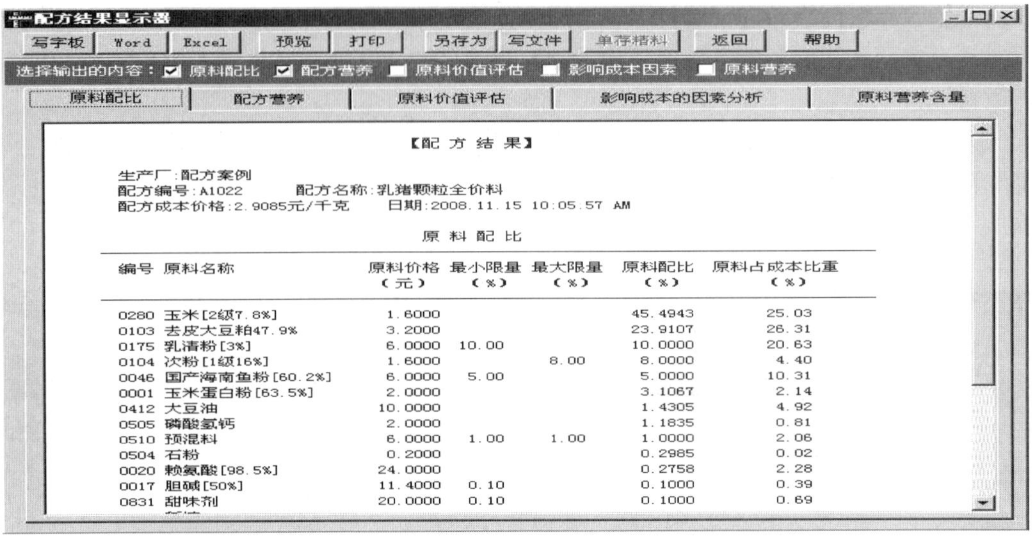

图2-4 原料配比界面

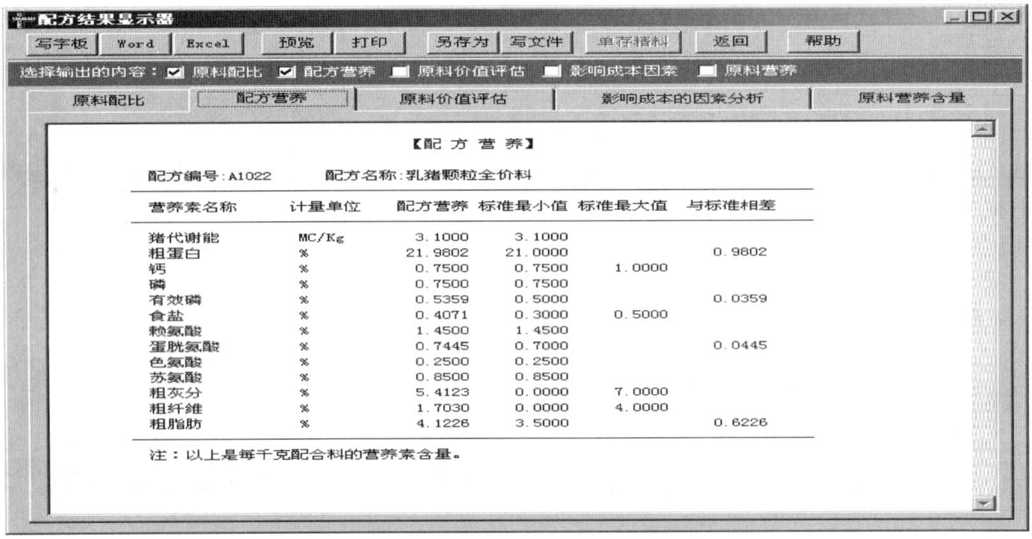

图2-5 配方营养界面

应用软件设计饲料配方出现异常结果的原因及分析有以下几点。

①配比不对导致异常 在标准窗中要求输入本配方在日粮中的配比，如果是全价料必须输入100；如果是1%的预混料则输入1；是5%的预混料输入5，此值输入不对，计算结果即不正确。

②原料没有选齐全 如漏选食盐时，计算出的配方中鱼粉用量很大，即用鱼粉中的食盐来满足配方的食盐需要量。

③标准或原料用量限制过多 标准值除食盐、钙等可能要限量最大值外，其他标准尽可能不要限最大值。在原料窗中，不要将玉米、豆粕等都限制最大值和最小值。因限制条件越多，限制条件相互之间产生的矛盾可能越多，配方的成本也可能越高。

④由于原料的营养成分数据不全，或数据有误，造成配方错误。
⑤一些非常规饲料用量过大。
⑥标准中如果某一营养素的标准值不正确，也可能影响配方的结果。

四、设计宠物食品预混料配方

（一）微量元素预混料配方设计原则和步骤

1. 确定各种微量元素的需要量

根据宠物种类、体重、生长性能和生理状况等因素查相应的饲养标准，确定各种微量元素的需要量。

2. 查原料成分表，计算基础饲粮中各种微量元素的总含量

在进行有关的科学研究时，有条件者最好对各原料中的微量元素含量进行实测。而实际生产中就不一定要实测，这主要是因为：①按饲养标准所提出的微量元素需要量，再加上基础日粮中相应的微量元素含量，也不会超过宠物对微量元素需要的安全限度；②所添加的微量元素，因效价和加工方面的原因，可能还满足不了宠物对微量元素的需要，因而把基础饲粮中的微量元素作为保险系数是很有必要的；③忽略基础饲粮中的微量元素含量可简化配方设计步骤，因而可把饲养标准中规定的各种微量元素需要量作为添加量对待。

3. 计算所需微量元素的添加量

添加量=饲养标准中规定的需要量-基础饲粮中的相应含量，如果基础饲粮中的含量忽略不计，则添加量=饲养标准中的规定需要量。

除此之外，确定各微量元素的添加量还应考虑：①各种微量元素的生物学效价；②各种微量元素的最大用量；③各种矿物质之间的干扰及合理比例；④选用适宜的微量元素添加剂原料；⑤把应添加而且已确定的各种微量元素添加量折算为相应的化合物纯原料重；⑥根据所选用的微量元素添加剂规格（纯度），把各种微量元素纯化合物原料量折算成所选用的市售商品添加剂原料重量；⑦确定根据配方所生产的产品准备使用剂量（即添加剂占食品的比例）、同时根据使用剂量，计算出所用载体量；⑧选用适合的载体；⑨列出微量元素预混料添加剂配方。

（二）维生素预混料配方设计种类和原则

1. 维生素预混料配方的种类

维生素预混料的种类可分为通用型和专用型维生素预混料。通用型的预混料是根据宠物不同生理阶段，不同环境条件和健康状况，分别设计的维生素预混料。专用型维生素预混料是专为某种宠物而配制的预混料。通用型维生素预混料，使用方便，只要按预先设计要求，将一定量该预混料加入全价食品中即可，通用型维生素预混料的缺点是按不同用量来满足宠物各种维生素需要时，会出现一些维生素能满足需要，个别维生素含量与需要量相比较可能过多或过少。专用型维生素预混料就可避免上述情况，但对于小型食品加工厂较难采用专用型维生素预混料。

2. 确定维生素添加量的原则

维生素预混料的配方设计应根据宠物饲养标准进行。但饲养标准是在试验条件下测

得的不使宠物出现缺乏症所需要的最低需要量，故不适于在生产条件下应用。实际生产中的维生素预混料配方是在饲养标准的基础上，适当增加维生素供给量，以取得最佳生长性能和饲养效益。

维生素预混料配方设计关键是确定维生素添加量。因维生素的生物学效价受环境条件、饲养技术、基础原料组成、抗维生素因子、维生素稳定性、储藏加工条件等因素的影响很大，故维生素的添加量应根据饲养标准以及上述几方面因素来确定。总结科学研究结果和生产实践，确定维生素添加量时，具体应考虑以下几种情况。

第一，维生素制剂的稳定性。维生素 A 和维生素 D_3 制剂比其他维生素易失去活性，即使已采用包囊技术也易失去活性，而且常用原料中不含有维生素 A 和维生素 D_3。所以维生素 A 和维生素 D_3 供给量要比需要量高出 5~10 倍。有时，维生素 E 的供给量也要提高。

第二，在常用原料中，维生素 B_1、维生素 B_6 和生物素含量较丰富，为了降低维生素预混料的成本，这 3 种维生素的用量可以比需要适当降低一些。

第三，氯化胆碱呈碱性，与其他维生素添加剂一起配合时，会影响到其他维生素的效价，一般不予混合在内，需单独添加。

第四，其他维生素可按宠物营养需要添加，基础原料中维生素的含量可作为安全系数。

第五，为了保证维生素的稳定，必须在维生素预混料中加入抗氧化剂。

五、宠物食品配方举例

（一）犬的食品典型配方

表 2-9、表 2-10、表 2-11、表 2-12 为犬的食品典型配方。

表 2-9　幼犬粮配方一

原料	配比/%	原料	配比/%
玉米	36	鱼粉	5
次粉	4	肉粉	15
碎米	8	肉骨粉	5
麸皮	2	蛋粉	1.5
豆粕	15	添加剂	1
甜菜颗粒	1	食盐	0.5
油脂	6	合计	100

注：幼犬粮配方制作时要注意选用消化率高的优质动物蛋白质原料，比如鱼粉、全蛋粉等，同时注意配比一定的粗纤维。

表 2-10　幼犬粮配方二

原料	配比/%	原料	配比/%
玉米	40	鱼粉	4

续表

原料	配比/%	原料	配比/%
次粉	5	肉粉	12
碎米	5	肉骨粉	5
麸皮	3	蛋粉	0.5
豆粕	17	添加剂	1
甜菜颗粒	2	食盐	0.5
油脂	5	合计	100

注：幼犬粮配方制作时要注意选用消化率高的优质动物蛋白质原料，比如鱼粉、全蛋粉等，同时注意配比一定的粗纤维。

表 2-11　　成犬粮配方一

原料	配比/%	原料	配比/%
玉米	40	甜菜渣	2
碎米	20	肉粉	5
花生饼	12	肉骨粉	4
麸皮	4	添加剂	1
菜籽饼	4.5	食盐	0.5
油脂	7	合计	100

注：成犬可以选用一定常规的蛋白质原料，如肉骨粉、普通肉粉、豆粕等，为了保持粪便成型，适当增加粗纤维的比例。

表 2-12　　成犬粮配方二

原料	配比/%	原料	配比/%
玉米	62	甜菜渣	3
碎米	—	肉粉	5
花生饼	7	肉骨粉	4
麸皮	9	添加剂	1
菜籽饼	2.5	食盐	0.5
油脂	6	合计	100

注：成犬可以选用一定常规的蛋白质原料，如肉骨粉、普通肉粉、豆粕等，为了保持粪便成型，适当增加粗纤维的比例。

（二）猫的食品典型配方

表 2-13、表 2-14、表 2-15、表 2-16 为猫的食品典型配方。

表 2-13　　幼猫粮配方一

原料	配比/%	原料	配比/%
玉米	25	肉粉	13
小麦面	20	鸡肝	5
玉米蛋白粉	10	多维矿物质	3.7
豆粕	9	鱼浸膏	3
鱼粉	5	食盐	0.3
油脂	6	合计	100

注：幼猫粮配方要注意选择优质蛋白质原料，如鱼粉、鱼浸膏，同时应该选择蛋白质含量在65%以上的优质鸡肉粉，配方中还要注意牛磺酸的添加。

表 2-14　　幼猫粮配方二

原料	配比/%	原料	配比/%
玉米	26	肉粉	15
小麦面	22	鸡肝	3
玉米蛋白粉	2	多维矿物质	2.7
豆粕	10	鱼浸膏	3
鱼粉	10	食盐	0.3
油脂	6	合计	100

注：幼猫粮配方要注意选择优质蛋白质原料，如鱼粉、鱼浸膏，同时应该选择蛋白质含量在65%以上的优质鸡肉粉，配方中还要注意牛磺酸的添加。

表 2-15　　成猫粮配方一

原料	配比/%	原料	配比/%
玉米	36	肉粉	10
小麦面	18	鸡肝	3
玉米蛋白粉	5	多维矿物质	2.7
豆粕	12	鱼浸膏	2
鱼粉	4	食盐	0.3
油脂	7	合计	100

注：成猫可以选用一定常规的蛋白质原料，但是也应偏重鱼类的优质蛋白原料，配方中要注意牛磺酸的添加，日粮中添加必要的粗纤维以促进毛球吐出。

表 2-16　　成猫粮配方二

原料	配比/%	原料	配比/%
玉米	30	肉粉	12
小麦面	24	鸡肝	1
玉米蛋白粉	10	多维矿物质	1.7

续表

原料	配比/%	原料	配比/%
豆粕	8	鱼浸膏	2
鱼粉	4	食盐	0.3
油脂	7	合计	100

注：成猫可以选用一定常规的蛋白质原料，但是也应偏重鱼类的优质蛋白原料，配方中要注意牛磺酸的添加，日粮中添加必要的粗纤维以促进毛球吐出。

项目小结

项目	内容	要点
相关知识	宠物食品配方的概念	宠物食品中各种原料的搭配比例，即为宠物食品配方
	宠物食品配方设计的原则	（1）营养性原则；（2）科学性原则；（3）经济性和市场性原则；（4）可行性原则；（5）安全性和合法性原则
	宠物食品配方设计的方法	（1）方块法；（2）试差法；（3）配方软件法
项目实施	设计宠物食品配方	（1）方块法设计宠物食品配方；（2）试差法设计宠物食品配方；（3）配方软件法设计宠物食品配方；（4）设计宠物食品预混料配方；（5）宠物食品配方举例

思政角

程宇，宠物医疗界的南丁格尔

程宇，毕业于中国农业大学小动物医学系，获得外科硕士学位，师从谢富强教授和潘庆山教授，目前担任重庆和美宠物医院技术院长。她曾荣获多项荣誉和称号，包括中国优秀兽医奖、最美兽医师奖、中国优秀青年兽医师等，还被国内外媒体称为“宠物医疗界的南丁格尔”。

她的研究成果不仅在国内得到广泛应用，还受到国际同行的高度认可，她是欧洲兽医学院指定中国区外国学生超声指导老师、美国佛罗里达 CHI 大学针灸实操指导老师和讲师，多次受邀在欧洲及亚太地区进行学术交流。她编写了《犬猫腹部超声诊断图谱》和《犬猫心脏彩超诊断图谱》等专著，为宠物医疗领域的发展贡献了重要的知识资源。

程宇以她对医学的不懈追求和扎实的学术背景为年轻的宠物医生们树立了榜样。她强调，医学是一项持续学习和总结的过程，医者首先要有爱心，其次要沉下心来，脚踏实地地攻克每一个病例，不断提升自己的专业技能，同时不断精益求精。她鼓励年轻医生们要保持身体健康，以提高工作效率和学习能力。

随着中国宠物医疗行业的快速发展，程宇深刻感受到行业变革带来的机遇与挑战。她呼吁年轻医生保持平和心态，避免因行业快速发展而产生的焦虑与急躁情绪。同时，她也关注到行业法律法规的完善问题，希望国家和社会能够给予宠物医疗行业更多的关注和支持，为从业人员提供更加完善的保障。

程宇自 1998 年起已在宠物临床领域积累了近 30 年经验，她的故事不仅是成功的典范，更是医学奉献精神的生动写照。她的故事激励着无数年轻宠物医生不断前行，为宠物医疗事业的发展贡献自己的力量。在未来的日子里，期待更多像程宇这样的优秀宠物医生涌现出来，共同推动中国宠物医疗行业的繁荣与进步。

学习情境三 宠物食品加工

宠物食品即犬、猫食品，严格来讲是指市场上出售并可以直接用来饲喂宠物的日粮，其主要优点是营养全面、利用效率高、配方科学、质量标准、饲喂方便，并可预防某些疾病。宠物食品质量的优劣，除与所设计的配方及选用的原料有关外，还与所采用的加工工艺及设备、质量控制等配制技术密切相关。因此，为了保证宠物食品的质量，满足宠物不同生长发育阶段的营养需要，必须了解宠物成品日粮的类型，科学合理地选择先进适用的宠物食品加工工艺及设备，对宠物食品质量进行科学的控制和评价。

情境目标

◆ 知识目标

1. 掌握宠物食品加工工艺流程；
2. 理解食品加工工序对食品质量的影响。

◆ 技能目标

1. 能够阐述宠物食品加工工艺流程；
2. 能根据实际情况，设计科学合理的宠物食品加工工艺流程。

◆ 素质目标

1. 强化责任意识、树立正确的职业道德观；
2. 了解食品加工设备的操作和维护技术，提高遵纪守法、安全生产意识。

项目一　宠物食品的加工工序与设备

宠物食品加工是采用各种必要的方法使宠物获取食品中最大的潜在营养价值，实际上就是指以某种方式改变原料组分、形态、适口性等特征，使宠物最大限度地利用其本身的价值。为了保证宠物食品的质量，满足宠物不同生长发育阶段的营养需要，必须科学合理地选择先进适用的宠物食品加工工艺及设备。

项目目标

一、知识目标

1. 了解宠物食品原料的特性；
2. 了解宠物食品加工工序；
3. 熟悉常见的宠物食品加工设备。

二、技能目标

1. 能根据宠物食品加工工序配置加工设备；
2. 会合理使用并正确维修常见的加工设备。

三、素质目标

1. 强化责任意识、树立正确的职业道德观；
2. 提高遵纪守法、安全生产意识。

必备知识

一、原料的接收

原料的接收是食品加工过程的第一道工序，也是保证生产连续性和产品质量的重要工序。原料接收的任务是通过运输设备，将食品加工过程中所需的各种原料运至加工厂内，经过质检、称重等过程，将符合质量要求的原料入库保存或直接使用。食品加工厂在设计过程中应根据原料的性质、运输形式及包装形式等具体情况，选择合适的接收设备。原料的接收能力大小应以满足食品厂的生产需要为前提，采用适用的先进工艺与设备，以减轻工人的劳动强度，节省能耗，降低成本及保护环境。食品原料和其他粮食一样，在收割、储藏和运输中难免会混入各种不同的杂质。食品原料中混杂的杂质如不事先清除，会影响宠物的健康生长，甚至会损坏设备，影响生产。

（一）原料及成品的基本特性

1. 加工特性

按原料及成品的加工特性，原料大致可分为以下几类。

（1）待粉碎组分，主要有谷物、油料种子、饼粕等。其多为颗粒状，占总量的70%~80%。

（2）各种谷物及动物加工副产品，如米糠、麸皮、蛋白粉、豆粉、血粉等，占总量的20%~30%，其状态多为粉状。

（3）容重较大的无机盐类，如硫酸盐、石粉、食盐等。这类物质多为包装，因盐类对金属有腐蚀作用，并易吸湿结块，所以储藏时要注意其特性。

（4）液态原料，如糖蜜、油脂及某些液态氨基酸、维生素等。

（5）微量组分，主要有一些维生素、风味剂等。这些物料其特点是品种多、数量少，价格较高，有些品种对人体有害，储藏时要有专门的场所存放和专人管理，不可与其他物料混杂。

（6）生产的成品有粉料、粒料，有包装也有散装。

从原料及成品的种类可知，食品加工中除有少量的液体外，大部分是颗粒状和粉状原料。颗粒体和粉状体统称为散粒体。

2. 物理特性

（1）散落性　散落性是反映物料在自由状态下向四周扩散的能力，它是物料流动性的一个特性。粉状和粒状物料在粒度上大致分：粉体，10 μm~2.0mm；粒体，2.0mm~5.0cm；5.0cm 以上称为“块”；不足 10μm 的属胶体范畴。

散粒体具有与液体相似的流动性质，这种流动性表现为散落性。由于颗粒之间有一定的剪切应力，使这种流动性能有很大的局限性，散粒体的剪切应力由摩擦力及吸附力组成，剪切应力与散粒体受到的垂直压力成正比。当垂直压力为零时的剪切应力又称为初剪切应力。流动性好的散粒体，又称理想散粒体。粉状或片状物料属于流动性不良的散粒体。另外，物料的水分、粒度、压实程度都将影响其散落性。

（2）摩擦因数　散粒体颗粒之间的摩擦称为内摩擦，内摩擦力的大小常用内摩擦角来表示。内摩擦角的正切值为内摩擦因数。散粒体与多种固体材料表面间的摩擦因数称为外摩擦因数。相应的有外摩擦角，又叫自流角，即散粒体沿固体材料表面滑落时，该表面与水平面形成的最小角度。

（3）自动分级　散粒体在运输、流动、振动的过程中，由于各颗粒间的密度、粒度及表面特性不同，会按各自特性重新分类积聚的现象称为自动分级。一般来说，大而轻的颗粒易浮在粒堆的上部或飘到边缘，小而重的物料易堆积在下部。当输送距离远，振动大时，自动分级就严重。自动分级对原料清理和分级是有利的，因为杂质的聚集便于清理，而对于食品原料的混合是一种反作用，是影响混合均匀度的主要因素，所以在食品加工工艺设计中，要尽量减少混合料的分级并采取如制粒、添加液态原料、减少输送工段来保证产品质量。

（4）密度　密度是散粒体自然堆积时单位体积质量。散粒体的密度与粒子大小、表面光滑程度及水分等因素有关。在计算仓容时密度是一个重要指标。

（5）吸附性 吸附性是一种物质原子或分子吸附另外一种物质的能力。对食品行业来讲，吸附性即某种原料将其他物质吸附于自身表面上的性质。吸附性是为微量（微量元素或维生素及氨基酸）添加剂选择载体和稀释剂的依据之一。为了使微量添加剂在食品中混合均匀，需要先选择具有良好吸附性的物料作载体，与微量的小组分物料混合，然后再将其均匀地混合到大批量的食品中，以保证食品的效价与安全，原料的吸附能力往往与物料的形状（粒状、片状）、表面特性（光滑、粗糙）以及含水量有很大关系。

（6）吸湿性 吸湿性是指原料对周围空气中的水分的吸收与放出能力。某些原料具有较强的吸湿性，如食盐、硫酸盐、氯化胆碱以及含盐较高的鱼粉等。吸湿性强的原料，其稳定性不好，易失效、霉变、结块或自动分解。另外，在食品中也会影响其他原料的储藏和品质保持。

（7）静电性 静电现象通常与活性成分有关。干燥而粉碎得很细的物料常常会带有静电荷，产生吸附作用使活性成分吸附在混合机或输送设备上，造成混合不均匀。为克服静电现象通常在主要设备上装有接地装置。

3. 化学特性

（1）热稳定性 热稳定性是指原料中的某些化学成分在热加工条件下，抵抗热破坏的能力。饲料中的维生素（如维生素 C、维生素 A 等）、氨基酸在高温下易氧化失效。某些矿物质在高温作用下生物学效价也会降低。另外，原料中的某些有害成分，如大豆中的胰蛋白酶抑制剂、菜籽饼（粕）中的芥子酶以及一些有害的微生物和细菌在高温作用下也会失去活性或被杀死。

（2）化学稳定性 化学稳定性是指某种饲用生物活性物质在外来化学物质的作用下，抵抗破坏的性能。化学稳定性是选择维生素、微量元素盐类和某些其他添加剂如抗氧化剂、防霉剂等的主要条件。

（3）毒性 某些原料，主要是微量元素添加剂，含有对宠物体有害的重金属和其他有毒成分，如硫酸铜、硫酸锌等都含有对人、畜有害的铅、砷、镉等有害重金属。因此，选用微量元素添加剂时一定要选用达到国家质量标准的产品。

（二）原料的接收工艺

原料接收工艺要适合食品加工厂的具体情况，根据接收原料的种类、包装形式及运输工具的不同而采用不同的方法。

1. 原料的陆路接收

汽车或火车入厂的原料，经汽车地中衡和火车轨衡称重后，自动卸入下粮坑。然后将原料由水平输送设备、斗式提升机进行输送，再经清理、称量入库储存或直接进入待粉碎仓或配料仓。

2. 原料的水路接收

在我国南方地区有纵横交错的水网，有发达的水上运输体系，因其费用较低，在有条件的情况下是首选的运输形式，气力运输接收工艺适合于水路运输装卸粮食之用。它的吸管为软管，可适应水位的涨落，同时吸管可以前后左右移动，不受轮船的外形和大小限制，同时也保证了船舶内有良好的卫生条件和船体结构不被损坏。

气力输送装置可分为移动式和固定式两种。一般大型饲料厂宜采用固定式的，小型厂可采用移动式的。气力输送装置的优点是吸料干净，粉尘少，结构简单，操作方便，劳动强度低，缺点是能耗较高。

3. 液体原料的接收

饲料厂接收最多的液体原料是糖蜜和油脂。液体原料接收时，首先需进行检验。检验主要内容有颜色、气味、相对密度、浓度等。经检验合格的原料方可入库储存。

4. 原料接收的要求

在接收原料时，应按原料采购标准及预订的供货渠道仔细认真核对进厂原料。查对包装，核实原料名称、品牌、含量、包装方式、包装完好程度、标签、生产日期、保质期、包装数量、饲料原料的实际重量；观察饲料原料的颜色、有无霉变和杂质、粒度、流散性、均匀一致性、口味、气味、手感等，与典型的、正在使用的同类产品相比较，以初步确认原料质量。

二、原料的清理

宠物食品的原料中，可分为植物性原料、动物性原料、矿物质原料和其他小品种的添加剂。其中动物性原料（如鱼粉、肉骨粉）、矿物质原料（如石粉、磷酸氢钙）以及维生素、药物等的清理已在原料生产过程中完成，一般不再清理。需清理的主要是谷物性原料及其加工副产品。糖蜜、油脂等液体原料的清理则是在管道上放置过滤器等进行清理。

（一）清理的目的

原料清理除杂的目的不单是为了保证成品的含杂不要过量，也是为了保证加工设备的安全生产，滤少设备损耗以及改善加工时的环境卫生。常用的清理方法有 2 种。筛选法用以筛除泥沙、秸秆等大杂质和小杂质；磁选法用以分除各种磁性杂质。此外，在筛选、磁选以及其他加工过程中常辅以吸风除尘，以改善生产车间的环境卫生。

（二）清理的方法

1. 筛选

筛选是根据物料颗粒与杂质宽厚尺寸或粒度的不同而达到清理目的，是加工厂使用最普遍的方法。其基本工作原理主要是根据颗粒大小不同，利用一定规格的筛网与谷物原料发生相对运动，一般大的杂质不能通过筛网，而谷物类原料在重力作用下穿过筛网，以获得清理。

2. 磁选

在食品原料中所夹杂的磁性杂质，如铁、钴、镍等金属碎块以及磁铁矿矿砂等。在生产中一般只按除强磁性杂质的要求选用磁选设备，用以清除各种磁性杂质。利用磁场的吸力分离磁性杂质的方法，称为磁选。

磁选的任务是清除原料和成品中的金属杂质，以保证安全生产和产品质量。磁选设备的主要工作元件是磁体。每个磁体都各有 2 个磁极。在磁极周围空间存在着磁场。当饲料原料通过磁场时，由于谷物为非导磁性物质，在磁场内能自由通过，而其中的金属杂质则被磁化，跟磁场的异性磁极相互吸引而与谷物分开。通常对磁选设备的要求：原料通过磁选，磁性金属杂质去除率需大于95%。

三、粉碎

粉碎工序是宠物食品生产的主要工序之一，粉碎的目的是制作最适合于宠物消化的日粮。粉碎质量直接影响到犬、猫粮生产的质量、产量和电耗等综合成本，粉碎效果的好坏对宠物犬、猫粮的适口性、消化性及后续工段的加工品质有着重要影响。

（一）粉碎的目的和要求

粉碎是使用机械通过撞击、研磨或剪切等方式将物料颗粒变小的过程。

1. 粉碎的目的

（1）增加颗粒表面积，促进养分的消化吸收。对物料进行粉碎处理的目的是增加物料的表面积，可使胃肠道内的消化酶与物料充分接触，促进养分的消化吸收。

（2）改善物料的加工性能。通过粉碎可使物料的粒度基本一致，减少混合均匀后的物料分级，同时适宜的粉碎细度有利于调制和膨化等后续工段。

2. 粉碎的要求

宠物犬、猫属肉食性动物，对非动物性原料要求熟化。宠物犬、猫粮有干挤压膨化产品、半湿产品、软挤压膨化产品等。干挤压膨化产品的粉碎筛网一般要求是1.5mm或2.0mm的筛孔，但在实际生产中，商家常用更细的筛孔，以生产高质量的产品。在生产半湿或软挤压膨化产品时，粉碎机应采用0.8mm的筛孔。

（二）粉碎的方法

在宠物犬、猫粮加工过程中，对于大颗粒物料常采用以下4种方法将其粉碎。

（1）击碎粉碎　物料在瞬间受到外来的冲击而粉碎，它对于粉碎脆性物料最为有利，因其适应性广、生产率高，在饲料厂广泛被应用。

（2）磨碎　物料与运动的表面之间受一定的压力和剪切力作用，当剪应力达到物料的剪切强度极限时物料被破碎。

（3）压碎　物料置于两个粉碎面之间，施加压力后物料因压应力达到其抗压强度极限而被粉碎，所以粉碎效果较好。

（4）锯切碎　用一个平面和一个带尖棱的工作表面挤压物料时，物料沿压力作用线的方向劈裂，当劈裂平面上的拉应力达到或超过物料拉伸强度极限时物料破碎。

（三）粉碎工艺

宠物食品粉碎工艺与配料工艺密切相关。按粉碎与配料工艺的组合形式可分为先粉碎后配料（先粉后配）和先配料后粉碎（先配后粉）；按食品原料粉碎次数分为一次粉碎和二次粉碎。

1. 先粉碎后配料工艺

先粉碎后配料工艺先将待粉物料进行粉碎，分别进入配料仓，然后再进行配料和混合。这种工艺的优点是因粉碎单一品种物料，粉碎机可达到最高工作效率和最佳的粉碎效果。这对粉碎机的操作和管理带来方便，管理工作也较单纯。在粉碎工艺后配备许多配料仓，这不但在生产过程中起缓冲作用，而且可短期维修粉碎机前的工艺设备，不影响生产。对大型饲料厂还可设置不同类型粉碎机，以便适应不同原料粉碎，或实现二次粉碎工艺。该工艺的缺点是由于每一原料都需要配料仓，则配料仓增多，增加建厂的投资和以后的维修费用；受原料品种增加时料仓数的限制。粉碎后的粉料进配料仓存放，增加了物料在仓内结拱的可能性。该工艺适用于生产规模大、产品质量要求高、产品种类多、需粉碎物料在配方中占配比比较小的企业采用（图3-1）。

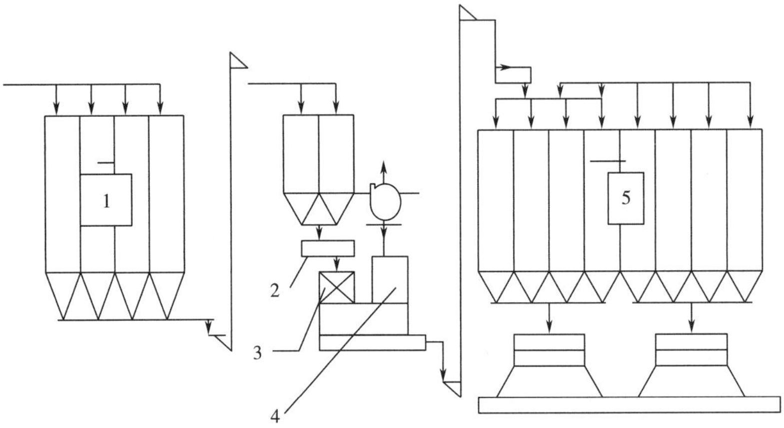

1—原料仓；2—喂料器；3—粉碎机；4—除尘器；5—配料仓。

图3-1 先粉碎后配料工艺

2. 先配料后粉碎工艺

先配料后粉碎工艺是将各种原料按照配方的比例分别计量，混合后进行粉碎。这种工艺的特点是对需粉碎原料品种变更的适应性强。工艺连续性强，便于实现自动化控制。由于减少了后配料工艺的众多配料仓、粉碎机前的待粉碎仓，因而降低了企业建设投资，可有效防止配料仓结拱。缺点是装机容量高，能耗较大；配料质量控制较难；由于多种原料混合后粉碎，粒度、软硬度不同，很难像单一原料粉碎那样控制粉碎机在最佳工作状态，粉碎机磨损严重；粉碎工序制约整个机组生产率，且当粉碎机发生故障或更换筛片时，机组停产。该工艺流程适合于需粉碎种类多、配方中占配比大，且经常变更的大中型企业。由于受设备投资控制，我国小型加工机组常使用该工艺流程（图3-2）。

3. 一次粉碎工艺

一次粉碎工艺是将物料经过一次粉碎工序，使其满足产品粒度要求，直接进入后续工序。按使用粉碎机的台数可分为单机粉碎和并列粉碎，小型加工厂大多采用单机粉碎，中型加工厂采用两台或两台以上粉碎机并列使用，缺点是粒度不均匀，电耗较高，一般而言对于10t/h以下的加工厂宜采用一次粉碎工艺（图3-3）。

4. 二次粉碎工艺

二次粉碎工艺是在第一次粉碎后，将经粉碎的物料进行筛分，对不符合要求的较大颗粒再进行一次粉碎的工艺。该工艺又分为单一循环粉碎工艺、阶段粉碎工艺和组合粉

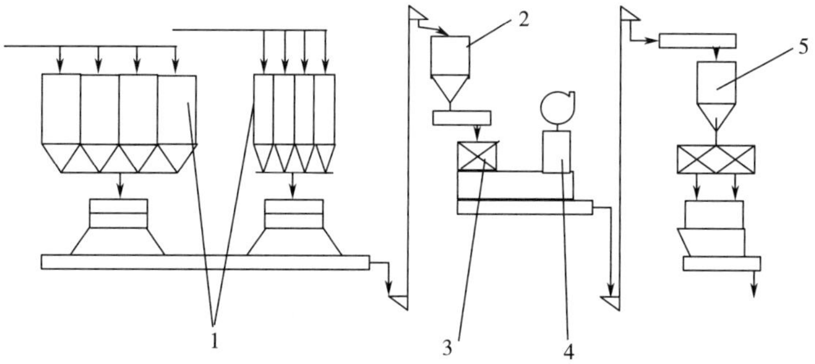

1—原料仓；2—缓冲仓；3—粉碎机；4—除尘器；5—混合机。

图 3-2　先配料后粉碎工艺

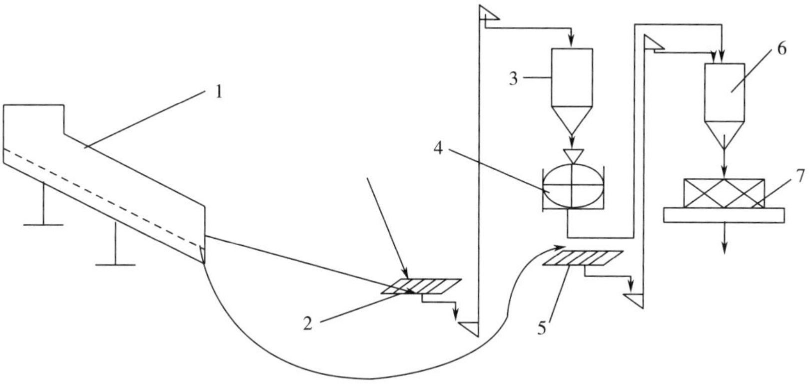

1—分级筛；2—颗粒状原料入口；3—原料仓；4—粉碎机；5—粉状原料入口；6—配料仓；7—混合机。

图 3-3　一次粉碎工艺

碎工艺。

（1）单一循环粉碎工艺　该工艺的工艺流程：粒状原料经粉碎机粉碎，输送到分级筛中进行筛分；将不符合要求的大颗粒粉碎物连续输送回粉碎机再进行粉碎，符合要求的粉碎物直接进入混合机进行混合。工艺流程见图 3-4（1）。

该工艺特点：生产效率高，比一次粉碎工艺提高 30%～60%；单产能耗低，能耗降低 30%～40%，物料粒度均匀度高。

（2）阶段粉碎工艺　该工艺是使用两台锤片式粉碎机，饲料原料在第一台粉碎机粉碎后，经分级筛筛分后，不符合要求的大颗粒粉碎物再经第二台粉碎机粉碎。

其工艺流程：粒状原料经第一台粉碎机（筛片直径 6000μm）粉碎；输送到分级筛筛分；将不符合要求的大颗粒粉碎物输送到第二台粉碎机（筛片直径 3000μm）再进行粉碎，符合要求的粉碎物直接进入混合机进行混合；经第二台粉碎机粉碎后，进入混合机进行混合。工艺流程见图 3-4（2）。

该工艺特点：生产效率较高，单产能耗较低，对物料的适应性好，不受饲料软硬度和含水量限制。

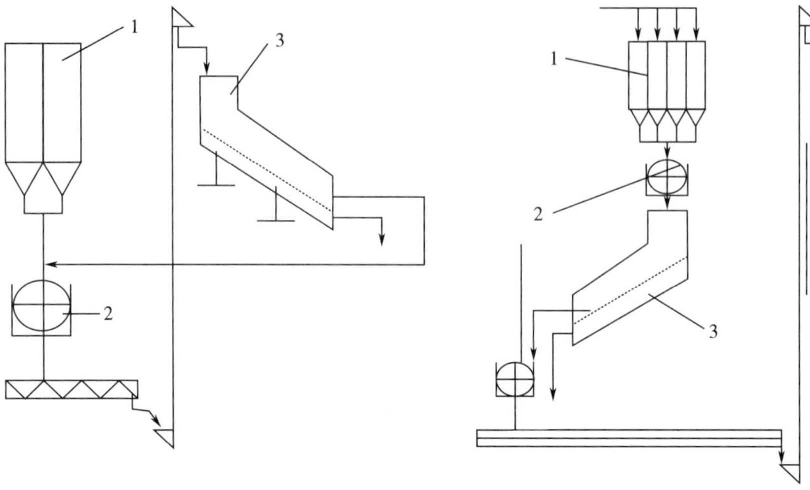

（1）单一循环粉碎工艺　　　　（2）阶段粉碎工艺

1—原料仓；2—粉碎机；3—分级筛；4—配料仓。

图 3-4　二次粉碎工艺

（3）组合粉碎工艺　该工艺是使用对辊式、锤片式两台粉碎机作业，原料经对辊式粉碎机初步粉碎，再经锤片式粉碎机二次粉碎的工艺。其工艺流程：用对辊式粉碎机进行一次粉碎；输送到分级筛中进行筛分；将不符合要求的大颗粒粉碎物输送到锤片式粉碎机再进行粉碎，符合要求的粉碎物直接进入混合机进行混合。对辊式粉碎机粉碎速度快，能耗低，其对高纤维原料破碎能力差的缺陷由锤片式粉碎机弥补，所以该工艺的特点是生产效率高，能耗低，物料温升低，粉碎粒度均匀度高，但当原料含水量高时，粉碎效果不理想（图 3-5）。

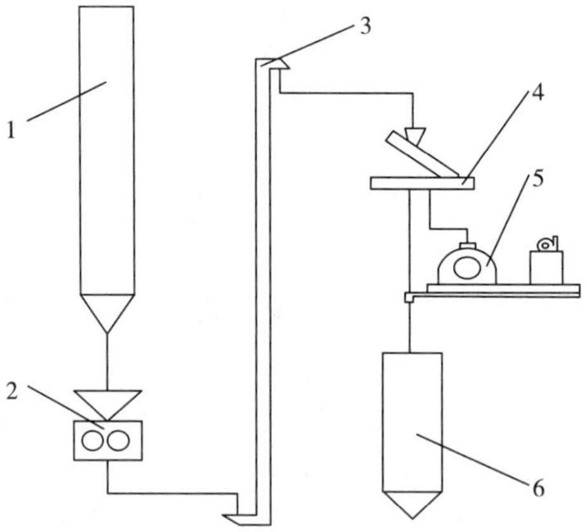

1—待粉碎仓；2—对辊式粉碎机；3—斗式提升机；4—振动筛；5—锤片式粉碎机；6—待配料仓。

图 3-5　组合粉碎工艺

宠物食品生产线原料相比一般饲料原料内部油脂含量要多，单一原料含油量高是不易于粉碎的，为了避免粉碎不畅，现在从工艺上进行优化。将原料先进行称重配料，再进行粉碎处理，既提高了粉碎机的产量，又满足配料精度，已在宠物食品生产工艺中广泛应用（图 3-6）。

粉碎系统包括喂料器、锤片式粉碎机、沉降室、料封绞龙、斗式提升机、脉冲除尘器、离心通风机等设备。一般宠物食品原料粉碎工艺采用常规的粉碎形式，粉碎后的物料收集一般采用容积沉降、脉冲除尘二级除尘的方式进行，料封绞龙作为水平输送设备，经斗式提升机输送至后路设备或料仓。

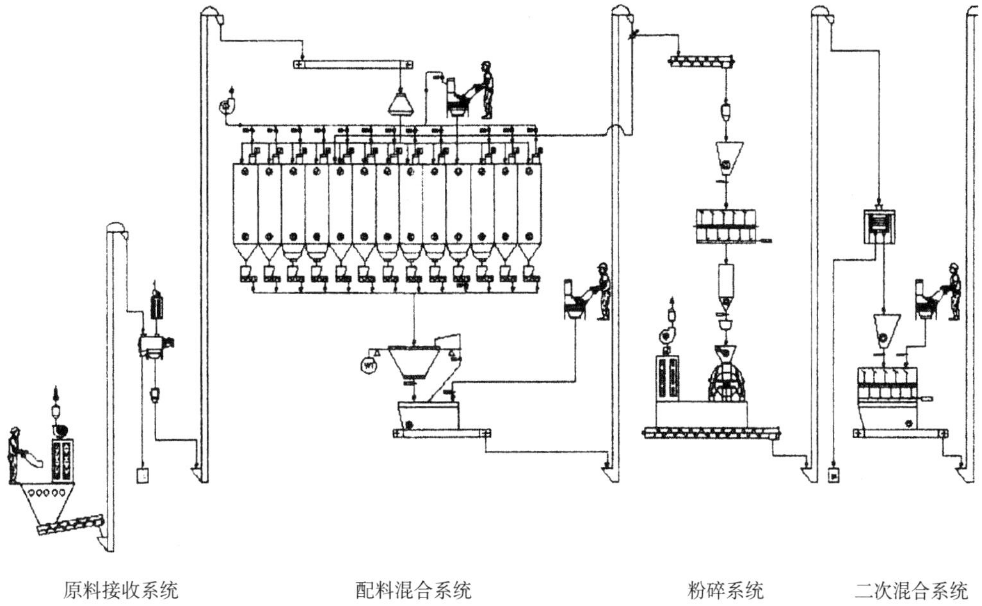

图 3-6　宠物食品生产线整线工艺

这种粉碎系统工艺方式的优点是设备投资少，成本低，粉碎风机动力低，耗能少，能够满足常规宠物食品的生产。

四、配料计量

配料计量是按照预设的配方要求，采用特定的配料计量系统，对不同品种的食品原料进行投料及称量的工艺过程。经配料计量的物料送至混合设备进行搅拌混合，生产出营养成分和混合均匀度都符合产品标准的宠物食品。

配料是现代犬、猫粮生产过程中的一个关键工序，根据生产规模大小、自动化程度高低、配料工艺类型、配方产品种类和原料的特性而有所差异。

配料工艺有一仓一秤、多仓一秤和多仓数秤。其中多仓数秤配料工艺应用极为广泛，该工艺是将各种被称物料按照它们的特性或称量差异而采用相应的分批分档次称量的称量设备。一般大配比物料用大秤，配比小或微量组分用小秤，因此配料绝对误差小，能经济、精确地完成整个配料过程。图 3-7 为多仓数秤配料工艺流程。

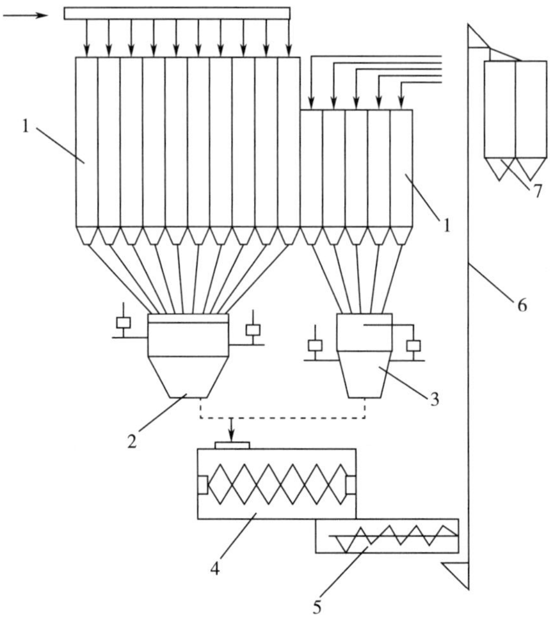

1—配料仓；2—大配料秤；3—小配料秤；4—混合机；5—水平输送机；6—斗提机；7—成品仓。

图3-7 多仓数秤配料工艺流程

五、混合

混合工艺是将配方中各组分原料经称重配料后，进入混合机进行均匀混合的工艺过程。混合是确保产品质量和提高饲养效果的重要环节。

为保证宠物每餐都能采食到包含有各种营养成分的食物，就必须保证各组分物料在整批产品中均匀分布，尤其是一些添加量极少而对宠物生长有影响很大的“活性成分”，如维生素、微量元素及其他微量成分等，更要求分布均匀。

（一）混合类型

混合过程实际上是物料间相互掺和和相对运动的一个过程。在外力作用下，物料混合可分为对流混合、剪切混合和扩散混合3种类型。

1. 对流混合

对流混合又称体积混合，对流混合中许多成团的物料颗粒从混合物一处移向另一处，即物料团作相对流动，因此物料可以很快地结合。这种类型的混合受物料物理特性影响较小，但是混合过程中是以物料团作为混合单元而运动的，因此物料团内的不均匀状态不易被破坏，混合程度决定于机械作用的强度。

2. 剪切混合

剪切混合是在混合机构作用下，使物料粒子与粒子间彼此形成剪切面，粒子间通过相互参插而增加物料的混合均匀程度。

3. 扩散混合

扩散混合是在外力作用下，物料受到压缩、扩散等作用，物料的单个粒子与其他粒子之间相互吸引、排斥或者参插，进行着无规律的移动。扩散混合的速度很慢，物料的物理特性对混合效果的影响较大，分散性良好的物料比黏滞性物料易混合均匀。

无论采用何种混合设备，三种混合类型总是同时存在的。但混合机类型与混合时间不同，所起的作用大小也不同。在混合过程中，一方面机械对物料起着混合作用，而另一方面由于物料粒子间存在的相对密度、粒度、表面特性等的差异，在运动时必定也产生着自动分级（又称离析）。无论采用什么混合设备，混合和离析这对矛盾都是同时存在的，只是程度不同而已。在这一过程中，对流混合起着主要作用，使物料很快从不均匀到粗略均匀，这一过程的快慢主要决定于混合设备的构件。随着时间的流逝，对流混合作用逐步减弱，而扩散混合作用逐步成为主流混合。对流混合使物料混合得更为细致、更为均匀。这一阶段的混合主要决定于物料的物理特性，以及组分的多少和组分的大小。伴随着混合的进行，离析也始终存在。进一步的作用使混合与离析达到动态平衡，达到动态平衡后，混合的均匀性不再随时间改变。

（二）混合工艺

混合工艺一般与配料结合比较紧密，宠物犬、猫粮厂的基本配料与混合工艺主要由先配料后粉碎再混合工艺、先粉碎后配料再混合工艺和先粉碎后大宗配料再混合+二次粉碎二次配料和二次混合的组合工艺组成。根据配料的方式又可分为自动一仓一秤配料工艺、自动多仓一秤和多秤配料工艺、连续多仓多秤和一秤配料工艺。工厂化、规模化生产均采用多仓多秤的分批自动配料工艺。多料一秤和多秤连续配料工艺是发展的趋势。从工艺组成来看，配料工艺、混合和粉碎工艺是一个不可分割的有机整体，尤其是将粉碎过程组合在工艺中间时显得尤为突出，而此类工艺在原料品种日益增多的今天已成为发展的方向。

（三）混合质量的评定和标准

生产中评定混合质量的指标为混合均匀度。混合均匀度指的是混合物中任意单位内所含某种组分的粒子数与平均含量的接近程度。目前公认的表达混合均匀度的方法是利用统计学上的变异系数，即混合均匀度变异系数（CV）值。它是指粒度相同的基本组分和检测组分（示踪剂）经搅拌混合后，检测组分存在于几个混合子空间内的颗粒 m 的离散程度。以 x_i（$i=1, 2, \cdots, n$）表示对第 i 个混合子空间的测量结果，单位是测量单位（如颗粒数目、毫克或光密度值等）。物料混合均匀度的样品变异系数：

$$CV=混合物样品的标准差/混合物样品的平均值\times100\% \tag{3-1}$$

变异系数表示的是样品的标准差相对于平均值的偏离程度，是一个相对值。当前，国内外通用的规范是合格的混合产品 CV≤10%，优秀的混合产品 CV≤5%，如果物料混合产品 CV>20%，则无论是产品质量还是成本，都无法接受。

（四）影响混合质量的因素

在宠物犬、猫粮生产中，混合速度与最终的混合均匀度是评定混合工艺效果的两个主要指标。影响混合速度及最终混合均匀度的主要因素有以下几点。

1. 混合机机型的影响

混合机机型的不同，混合机内主要的混合类型有可能不同，混合的结果也有差异。

例如以卧式单轴双螺带混合机和卧式单轴（双轴）桨叶式混合机相比，前者混合 3. 5min 后达到 CV<10%，后者在 20. 90 s 内可达到 CV<5%。很显然，后者更适合于各类饲料的生产，“V”形和立式锥形行星式混合机适宜预混合饲料的生产（CV<5%混合时间较长，批量小）。混合机结构特点造成残留的多少也决定其适用的对象。

2. 混合机主要工作部件的磨损

混合机的主要工作部件（转子、叶片或螺带）磨损后会影响工作间隙，降低混合效果。据测定结果，当 2t 卧式螺带混合机螺带宽度磨损 38. 1mm 时（总宽 63. 5mm），混合均匀度变异系数需混合 8. 5min 才达到 10%，而且残留量增加；当 2t 卧式单轴桨叶式混合机的桨叶宽度磨损 51mm 时，则同样需混合 8. 5min 才可达到 10%，残留量增加。因此在选用混合机时，要选用耐磨材料，磨损后应及时更换。

3. 混合机转速的影响

混合机转速低可能会使混合机内物料不能很好地横向移动，除非延长混合时间，否则混合不均匀。物料在混合机内的横向移动对完全混合是必要的。通常卧式双螺带混合机的转速在 30~40r/min，卧式双轴桨叶式混合机也在此范围，但卧式单轴桨叶式混合机的转速根据有效容积的大小而有差异。

4. 充满系数对混合效果的影响

混合机内装入的物料容积（$V_{物}$）与混合机容积（$V_{机}$）的比值称为“充满系数”（或装满系数），充满系数=$V_{物}/V_{机}$。充满系数的大小影响混合的精度及速度，各类混合机在生产中适宜的充满系数见表 3-1。

表 3-1　　混合机适宜的充满系数

混合机类型	适宜充满系数	混合机类型	适宜充满系数
卧式螺带混合机	30%~60%	行星绞龙混合机	50%~60%
卧式双轴桨叶式混合机	10%~85%	水平圆筒混合机	30%~50%
立式绞龙混合机	80%~85%	“V”形混合机	30%~50%

卧式螺带混合机在实际操作过程中，通常使加入的物料盖住中轴，或混合时断断续续地可见到物料在螺带上表面。在上述情况下都能达到良好的混合效果。当物料料面高度平于混合机转子的顶部时也可以获得良好的混合效果，且这种充满状态下，混合机的产量最高，能耗最低，因此，习惯上饲料生产中都在这种状态下进行工作。如料面超过转子时，则混合效果将降低。如物料上表面与转子上顶端平齐为充满系数 100%，则当物料的充满系数低于 45%时，混合效果也将降低。而且混合机的电力消耗也不再随充满程度下降而显著降低。物料的充满系数应在 45%~100%，以充满系数 100%为最好。卧式单、双轴桨叶式混合机的充满系数 10%~140%时，并不影响混合效果。

5. 进料程序的影响

对卧式螺带混合机、卧式桨叶式混合机及行星绞龙式混合机，应先将配比率高的组分投入混合机，再将配比率低的物料投入，以防止微量组分成团地落入混合机的死角或底部等某些难以混匀之处。对于易飞扬的少量及微量组分，则应放置在 80%的大量组分上面，然后再将余下的 20%的大量组分覆盖在微量组分上，这样既可保证这些微量组分易于混匀，又可避免飞扬损失。如在间隙混合机中混合液态组分，则先投入所有粉料并混合一段时间，然后加入液态组分并将其与粉料混合均匀。

6. 物料物理特性和稀释比的影响

对混合效果有影响的物料特性主要有相对密度、粒度、均一度、粒子表面粗糙程度、物料水分、散落性以及结团性等。

混合物料的平均粒径小、粒径均匀，混合的速度慢，而混合所能达到的均匀程度高。当两种粒径不同的物料混合时，如两者粒径的差别越大，混合所能达到的精度越差。所以应力求选用粒度相近的物料进行混合。当混合物之间的体积质量差异较大时，所需的混合时间较长，而且混合以后产生分离现象也较严重，最终混合精度较低。在条件许可时，尽量采用体积质量相似的原料。特别是预混料载体和稀释剂的选择，更应该注重这一点。

稀释比对混合速度有影响，稀释比大，混合速度慢。要使极微量的组分均匀地分布到其他组分中去，必须依赖剪切混合和扩散混合作用力，只有较长时间的混合，才能使这两种混合方式起作用。而稀释比对最终混合均匀度的影响，实质上是极微量组分的粒子个数对最终混合均匀度的影响。任一组分，如粒子数低于某一值，则不管怎样混合，都得不到混合均匀程度高的产品。因此，对于那些占总量比例很小的微量组分，提高其分布均匀性的关键是增加它的粒子数，而不是降低它的稀释比。

混合过程中，除了上述因素的影响外，还应防止维生素等细粉料因静电效应而黏附在机壁或因粉尘飞扬而散失并集聚到集尘器中。

综上所述，使用混合机应注意如下几点。

（1）尽量使各种常量及少量组分的相对密度相近，粒度相当。

（2）依据物料特性确定合适的混合时间，以免混合不足或减低混合产量。

（3）掌握适当的充满系数及安排正确的装入程序。

（4）注意混合机的转动螺带与机筒的间隙，合理选用螺带或绞龙的转动速度，使之处于最佳的工作状态。

（5）混合后的物料不宜进行快速流动或剧烈震荡，不宜采用稀相气力输送，以避免严重的自动分级。

（6）定期（每年一次）检查混合机的混合效果。螺带、桨叶等类型的混合机需及时调整转子与机壳的间隙，去除黏结于转子和机壳上的物料。

六、挤压膨化

宠物食品的膨化工段将不同配比的原料经过调质后进入膨化腔，经过螺杆进行混合、剪切、挤压、成型等动作，是物料物理状态发生改变的深加工，赋予物料改变性状的机械能、热能，基本原理是让原料在加热、加压的情况下突然减压而使之膨胀。膨化工艺也是宠物食品成型的一次过程，成型过程中以蒸汽的形式将水分加入，使宠物食品中原料淀粉发生糊化，升温至 100～180℃。膨化干粮有营养均衡、使用方便、保质期长、成本适当等优点。水分含量一般在 6%～12%之间，膨化干粮的消化率一般可以达到 70%上，总能可以达到 6.27～6.69kJ/kg。

膨化的优点：一是提高适口性，酥脆，膨化过程中释放香味物质，宠物在咬断和吞咽过程中，有比较好的口感和清洁口腔牙齿作用；二是改变和提高犬、猫粮的营养价值，营养物质经过熟化和膨化，消化吸收率提高；三是改变密度，挤压制粒、膨化还可以调整宠物食品的容重密度，便于采购和运输；四是高温高压过程，可以杀灭各种有害菌，保证宠物食品的安全性、卫生性。

配制混合好的并经过粉碎的物料首先进入破拱喂料仓有待加工。工作时，喂料器把破拱喂料仓中的物料均匀而连续的喂入双轴差速调质器进行调质，在物料进入调质器的同时，向调质器中加入均匀、连续并计量的蒸汽、水和其他液体添加物。宠物配方中有时添加鲜肉，需要将肉浆均质搅拌罐、管式换热器、秤、泵送系统，加入挤压机的进口。物料在调质器中经过一定的调质时间后进入挤压总成的喂料区段开始挤压作业，物料由喂料区段输入，喂料区段主要作用是把物料输送至揉和区以及对物料的初步压缩；在揉和区段，物料经过强烈搅拌、混合、剪切等作用，物料逐渐熟化或溶化；进入最终熟化区段压力和温度进一步升高，物料进一步得到熟化，淀粉进一步糊化、脂肪和蛋白质变性，组织均化并形成非晶体化质地，最终物料通过出料总成挤出、切割成型。

挤压总成的 3 个分区可根据生产的需要进行相应的调整。螺杆的输送作用推动着物料流过整个挤压腔，螺杆旋转运动所产生的机械能由于物料与挤压机各部件之间的摩擦以及物料内部摩擦而转化为热能。挤压螺杆的转速是可调节的，因此在工作过程中根据加工要求可调节挤压作用强度，从而可控制产品密度和熟化程度。物料在被挤压通过机腔末端的模孔时，面团状的物料被加工成一定的形状。由于机腔内螺杆的巨大推进和搅拌作用，导致物料内形成一定的压力和温度，从而使这些物料从模孔中挤出来后或瞬间内汽化掉物料中大量的水分产生大量膨胀，或少量闪失水分产生微弱膨胀。这可根据产品要求，通过严格控制各项操作参数来实现。在生产低密度产品时，依赖于物料的构成特性，以及在挤压操作过程中所使用的各种条件，物料会发生大量的膨胀并保持相应的形状和尺寸。在生产高密度产品时，依赖于挤压腔上设置的泄压口，以及在挤压操作过程中所使用的各种条件（包括增加水分、降低挤压强度和温度等），使产品不至于发生大量的膨胀。

七、干燥

（一）干燥的目的

干燥的目的就是除去原料中多余的水分，增进日粮稳定性，延长存放期；防止微生物的生长和产生毒素；促成日粮物理性能改变（如硬度、味觉、密度等）；降低物料的黏性，便于后续的加工。

（二）干燥方法

干燥是一个复杂的过程，不同的干燥对象有不同的干燥方法，所以必须根据原料的不同组成和特性，来确定合理的干燥方法。

1. 真空冷冻干燥

水的固、液、气三态由压力和温度决定，当压力下降到 610Pa，温度在 0.0098℃时，水的三态可共存，此状态点即为三相平衡点。当压力低于 610Pa 时，不论温度如何变化，水的液态都不能存在。此时若对冰加热，冰只能越过液态而直接升华成气态。同样，若保持温度不变而降低压力，也会得到同样的结果。真空冷冻干燥即是根据水的这种性质，利用制冷设备将物料先冻结成固态，再抽成真空使固态冰直接升华为气态的水蒸汽，从而达到干燥的目的。冷冻干燥的优点很多：低压下物料不易氧化变质，抑制一些细胞的活力；低温下物料中热敏性成分保留下来，可最大限度地保留物料中的原有成分；预冻时形成骨架，干燥后能保持物料原有形状，形成多微孔结构；复水性好，可迅速吸水复原，其品质与干燥前基本相同。

冷冻干燥的应用范围非常广泛，但其成本相对较高，所以在选择冷冻干燥时一定要考虑经济利益，不可盲目采用。目前真空冷冻干燥技术主要应用于食品、医药和饲料添加剂中。

2. 过热蒸汽干燥

过热蒸汽干燥技术是一种新兴的节能干燥方法。它是利用过热蒸汽直接与湿物料接触而去除水分的一种干燥方式。与传统热风干燥相比，过热蒸汽干燥是以水蒸气作为干燥介质，干燥机排除的废气也全部是水蒸气，所以干燥过程中只有一种气态成分存在，因此传质阻力非常小。同时排除的废气温度保持在 100℃ 以上，所以回收比较容易，可利用冷凝、压缩等方法回收蒸汽的潜热再加以利用，因而热效率高。另外，由于水蒸气的热容量要比空气大 1 倍，干燥介质的消耗量明显减少，故单位能耗低。过热干燥技术有很多优点：传热系数大、传质阻力小、蒸汽用量少、无爆炸和失火的危险、有利于保护环境、灭菌消毒等。但过热蒸汽干燥也有一定的应用范围，对热敏性物料则此干燥方法不适宜，若回收不利则节能效果将受到极大影响，另外其成本也相对较高。在生产实践中，过热蒸汽干燥技术可以应用在酒糟、牧草、鱼骨和鱼肉等原料。

八、喷涂

喷涂又称后喷涂，是指在膨化、烘干后对附带一定温度的颗粒料进行油脂及风味剂的添加，经过冷却，最终成品打包。喷涂设备经过一段时间的发展更新，由最初的常压喷涂发展到现在的真空喷涂，常压喷涂根据不同工艺要求又分为批次式及连续式喷涂，真空喷涂主要是分批次喷涂，由最初的立式真空喷涂发展到现在的卧式真空喷涂，相比具有更大的检修门，能够全方位进行清理，更加符合食品卫生要求。

宠物粮用设备相比饲料设备要求更高，特别是卫生要求，膨化后的工段，与物料接触部分为不锈钢材质，设备结构设计都要以无残留、易清理、不能感染沙门菌为原则，达到食品卫生要求。喷涂油脂及风味剂让颗粒料更营养，外观更光滑美观，使产品在市场上更有竞争力。

（一）喷涂方法

1. 常压喷涂工艺

常压喷涂工艺将液体添加剂加压雾化，然后均匀地喷涂在宠物食品表面上。宠物食品制粒后进入缓冲仓调节物料均匀下落，液体添加剂经计量泵计量后和水以一定的比例混合，以一定的流量与空气混合，经喷嘴雾化后均匀地喷涂在已经冷却的物料中。这种工艺可将液体添加剂均匀的喷涂在宠物食品的表面，对于调味剂、诱食剂、包衣剂等需要喷涂到颗粒表面，达到调节宠物食品风味、掩盖异味、诱食、形成包膜等目的来说，效果较好；但是对于维生素、酶制剂等需要与物料充分接触才能发挥效能的添加剂来说，由于在后续的包装、运输过程中，宠物食品颗粒间产生相互摩擦和碰撞，包裹在颗粒表面的液体很容易从表面剥离形成粉末，降低宠物食品中液体添加剂的含量，从而造成营养成分损失和配方失真。据报道，当油脂添加量超过 6%时，由于宠物食品对油脂的吸附能力有限，多余的油脂会黏附在食品表面，造成颗粒黏结，不利于储存、包装和运输。

2. 抽真空工艺

在颗粒进入喷涂机后，喷涂机的上下蝶阀全部关闭，保持系统的密闭状态，进行抽真空到一定的负压后，开始油脂添加，添加完成后进行真空释放，再进行肉浆的添加，此后布置和常压喷涂一致。风味剂的添加由人工从投料口手动投料，再由失重秤进行精准批次加入喷涂机内部，将喷涂完液体的颗粒表面进行包裹。喷涂机下方有一个缓冲料斗，缓冲料斗的容积应大于喷涂有效容积的 1.5 倍，缓冲仓要开有检修门，下部安装蝶阀保证系统的密闭性。内部出料腔及下料缓冲斗结构简洁，无多余卫生死角，符合食品级卫生要求设计。

（二）喷涂的运用

后喷涂工艺简单讲就是给膨化烘干后的宠物颗粒料进行补充添加特殊成分，主要分两个步骤：第一步，液体添加，液体包含油脂、肉浆、色素等；第二步，表面裹粉工艺，在颗粒表面均匀覆盖一层粉状风味剂。这些步骤都在喷涂机内部完成，喷涂机再将所需添加的液体和粉体与颗粒料混合搅拌均匀。犬、猫粮高油脂配方（13%~40%）需要通过真空喷涂来实现。

喷涂工艺注意事项有以下几点。

1. 喷涂顺序

按照油脂、浆剂、粉剂的顺序喷涂，喷涂顺序会影响到粮食的适口性，如果先喷涂浆剂，后喷涂油脂，或者浆和油脂先混合后喷涂，就会堵塞颗粒孔径，造成油脂无法浸入食物的现象。

2. 喷涂时间

喷涂时间既要考虑配方成本，同时也要顾及诱食效果的情况下，尽可能的延长喷涂时间，一般每道工序喷涂时间在 30~90s，在进行下一段喷涂前，要有一定的间隔时间（30~60s），喷涂的同时确保搅拌均匀，使油脂和风味剂充分与物料接触，完全浸润和包裹。目的是达到最佳适口性的效果。

九、包装

宠物食品加工的最后一道工序是包装。包装是为了保护宠物食品的味道和营养成分，防止宠物食品被污染。宠物食品袋通常由符合食品安全标准的材料制成，如食品级塑料、纸或复合材料。在包装之前，应该进行卫生检查，以确保包装的食品不受到外部污染。

现代宠物食品包装必须由宠物食品包装机械来完成。包装机械是指完成全部或部分包装过程的机器。

（一）宠物食品包装机械的种类

宠物食品包装工艺过程操作及要求各不相同，大致分类如下。

（1）按功能不同主要分为充填机、灌装机、裹包机、封口机、贴标机、打印机、集装机、清洗机、多功能包装机等。

（2）按自动化程度不同分为半自动包装机和全自动包装机。

（3）按包装适应范围不同分为专用型包装机、多用型包装机和通用型包装机。

现代高新技术如计算机、激光、光电等技术广泛应用到宠物食品包装机械设备中，使宠物食品包装朝高速化、联动化、无菌化、智能化方向发展。

（二）宠物食品包装机械选配的一般原则

（1）满足宠物食品包装工艺要求，对宠物食品包装所用的材料及容器有良好的适应性，保证包装质量和包装生产效率的要求。

（2）技术先进，工作稳定可靠，能耗少，使用维修方便，通用性好，能适应多种宠物食品的包装需要。

（3）符合宠物食品卫生要求，易清洗，不污染宠物食品；对宠物食品包装所要求的条件，如温度、压力、时间、剂量、速度等有合理的、可靠的控制装置，尽可能采用自动控制方式。

（4）长期生产单一产品，选用专用型机械；生产多品种、同类型、多规格产品时，选用多功能机械，一机可完成多项包装操作，提高工效，节省劳力及减少占地面积。

（5）改善工人劳动条件和减轻劳动强度。

必备技能

一、认识原料接收设备

原料种类繁多，运输方式多样，进料瞬时流量大，要求接收设备生产能力大。原料接收设备主要是称量设备、输送设备及一些附属设备。加工厂应根据原料的特性、输送距离、能耗和输送设备的特点等来选定相应的设备。原料接收设备主要有各类称量设备、卸料坑、输送设备以及料仓。

（一）称量设备

台秤多用于包装原料进厂的称重；自动秤用于散装物料的称量；地中衡则用于以公路运输为主的饲料厂的自动车辆接收原料和发放产品的称量。地中衡应布置在地势高处，以防地面雨水流入地下室，其位置应距离汽车转弯处 10~20m，以保证汽车出入方便。目前，多数生产企业采用电子式地中衡，其分辨率高，操作简单，价格性能比好，称重结果可直接输入计算机等外围设备。

（二）卸料坑

原料由运输工具卸出，进入散装物料仓或生产车间，均需设卸料坑。卸料坑可根据具体运输工具的外形尺寸、卸料方式、物料密度及卸料量等进行设计。卸料坑应配置栅栏，既可保护人身安全，又可除去大的杂质，栅筛的格间隙约为 40mm，其旁边或正中上方装有吸风罩，以除尘和清杂，其风速为 1.2~1.5m/s，可以明显减少粉尘。

（三）输送设备

1. 带式输送机

带式输送机是以输送胶带作为承载、输送物料的主要构件，是生产企业常用的水平或倾斜的装卸输送机械，适合水平或倾斜输送。

2. 刮板输送机

刮板输送机是利用装于牵引构件的刮板沿着固定的料槽拖带物料前进并在开口处卸料的输送设备。

3. 螺旋输送机

螺旋输送机是一种利用螺旋叶片的旋转推动物料沿着料槽移动而完成水平、倾斜和垂直的输送任务的设备。

4. 斗式提升机

斗式提升机是环绕在驱动轮和张紧轮上的环形牵引构件上，每隔一定距离安装一个畚斗，通过机头带动牵引构件在提升管中运行，完成物料提升的专用垂直输送设备。

5. 气力输送机

气力输送机是利用风机在管道内形成一定流速的空气风压来输送散粒体物料。气力输送机的主要部件有吸料器、关风器、离心卸料器和风机等。

（四）料仓

料仓通常采用立筒仓、房式仓等形式。立筒仓主要用于存放粒状原料，房式仓主要用来存放各种袋装和块状原料，微量矿物质原料及某些添加剂则要求存放在小型储藏室中，液体原料一般采用液罐存放。

二、认识原料清理设备

（一）常用的筛选设备

常见的初清设备有振动筛、网带式初清筛、圆锥式初清筛、圆筒式初清筛。SCY 型冲孔圆筒初清筛（图 3-8）已广泛被应用（原料清理），其由冲孔圆形筛筒、清理刷、传动装置、机架和吸风部分组成，该设备结构简单，造价低，单位面积处理量大，清理效果好，杂质含谷少，更换筛面方便，占地面积较小。

工作时，原料由进料口经进料管进入筛筒中部，筛筒的一端封闭。整个筛筒由主轴呈悬臂状支撑。整筛筒分前、后两段，靠近轴端的半段多用 20mm×20mm 方形筛孔，可使料粒较快地过筛；而靠近出杂口的半段常用 13mm×13mm 的较小方形筛孔，以防止较大杂质穿过这段筛孔而混入谷物中去，而且在该段筛筒上装有导向螺旋片，以便将杂质排向出杂口。为避免筛孔堵塞，在筛架上装有清理刷，在顶部设有吸风口，及时吸走灰尘。

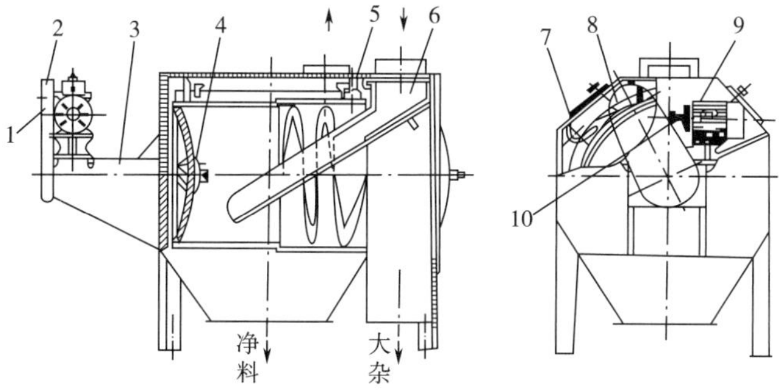

1—蜗轮减速器；2—链壳；3—支撑板；4—轴；5—筛筒；6—进料；
7—操纵门；8—清理刷；9—电动机；10—联轴器。

图 3-8　SCY 型冲孔圆筒初清筛设备

圆筒式初清筛有 SCY50、SCY63、SCY80、SCY100、SCY125 等几种型号，相应的处理量分别为 10~20t/h、20~40t/h、40~60t/h、60~80t/h、100~120t/h。

（二）常用磁选设备

常用磁选设备有永磁滚筒、永磁筒、悬浮或电磁分离器等，其中以不用动力的永磁筒为好。永磁筒由内筒和外筒两部分组成，外筒通过上下法兰连接在饲料输送管道上；内筒即磁体，它由若干块永久磁铁和导磁板组装而成，磁体的特点是磁极极性沿圆柱体表面轴向分段交替排列。磁体外部有一表面光滑而耐磨的不锈钢外罩，并用钢带固定在外筒门上（图 3-9）。

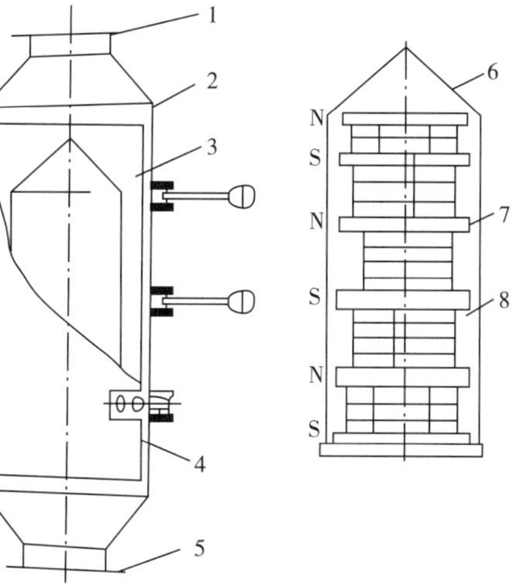

1—进料口；2—外筒；3—磁体；4—外筒门；5—出料口；6—不锈钢外罩；7—导磁板；8—磁铁块。

图 3-9　永磁筒结构示意图

永磁筒工作时，物料由进料口落到内筒顶部的圆锥体表面，向四周散开，随后沿磁体外罩表面滑落。其中的铁质因密度大而弹向外筒内壁，在筒壁反力及重力的作用下，铁质将沿着近于磁力线方向下落，故易被磁铁吸住。而非磁性物料则从出料口排出。永磁筒具有结构简单、磁选效果好、不需动力等优点。

三、认识粉碎设备

（一）粉碎设备的分类

粉碎设备按产品粒度可分为4类，见表3-2。

表3-2　　粉碎设备的分类

按产品粒度分	原料/cm	成品/cm	粉碎比
粗粉碎	100~1500	25~500	3~4
中粉碎	6~500	1~50	5~7
微粉碎机	0.2~50	<0.6	10~50
超微粉碎机	≤0.5	<0.07	>50

（二）常用粉碎设备

常用的粉碎设备有普通锤片粉碎机、水滴形粉碎机、立轴式锤片粉碎机、微粉碎机和超微粉碎机、横宽式震动粉碎机等。

1. 普通锤片粉碎机

普通锤片粉碎机是饲料中最常见的机型，其粉碎原理是无支承式的冲击粉碎，在粉碎过程中，锤片与物料的碰撞，绝大部分为偏心冲击，物料在粉碎室内发生旋转，消耗了一部分的能量，同时，由于物料受高速锤片的冲击和受粉碎室结构的影响，物料会贴着筛面做圆周运动，形成环流层，大颗粒在外层，小颗粒在内层，这样达到粉碎要求的小颗粒常因为不能及时从筛孔排出，出现过度粉碎，电耗增加，物料的温度升高，物料的部分水分形成蒸气，水蒸气与细粉末黏附于筛板上，造成筛孔堵塞，粉碎效率下降，在物料细粉碎时，环流对粉碎效率的影响更严重。普通锤片粉碎机粉碎物料通过2.4mm筛孔时效率较高，粉碎后物料的平均粒径大约为1200μm，使用1mm筛片粉碎，粉碎后物料的平均粒径为500~600μm，再要细则排料不畅，因此，普通锤片粉碎机常用于对粉碎粒径要求不高的饲料的生产工艺中。

2. 水滴形粉碎机

水滴形粉碎机是针对普通锤片粉碎机的不足并在其基础上改造而成的，粉碎室由普通锤片粉碎机的圆形改为水滴形，这样既增大了粉碎室筛板的有效面积，又能破坏物料在粉碎室形成环流，有利于粉碎后物料排出粉碎室。另外，水滴形粉碎机的粉碎室采用二次打击粉碎设计，同时可改变锤片在转子上的位置，能形成粗、细、微细三种形成的粉碎，粉碎产量较普通锤片粉碎机提高15%以上，粉碎粒径在100~500μm，通常在综合性饲料厂的粉碎工艺中应用较多。

3. 立轴式锤片粉碎机

粉碎过程可分成预粉碎和主粉碎两个区域，其特征是采用了360°环筛，底面有筛板，筛理面积大，有助于粉碎后物料快速排料，同时，由于物料的重力作用，环筛的垂直筛面上黏附物料少，筛孔通过能力强；锤片转动起来后会产生一定的风压，促使物料的快速排出，粉碎效率和产量有较大提高，粉碎后的物料粒径均匀，细粉少，水分损失少，粉碎电耗节约25%。立轴式锤片粉碎机适合于饲料的粗粉碎及二次粉碎工艺的前道粉碎，不适用于物料的细粉碎。

4. 微粉碎机

微粉碎机一般用于粉碎细度要求较高的幼犬、幼猫粮等原料粉碎。由于粉碎细度要求高，普通粉碎机效率很低。在粉碎粒径250μm时，普通锤片粉碎机的效率只有30%，而气流排料的微粉碎机的效率则高达95%。微粉碎机通常与分级机配套使用。

5. 超微粉碎机

立轴式超微粉碎机是集粉碎、筛选及分离于一身的超微粉碎设备。粉碎由锤头和位于内圈的齿圈来完成，粉碎粒径则由风速和位于中央的倒伞状排列的叶片的转速来控制，粉碎粒度可在60到200目之间任意调节，由于达到粉碎要求的物料能及时分离，能有效防止过细粉碎，另外风选过程能降低料温、提高粉碎效率，因此能耗低、产品粒度均匀且产量高，是目前较为理想的宠物幼犬、幼猫粮超微粉碎设备。

6. 横宽式震动粉碎机

横宽式震动粉碎机的独特结构是具有两层可振动的筛片，筛片的内筛孔大可使物料迅速通过筛面，外筛孔小、用于精确控制物料的粒度。振动筛面可保持筛面不堵，避免物料过度粉碎，能较好地适应水分含量较高、纤维含量和油脂含量较大的原料，因而能较好地适应宠物食品的原料粉碎要求。

另外，还有对轴混粉碎机和齿爪式粉碎机等，各有优缺点，目前应用范围不大，有特殊要求的粉碎可有针对性选择。

四、认识配料设备

配料计量系统是指以配料秤为中心，包括配料仓、喂料装置、卸料装置等，实现物料的供料、称量与排料的循环系统。犬、猫粮生产需配置高精度、智能化、数字化和自动化的配料计量系统。

（一）配料仓

配料仓用以存放参与自动配料的原料组分，根据配方比例确定每一个原料所占料仓的数量和料仓的总数量，配料仓的总数量还与所生产产品的品种数量和品种类型有关。产品种类多，生产过程配方更换频繁，不同配方中所用原料的差异，会导致原料占用料仓数增加。

（二）配料仓卸料与配料秤喂料装置

不同的原料具有不同的喂料特性，在设计配料仓卸料斗和出口位置时，要充分考虑原料的流动特性，防止原料结拱。对流动性差的物料要采用助流装置和大的出料口，对流动性好而粒度细的物料，要采取小的出料口和阻流装置，确保物料能稳定先进先出(追求料仓排料整体流向下排料)。

喂料装置是配料系统从原料仓向配料秤供料的中间设备，其配置合理与否直接影响到配料精度和配料速度。喂料装置主要有料仓卸料斗、螺旋喂料器、叶轮喂料器、振动喂料器和皮带喂料器等。

1. 螺旋喂料器

螺旋喂料器是犬、猫粮工厂自动配料系统中使用最为广泛的喂料器，其结构简单、工作可靠。螺旋喂料器主要用于粉状、颗粒和小块物料的输送，对易变质、黏性大和易结块的物料不宜采用。物料的输送方向有一端进料、另一端出料，两端进料、中间卸料和中间进料、两端卸料几种。单向输送时，一般均为水平安置。驱动装置有左装、右装和直装等多种形式。传动方式有联轴器、电动机减速器和链条传动，电动机皮带传动，电动机、皮带和轴装式减速器直接传动等几种方式。其中电动机、皮带、轴装式减速器组合传动方式最为合理。螺旋喂料器的结构有变径、变螺距结构（单螺旋、双螺旋和多螺旋)，也有变螺距不变径螺旋喂料器，外形有“U”形和圆筒形两大类。以变螺距不变径螺旋喂料器使用最为广泛。

2. 叶轮喂料器

叶轮式喂料器主要用于料仓出口与配料秤入口水平中心距离较小的场合，也可以用作非配料系统设备的供料器。主要由叶轮、壳体、出料控制机构和传动机构等部分组成。根据需要可配置旋转式减压板。该类喂料器具有体积小、质量轻、便于安装和操作简便的特点。

3. 电磁振动喂料器

电磁振动喂料器由料槽、电磁振动器、减振器、吊架、吊钩、法兰等组成。工作时，电磁振动器通电产生激振力，使料槽振动，物料从进料口处振动输送至卸料口。物料的流量可通过改变喂料器的振幅来调节。

电磁振动喂料器一般用在需要频繁调节给料量的场合，在宠物犬、猫粮生产配料系统用于微量元素预混合原料配料，在其他系统可用于粉碎机等功能设备喂料等。振动槽可用金属材料，也可用聚氯乙烯等其他材料制造。微量元素预混合原料配料秤使用电磁振动喂料器的槽宽150mm、进出料口中心距离410mm，进料口为圆形Φ 145mm，振动器采用座式结构，喂料槽与振动器之间通过振动连接板固定。其他类型的振动器采用悬挂式结构，电磁振动器与喂料槽直接固定在一起。

(三) 配料秤

选择配料装置时，必须充分考虑称量范围和配料精度。尤其是添加剂预混合饲料，不同添加量的原料必须采用相应称量范围及精度的配料秤来完成称量。电子秤以称重传感器为基础，已成为配料秤的主流，具有称量精度高、速度快、稳定性好、使用维护方便、重量轻、体积小等显著特点。

电子配料秤速度快，可用于快速配料工艺；可连续采集数据（每秒100次以上)，可反映配料过程，能随时观察、记录配料结果；传感器体积小，减小了配料秤的体积；分辨率高，可用于小容量、高精度的称量要求；能与电子计算机连接，可使用各种专用软件来控制，并进行在线实时控制。控制功能包括配方设计、储存、排序生产、配料误差跟踪纠正、报警，生产的批次、班产、月度、季度、年度报表统计等。先进的控制系统还可以实现实时动态显示生产作业，还可与上位机联网，实现系统控制和远程通信与监控；进行实时动态能耗监控与生产质量追踪功能。电子配料称量系统主要由喂料器、秤斗、称量传感器、称量仪表、排料阀门、机架、电子控制系统所组成。

称量传感器是影响电子配料秤精度的重要因素。称量传感器应采用高精度型，测量精度应达 0.05%~0.1%。作为电子配料秤，配料精度应达到静态 0.1%、动态 0.2%，微量配料秤配料精度达到静态 0.05%、动态 0.1%。

电脑配料秤是以工业用控制计算机为核心，用专用配料仪表接收和显示来自高精度传感器检测到的信号，通过工控机的 EIA-RS232 串行口与配料仪表的 RS232 串行口之间的数据传输，工控机能够通过传感器的质量信号实现配料过程中快加料、慢加料、停止下料，以及转换到另一种物料的配料，能够全自动实现配料这一复杂过程。系统实时进行数据采集、开关量检测、秤斗门控制、螺旋喂料器控制、故障检测、声光报警；配置 CRT 终端显示、称量显示仪、打印终端、计算机主机与相应的软件。

五、认识混合设备

混合机是实现混合工序的主要设备，其主要功能是根据配方的要求将宠物食品中各组分均匀混合，达到宠物食品组分配合的最佳效果，为下道工艺提供单位成分含量均匀的原料。

在犬、猫粮生产中常见的分批式混合机有卧式螺旋带（单/双轴）混合机、卧式桨叶式（单/双轴）混合机、立式锥形行星式螺旋绞龙混合机和整体回转型“V”形混合机。连续式混合机有卧式单/双轴桨叶式混合机。

（一）双轴桨叶式混合机

双轴桨叶式混合机机内并排装有两个转子，转子由转轴和多组桨叶组成，每组桨叶有两叶片。大部分桨叶呈 45°安装在轴上，只有一根轴最左端的桨叶和另一根轴最右端桨叶与轴线的夹角小于其他桨叶，其目的是让物料在此处获得更大的抛幅而较快地进入另一个转子的作用区。两轴上的桨叶组相互错开，其轴距小于两桨叶长度之和。转子旋转时，两根轴上的对应桨叶端部在机体中央部分形成交叉重叠，但不会相互碰撞。混合机工作时，机内物料呈现多方位的复合运动状态：一是沿转子轴方向的对流混合；二是剪切混合，即由于物料内有速度梯度分布，在物料中彼此形成剪切面，使物料之间产生相互碰撞和滑动，从而形成剪切混合；三是特殊的扩散混合，在其机体中部一些区域，即两转子反方向旋转所形成的运动重叠区，由于两转子的相向运动使该区域物料受旋转桨叶作用比在其他区域强两倍以上，此外，被一侧桨叶提起的物料，在散落过程中，物料相互摩擦渗透，在混合机中央部位形成了一个流态化的失重区，使该区域的固体物料的混合运动像液体中的分子扩散运动一样，形成一种无规则的自由运动，充分进行扩散混合。扩散混合作用轻而平和，摩擦力小，混合物无离析现象，不会破坏物料的原始物理状态。

（二）卧式单轴桨叶式混合机

卧式单轴桨叶式混合机，由于其独特的结构、性能和特点，被广泛应用于添加剂预混合饲料生产和各类配合饲料生产，也用于食品、化工等行业。卧式单轴桨叶式混合机（又称“混合王”）具有如下特点。

（1）高效混合技术，混合均匀度好　特殊设计的高强度双层桨叶结构，使物料在瞬间失重状态下混合，混合柔和，一般物料混合 45~60s，混合比在 1∶10000 时混合均匀度 CV≤5%。

（2）密封可靠、效果好　出料门密封采用硅胶密封条，密封效果好，使用寿命长，装配式结构，更换、调整方便。

（3）液体添加均匀、雾化效果好　可升降的液体添加装置，清理、维修、调整方便，选用特殊的压力喷嘴，液体雾化效果好，添加量调整方便。

（4）开关门机构可靠　采用双联摇杆结构形式的开关门机构，开关门快速可靠，且有自锁功能，销轴处设有耐磨衬套，使用寿命长，维护方便。

（5）有安全互锁装置，安全性高　清理门处设有安全互锁开关，安全性好，保证操作者的安全。

（三）圆锥形行星混合机

圆锥形行星混合机是当曲柄转动时，通过曲柄与齿轮的传动，使螺旋轴在围绕圆锥形筒体公转的同时又进行自转，致使物料不仅上下翻动，而且还绕着筒体四周不断转动并在水平方向混合。由于外壳为锥形，因此上下部的运动速度不同，同一高度层的运动速度也不一样，使得物料之间存在相对运动，从而达到混合的目的。因此，该混合机工作时主要是扩散混合，而且混合作用强，混合时间短，最终的混合质量较好。此外，混合料的粒径、密度、散落性及物料在混合筒内的充满系数都不会对混合机的正常工作产生明显影响。

（四）卧式环带式混合机

卧式环带式混合机主要由机体、螺旋轴、传动部分和控制部分组成。机体为槽形，其截面有“O”形、“U”形和“W”形 3 种。其中，“U”形混合机应用最普遍。在“U”形混合机中，又以单轴双螺旋最为常见。该机的内外螺旋分别为左、右螺旋，使物料在混合机内按逆流原理进行充分混合。外圈螺旋叶片使物料沿螺旋轴向各方向流动，内圈螺旋则使物料向相反方向流动，使物料成团地从料堆的一处移到另一处，很快地达到粗略的团块状的混合，并在此基础上有较多的表面进行细致的、颗粒间的混合，从而达到均匀混合。

（五）“V”形混合机

“V”形混合机是机壳转动式混合机，机壳转动式混合机有带搅拌叶片的圆筒形、“S”形、“V”形等。常作为维生素、微量元素等微量添加剂的第一级预混合设备。

“V”形混合机是将两只圆筒以一定的角度作“V”形相接，在两侧的重心位置上分别固定一段支撑转轴，并与动力及减速设备相连。当两种以上物料放入混合管并开始运转以后，物料就在“V”形筒内翻动混合。当混合均匀后，可将混合筒倒置，开启封闭门卸出混合料。机壳转动式混合机与机壳固定式相比，混合类型以扩散混合为主，故混合速度慢得多，但是最终混合均匀度较好，适用于高浓度微量的第一级混合。机壳转动式混合机中则以“V”形及带导向叶片的圆筒混合机混合速度快，更适用于生产微量饲料添加剂。“V”形混合机的充满系数较小，而且对混合的影响较大，混合速度快。理想的充满系数为30%左右。

六、认识挤压膨化设备

宠物食品所使用膨化机系统的机械设备部分主要由喂料仓、喂料器、调质器、膨化机主机、管路架等五大部分组成。系统之外还可选电气控制部分和肉浆添加系统与之配套。

配制混合好的物料首先进入破拱喂料仓有待加工。工作时，喂料器把破拱喂料仓中的物料均匀而连续的喂入双轴差速调质器进行调质，在物料进入调质器的同时，向调质器中加入均匀、连续并计量的蒸汽、水和肉浆等液体添加物。

物料在调质器中经过一定的调质时间后经过旁通进入挤压总成的喂料区段开始挤压作业，物料由喂料区段输入，喂料区段主要作用是把物料输送至揉和区以及对物料的初步压缩；在揉和区段，物料经过强烈搅拌、混合、剪切等作用，逐渐熟化或溶化；进入最终熟化区段压力和温度进一步升高，物料进一步得到熟化，淀粉进一步糊化、脂肪和蛋白质变性，组织均化并形成非晶体化质地，最终物料通过出料总成挤出、切割成型。

（一）喂料仓

喂料仓主要由仓体、搅料器、密封圈、减速器、电机等组成。挤压机在工作时，保证物料连续稳定地喂入是非常重要的，如果喂料量不稳定，会造成挤压工作不稳定，挤压产品品质不均一；如果断料，很可能造成堵机，使生产停顿。

（二）喂料器

喂料器的主要作用是定量地向调质器中送料，匹配电机为变频调速电机，其转速可根据生产具体情况进行调整。喂料器主要由轴承密封、筒体、绞龙、清理门、链传动、变频调速电机等组成。考虑到清理需要，在喂料器筒体上部设有清理门。

喂料器是采用变频调速控制喂料量。不同的频率对应了不同的喂料量，变频器控制频率的变化是线性的，但是物料的流量并非线性的，会在喂料器转速对应的流量上下波动，引起流量差异的因素主要有以下3点。

（1）不同配方的容重差异。

（2）物料不同粉碎细度的容重差异。

（3）喂料仓中物料的多或少造成喂料器中物料的容重差异。

（三）调质器

1. 调质器的结构

双轴差速桨叶式调质器，从外观结构上看其主要由传动箱、水添加管路、调质器壳体、排汽筒、温度传感器、门、蒸汽添加管路和支撑架等部分组成。

调质器与物料接触的金属材质多使用不锈钢，调质器内部主要由轴承、调质器壳体、长桨叶、慢轴、短桨叶、快轴和传动支撑装置组成。目前市场上普遍采用的快轴与慢轴转速比为 2∶1，对于高油脂的配方可能会用到更高的转速比。快轴桨叶短，高速旋转使物料与蒸汽、水或其他液体能充分混合，慢轴桨叶长，与快轴作背交叉运动对物料进行搅拌，提高调质器的充满度，使物料在一定温度和一定含水率的条件下保持足够的时间，以达到预熟化的目的。

2. 调质处理的优点

（1）生产能力得到提高　因为使用蒸汽对物料进行部分蒸煮，使得将产品加温至最高温度所需的机械能要少得多，因而对一个给定功率的设备而言，生产能力要比具有相同功率的干式挤压机高得多。

（2）成型的能力更大　蒸汽和水的使用使得物料的水分含量得到提高，这就大幅度改进了产品的成型性能以及产品最终的品质。

（3）挤压件的磨耗减少　由于蒸煮过的物料已具有相应的温度和熟化度，因此其在机腔内无须很高的压力及摩擦力，同时水分起到润滑作用，这些都大大降低了磨蚀，从而使机腔及螺杆寿命得到提高。

（4）有效的混合能力　调质器相当于一个连续混合机，调质的同时可以将加入的肉浆与物料进行有效的混合。

（5）产品的范围得到增加　由于“蒸汽煮作业”所提供的经改良的各种物理性能、使挤压机能够生产更加广泛的产品。

（四）挤压膨化机

膨化机主机是整个膨化机系统工作的核心，其主要由变频电机、减速箱、电气控制箱、旁通、挤压总成、出料总成、切割总成、主机管路等组成。

调质器调质完的物料经过旁通进入挤压总成进行挤压熟化，从出料总成挤出由切割总成切割成型。变频电机提供主机动力，主机转速由变频电机通过减速箱减速后得来。在生产过程中，主机管路为膨化机提供水和蒸汽，膨化机系统的启动与停止，以及物料的流量、水和蒸汽的添加量等所有涉及膨化机系统的操作都由电气控制箱来控制。

1. 挤压总成

膨化机中的最核心部件是挤压总成，挤压总成中的挤压腔采用分段式组合结构，内孔的横断面呈“8”字形，每段腔体有独立的夹套外腔，可利用夹套外腔对该段腔体进行加热或冷却。同时在每段腔体上配有注入孔和注入装置，利用这些装置可直接向膨化腔体内添加水、蒸汽及其他液体。

挤压总成中挤压螺杆的设计和加工水平能够体现整台挤压机的水准。挤压螺杆的结构形式是分节带空心螺旋组装式，采用花键定位，由于该结构螺杆具有通用性和互换性的特点，可根据加工物料品种和配方的要求进行螺杆组合来提供不同的剪切力。

2. 切割总成

切割装置是通过两个吊装连接组件吊装在架体上，通过转动吊装连接组件可以实现切割装置高度的调整。通过吊装调节组件上的滚轮可实现切割装置沿架体上的轨道前后移动。生产时，切割装置通过 4 个定位销定位在膨化机上，并用对应的 4 个扣紧拉手锁紧。调节刀片前后位置时，转动调节手轮，与调节手轮固定的调节螺杆带动滑套体前后滑动，从而实现切刀的前后调节。切割装置系统由切刀和变速传动装置组成。通过调节切刀转速，控制被切割物料的长度。变速传动采用变频调速电机，通过刀杆带动切刀旋转。膨化机提供了两种切刀，一种为厚刀片，用于切割大颗粒的膨化料（颗粒直径大于3mm）；另一种为弹性薄刀片，用于切割小颗粒的膨化料（颗粒直径不大于3mm）。

3. 出料总成

挤压机机腔体中经过挤压熟化的物料必须通过一个出料装置来成型，该出料装置首要作用是限制物料的流动，建立位于膨化腔末端使物料膨化所必需的压力。出料装置的结构及模具的选择的优劣直接影响到物料的品质高低。

出料总成配件文丘里，它一方面能增加膨化腔末端的约束力，即增加膨化腔中物料的压力，另一方面又能对从膨化腔出来的不均匀分布在整个端面的料流进行整流，使之均匀分布在于文丘里相连的模板上，从而保证物料从模板孔挤出的均匀性。

4. 旁通

旁通位于双轴差速调质器出料口与膨化腔进料口之间。通过旁通可以选择从调质器出口流出物料的流向，一是流入挤压膨化腔进行挤压膨化，二是经过旁通的溜槽流出作废料处理。

旁通的控制方式采用气动控制方式。旁通翻板使用汽缸驱动，与汽缸配套的电磁阀由触摸屏电控系统控制。

配制旁通的作用：一是开机初始把调质器中未调质好的或把未调质稳定的物料由溜槽排出，以免这些性质不均一的物料进入挤压总成造成系统工作的不稳定；二是在设备生产过程中出现异常，造成负载不稳定以及主电机超正常工作电流时，可通过打旁通的操作方式及时处理，以免造成设备过电流、堵机等情况。

5. 管路架

管路架为整个膨化机系统提供水和蒸汽，它分为3个部分：水路、汽路和架体，水路在管路架的下方，汽路在其上方。一般管路架都包含分汽缸、安全阀、水汽的比例控制阀和流量计。

带自动控制系统的管路架可以设定流量来自动控制比例控制阀的开度。计算机直接控制“流量控制”单元，再通过“流量控制”单元给计算机反馈信息，从而形成闭环控制。

一般配套自动管路架的膨化机采用触摸屏控制，需要安装一个带触摸屏的电气控制箱。控制箱主要包括触摸屏、膨化腔温度显示仪表、调质器温度显示仪表、门领扣、电源开关、切刀调速旋钮、紧急按钮、物料称重显示和报警器。

七、认识干燥设备

常用的干燥机主要分为卧式履带干燥机和立式连续干燥机两种，其中卧式干燥机在宠物粮生产中较为常见。

（一）带式分区干燥机

带式分区干燥机是一种卧式总体布局的通用干燥设备，因其具有结构简洁，控制可靠，操作方便直观，对颗粒表面无损伤，保持物料颗粒外观，干燥质量柔性调节，热交换效率高及水分相对均匀等特点，符合当前高效、节能和环保的趋势，在宠物粮干燥工艺中得到了广泛的应用。

1. 主要结构

干燥机主机主要由摊布器、进料段、干燥段、回料段、输送带、支脚等主要部件组成；带式分区干燥机是一种卧式干燥机，以加热的空气为干燥介质，采用穿流（热空气流动方向与物料前进方向呈“十”字交叉状）干燥方法，使物料与热空气在干燥机内实现湿热交换，借以去除物料中的多余水分，使之达到成品所需的水分要求。基于烘干特性曲线及物料特性，烘干机分为3个温区，3个温区完全独立控制温度。

2. 工作原理

上游膨化机生产的合格物料通过探步器撒落在输送带上，物料随输送带进入干燥段；循环风机鼓出的热空气，进入干燥段，并穿过输送带上的物料，实现物料与空气间的湿热交换；经过干燥的物料在回料段折返；经过两层输送带干燥的物料在干燥机进料段排出。

（二）连续立式烘干机

连续立式烘干机相比卧式干燥机具有更加节能的优点，因为立式干燥机为内部循环，热气流经过的区域封闭，无开放漏能，最干燥的产品与最干燥的气流接触，充分热交换。卧式干燥机蒸发1kg水分耗能低于2700kJ（170kg蒸汽）。

1. 主要结构

立式干燥机主机主要由布料器、上箱体、翻板框架机构、下料斗、液压站、支脚等主要部件组成。

2. 工作原理

颗粒产品进入箱体，通过旋转阀，进入上料仓时经过分料布料器，确保颗粒料层一致，均匀分布在翻板上，热气流从翻板框架机构下方向上对颗粒进行干燥，被干燥气流带走的水蒸气从抽风口抽出。

八、认识喷涂设备

（一）PTWL系列连续式喷涂机

PTWL系列连续喷涂机广泛运用于饲料行业中，不仅可以向膨化颗粒饲料中添加喷涂油脂、酶制剂、维生素、抗氧化剂、氨基酸等液体；也可以用于喷涂那些密实性高、虽然喷涂比例不高但普通表面喷涂效果不好的颗粒料。

通过喷涂机的颗粒料大小由变频器控制，经冲量秤称量计算，再由撒料盘控制，形成均匀的料帘，通过雾化区，被喷涂到液滴，被喷涂后的颗粒再经螺带双转子混合后，排出喷涂机。喷涂的液体量根据经过的颗粒量，由变频泵控制量的大小，流量计计量，保证计量的准确性。液体进高速雾化盘雾化，形成细小的雾化颗粒，喷涂到颗粒表面。

喷涂机由关风器控制喂料速度，经冲量秤实时称量后，进入喷涂仓段。同时，程序根据实时称量的物料量和流量检测的油量，自动设定、调整供油速率。

（二）CYPJ 系列分批式喷涂机

CYPJ 系列分批式喷涂机为宠物食品行业运用最为广泛的喷涂设备，其特殊的双轴桨叶式结构，使颗粒料在机槽内与雾状液体进行充分混合，混合均匀度变异系数 CV≤7%，直联双电机传动，运转柔和，最大程度减少颗粒破碎，破碎率低至 0.1%，圆弧机壳保证内部结构无卫生死角，清理时更方便，超大的双清理门设计保证能够全方位清理。

该喷涂机由两个旋转方向相反的转子组成，转子上焊有多个特殊角度的桨叶，桨叶带动物料一方面沿着机槽内壁逆时针旋转；一方面左右翻动；在两转子的交叉重叠处，形成了一个失重区，在此区域内，不论物料的形状、大小和密度如何，都能使物料上浮，处于瞬间失重状态，以此使物料在机槽内形成全方位连续循环翻动流动，保证物料被液体均匀喷涂。

（三）PTCL 系列立式真空喷涂机

PTCL 系列立式真空喷涂机广泛运用于饲料行业中，用于往颗粒饲料中添加喷涂油脂、酶制剂、维生素、抗氧化剂、氨基酸等液体。

该喷涂机的优点有密闭性好，在密闭空间完成油脂喷涂，无油雾损耗；液体添加量范围广，液体添加量范围为 1%~35%（与喷涂前物料质量的比值）；喷涂均匀性好，破碎率低。喷涂机采用立式双螺旋提升结构，配合螺旋护筒，使物料能够在喷涂机内快速循环流动，并配合多组合理配置的大角度压力雾化喷嘴，确保喷涂均匀性变异系数 CV≤7%；立式双螺旋提升结构，输送物料柔和，确保物料的破碎率极低；采用专利的锥形出料门结构，能够确保高效的密封，运动部件与密封部件相对移动距离小，降低磨损，延长密封件的使用寿命；立式的筒体结构，结合锥形的出料门，使得排料干净，残留率极低；出料门维修方便，且易于清理。

机体内有一立式螺旋提升的转子，配合螺旋护筒，将物料提升到上部后沿圆周方向均匀抛洒。机体上盖的圆周方向均匀分布有 8 套喷嘴，每套喷嘴位置安装有多个喷嘴，通过喷嘴的组合将大量的油脂（或液体）喷涂到被抛撒的颗粒表面。

（四）宠物喷涂配套辅助设备

1. 液体秤及添加系统

后喷涂工序需要用到油脂及肉浆的存储、称量、泵送及液体管路设备，由于油脂及肉浆物理状态的不同，所选择的设备也有所区别。

存储油脂用罐一般材质为 304 不锈钢，存储肉浆（风味剂）用罐一般材质为 316 不锈钢，抗腐蚀性能更好，泵送系统也与油脂有所区别。

液体秤一般由称量筒和缓冲筒组成，下筒体配有电机搅拌、液位计、电加热及保温层，保证油脂在一定温度下良好的流动性，便于泵送。系统配有匹配流量的泵送系统，与物料接触部位都为食品级材质保证卫生要求，配有回止阀、安全阀、喷出角座阀、压力变送器、手动球阀。输送肉浆泵为转子泵，保证泵出的稳定性。根据不同液体添加比例，设计不同管路结构，匹配相应规格的喷嘴。

2. 配料添加系统

人工手动投料口用于风味剂粉料的添加，设备配有除尘风机、过滤筒、脉冲控制仪、泄爆口、振动电机及筛网。

宠物食品失重秤，考虑宠物食品的卫生要求，采用合适的工艺，保证食品卫生级要求、使用的可靠性；出于对设备安全性的要求，在输送设备上增加反排料口，便于后道设备堵料后，上料斗的排料。三点式称重结构设计，将设备的中心放置在三点传感器的形状中心，尽量保证三个传感器同时受压力，对信号的传输、反馈有很好的作用。根据系统设定的减重重量，在快达到设定值时提前将输送速度降低，保证绞龙下料量精准，传感器将设备及物料的总重量实时反馈给电控系统，电控系统再实时控制绞龙电机的频率，首先保证批次下料量为设定值，其次要求喂料时间尽量在规定时间内完成，不影响混合时间，保证生产线产能。

失重秤上方的补料仓最小要求大于5倍失重秤料仓，当称重传感器反馈重量低于设定值时，电控系统控制上方补料仓阀门打开及时补料，可以通过增加振动器等破拱设备，以保证补料在短时间内完成（30s内），整个过程在电控系统程序的控制下实现全自动连续运行。

3. CIP 清洗系统

CIP 清洗即不分解生产设备，又可用简单操作方法安全自动的清洗系统，几乎被引进到所有的食品、饮料及制药等工厂。CIP 清洗不仅能清洗机器，而且还能控制微生物。

宠物生产线涉及油脂、肉浆的添加，存储及输送用的罐体、泵、管路需要及时清理，由于喷涂机的结构，内部有桨叶、出料门轴等，对人工清理带来一定的不便，采用 CIP 自动清洗就能解决这一问题，也能保证卫生要求。

CIP 清洗装置具有以下的优点：能使生产计划合理化及提高生产能力；与手洗相比较，不但没有因作业者的差异而影响清洗效果，还能提高其产品质量；能防止清洗作业中的危险，节省劳动力；可节省洗涤剂、蒸汽、水及生产成本；能增加机器部件的使用年限。

一般厂家可根据清洗对象污染性质和程度、构成材质、水质、所选清洗方法、成本和安全性等方面来选用洗涤剂。常用的洗涤剂有酸性、碱性洗涤剂和灭菌洗涤剂。酸性、碱性洗涤剂的优点：能将微生物全部杀死；去除有机物效果较好。酸性、碱性洗涤剂的缺点：对皮肤有较强的刺激性；水洗性差。灭菌剂的优点：杀菌效果迅速，对所有微生物有效；稀释后一般无毒；不受水硬度影响；在设备表面形成薄膜；浓度易测定；易计量；可去除恶臭。灭菌剂的缺点：有特殊味道；需要一定的储存条件；不同浓度杀菌效果区别大；气温低时易冻结；用法不当会产生副作用；混入污物杀菌效果明显下降；洒落时易污染环境并留有痕迹。酸性洗涤剂中的酸是指1%~2%硝酸溶液，碱性洗涤剂中的碱指1%~3%氢氧化钠在65~80℃使用。灭菌剂为经常使用的氯系杀菌剂，如次氯酸钠等。

热能在一定流量下，温度越高，黏度系数越小，雷诺数（Re）越大。温度的上升通常可以改变污物的物理状态，加速化学反应速度，同时增大污物的溶解度，便于清洗时杂质溶液脱落，从而提高清洗效果、缩短清洗时间。水为极性化合物，对油脂性污物几乎无溶解作用，对碳水化合物、蛋白质、低级脂肪酸有一定的溶解作用，对电解质及有机或无机盐的溶解作用较强。机械作用是由运动而产生的作用，如搅拌、喷射清洗液产生的压力和摩擦力等。喷涂机利用 CIP 自动清洗技术可节省人工成本，提高清洗标准，是未来全自动化控制发展趋势。

九、认识包装设备

现代宠物食品包装必须由宠物食品包装机械来完成。包装机械是指完成全部或部分包装过程的机器。

（一）宠物食品产品包装机械的基本构成

宠物食品包装机械一般都由被包装食品供送系统、包装材料或容器供送系统、主传送系统、包装操作执行系统、成品输出系统、包装机动力及传动系统、操纵控制系统和机身支架等几部分组成。

（二）宠物食品充填技术

充填是宠物食品包装的一个重要工序，它是指将宠物食品按一定规格质量要求充入到包装容器中的操作，主要包括宠物食品计量和充入。由于宠物食品的种类繁多，形态及流动性各不相同，包装容器也是多式多样，用材各异，因此就形成了充填技术的复杂性和应用的广泛性。根据宠物食品的计量方式精度要求不同，可将宠物食品充填技术分为称重式充填、容积式充填和计数式充填。

1. 称重充填法

称重充填法适用于易吸潮、易结块、粒度不均匀、容重不稳定的物料计量。常用的称量装置有杠杆秤、弹簧秤、液压秤、电子秤。根据称量方式的不同可分为间歇式和连续式两类。

（1）间歇式称量　有净重充填法和毛重充填法两种。

①净重充填法：先将物料通过秤量后再充入包装容器中，由于称量结果不受容器皮重变化的影响，因此称重精度很高，所以净重称量广泛地应用于要求高精度计量的自由流动固体物料，如奶粉等固体饮料，也可用于不适于容积充填法包装的宠物食品，如膨化宠物食品等。

②毛重充填法：与净重充填法的区别在于，没有计量斗，将包装容器放在秤上进行充填，达到规定质量时停止进料，故称得的质量为毛重，计量精度受容器质量变化影响很大，计量精度不高，因此，可应用于能自由流动的宠物食品物料及有一定黏性物料的计量充填。

（2）连续式称量　采用电子皮带秤称重，可以从根本上克服杠杆秤发出的信号与供料停机时已送出物料的计量误差问题，同时还能大大提高计量速度，适应高速包装机的要求。

2. 容积充填法

容积充填法是通过控制宠物食品物料的容积来进行计量充填的，它要求被充填物料的体积质量稳定，否则会产生较大的计量误差，精度一般为±（1.0%~2.0%），比称重充填要低。因此，在进行充填时多采用振动、搅拌、抽真空等方法使被充填物料压实而保持稳定的体积质量。

容积充填的方法很多，从计量原理上可分为两类，即控制充填物料的流量和时间及利用一定的规格的计量筒来计量充填。

（1）计时振动充填法　储料斗下部链接着一个震荡托盘进料器，进料器按规定时间振动，将物料直接充填到容器中，计量由振动时间控制。此法装置结果最简单，但计量精度最低。

（2）螺旋充填法　当送料螺旋轴旋转时，储料斗内搅拌器将物料拌匀，螺旋面将物料挤实到要求的密度，每转一圈就能输出一定的物料，由离合器控制选择圈数即可达到计量的目的。如果充填小袋，可在螺旋进料器下部安装一转盘用以截断密实的物料，然后将空气与之混合，形成可自由流动的物料，充填后再振动小袋及取实松散的物料。螺旋充填法可获得较高的充填计量精度。

（3）重力-计量筒充填法　储料斗下部装有两个或多个计量筒，均匀分布在回转的水平圆板上；计量筒上设有伸缩腔，使之上下伸缩而调整容积。计量筒选择到供料桶下面时，物料靠自重落入计量筒内，当计量筒转位到排料口时，物料通过排料管进入包装容器内。为了使物料迅速流入容器，有时要对容器加以振动。

（4）真空-计量充填法　储料斗下面装有一个带可调容积的计量筒转轮，计量筒沿转轮径向均匀分布，并通过管子与转轮中心连接；转轮中心有一个圆环真空-空气总管，用来抽真空和进空气。物料从储料斗落于计量筒中，经过抽真空后密实均匀，运输带不断将容器送入转轮下方，当转轮转到容器上方时，空气把物料吹入容器内。真空-计量充填法常用来充填安瓿瓶、大小瓶、大小袋、罐头等，充填容量范围从5mg至几千克，一般的计量精度为±1%。

容积充填法工作速度快，装置结构简单，广泛用于计量流体、半流体、粉状和颗粒状宠物食品，但不适用于容重不稳定的物料。

3. 计数充填法

计数充填法是将宠物食品通过计数定量后充入包装容器的一种充填方法，常用于颗粒状宠物食品和条状、块状、片状宠物食品的计量充填，要求单个宠物食品直接规格一致。计数充填法的设备和操作工艺简单，可手动、半自动和自动化操作，适用于多种包装方法，如热收缩包装、泡罩包装等。从计数的量来分，有单个包装和集合包装两种包装方法。

（1）长度计数　使物品具有一定规则的排列，按其一定长度、高度、体积取出，获得一定数量。这种装置比较简单，由推板、输送带、挡板、触点开关四部分构成。常用于块状宠物食品。由于这类宠物食品形状规则，具有确定的几何尺寸亦有确定数值，通过适当调节推板的推程，便可进行计算。

（2）光电式计数　采用光电式计数器来完成，物品在传送带上逐个通过光电管时，从光源射出的光线因物品的通过而呈现穿过和被挡住两种状态，由光电管把信号转变为电信号送入计数器进行计数，并在窗口显示出数码。

（3）转盘式计数　特别适合于形状、尺寸规则的球形和圆片状食品的计数。

固体物料充填方法的选择，要根据各种因素进行综合考虑，首先要考虑的是被充填物料的物理特性和充填精度。充填计量精度除受装置本身精度影响外，还受到物料理化性质的影响，如物料容重不稳定、易吸潮、易飞扬及不易流动等。为提高充填速度和精度，可采用容积充填和称量充填混合使用的方法，在粗进料时用容积充填以提高速度，细进料时用称量充填以提高精度。一般来讲，价值高的宠物食品其计量精度要求也高。

（三）袋装技术及设备

松散态粉粒状宠物食品及形状复杂多变的小块状宠物食品，袋装是其主要的销售包装形式。在当今宠物食品加工工业中，袋装技术应用最为广泛，许多为保证宠物食品质量应用而生的宠物食品包装技术多数以袋装技术为基础发展而成。

1. 袋装的形式和特点

（1）袋装的形式　袋装的形式较多，用于宠物食品销售包装的各种小袋主要有以下几种：三边封口袋、四边封口袋、纵缝搭接袋、纵缝对接袋、侧边对折袋、筒袋、平底楔形袋、椭圆楔形袋、底撑楔形袋、塔形袋、尖顶柱形袋、立方柱形袋。

用于袋装宠物食品的包装材料：纸、塑料薄膜、纸塑复合材料、铝箔、塑料复合材料等。目前还使用蒸镀铝的塑料薄膜。

（2）袋装的特点　袋装作为一种古老的包装方法至今仍被视作一种最主要的包装技术而广泛使用，是由袋装本身所具有的优点所决定的。

①价格便宜、形式丰富，适合各种不同的规格尺寸。

②包装材料来源广泛，可用纸、铝箔、塑料薄膜及其他的复合材料，品种齐全，具备适应各种不同包装要求的性能特点。

③袋装本身重量轻、省材料、便于流通和消费，并且通过灵活多变的艺术设计和装潢印刷，采用不同的材料组合、不同的图案色彩，形成从低档到高档的不同层次的包装产品，满足日益多变的市场需求。

2. 袋装机械

（1）立式成型制袋-充填-封口包装机　这类包装机有很多形式，按包装结构分，主要有枕形袋、扁平袋、角形自立袋等类型。

①枕形袋立式成型制袋-充填-封口包装机：这类袋装机也有许多形式，多种规格，主要应用于松散态物品包装，也可用于松散态规则颗粒物品、小块状物品包装。

②扁平袋成型制袋-充填-封口包装机：这类袋装机也有多种形式，此类机型主要由包装膜卷筒装置、导辊预松装置、制袋成型装置、计量充填装置、纵封和横封切断装置，以及传动、电气控制和其他辅助装置等组成。

③角形自立袋制袋成型-充填-封口包装机：先将包装材料成型为圆形管筒，再制成角形自立袋，然后进行充填包装。

（2）卧式制袋-充填-封口包装机　与立式成型制袋-充填-封口包装机基本相同，制袋与充填都沿着水平方向进行，可包装各种形态的块状、颗粒状等各种形状的固态物料。包装尺寸可以在很大的范围内调节。这类包装机也有多种形式，按结构分为三面封结构和四面封结构的包装机。

3. 袋装机械的选用

袋装机械及其配套设备种类很多，功能、生产能力、所用包装材料及价格、包装袋的形状和尺寸等均各不相同，差异很大，选用时必须根据生产规模和市场行情综合考虑，引进国外设备必须考虑原材料的国内供应情况。具体选用设备时可考虑以下几点。

（1）充填的计量装置要选择适当。当包装某些颗粒状和粉状物料时，其密度必须控制在规定的范围内才能选用容积式计量，否则应考虑称量式计量。对空气温度、湿度敏感的包装物料，在选用设备时尤应注意。

（2）封口时的加热温度和时间应能调节到与所用包装材料的热封性能相适应，以保证热封质量。

（3）充填粉末物料时，袋口部分因易沾污粉尘而影响封口质量，多数情况是由于塑料包装材料带静电而吸附粉尘，因此，这类袋装机必须设有防止袋口粉尘沾污的装置，如静电消失器等。

（4）当装袋速度快、被装物品价格较贵时，应采用称重计量充填，并配有检重秤，随时剔除超重或欠重包装件，并能自带调整充填量。

（5）单机形成自动化生产线时应选用高可靠性的机型，以免单机故障而影响整条生产线的正常生产。

（四）装盒技术及设备

包装纸盒一般用于销售包装，有时装瓶装袋后再装盒，或装小盒后再装较大的盒；有时直接用于盛装食品等内容物。多年来，包装盒的发展主要是采用复合材料，变换盒形式样，改进印刷技术；装盒技术主要是从手工操作向机械化、半自动化和全自动化方向发展，而纸盒的功能和用途则无很大的变化。在宠物食品包装上，折叠纸盒由于具有保护内容物、经济实用、便于机械化操作和促进销售等功能而广泛地应用于饼干、糕点等的包装。

1. 装盒方法

目前，装盒方法有手工装盒、半自动机械装盒和全自动机械装盒。

（1）手工装盒法　这是最简单的装盒方法，不需要设备投资和维修费用，但速度慢，生产率低，对食品卫生条件要求高的产品包装容易造成微生物污染。故在现代化的规模生产条件下一般不采用。

（2）半自动装盒法　由操作人员配合装盒机来完成装盒包装，一般取盒、打印、撑开、封底、封盖等由机器来完成，用手工将产品装入盒中。半自动装盒机的结构比较简单，但装盒种类和尺寸可以多变，改变品种后调整机器所需时间短，很适合多品种小批量产品的包装，而且移动方便，生产速度一般为 30~50 盒/min，随产品而异。有的半自动装盒机用来包装一组产品，每盒可装 10~20 包，装盒速度与制袋充填机配合，机器的运转方式为间歇转动，自动将小袋产品放入盒中并计数，装满后自动转位，放置空盒，取下满盒和封盖的工序由人工完成，一般生产速度为 50~70 小袋/min（每次装 1 小袋），或 100~140 袋/min（每次装 2 小袋），要与小袋制袋充填机相配。

（3）全自动装盒法　除了向机器的盒坯储存架内放置盒坯外，其余工序均由机器完成，即为全自动装盒。全自动装盒机的生产速度很高，一般为 500~600 盒/min，超高速的可达 1000 盒/min。但设备投资大，机器结果复杂，操作维修技术要求高，变换产品种类和尺寸范围受到限制，故在这方面不如半自动装盒机灵活，一般适合于单品种的大批量装盒包装。

2. 装盒机械

现代商品生产中应用的装盒机多种多样，下面主要介绍开盒成型-充填-封口、制盒成型-充填-封口等形式的自动装盒机。

（1）开盒成型-充填-封口自动装盒机　该机主要组成部分包括分立挡板式内装物传送带、产品说明单折叠供送装置、下部吸推式纸盒片撑开供送装置、推料杆传送带、分立夹板式纸盒传送链带、纸盒折舌封口装置、成品输送带和空盒剔除喷嘴，以及编码打印、自动控制等工作系统。

该机适用于开口的方体盒型，垂直于传送方向的盒体尺寸为最大，可包装限定尺寸范围内的多种固态物品。内装物和纸盒均从同一端供送到各自链带上，而与其一一对应并作横向往复运动的推杆可将内装物平稳地推进盒内，然后依次完成折边舌、折盖舌、封盒盖、剔空盒（或纸盒片）等作业，最后将包装成品逐个排出机外。该机生产能力较高，一般可达 100~200 盒/min。

（2）制盒成型-充填-封口装盒机　该机型适合于顶端开口难叠平的长方体盒型的多件包装。纸盒成型时借助模芯向下推动已横切压痕好的盒片，使之通过型模而折角粘搭起来，然后将带翻转盖的空盒推送到充填工位，分步夹持放入一定数量叠放在一起的竖立小袋。所用盒子长宽为 56~2800mm、高为 58~80mm，一列式每盒装 15~40 袋，四列式每盒装 120~200 袋。经折边舌和盖舌后，就可插入对封。

（3）开盒-衬袋成型-充填-封口机　把预制好的折叠盒片撑开，逐个插入间歇转位的链座，并装进现场成型的内衬袋，充填各种状态的固体类宠物食品，然后再完成封口和封盒。

这种衬袋成型法的特点：采用三角板成型器及热封器制作侧边封的开口袋，既省料简单，又便于实现袋子的多规格化；底边已被折叠，主传送过程将减少一道封合工序；纸盒平整，且衬袋现场成型，不仅有利于管理工作、降低成本，还使装盒工艺更加灵活，尤其能根据包装条件的变化适当组配不同品质的金属材料，且也可以不加衬袋，很方便地改为开盒-充填-封口包装过程。

（4）半成型盒折叠式裹包机　这类装盒机有连续裹包法和间歇裹包法两种。

①连续裹包法：适合于大型纸盒包装。工作时首先把模切压痕好的纸盒片折成开口朝上的长槽形插入链座，待内装物借水平横向往复运动的推杆转移到纸盒底面上之后，便开始各边盖的折叠、粘搭等裹包过程。此机型适合于尺寸较大的盒体，采用此裹包式装盒方法有助于把松散的成组物件（瓶、罐）包得紧实一些，以防止游动盒破坏。而且，沿水平方向连续作业可增加包封的可靠性，生产能力较高，达 70 盒/min。

②间歇裹包法：借助往复运动的模芯和开槽转盘先将模切压痕好的纸盒片形成开口朝外的半成型盒。以便在转位停歇时从水平方向推入成叠小袋或多层排列的小件物品，然后在转位过程中完成折边、涂胶和封合。

（五）装箱技术及设备

箱与盒的形状相似，习惯上小的称盒，大的称箱，他们之间没有明显界限。

1. 装箱方法

装箱与装盒的方法相似，但装箱的产品较重，箱坯尺寸大，堆叠起来比较重。因此，装箱的工序比装盒多，所用设备也较复杂。

（1）按操作方式分　可分为手工操作装箱、半自动与全自动操作装箱。

①手工操作装箱：先把箱坯撑开成筒状，然后把一个开口处的翼片和盖片依次折叠并封口为箱底；产品从另一开口处装入，必要时先放入防震加固材料，最后封箱。用黏胶带封箱可用手工进行，如有生产线或产量较大时，宜采用封面贴条机；用捆扎带封箱，一般均用捆扎机，比用手工捆扎节省接头卡箍和塑料带，且效率较高。

②半自动与全自动操作装箱：这类机器的运作多数为间歇运动方式，有的高速全自动装箱也采用连续运动方式。在半自动装箱机上取箱坯、开箱、封底均为手工操作。

（2）按产品装入式分　可分为装入式和裹包式装箱法。

①装入式装箱法：有立式和卧式两种方式。

立式装箱法：立式装箱机把产品沿垂直方向装入直立的箱内，常用于圆形和非圆形的玻璃、塑料、金属包装容器包装的产品，如瓶罐装的粉体类宠物食品。装箱方法为取出箱坯撑开成筒状封底，然后打开上口的翼片和盖片；空箱移至规定位置，开始装入产品。装箱的产品多数已经包装，它们的堆积成行、成列、分层计数等均由机器完成，装箱后，即合盖封箱。

卧式装箱法：卧式装箱机可使产品沿水平方向装入横卧的箱内，均为间歇式操作，有半自动和全自动两类，适合于装填形状对称的产品。装箱速度一般为 10~25 箱/min，半自动需要人放置空箱，装箱速度为 10~15 箱/min。

②裹包式装箱法：与裹包式装盒的操作方法相同。适用于较规则形状且有足够耐压强度的物件进行多层集合包装。先将内装物按规定数量叠在模切纸箱片上，然后通过由上向下的推压使之通过型模一次完成箱体裹包成型、涂胶和封合，然后沿水平折线完成上盖的粘搭封口，经稳压定型后再排出机外。高速的裹包式装箱机可达 60 箱/min，中速的可达 10~20 箱/min，半自动的为 4~8 箱/min。

箱装袋于 20 世纪 90 年代引入我国，由于塑料及其复合薄膜材料的性能不断改进提高，近年来，箱装袋的应用范围不断扩大，主要用来包装各种黏度的料液，包容积小袋为 4~25cm^3、大袋为 200~1000 cm^3。箱装袋可节省包装和储运费用，流通也很方便。

2. 瓦楞纸箱和装箱设备的选用

（1）瓦楞纸箱的选用　选用瓦楞纸箱首先应考虑商品的性质、重量、储运条件和流通环境等因素；运用防震包装设计原理和瓦楞纸箱设计方法进行设计时应遵照有关的国家标准；出口商品包装要符合国际标准或外商要求，并经过有关的测试，在保证纸箱质量的前提下，尽量节省材料和包装费用；另外，应考虑储运堆垛时的稳定性。

（2）装箱设备的选用　对于生产率不高、质轻、体积小的产品，如盒、小袋包装品等，且在劳动力不短缺的情况下可由手工装箱；但对于一些较重或易碎的产品，一般批量较大，可采用半自动装箱机；高生产率单一品种产品，应选用全自动装箱机。

（六）热成型包装技术

用热塑性塑料片材经热成型法加工制成容器，并定量充填罐装宠物食品，然后用薄膜面盖并封合容器口完成包装，这种包装方法称为热成型包装。

1. 热成型包装的特点

热成型包装目前应用极为广泛，其主要原因是这种包装方法有以下特点。

（1）包装适用范围广，可用于冷藏、微波加热、生鲜和快餐等各类食品包装，可满足食品储藏和销售对包装的密封、半密封、真空、充气、高阻隔等各种要求，也可实现无菌包装要求，包装安全可靠。

（2）容器成型、食品充填、灌装和封口可用一机或几机连成生产流水线连续完成，包装生产效率高；而且避免包装容器转运可能带来的容器污染问题；节约包装材料、容器运输和消毒费用。

（3）热成型法制造容器方法简单，可连续送料连续成型，生产效率比其他成型方法一般高 25%~50%。

（4）容器形状大小按包装需要设计，不受成型加工的限制，特别适应形状不规则的物品包装需要，而且可以满足商业销售美化商品的要求设计成各种异形容器，制成的容器光亮，外观效果好。

（5）热成型法制成的容器壁薄，所以减少了包装用材量，而且容器对内装食品有固定作用，减少食品受震动碰撞的损伤，包装品装箱时不需另用缓冲材料。

（6）包装设备投资少，成本低。热成型加工用模具或本只为其他成型加工法用模具成本的 10%~20%，制造周期也较短，一次性投资是其他容器成型法投资的 5%左右。

2. 常用热成型包装材料

热成型包装用塑料片材按厚度一般分为三类：厚度小于 0.25mm 为薄片，厚度在 0.25~0.5mm 为片材，厚度大于 1.5mm 为板材。塑料薄片及片材用于连续热成型容器，如泡罩、浅盘、杯等小型食品包装容器。板材加热成型时要专门夹持加热，因而是间接成型加工，主要用于成型较大或较深的包装容器。

热成型塑料片材厚度应均匀，否则加热成型时塑料片材因温度不均匀、软化程度不一而使成型的容器存在内应力，降低其使用强度或使容器变形，甚至不能获得形状完整合格的容器。通常，塑料片的厚薄公差不应大于 0.04~0.08。一般热塑性片材都可用于热成型法制造容器，但目前用于包装食品的主要有聚乙烯（PE）、聚丙烯（PP）、聚氯乙烯（PVC）、聚苯乙烯（PS）塑料片材和少量复合材料片材。

（1）聚乙烯　由于卫生和廉价，因而在食品包装上大量使用，其中低密度聚乙烯（LDPE）刚性差，在刚性要求较高或容器尺寸较大时可使用高密度聚乙烯（HDPE），但其透明度不高。

（2）聚丙烯　具有良好的成型加工性能，适合于制造深度与口径比较大的容器，容器透明度高，除耐低温性较差以外，其他都与高密度聚乙烯相似。

（3）聚氯乙烯　硬质 PVC 片材具有良好的刚性和较高的透明度，可用于与食品直接接触的包装，但因拉伸变形性能较差，所以难以成型结构复杂的容器。

（4）聚苯乙烯　热成型加工时常用双向拉伸聚苯乙烯（BOPS）片材，这种材料刚性和硬度好，透定明度高，表面光泽。但热成型时需要严格控制片材加热温度，也不宜作较大拉伸，同时应注意成型用的框架应有足够的强度，以承受片材的热收缩作用。聚苯乙烯泡沫（EPS）片材也可作热成型材料，一般用来制作结构简单的浅盘、盆类容器。它的优点是质轻，有一定的隔热性，可用作短时间的保冷或保热食品容器，但这种片材的热成型容器使用后回收处理困难，视为“白色污染”，目前已被限制使用。

（5）其他热成型片材　聚酰胺，俗称尼龙（PA），片材热成型容易，包装性能优良，常用于鱼、肉等包装，PC/PE 复合片材可用于深度口径比不大的容器，可耐较高温度的蒸煮杀菌。PE、PP 涂布纸板热成型容器可用于微波加工食品的包装。PP/聚偏二氯乙烯（PVDC）/PE 片材可成型各种形状的容器，经密封包装快餐食品，可经受蒸煮杀菌处理。

国际上对塑料包装废弃物的“白色污染”日益重视，纷纷推出可降解塑料片材用于热成型包装，用 PE、PVC、PP 等与淀粉共混制成可降解生物片材，是改革快餐热成型包装的主要发展方向之一。

（6）封盖材料　热成型包装容器的封盖材料主要是 PE、PP、KPVC 等单质塑料薄膜，或者使用铝箔、纸与 PE 复合等材料，一般在盖材上事先印好商标和标签，所用印刷油墨应能耐 200℃的高温。

3. 热成型加工方法

按成型时施加压力的方式不同，热成型加工分为压差成型、机械加压成型及介于两者之间的柱塞助压成型等几种热成型方法。

（1）压差成型　依靠加热塑料片材上下方的气压差使塑料片变形成型，有两种方法：空气加压成型，塑料片材被夹住并压紧在模口上，从片材上方送入压缩空气，片材下方模具上有排气孔，片材加热软化后，被空气压向膜腔而成型；真空成型法，从模具下方孔抽气，使塑料片材封闭的模腔成负压，上下压差使其向模腔方向变形成型。

压差成型加工法的优点：制品成型简单，对模具材料要求不高，只要单个阴模，甚至可以不用模具生产泡罩包装制品，制品外形质量好，表面光洁度高，结构鲜明。缺点是制品壁厚不大均匀，最后与模壁贴合部位的壁较薄。

（2）机械加压成型　将塑料片加热到所要求的温度，送到上下模间，上下模在机械力作用下合模时将片材挤压成模腔形状的制品，冷却定型后开启模取出制品。这一成型法具有制品尺寸准确稳定，制品表面字痕、花纹显示效果好等特点。

（3）柱塞助压成型　是将上述两种热成型方法相结合的一种成型方法。塑料片材被夹持加热后压在阴模口上，在模底气孔封闭的情况下，柱塞将片材压入模内，封闭模腔内的空气反压使片材接近模底而不与模底接触，此时从模底处的孔中抽气或以上方气压最后完成塑变成型。这种成型方法可获得壁厚均匀的塑料容器。

4. 热成型技术要求

包装容器热成型主要包括加热、成型和冷却脱模 3 个过程。为保证获得满意形状、质量合格的热成型容器，应注意以下技术要求。

（1）确定合理的拉伸比　容器深度（H）与其口径（D）之比（H/D）为成型容器的拉伸比。显然，H/D 愈大，容器愈难成型。热成型所能达到的 H/D 与塑料的品种有关，塑料的延伸能力愈大，熔体强度愈高，则 H/D 可愈大。

（2）根据热成型所用材料的品种、厚度确定热成型温度、加热时间和加热功率　热成型容器的加热温度应在材料的玻璃化转变温度（T_g）或熔融温度（T_m）以上，而且受热应均匀稳定。各种塑料成型温度不同，一般在 120~180℃。温度不合适，会出现成型不良、壁厚不均、气孔、白化、皱褶等缺陷。

（3）注意热成型模具的几何尺寸　热成型容器所用模具尺寸形状应符合设计要求，表面光滑，有足够的拔模的斜度。各种成型方法成型的容器底部的壁厚总要变薄，在拉伸比小于 0.7 的情况下，容器底部壁厚一般只有平均壁厚 60%。为了保证强度，容器底部采用圆角过渡，圆角半径应取 1~3mm 以上。

5. 热成型包装机械

热成型包装根据自动化程度、容器成型方法、封接方式等的不同，可以分为很多种机型。主要有以下两种机型。

（1）高速卧式热成型包装机　适用于单一品种产品的大批量包装。

（2）间歇式大容器热成型包装机　当包装较大尺寸的圆体食品或灌装液体食品时适用。

项目小结

项目	内容	要点
相关知识	原料的接收	（1）原料及成品的基本特性；（2）原料及成品的化学特性；（3）原料的接收工艺
	原理的清理	（1）清理的目的；（2）清理的方法
	粉碎工艺	（1）粉碎的目的与要求；（2）粉碎方法；（3）粉碎工艺
	配料计量	配料计量是按照预设的配方要求，采用特定的配料计量系统，对不同品种的食品原料进行投料及称量的工艺过程
	混合工艺	（1）混合类型；（2）混合工艺；（3）混合质量的评定和标准
	挤压膨化	（1）包装要求；（2）包装质量控制；（3）饲料成品储藏
	干燥	（1）干燥的作用；（2）干燥的方法
	喷涂	（1）喷涂方法；（2）喷涂运用
	包装	（1）宠物食品包装机械的种类；（2）宠物食品包装机械选配的一般原则
项目实施	认识原料接收设备	（1）称量设备；（2）卸料坑；（3）输送设备；（4）料仓
	认识原料清理设备	（1）常用的筛选设备；（2）常用的磁选设备
	认识原料粉碎设备	（1）粉碎机类型；（2）常用粉碎设备
	认识配料设备	（1）配料仓；（2）配料仓卸料与配料秤喂料装置；（3）配料秤
	认识混合设备	（1）双轴桨叶混合机；（2）卧式单轴桨叶混合机；（3）圆锥形行星混合机；（4）卧式环带式混合机；（5）“V”形混合机
	认识挤压膨化设备	（1）喂料仓；（2）喂料器；（3）调质器；（4）挤压膨化机
	认识干燥设备	（1）带式分区干燥机；（2）连续立式烘干机
	认识喷涂设备	（1）PTWL 系列连续式喷涂机；（2）CYPJ 系列批次式喷涂机；（3）PTCL 系列立式真空喷涂机；（4）宠物喷涂配套辅助设备
	认识包装设备	（1）宠物食品产品包装机械的基本构成；（2）宠物食品充填技术；（3）袋装技术及设备；（4）装盒技术及设备；（5）装箱技术及设备；（6）热成型包装技术

项目二　宠物食品的加工工艺流程

自20世纪50年代开发了宠物干粮和罐头食品以来，人们已经从饲喂宠物餐桌残羹剩饭转为饲喂商品化宠物食品。这不仅对宠物主人更方便，而且可确保宠物食品营养更均衡。为了保证宠物食品的质量，提高宠物食品的利用率，必须科学合理地选择先进的宠物食品加工工艺。

项目目标

一、知识目标

1. 了解宠物食品的发展历程；
2. 熟悉宠物食品的种类。

二、技能目标

1. 能根据宠物食品的特点选择适合的加工工艺；
2. 了解各种宠物食品的生产工艺流程。

三、素质目标

1. 强化责任意识、树立正确的职业道德观；
2. 感受中国的发展速度，致力于宠物事业的发展。

必备知识

一、宠物食品发展历史

（一）起源

1860年，有一位正在英国跑市场搞销售的美国电器师James Spratt，他怀揣着大包小包的避雷针，不远万里来到英国，在英国街头搞推销，试图开辟出他的避雷针市场王国，此时，他看到自己在轮船上没有吃完的饼干被狗一一吃光，而且狗还很爱吃。他突发灵感，于是迅速拿来面粉、蔬菜、肉，加上水搅和在一起。就这样，在这个世界上第一款专门为宠物犬设计的宠物食品隆重问世了。尽管当时的生产设备是简陋的、生产工艺是粗浅的，但这并没有阻挡他最终获得“宠物食品之父”的光荣称号。

（二）宠物食品在国外的发展

从 1860 年起，在历经了 62 年以后，来到了 1922 年，在 James Spratt 的祖国美国，大批量工业化的宠物罐头食品上市了，产品热销。1957 年，世界上第一袋膨化犬粮问世了，从此，经过膨化工艺制造出的宠物食品以其营养全面均衡、饲喂方便、节约时间等绝对优势占据了宠物食品的主要地位。30 年后，1987 年美国仅在超级市场一处销售的犬粮就达到了 27 亿美元，销售量为 264 万 t。

20 世纪中后叶是宠物食品在美国乃至欧洲各地快速发展的阶段。20 世纪末 21 世纪初，宠物食品与宠物相关行业已经完成了在美国与欧洲的起步与发展阶段。2001 年，宠物为美国经济创造了 276 亿美元的消费，美国每年仅宠物保险业收入就高达 40 亿美元；在瑞典，有 57%的饲主为自己的爱犬购买宠物保险；德国的年国民收入的 17%来自宠物食品及相关行业；在澳大利亚，宠物食品及相关行业从业人员超过 3 万，创造出 6%的国内生产总值。

（三）宠物食品在中国的发展

20 世纪是西方国家宠物食品产品、行业飞速发展的时期，但中国在这一方面的工作还完全是未开发状态。20 世纪 90 年代开始，随着改革开放的深化，国民生活水平逐步提高，对精神生活有了更高层次的追求，宠物概念在中国悄然兴起，使宠物食品及相关行业初具雏形。

21 世纪初期，随着社会经济的快速发展，中国宠物饲养数量快速增长，与宠物相关的行业也得到了很大发展，但对应的行业协会发展却相对滞后，也没有制定相关的行业标准，加之专业人才的缺乏、市场的无序竞争和管理的不规范，导致很多厂家的产品在质量和性能上差异较大。因此，市场上销售的宠物食品主要是国外品牌，国内的知名品牌寥寥可数。造成这种现象一方面是由于中国宠物食品企业规模较小、产品较单一，与国外著名宠物食品企业相比，还处在萌芽阶段。另一方面，缺少相关的政策法规、行业管理不规范以及专业人才匮乏，都在不同程度上影响了我国宠物食品行业的健康发展。

随着人们可支配收入的增长，国内的宠物市场又进入了一个新阶段，宠物食品作为宠物饲养的物质基础，必然有着更广阔的发展空间。

二、宠物食品种类

宠物食品，严格来讲是指经工业化加工、制作的用以饲喂宠物的食品。从广义上讲，合理饲喂条件下能被宠物采食、消化、吸收、利用且无毒无害的物质，皆可作为宠物食品。习惯上是指市场上出售并可以直接用来饲喂宠物犬、猫的产品，即犬粮、猫粮。在食品工业上，以一种动物、植物、微生物或矿物质等为来源的食品称为食品原料或单一食品。

宠物食品是按照宠物的不同种类、不同生理阶段、不同营养需求而设计的，将多种原料按照科学配比而制成的专用于宠物的食品，为宠物生长、发育、健康提供基础营养物质。我国宠物食品概念于 20 世纪 90 年代，随着国外宠物食品在中国登陆逐渐形成。进入 21 世纪后，伴随社会经济的快速发展、城镇化发展步伐的加快，我国宠物数量急剧增加，科学喂养宠物的观念不断普及，宠物食品市场得到了快速发展。按照不同的分类依据，宠物食品可划分为不同类别。

（一）根据水分含量分类

按照宠物食品的水分含量（或形态），宠物食品可分为干（性）宠物食品、半湿（性）宠物食品和湿（性）宠物食品。

1. 干（性）宠物食品

干（性）宠物食品是指水分含量低于14%的宠物食品，又称为干粮，顾名思义就是干的主粮，我们在平时经常谈到和见到的犬粮和猫粮，主要具体指的就是它。这种干粮是将诸多营养物质原料进行混合，然后经过膨化或者挤出成型，再经过烘干脱水、调味等工序制造出来的宠物专用食品。这类食品因其营养全面、均衡，保质期时间长，饲喂携带方便，价格实惠，被宠物主人广泛接受和喜爱。干粮的优点有很多，首先干粮都是由专业的宠物营养师根据宠物自身的生理营养需求而设计的，里面含有宠物所需的蛋白质、维生素、矿物质等各种营养素，具有营养针对性强、营养科学全面、均衡的优点；另外，干（性）宠物食品具有水分含量低、易于保存、不易变质的优点，能够保证宠物的食品安全，避免宠物因为采食了过期、霉变、变质食物引发的各种疾病，同时干粮包装规格多种多样，可供应不同品种、不同年龄、不同体重、不同生长阶段的宠物的需要，便于携带。

干（性）宠物食品使用简单可以干喂，即将它放在食盘中让宠物犬、猫自由采食，也可以加水调湿再喂。另外，饲喂干（性）宠物食品时，必须经常供给新鲜饮水。长期保存干（性）宠物食品要防止霉变和虫害。

2. 半湿（性）宠物食品

半湿（性）宠物食品是指水分含量不低于14%且低于60%的宠物食品。半湿（性）宠物食品市面上见的不是很多，一直处于一种不温不火的市场状态。这类食品的原料与干（性）食品基本相同，但是水分明显高于干（性）宠物食品，一般在25%~35%，多来自添加的肉浆或者新鲜的肉制品，因此也会让半湿粮变得比较黏牙，当宠物吃了这类食物以后，很容易因为食物的“黏性”而残留在口腔中、牙齿上，长期以来会造成比较严重的牙垢和口腔疾病。

市场上，半湿（性）宠物食品多以密封袋口、真空包装，不需冷藏，能在常温下保存一段时间而不变质，但保存期不宜过长。打开后应及时饲喂，最好尽快喂完，不能放置，以免腐败变质，尤其是在炎热的夏季，更应打开后及时饲喂。一般，半湿（性）食品通常都是独立包装，每包食品的量是以一只（头）宠物一餐的食量为标准。因此，也受到一些宠物主人的青睐。以干物质重量为基础进行比较时，通常半湿（性）宠物食品的价格介于干（性）宠物食品和湿（性）宠物食品之间。

3. 湿（性）宠物食品

湿（性）宠物食品是指水分含量不低于60%的宠物食品，如宠物罐头、宠物肉酱（汤）、宠物营养粥等等。

市面上，湿（性）宠物食品多为罐装食品。罐装食品可分为两类：一类是营养全价的罐装食品，即全价食品型，这种食品常常包含各种原料，如谷类及其加工副产品、精肉、禽类或鱼的副产品、豆制品、脂肪类、矿物质及维生素等；另一类是作为食品的补充或以罐装肉、肉类副产品的形式用于医疗方面的食品，这种罐装食品通常是指以某一类原料为主的单一型罐头食品，以肉类组成的罐装肉产品较为常见，如肉罐头、鱼罐头、肝罐头等，即全肉型，此类食品不含维生素或矿物质添加剂，这种食品不是为了提供宠物所需全面营养而配制的，只是用作食品的一种补充或用于医疗方面，以保证宠物日粮的全价与均衡。

一般可根据饲养犬（或猫）的口味及营养需要，选择和搭配罐装型食品的种类。罐装型食品使用方便，罐头打开后应及时饲喂，开罐后不宜保存。夏天开启后的罐头，必须放入冰箱保存，如果发生变质，不能饲喂。

多数情况下，干（性）宠物食品被推荐为首选，但对于疾病状态，或者是在康复阶段的宠物，因为这一特殊的情况下，宠物普遍食欲不振，对食物兴趣不高，或者说嗅觉灵敏度下降，干粮因为它较低的水分含量，而使得自身的气味并不能很好地散发出来，从而影响了食物对宠物的诱惑力，所以这种特殊的情况可以建议选择湿粮罐头。罐装食品由于其加工成本较高，因而价格也较高，但对于那些喂养过分挑剔的宠物主人依然具有很强的吸引力。

（二）按营养成分和用途分类

按照所含的营养成分和用途，宠物食品可分为全价宠物食品和补充性宠物食品。

1. 全价宠物食品

全价宠物食品是指除水分以外，所含营养素和能量能够满足宠物每日营养需要的宠物食品，可以直接饲喂宠物，其理化指标和卫生指标须满足相应的标准。如 GB/T 31216—2014《全价宠物食品　犬粮》规定了全价宠物食品犬粮的主要理化指标、水分、卫生指标（表 3-3、表 3-4、表 3-5）；GB/T 31217—2014《全价宠物食品　猫粮》规定了全价宠物食品猫粮的主要理化指标、水分、卫生指标（表 3-6、表 3-7、表 3-8）。

表 3-3　全价宠物食品犬粮的主要理化指标（以干物质计）　单位：%

项目	幼（年）犬粮、妊娠期犬粮、哺乳期犬粮	成（年）犬粮	试验方法
粗蛋白质	≥22.0	≥18.0	GB/T 6432—2018
粗脂肪	≥8.0	≥5.0	GB/T 6433—2006
粗灰分	≤10.0	≤10.0	GB/T 6438—2007
粗纤维	≤9.0	≤9.0	GB/T 6434—2022
钙	≥1.0	≥0.6	GB/T 6436—2018
总磷	≥0.8	≥0.5	GB/T 6437—2018
水溶性氯化物（以 Cl^- 计）	≥0.45	≥0.09	GB/T 6439—2023
赖氨酸	≥0.77	≥0.63	GB/T 18246—2019

表 3-4　　全价宠物食品犬粮的水分

产品种类	指标（x）/%	试验方法
干（性）犬粮	$x<14.0$	GB/T 6435—2014
半湿（性）犬粮	$14.0\leq x<60.0$	
湿（性）犬粮	$x\geq 60.0$	

表 3-5　　全价宠物食品犬粮的卫生指标①

项目	指标	试验方法
氟/（mg/kg）	≤150	GB/T 13083—2018
镉/（mg/kg）	≤2	GB/T 13082—2021
汞/（mg/kg）	≤0.3	GB/T 13081—2022（原子荧光光谱分析法）
铅/（mg/kg）	≤5	GB/T 13080—2018
总砷（以 As 计）/（mg/kg）	≤10②（其中无机砷含量不超过 2mg/kg） ≤2③	总砷：GB/T 13079—2022（银盐法）， 无机砷：GB/T 23372—2009
黄曲霉毒素 B_1/（μg/kg）	≤10	NY/T 2071—2011
细菌总数/（CFU/g）	$<1\times10^4$④	GB/T 13093—2023
沙门菌（25g 中）	不得检出	GB/T 13091—2018
微生物	符合商业无菌要求⑤	GB 4789.26—2023

注：①表中所列允许量，除特别说明外均以干物质含量 88%计（微生物污染物指标除外）；②含有水生动物及其制品或藻类及其制品的全价宠物食品犬粮；③其他全价宠物食品犬粮；④水分达到或超过 60%的全价宠物食品犬粮除外；⑤水分达到或超过 60%的全价宠物食品犬粮。

表 3-6　　全价宠物食品猫粮的主要理化指标（以干物质计）　　单位:%

项目	幼（年）猫粮、妊娠期猫粮、哺乳期猫粮	成（年）猫粮	试验方法
粗蛋白质	≥28.0	≥25.0	GB/T 6432—2018
粗脂肪	≥9.0	≥9.0	GB/T 6433—2006
粗灰分	≤10.0	≤10.0	GB/T 6438—2007
粗纤维	≤9.0	≤9.0	GB/T 6434—2022
钙	≥1.0	≥0.6	GB/T 6436—2018
总磷	≥0.8	≥0.5	GB/T 6437—2018
水溶性氯化物（以 Cl^- 计）	≥0.3	≥0.3	GB/T 6439—2023
牛磺酸	≥0.1 ≥0.2（湿粮）	≥0.1 ≥0.2（湿粮）	GB/T 18246—2019

注：12 月龄以下的猫为幼（年）猫；12 月龄以上的猫为成（年）猫，但妊娠期和哺乳期除外。

表 3-7 全价宠物食品猫粮的水分（GB/T 31217—2014）

产品种类	指标（x）/%	试验方法
干（性）猫粮	$x<14.0$	GB/T 6435—2014
半湿（性）猫粮	$14.0\leq x<60.0$	
湿（性）猫粮	$x\geq 60.0$	

表 3-8 全价宠物食品猫粮的卫生指标①

项目	指标	试验方法
氟/（mg/kg）	≤150	GB/T 13083—2018
镉/（mg/kg）	≤2	GB/T 13082—2021
汞/（mg/kg）	≤0.3	GB/T 13081—2022（原子荧光光谱分析法）
铅/（mg/kg）	≤5	GB/T 13080—2018
总砷（以 As 计）/（mg/kg）	≤10②（其中无机砷含量不超过 2mg/kg） ≤2③	总砷：GB/T 13079—2022（银盐法），无机砷：GB/T 23372—2009
黄曲霉毒素 B_1/（μg/kg）	≤10	NY/T 2071—2011
细菌总数/（CFU/g）	$<1\times10^4$④	GB/T 13093—2023
沙门菌（25g 中）	不得检出	GB/T 13091—2018
微生物	符合商业无菌要求⑤	GB 4789.26—2023

注：①表中所列允许量，除特别说明外均以干物质含量 88%计（微生物污染物指标除外）；②含有水生动物及其制品或藻类及其制品的全价宠物食品猫粮；③其他全价宠物食品猫粮；④水分达到或超过 60%的全价宠物食品猫粮除外；⑤水分达到或超过 60%的全价宠物食品猫粮。

2. 补充性宠物食品

补充性宠物食品是指由两种或两种以上宠物原料混合而成的宠物食品，但由于其营养不全面，需和其他宠物食品配合使用才能满足宠物每日营养需要。包括各类宠物零食（如饼干、肉棒、干肉条、香肠、牛奶骨、咬胶等）、宠物保健品（如宠物护理用品和处方食品等）。宠物零食、保健品等产品因营养价值各有侧重，在饲喂上不能替代典型宠物日粮。但随着经济水平的发展，宠物零食等非典型宠物食品的市场逐步扩大。

（1）宠物零食 就是专门为宠物推出的零食，和人类的零食一样，也是除了宠物全价食品以外，给宠物日常生活里增加一些娱乐性、高吸收性、高适口性的宠物食品。相对于其他宠物，宠物犬的零食较为常见。

市场上，宠物零食种类繁多，不同类型的零食也有不同的功能和特点。如肉干类，几乎是宠物犬最喜欢吃的零食。以鸡肉干为主，其次是牛肉的居多，还有鸭肉的。这类零食主要利用冻干技术或者是烘干的办法，再经过真空包装，在保证了食物色、香、味的情况下，也不缺失食材本身的营养。再如饼干类，有清洁口腔的作用，可以帮助减少口腔的异味、牙结石，而且饼干一般都制作得很香，也含有营养均衡的特点，建议食欲不好的宠物食用，也有一定帮助。此外也有洁齿磨牙类，以及湿粮辅食类。总之，适宜的零食具有能够增加宠物食欲、洁齿磨牙以及训练互动等辅助功效。

（2）宠物保健品　就是根据宠物的生理状况等制定的营养调理品，这种食品有利于宠物的健康发育和成长，同时也可作为辅助治疗用于患病宠物的恢复。随着宠物主人生活水平的提高，宠物的生活质量也越来越得到重视，越来越多的宠物主人开始重视宠物的健康问题，各种宠物保健食品随之进入了宠物家庭。

宠物保健品种类繁多，市场上的产品让人应接不暇，主要包括宠物护理用品、宠物健康用品、处方食品（保健食品）等。

①宠物护理用品是指宠物被毛、耳、眼等日常护理及卫生、美容所需的物品。常见的有宠物香波、洁耳用品、除泪痕剂、除臭剂、空气清新剂、大小便训练液、去毛剂等。

②宠物健康用品是指在宠物生长发育过程中，为满足宠物营养需要而在宠物食品之外饲喂的营养品，主要是矿物质和维生素。对于断奶较早的幼宠、患胃肠炎或营养不良以及吃家庭自制食品的宠物，适量地补充宠物营养品是很有必要的。特别是处在生长发育期的宠物，补充营养势在必行。尽管人和宠物犬、猫同是哺乳动物，都需要蛋白质、脂肪、碳水化合物、矿物质和维生素等营养素，但由于体型大小、饮食卫生、机体代谢方面不完全一样，因此对于各种营养素的需要量也不相同。

③处方宠物食品是针对宠物健康问题而进行特殊营养设计的宠物食品，需要在执业兽医师指导下使用。

（三）按照宠物的种类与生理阶段分类

按照宠物的种类与生理阶段，宠物食品可分为一般宠物食品和特种宠物食品。

1. 一般宠物食品

一般宠物食品专指犬粮和猫粮，也是目前宠物食品市场上最主流的产品。犬粮和猫粮又可根据动物品种、生理阶段等进一步细分为不同的产品。以犬粮为例，根据犬的体型细分为大型犬粮、中型犬粮和小型犬粮等；根据特定的生理阶段细分为幼犬粮、成年犬粮、妊娠期犬粮、哺乳期犬粮和老年期犬粮等，犬幼年期和成年期的划分见表 3-9；此外，还有专门针对特定宠物品种设计的专用犬粮，如金毛巡回犬专用犬粮、贵宾犬专用犬粮、吉娃娃犬专用型犬粮等。猫粮的分类与之类似。

2. 特种宠物食品

特种宠物食品主要指除犬、猫以外的其他宠物的食品，如观赏鸟、观赏鱼、龟、蛇等宠物食品，目前所占宠物食品市场份额较小。

表 3-9　　犬幼年期和成年期的划分（GB/T 31216—2014）

成年时体重/kg	幼年期/月龄	成年期/月龄
≤5	<9	≥9
5~20	<12	≥12
20~40	<18	≥18
≥40	<21	≥21

三、膨化宠物食品的特点与发展现状

挤压膨化的宠物食品一般分为干膨化宠物食品、半干半湿宠物食品和软膨化宠物食品等。

（一）干膨化宠物食品

干膨化宠物食品通常含水 6%~12%，一般由小麦、玉米、大豆产品、动物蛋白、油脂、矿物质和维生素添加剂等为原料膨化烘干而成。犬干粮粗脂肪为 5%~12%，粗蛋白质为 18%~30%（均以干物质计）；猫干粮粗脂肪为 8%~12%，粗蛋白质为 30%~36%（均以干物质基计）。通常挤压膨化后在宠物食品表面喷涂油脂或风味剂再进行烘干冷却。挤压水分为 20%~25%，成品容重一般为 350~450g/L。干膨化宠物食品由于水分含量较低，有利于包装和储运。

（二）半干半湿宠物食品

半干半湿宠物食品的原料除了干膨化宠物食品的原料外，还有肉类或肉类副产品的浆液。干料和肉浆的比例为（1~4）：1。当干湿料比例为 4∶1 时，一般是在混合机中进行充分混合后进行连续的蒸煮挤压；当干湿比例为（1~2）：1 时，肉浆一般通过计量泵泵送到挤压机上方的连续式调质器中，同时加入蒸汽和水与干物料进行混合调质，再进入挤压机中进行连续的蒸煮挤压。

半干半湿宠物食品与干膨化宠物食品的区别在于其通过挤压机挤压的目的不是膨胀，而是通过挤压机进行充分的蒸煮，并通过挤压机的出料模具进行成型。其挤压水分为 30%~35%，成品容重为 450~580g/L，通过添加盐类、糖类、酸类和防腐剂等物质来降低水活性。

（三）软膨化宠物食品

软膨化宠物食品的配方成分与半干半湿宠物食品相近，油脂含量高于干膨化宠物食品，同时经过挤压后需要有一定的膨胀度。因此在设备上除了能够添加蒸汽和水进行混合的调质器外还需要挤压机配备较强剪切力的螺杆配置，一般不需要烘干机干燥，只需要冷却器冷却。其成品水分在 27%~32%，产品容重在 420~480g/L。

必备技能

一、熟悉膨化宠物食品加工工艺流程

利用螺杆挤压膨化可生产各种膨化谷物颗粒饲料，完整的挤压膨化工艺流程见图 3-10。膨化宠物食品工艺流程图及所需附加设备如图 3-11 所示。

二、熟悉猫食品的生产工艺流程

1. 工艺流程

原料配制→拌粉→挤压膨化→干燥→抛光→喷油→喷脂→包装。

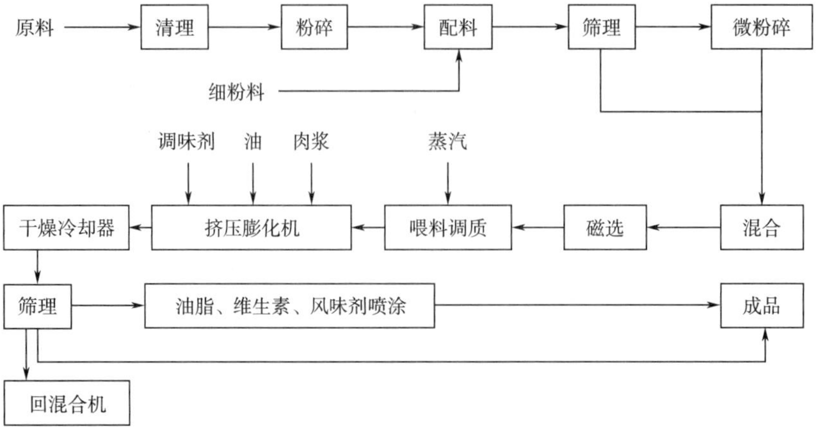

图3-10 挤压膨化工艺流程

2. 设备配置

拌粉机→螺旋上料机→调质器→膨化机→风送机→烤箱→抛光机→喷油机→喷脂机。

3. 特点

以豆粕、花生粕为主要原料，经粉磨、搅拌、调质、高温、高压、高剪切，将球形蛋白质分子打开成链状蛋白质分子并重新组织，形成层片状纤维结构，其产品营养价值高，具有肉的状态和口感，不含胆固醇和动物脂肪，具有吸油、吸水、吸味的特点。

三、熟悉犬食品的生产工艺流程

1. 主要原料

主要原料包括鸡胸肉、精制面粉、大豆粉、食盐和白砂糖等。

2. 主要仪器设备

主要仪器设备包括多功能搅拌机、膨化机、烤炉、比容测定仪、水分快速分析仪及凯氏定氮仪等。

3. 基本配方

鸡胸肉9%、大豆粉30%、精制面粉50%、食盐3%和白砂糖8%。

4. 工艺流程

配料、混料→预处理→挤压→冷却→复合成型→烘干→油炸→调味→包装。

（1）产品品质评定　利用凯氏定氮法测定产品的粗蛋白质含量，水分快速分析仪测定水分含量，比容测定仪测定比容，由硬度测定评判产品的质地。

（2）配方设计与原料选择　设计配方应考虑犬的营养需求。犬属于杂食性动物，故配方中应含有动物性营养成分与植物性营养成分。原料可选择鸡胸肉、大豆粉和小麦粉。鸡胸肉可提供优质蛋白质、丰富的脂肪、矿物质和大量维生素。而蛋白质是宠物食品质量的一个关键因素，氨基酸的缺乏，尤其是必需氨基酸的缺乏将导致宠物食欲减退、生长受阻、体重减轻、肌肉萎缩、消瘦和死亡，并且，由于蛋白质具有保水性、弹性等功能特性，还能增强饲料的咀嚼性与韧性。鸡肉中含有丰富的亚油酸等犬所必需的脂肪酸，在满足机体对能量需要的同时，保证其毛皮光洁，且犬对动物性脂肪的消化吸

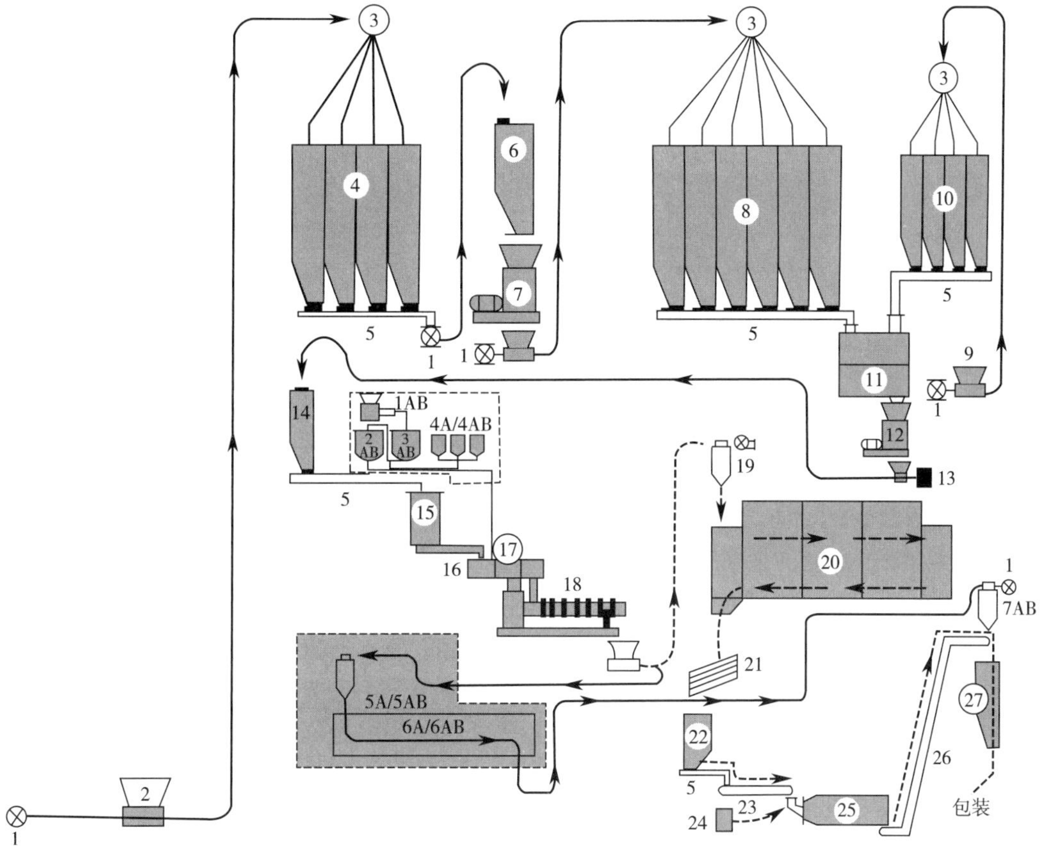

1—风机；2—卡车自动卸料处；3—分配器；4—原料仓；5—螺旋输送机；6—粗粉碎料仓；7—锤片式粉碎机；
8—粉碎料仓；9—拆袋卸料处；10—微量原料仓；11—称量混合机和缓冲仓；12—锤片式粉碎机；
13—鼓风机；14—成料仓；15—活底料仓；16—喂料器；17—预调质器；18—膨化机；19—集料仓；
20—干燥机/冷却机；21—振动筛；22—缓冲仓；23—皮带秤；24—油脂罐；25—脂肪喷涂器；
26—冷却输送带；27—成品料仓。
半湿食品生产所需附加设备：1AB—绞肉机；2AB—接受罐与泵；3AB—浆液料罐与泵；
4AB—液态添加剂罐与泵；5AB—集尘器；6AB—冷却器；7AB—集尘器。
软膨化食品生产所需附加设备：4A—液态添加剂罐与泵；5A—集尘器；6A—冷却器。

图 3-11　膨化宠物食品工艺流程及所需附加设备

收率也高。小麦粉和大豆粉除提供植物性蛋白质外，主要供给丰富的碳水化合物，它们不仅可为犬提供充足的能量，并且可降低机体对蛋白质和脂肪的消耗。如果食物中长期缺乏碳水化合物，将造成宠物的血糖下降，影响其正常的生长发育和活动。考虑到犬消化纤维素的能力十分有限，配方中纤维素的比例不能过高，故选用精制面粉。另根据“猫酸狗甜”原则，在配方中加入 6%白砂糖，并加入少量风味剂。

5. 制作工艺操作要点

（1）配料、混料　该工序是将干物料混合均匀与水调和达到预湿润的效果，为淀粉的水合作用提供一些时间。这个过程对最后产品的成型效果有较大的影响。一般混合后的物料含水量在 28%～35%，由混合机完成。

（2）预处理　预处理后的原料经过螺旋挤出使之达到90%~100%的熟化，物料是塑性熔融状，无任何残留应力，为下道挤压成型工序做准备。本工序由特殊螺旋设计，并由有效的恒温调节机构来控制。

（3）挤压　这是该工艺的关键工序，经过熟化的物料自动进入低剪切挤压螺杆，温度控制在70~80℃。经过特殊的模具，挤压出宽200mm、厚0.8~1mm的大片，大片为半透明状，韧性好。其厚度直接影响到复合成型和烘干的时间，所以模具中一定要装有调节压力平衡的装置来控制出料均匀。

（4）冷却　挤压过的大片必须经过8~12m的冷却长度，有效地保证物料在产品成型时的脱膜，为节省占地面积，可把冷却装置设计成上下循环牵引来保证最少10m的冷却长度。

（5）复合成型　该工序由3组程序来完成。第一步为压花，由2组压花辊来操作，使片状物料表面呈网状并起到牵引的作用，其他不需要表面网状的片状物料可更换为平辊使其只具有牵引作用。第二步为复合，压花后的两片经过导向重叠进入复合辊，复合后的产品随输送带进入烘干，多余物料进入第三步接收装置，由一组专往挤压机返回的输送带来完成，使其重新进入挤压工序，保证生产不间断。

（6）烘干　挤出的坯料水分处于20%~30%之间，而下道工序之前要求坯料的水分含量为12%，由于这些坯料此时已形成密实的结构，不可迅速烘干，这就要求在低于前两工序温度（通常为60℃）的条件下，采用较长的时间来进行烘干，以保持产品形状的稳定。

四、熟悉宠物实罐罐头及软罐头生产工艺流程

宠物实罐罐头的生产工艺与人类食品罐头的生产工艺基本一致。其工艺流程：洗罐→装罐→预封→排气→密封→杀菌→冷却→检测→包装。

实罐罐头的排气方法主要有热力排气法、真空封罐排气法和蒸汽喷射法。

软罐头食品是指用高压锅经100℃以上的湿热加热灭菌，用塑料薄膜与铝箔复合的薄膜密封包装的食品，其包装材料主要有普通蒸煮袋（耐100~121℃）、高温蒸煮袋（耐121~135℃）、超高温杀菌蒸煮袋（耐135~150℃）。蒸煮袋的材质主要有聚乙烯薄膜、聚丙烯薄膜、聚酯（PET）薄膜、尼龙薄膜、聚偏二氯乙烯薄膜、铝箔等。

软罐头生产工艺流程：制袋（预制袋开袋口）→固体食品充填→流体食品充填→排气→袋口密封→杀菌→检验→包装。

软罐头的排气方法主要有蒸汽喷射法、真空排气法、抽气管法、反压排气法等。软罐头具有重量轻、体积小、杀菌时间短、不受金属离子污染等优点，但其容量限制在50~500g，蒸煮袋价格高，不适于带骨食品。

五、熟悉宠物饼干生产工艺流程

人类食品中饼干的品种极其繁多，其生产工艺也随品种、配方的不同而有较大差别，这主要取决于饼干中糖、油含量及成型方法。宠物饼干生产工艺与之大体相同。

1. 辊印甜酥性饼干生产工艺流程

辊印甜酥性饼干由油、糖含量较多的半软性面团制成。生产工艺流程：面粉和淀

粉→过筛→调粉（加入预处理的辅料）→面团输送→辊印成型→焙烤→冷却→包装。

2. 冲印韧性饼干生产工艺流程

冲印韧性饼干由筋力中等面粉经长时间调制而成，也称硬质饼干，油、糖含量较少。生产工艺流程：面粉和淀粉→过筛→调粉（加入预处理的辅料）→静置→辊印→冲印成型→焙烤→冷却→包装。

3. 苏打饼干生产工艺流程

苏打饼干采用发酵工艺，油、糖含量较少。生产工艺流程：面粉→过筛（加入活化酵母）→第 1 次调粉→第 1 次发酵（加入预处理辅料）→第 2 次调粉→第 2 次发酵→辊轧→冲印成型→焙烤→冷却→包装。

六、了解膨化宠物食品加工工艺要求及特点

当对单种原料进行挤压膨化作业时，通常不加油脂、添加剂等，只使用汽或水来调质，或只进行干法膨化。当食品中加入较多肉浆、油等组分时，需采用双螺杆挤压膨化机。

食品的调质效果和膨化效果与原料的粉碎粒度有密切关系。谷物及饼粕类基础原料应采用筛板孔径为 1.5~2mm 的锤片式粉碎机进行粉碎，其粒度以控制在 16 目筛（孔径约为 1mm），筛上物低于 9%为宜。

当进行湿法膨化时，物料的水分要达到 18%~25%，因而膨化后必须对食品进行烘干和冷却，以保证产品的安全储存和运输。

为了最大限度地保持风味剂和维生素效力，满足生产要求，对宠物食品或某些水产动物饲料通常进行表面喷涂。

项目小结

项目	内容	要点
相关知识	宠物食品发展历史	（1）起源；（2）宠物食品在国外的发展；（3）宠物食品在中国的发展
	宠物食品种类	（1）根据水分含量分类；（2）按营养成分和用途分类；（3）按照宠物的种类与生理阶段分类
	膨化宠物食品的特点	（1）干膨化宠物食品；（2）软膨化宠物食品
项目实施	熟悉宠物食品加工工艺流程	（1）熟悉膨化宠物食品加工工艺流程；（2）熟悉猫食品的生产工艺流程；（3）熟悉犬食品的生产工艺流程；（4）熟悉宠物实罐罐头及软罐头生产工艺流程；（5）熟悉宠物饼干生产工艺流程；（6）了解膨化宠物食品加工工艺要求

项目三　宠物食品的质量控制与管理

通过学习，了解影响宠物食品品质的因素及宠物食品质量管理的基本措施，增强遵纪守法、安全生产的意识。

项目目标

一、知识目标

1. 了解影响宠物食品品质的因素；
2. 熟悉宠物食品质量管理的基本措施。

二、技能目标

1. 熟悉宠物食品原料的质量控制；
2. 熟悉宠物食品加工和储运过程中的质量控制。

三、素质目标

1. 增强遵纪守法、安全生产意识；
2. 提高理论指导实践的能力。

必备知识

一、影响质量的因素

影响宠物食品质量的因素很多，主要有选用配方、饲料原料、加工过程、产品储运等环节，食品的加工过程也就是食品质量的控制过程。

采用科学的加工方法，可以保证宠物食品原料中的淀粉成分转变成可溶的形式，避免对原料中蛋白质的过度加工或破坏，满足宠物食品的粒度、形状与容重等物理特性要求，以保证宠物食品的质量。

（一）影响宠物食品品质的因素

宠物食品的营养价值会因受到外界环境因素的影响而遭受破坏，这些因素包括光线、空气、热源、熏蒸消毒剂、辐照、运输与储存条件等。

1. 光线

食品中多种成分经光照射后会起化学变化而破坏分解。常见者如叶酸及维生素 B_2，因此制作、储存、运送时，应将食品放在阴暗处以减少营养成分的破坏。

2. 空气

食品制作过程中如搅拌过度，会增加营养成分如维生素 A 的氧化，添加抗氧化剂有助于减缓氧化的过程。

3. 加热处理

食品经干热和蒸汽处理会导致营养成分的变化，甚至产生有毒的物质和抗养分吸收的物质。

一般而言，破坏的程度与温度及时间成正比，如加热不当氨基酸在蛋白质中会形成共价键，或氨基酸与脂肪和碳水化合物共价键结合而形成不可消化的物质。多数维生素在高温下也会破坏，特别是维生素 B_1、维生素 B_6、维生素 A 和维生素 C。加热处理对食品（原料）的物理性状也会有影响，如挤压膨化凝结成块、变硬、焦化，产生异味而降低适口性。另外，加热处理不当会导致食品（原料）发霉，脂肪酸氧化，适口性下降。

4. 60℃辐照处理

以谷类为主的原料通常采用 60℃辐照处理，其承受 5min 的照射通常不会出现营养物质的破坏，维生素 B_1、维生素 B_6、维生素 E 可能会受到轻微的影响，而蛋白质成分几乎不受任何影响。原料中若有水汽存在，经照射后会产生羟自由基，不仅使维生素氧化增加，宠物吃下后也会对机体组织器官造成损害。

5. 熏蒸

较常使用的原料熏蒸消毒剂是环氧乙烷气体，经其处理的原料营养成分变化不大，但必须放在室温环境中充分的通风，以免药剂残留，影响宠物生理特性。否则，残留的物质被吸收后，要在肝脏中代谢分解，其可能对肝脏造成毒害。

6. 运输

运输过程造成原料损害的原因有因挤压造成膨化食品的破碎以及包装破损和运输环境不良导致营养成分的丢失、变质或污染。可选用硬质容器、料袋和厚纸袋包装。硬质容器可防止食品被压碎，塑料袋可隔潮，厚纸袋通气性好，最好混合使用上面的包装材料。国外有采用冷藏、充氮运输车运送食品的，在封柜前将氮气充入货柜。

（二）质量监测

加工好的宠物食品成品应进行抽样，检测是否达到国家规定营养标准、化学污染物标准（表 3-10）和微生物标准（表 3-11），质检合格的宠物食品方可出厂。

表 3-10　宠物食品成品化学污染物标准　单位：mg/kg

项目	砷	铅	镉	汞	黄曲霉毒素
标准	≤0.7	≤1.0	≤0.2	≤0.02	≤20.0

表 3-11　宠物食品成品微生物标准

项目	大、小鼠	兔	豚鼠	地鼠	犬	猴
菌落总数/（CFU/g）	$\leq 5\times10^4$	$\leq 1\times10^4$	$\leq 1\times10^4$	$\leq 1\times10^4$	$\leq 5\times10^4$	$\leq 5\times10^4$
大肠杆菌/（MPN/100g）	≤30	≤90	≤90	≤90	≤30	≤30

续表

项目	大、小鼠	兔	豚鼠	地鼠	犬	猴
霉菌和酵母菌/（CFU/g）	≤100	≤100	≤100	≤100	≤100	≤100
致病菌（沙门菌）	不得检出	不得检出	不得检出	不得检出	不得检出	不得检出

（三）宠物食品的标签要求

商品化宠物食品必须附有标签，以确保使用单位了解所购食品的有关内容，包括宠物食品名称，食品营养成分分析保证值和卫生指标，主要原料名称，使用说明，净重，生产日期，保质期（注明储存条件及储存方法），生产企业名称、地址及联系电话等。还可以标注商标、生产许可证、质量认证标志等内容。标签不得与食品的包装物分离。

二、宠物食品质量管理

（一）相关概念

1. 宠物食品质量概念

由于宠物食品的使用价值体现在其具有可食用性，因此，宠物食品质量可定义为宠物食品满足宠物或宠物主人明确的或隐含的需要的特性。

2. 宠物食品质量管理体系

宠物食品质量管理体系是一种对宠物食品生产过程中各个环节，包括宠物食品原料采购、加工、质量检测以及储存和运输等全面监控和管理的体系，以确保宠物食品的安全、营养和质量稳定。

（二）宠物食品质量管理的意义

随着人们生活水平的提高，宠物主人对宠物食品的要求也越来越高，宠物食品的安全性受到了更加广泛的关注。动物性原料必须经兽医主管部门批准并符合宠物食用的标准。宠物食品生产商首先要保证宠物食品的质量安全。宠物食品未来的发展难以预料，但优质、安全和达到营养标准仍是关注的主题。今天，人们对功能性宠物食品仍有争议，虽然功能性新产品不断推出，但由于担心宠物食品添加剂会影响宠物的健康。因此，消费者可能不太愿意使用功能性添加剂饲喂宠物，而其他许多宠物保健食品或许受市场欢迎，包括适口性好、功能性强、确实能改善宠物体质的产品及天然食品。

宠物主人们对宠物食品怀有不同的期待，其中最主要的就是宠物食品是否安全，是否有充足的营养，是否能使宠物更健康等。其中宠物食品的安全和宠物食用之后是否健康是很多宠物主人认为最重要的主题，对那些不惜花费大量金钱购买优质产品的消费者来说尤其如此。即使那些不那么看重健康因素的宠物主人也会给其宠物饲喂某种特殊的产品，期待在喂宠物时能感受到它们的愉悦，还有些宠物主人则主要对购买经济型产品感兴趣，但仍然对宠物食品安全性和健康性有标准方面的要求。因而，对宠物食品的质量安全进行必要的管理和规定，不仅对于宠物的健康十分重要，而且对于宠物主人进行放心的饲养具有重要的意义。

（三）宠物食品的质量标准

我国现行的宠物食品国家标准有 GB/T 31216—2014《全价宠物食品　犬粮》、GB/T 31217—2014《全价宠物食品　猫粮》、GB/T 23185—2008《宠物食品　狗咬胶》、SN/T 1019—2017《出口宠物食品检验检疫规程　狗咬胶》、SN/T 3772—2014《进境宠物食品检验检疫监管规程》、SN/T 2854. 2—2012《出口宠物食品检验检疫监管规程　第 2 部分：烘干禽肉类》、SN/T 2854. 1—2011《出口宠物食品检验检疫监管规程　第 1 部分：饼干类》等。农业农村部在 2018 年发布了包括《宠物饲料管理办法》《宠物饲料生产企业许可条件》等 6 个相关规范性文件。2020 年，《宠物饲料标签规定》正式执行，这一规定规范了原料、配料、添加剂的说明和含量，提出美毛、去泪痕等功能性描述需具备证明材料。

全价宠物食品的质量标准，主要包括感官指标、水分指标、加工质量指标、营养指标和卫生指标。

（1）感官指标　主要指色泽、气味、口感和手感等，这些指标可对原料及成品进行初步鉴定。

（2）水分指标　含水量一般要求北方不超过 14%，南方不超过 12%。

（3）加工质量指标　检测项目有产品的混合均匀度、粉碎粒度、杂质含量、颗粒的硬度、粉化度及糊化度等。

（4）营养指标　主要包括能量、粗蛋白质、粗纤维、钙、磷、盐、必需氨基酸、维生素及矿物质等。

（5）卫生指标　主要检测有毒有害物质及微生物等，如重金属砷、铅、汞等，以及农药残留、黄曲霉毒素等。

通过饲料质量标准及法规的实施，可使其生产、加工、销售、运输、储存和使用都在监督之下，禁止使用不安全的原料，可确保动物健康。

（四）宠物食品质量管理的作用

1. 有助于保障宠物健康

宠物食品生产的流通环节比较多，如不注意加强质量管理，保证宠物食品卫生的要求，很容易造成宠物食品污染，从而危害宠物健康，甚至造成生命危险。做好宠物食品质量管理，可以预防、减少食物中毒和食源性疾病的发生，有助于保障宠物健康。

2. 提高宠物食品企业产品竞争力的重要手段

宠物食品企业产品能否占有市场、具有较强的竞争力，基本上取决于产品的质量状况。

3. 有助于提高宠物食品企业的经济效益

搞好宠物食品质量管理，有助于减少生产过程中的损失和浪费，减少原材料、动力和工时的消耗，降低产品的成本，从而提高劳动生产率。用比较少的消耗生产出更多更好的宠物食品，尽快占有市场，易于销售，从而缩短库存时间，加速资金周转，同时还能不断提高宠物食品生产企业的经济效益。

4. 有助于国际贸易的进行

加强宠物食品质量管理有助于企业按国际通用标准生产出高质量的产品。海关等部门依照我国的法规对进出口宠物食品质量和安全进行严格管理。在加入 WTO 以后，我国的对外贸易经常面对如何对待进口对象国的贸易技术堡垒。一方面，我们要加强品质质量管理，提高出口宠物食品质量，促进宠物食品出口；另一方面，我们也要提高检测检验水平，提供有利的质量保证，推动宠物食品的出口。

（五）宠物食品质量管理的基本措施

宠物是人类的朋友，对产品的质量要求基本可以等同于对人吃的食品的质量要求。从事宠物食品的生产时，从原料到运输到加工检测再到包装的整个链条都容不得一丝马虎。而合格的原料是保证产品质量的基础和关键。企业要规定选料的工厂必须是在检验检疫部门注册备案的工厂，在硬件、软件上都要达到一定标准。企业的质量控制模式要严格按照检验检疫部门的要求，安排专门的人员对全国各地的原材料市场进行调研，考察原料厂家的环境、卫生、生产能力等一系列的硬件条件，要求每一批原料在进厂时必须出具检验合格证、运输车辆消毒证，并派专人检验合格后方可入库。在对原料厂家的管理上，应参照检验检疫部门日常监管的方式对原料供应商进行定期评价，根据评价结果确定保持供应商或更换供应商，如果原料在验收时出现问题，立即封存原料，停止供应商供货资格。

为配合检验检疫的要求，企业对每一批产品的加工工序都要进行监控，严格控制生产过程中的温度、细菌等各项指标，定时将相应的监控记录进行备案。出厂的每一份产品都必须通过金属探测仪的测试，对不合格产品的生产时间和数量进行记录后再实施销毁，绝不能让问题产品流出厂外。在出运前，检验检疫部门要对产品按规定进行采样送实验室检测，确保没有问题后才可放行。

企业可在检验检疫部门的指导下进行 ISO 9000、ISO 14000 质量体系认证及 HACCP 系统认证和卫生登记备案，这些都是企业在国际市场制胜的法宝。GMP、HACCP 系统和 ISO 9000 标准系列都是行之有效的食品卫生与质量控制的保证制度和保证体系。GMP 是食品企业自主性质量保证制度，是构筑 HACCP 系统和 ISO 9000 标准系列的基础，HACCP 系统是在严格执行 GMP 的基础上通过危害风险分析，在关键点实行严格控制，从而避免生物、化学和物理的危害因素对食品的污染。ISO 9000 标准系列是更高一级的管理阶段，包含了 GMP 和 HACCP 的主要内容，体现了系统性和法规性，已成为国际通用的标准和进入欧美市场的通行证。这些保证制度和体系已被实践证明对确保食品卫生与安全是行之有效的。但“放之四海而皆准”的往往是一些普通原则，必然缺乏针对性，在执行过程中需要较长时间的磨合。GMP、HACCP、ISO 9000 标准三者在内容上重复之处颇多，因此应推行一种针对性强，易于操作的规范制度。

必备技能

一、原料的质量控制

原料质量是宠物食品质量的基本保证，只有合格的原料才能生产出合格的产品，产品质量同原料质量密切相关。研究表明，食品产品营养成分及质量的差异40%~70%来自原料质量的差异。如果原料有结块、发霉、污染、虫蛀、变质等质量问题，则产品质量就得不到保证。因此，在采购原料时要注意质量，在运输、装卸或使用等过程中，要防止潮湿、高温等不良因素对原料质量的影响；应按国家有关质量标准对原料进行质量检查与定量分析，保证新鲜，无生物性、化学性污染物质，如细菌毒素、微生物毒素、杀虫剂、虫害、植物性有毒物质、营养成分分解物质、亚硝酸盐类和重金属等；不使用异味、霉变、虫蛀的菜籽饼、棉籽饼和亚麻仁饼等作为原料，以保证原料的质量能满足食品加工的需要。

（一）宠物食品的细菌污染

自然界中，细菌几乎无处不在，宠物食品在生产、加工、储存、运输、销售及消费过程中，随时都有被细菌污染的可能。宠物食品的细菌污染是最常见的食品污染，会引起宠物食品腐败变质、宠物食品中毒及介入食品传播的传染病等，从而造成对宠物健康的损害。

所谓食品污染，按世界卫生组织的定义是指“食物中原来含有或者加工时人为添加的生物性或化学性物质，其共同特点是对机体健康有急性或慢性的危害”。

污染宠物食品的细菌有致病菌、条件致病菌和非致病菌3类。污染食品后使机体致病的为致病菌，如伤寒杆菌、痢疾杆菌等；条件致病菌在通常条件下并不致病，当机体抵抗力下降时，就有可能致病，如变形杆菌、大肠杆菌等；非致病菌一般不引起疾病，但它们却与食品腐败变质密不可分，并为致病菌的生长繁殖提供条件，而且食品腐败变质时，细菌的代谢等也会对机体产生有害的物质，因此常常是评价食品卫生质量的重要指标，如芽孢杆菌属、假单胞菌属等。

（二）宠物食品细菌污染的途径

宠物食品在生产、加工、储存、运输、销售及消费过程中，随时都有被细菌污染的可能。

1. 原材料的污染

一般天然宠物食品内部没有或很少有细菌，但宠物食品原料在采集、加工前已被环境中的细菌等微生物污染，原料破损之处尤其居多。即使在运输储藏过程注意卫生措施，但由于在产地早已污染了大量细菌，如果未能及时进行处理，这些细菌是不会消失的，而且还会不断繁殖。因此，加工前的原料中所含有的细菌比加工后多得多。

2. 加工过程的污染

容器、用具、管道未清洗干净或使用不当，生产工艺不合理，个人卫生及环境卫生不良等均可造成宠物食品的细菌污染。宠物食品加工过程中受细菌污染的机会很多，主要有以下3种方式。

（1）环境污染　生产车间内、外环境不良，空气中的细菌会随灰尘沉降到宠物食品、宠物食品加工原料及加工机械设备上而造成宠物食品的污染。鼠、苍蝇及蟑螂等一旦接触加工宠物食品，其体表与排泄物就会造成污染。

（2）加工中的交叉污染　一般情况下，宠物食品经过加工处理后，对宠物食品上的细菌的生存是不利的，但如果加工过程不合理的操作和管理，灭菌不彻底，加工用水不卫生，不符合水质卫生标准也会造成细菌对宠物食品的污染。此外，若加工过程原料、半成品、成品交叉污染，未能使生熟宠物食品分开，则宠物食品中细菌的数量不但不能得到控制，还会因此加重污染。

（3）从业人员的污染　宠物食品从业人员如果不注意个人卫生，不认真执行卫生操作规范，或从业人员患有传染性疾病等均会通过其手、衣帽、呼吸道、痰沫、唾液等造成食品的污染。

3. 运输与销售过程的污染

宠物食品运输的交通工具和容器具，散装食品的销售用具、包装材料不符合卫生条件都可使食品造成污染。

4. 宠物食品消费过程中的污染

宠物食品在消费过程中也可能被污染且易被忽视，宠物食品购买后不合理的存放、存放时间过长或烹调用具的不卫生等均会造成食品的污染。

（三）宠物食品细菌污染的危害

1. 宠物食品营养价值降低

污染宠物食品的细菌会在宠物食品中大量繁殖，引起宠物食品的腐败变质，使宠物食品的营养价值、感官品质和商品价值降低。

2. 宠物食物中毒

细菌在适宜的温度、湿度、水分、pH 等条件下大量繁殖，使宠物食品含有大量的致病菌，当宠物摄入一定量的活菌，就会导致消化道疾病，此外，有些污染菌在宠物食品中繁殖并产生毒素，引起宠物中毒。

3. 传播人兽共患病

当宠物食品经营管理不当，特别是对原料的卫生检查不严格时，销售和食用了严重污染病原菌的畜禽肉类，或加工、储藏、运输等卫生条件差，致使宠物食品再次污染病原菌，可能造成人兽共患病（如炭疽病、布鲁氏菌病、结核菌、口蹄疫等）的大量流行。

二、加工过程中的质量控制

（一）加工工序质量管理

为了保证宠物食品的质量，在加工中应确保加工工序的工作质量。

1. 清理

原料及副料都应进行清杂、除铁处理。清理标准：有机物杂质不得超过 50mg/kg，直径不大于 10mm；磁性杂质不得超过 50mg/kg，直径不大于 2mm。为了确保安全，在投料坑上应配置条距 30~40mm 的栅筛以清除大杂质。此外，在原料粉碎或挤压膨化之前，还应进行去杂除铁。要经常检查清选设备和磁选设备的工作状况，看有无破损及堵孔等情况。还要定期清理各种机械设备的残留料。

2. 粉碎

粉碎过程主要控制粉碎粒度及其均匀性。粒度过大和过小都导致物料离析现象的发生，从而破坏产品的均匀度。各种宠物食品都有一个合适的粒度范围，应按其要求保证合适的粉碎粒度，在粉碎作业中，要注意检查粉碎机筛板是否破坏、筛托固定螺栓有无松动漏料等情况，对预混合原料的粉碎，最好使用气流分级。

3. 计量

配料计量精度的高低直接影响到食品产品中各组分的含量，对宠物影响极大。要保证计量准确无误、计量设备定期校验。操作人员必须有很强的责任心，严格按配方执行。

4. 混合

在加工生产中，混合起着保证食品加工质量的作用。其控制要点主要有选择适合的混合机、正确的混合操作程序，并定时检查混合均匀度和最佳混合时间，还要防止更换配方时或预混料混合时的交叉污染。

5. 成型

挤压膨化食品生产率的高低和质量的好坏，除与挤压膨化机性能有关外，很大程度取决于原料的成型性能（压制成型的难易程度）和调质工艺。同样一台成型设备，由于物料特性、工艺条件和操作水平的差异，其生产率可能相差3~4倍。膨化的工艺条件是根据食品配方中主要原料的理化特性、日粮的制粒性能制订的，它主要包括为成型作准备的物料调质情况，即蒸汽压力、温度、水分及调质时间。研究表明，按不同的原料和饲喂要求来调质，可提高膨化食品的硬度，减少粉化率，并对食品原料起到消毒作用。

6. 储藏

因为原料供应和产品销售受到诸多因素的制约，为保证食品厂生产、销售等正常运转，需要建立仓库，进行必要的储存。影响原料或产品储存质量的主要因素：仓库的温度和相对湿度如果控制不当，则会使储存物料结块、发霉、变质；管理制度如不严格，会造成储存物料乱堆放或混杂，不能按时间顺序和数量要求进出物料；安全防护如不得力，会出现老鼠啮咬，造成污染、损失等。

（二）挤压膨化过程质量管理

宠物食品在挤压膨化加工过程中，其营养成分会发生变化，挤压膨化加工对宠物食品中蛋白质、脂肪、粗纤维、维生素等营养物质的影响如下。

1. 蛋白质

宠物食品原料中蛋白质经适度热处理可以钝化某些蛋白酶抑制剂，如抗胰蛋白酶、脲酶等，提高消化利用率。研究表明，采用高温短时膨化，蛋白质和氨基酸利用率降低不明显，但过分加热会使赖氨酸等重要氨基酸脱去氨基，与葡萄糖分子结合而影响酶的作用，使宠物机体难以消化吸收，造成蛋白质的损失。因此，动物性蛋白质原料的加热温度和时间要适当。

2. 脂肪

宠物食品原料中含有多种由微生物分泌的脂肪酶，使食品（原料）中脂肪在储存中易发生酸败，而这些脂肪酶在50~75℃条件下会失活，经过膨化后脂肪酶会完全失活，原料中大部分微生物也会被杀死，有利于提高食品的储藏性能。另外，膨化食品的游离脂肪酸含量有所升高，低密度的膨松结构使脂肪易被氧化，因此在食品原料中或在油脂中添加抗氧化剂亦有必要。

3. 粗纤维

宠物机体不能分解吸收纤维素、半纤维素，食品经过膨化后，由于湿、热、压力和膨化作用，使粗纤维中细胞间及细胞壁内各层木质素熔化，使部分氢键断裂，结晶度降低，高分子物质发生分解反应，原有的紧密结构变得膨松，释放出部分被包围结合的可消化物质，扩大了食品的消化面积，从而提高了这部分食品的消化率和利用率。因此，纤维含量多的食品原料经过膨化后，消化率都有所提高。

4. 维生素

大部分维生素对热、湿敏感，在120~160℃条件下会有不同程度的损失。因此，在加工过程中要选择经稳定化处理的维生素添加剂。研究表明，普通的维生素A在犬食品的挤压膨化中损失达40%，而采用高稳定性维生素A损失只有12.5%。对于稳定性好的维生素可在混合时或配料时加入，而稳定性差的维生素最好在膨化后进行颗粒表面喷涂，这样可大大减少损失。另外，要严格控制挤压膨化、调质的工作条件，在满足膨化的前提下，尽量减少对维生素的破坏。

另外，大豆中含有胰蛋白酶抑制因子等影响宠物对蛋白质消化利用的不良因子，采用挤压膨化可有效地降低胰蛋白酶抑制因子等抗营养因子的活性，提高大豆饲用价值。棉籽饼含有棉酚，菜籽饼含有芥子甙，后者在宠物体内还会分解成异硫氰酸盐和噁唑烷硫铜等毒素，膨化过程也能降低这些毒素的含量。原料常含有大肠杆菌、沙门菌等有害微生物，特别是动物性食品原料中含量较多，这些有害微生物经高温、高湿、高压和膨化作用，亦可大部分被杀死。

(三) 颗粒大小的影响

原料的颗粒大小，对宠物食品组织结构和均匀度有一定影响，而且只有原料的颗粒大小均匀，才能保证所有颗粒的吸水量一致，从而提高宠物食品质量。虽然挤压熟化加工可以利用各种大小的原料颗粒，但为了防止原料颗粒在挤压熟化前的混合与运输过程中产生分离，颗粒的大小与容重应尽量一致。

如果原料颗粒太大，可能导致成品中含有不合格和熟化不当的颗粒，使成品的外观与适口性变差。如果原料颗粒大于模孔，则会使模孔阻塞，甚至部分损坏，从而导致产品外观较差，并影响系统的加工能力。只有所有原料的颗粒大小均匀，才保证所有原料颗粒在挤压加工中得到充分而均匀地熟化，从而避免成品中出现硬的、熟化不足的颗粒。

一般多数宠物食品生产厂家都是先将原料粉碎后，才进行挤压加工。生产干膨化宠物食品时，通常在挤压加工前先经锤片式粉碎机粉碎，要求粉碎机的筛板孔直径为1.6mm或2.0mm。而生产半湿产品与软膨化宠物食品时，其原料混合物在挤压前所要求的颗粒大小可能较小。若原料混合物中未采用粉状原料，则通常用20目（美国标准）筛片过筛。如果成品的外形要求精细或挤压机的模孔较小，如模孔直径小于3.2mm，建议先将原料混合物粉碎，使其能通过20目筛片。

(四) 影响宠物食品适口性的因素

为了促进宠物采食足量的必需营养物质，保证宠物具有良好的食欲，宠物食品必须具有良好的适口性。宠物食品的适口性受很多因素的影响。其中主要影响因素包括原料的等级和配方、生产工艺、风味剂的使用。

原料的选择对适口性有着极大的影响。为了生产高质量的宠物食品，在选择配方所需原料时要十分谨慎。宠物食品制造商需要与原料供应商经常沟通，表达清楚自己的需求，定期对供应商进行考核和审计，这是保证高品质原料供应稳定的方式。肉粉、脂肪的品质与新鲜度对适口性有着显著影响，玉米小麦是否霉变也会让敏感的宠物感受得到。不能单说某一种名称的原料是否具备好的适口性，而应该更多关注这一原料的品质。比如脂肪是一种重要的原料，在烘干的颗粒表面喷涂脂肪既可以增加产品风味，又可作为能量来源。但脂肪极易氧化，喷涂的脂肪须含有较低的游离脂肪酸和过氧化物，没有焦煳味、粪臭味和哈喇味。劣质脂肪会给适口性带来严重的问题。

生产工艺影响着产品的容重、质构、颗粒、大小等，从而对适口性有着显著的影响。预处理过程中对原料的混合和粉碎影响着成品的均匀度和质构。在挤压膨化前进行调质能够大大提高淀粉的糊化程度，还能改善颗粒质地和适口性。膨化的过程中形成了很好的颗粒形状和稳定的密度。宠物猫更喜欢酥脆的口感，宠物犬则能接受较硬的颗粒。干燥的过程影响着宠物食品最终的水分含量。如果水分过高（大于 10%），会导致宠物食品发霉，从而引起宠物拒食、消费者抱怨、产品召回等，会让宠物食品公司付出昂贵的代价。干燥准确率是非常重要的参数，对阻止那些颗粒内部还没有烘干外部已经硬化的现象很重要。

另一个影响宠物粮适口性的重要因素就是宠物食品风味剂的应用，风味剂是一种专门为宠物食品、零食、营养补充剂提供更好口味的复合成分体系。它能保证宠物从所食宠物粮中获得所需的关键营养素，能引诱宠物摄取一些天然食材中无法满足的营养成分。风味剂和宠物粮的配方一样重要，都是核心成分。如果宠物不喜欢吃一种宠物粮，或者宠物主人没有察觉到他们的宠物不喜欢所吃的粮，不管这种粮的配方搭配多健康，都会造成宠物营养缺乏，从而造成一系列严重的后果。因此宠物行业的龙头企业在研发上都是不惜重金，确保能准确测试宠物粮的适口性。宠物风味剂在全球许多地区都有广泛的使用，在干粮上的使用比例比湿粮上大得多。

（五）可加工性

1. 淀粉类原料

对淀粉类原料进行适当加工可改善宠物食品的消化率。加工的难易程度随淀粉或淀粉类谷物的品种来源不同而变化。玉米与块茎类容易膨化，作为主要淀粉来源时，其宠物食品产品的容重一般较低。相比而言，小麦与稻谷或面粉则需要更大的功率才能使产品获得相似的容重与产量。即使在同一谷物品种内，其可加工性仍存在差异。软质小麦及其副产品要比含蛋白质较多的硬质小麦更容易膨化。

2. 蛋白质类原料

未经熟化的油菜籽蛋白质是多数宠物食品的主要成分之一，可部分溶于水。这类蛋白质经挤压系统中的温度、水分及停留时间等条件作用后，将具有延展性，在其细胞结构外形成良好的包膜层，同时因变性而失去水溶性。蛋白质一旦失去水溶性，也就丧失了许多功能特性，甚至变得没有活性，即难以再现其延展性。所以，许多可用的动物性蛋白质原料因其蛋白质溶解度较低而很少对产品膨化发生作用，甚至有可能阻碍产品的膨化。

许多植物性蛋白质的水溶性较高，这种蛋白质可通过挤压熟化加工成组织化的蛋白质产品。该产品的容重受到挤压过程的控制，这一点与淀粉类原料的容重非常相似。由于原料具有各自不同的可加工性，因此将淀粉类原料与蛋白质类原料混合可生产出各种不同质量的产品。

在挤压膨化期间，如果产品中淀粉类原料含量高，最利于产品的膨化，其次是植物性蛋白质，而动物性蛋白质对膨化则无促进作用，甚至会起阻碍作用。因此，在那些因蛋白质含量高而限制淀粉用量的配方中，淀粉类原料必须是纯淀粉或经严格选择的谷物，只有这样才能保证最佳的膨化。若不能使淀粉含量达到适当膨化所需的水平，则应添加小麦面筋或大豆粉等植物性蛋白质，以便促进膨化。

3. 脂肪或脂类

脂肪或脂类除具有与蛋白质相似的增强食品咀嚼性及韧性的作用外，还具有润滑性与弹性。当脂肪总含量低于8%时，可增强宠物食品的膨化性能，但当脂肪含量高于8%时，则会减弱面团强度与膨化性能，并使产品的质地变软。在生产加工脂肪含量17%以上的高能量宠物食品时，建议在产品干燥冷却后，从外部将脂肪以喷涂的方式添加到产品中。

脂肪来源对膨化率也会产生影响，以特定原料形式提供的脂肪与以纯脂肪或几乎纯脂肪的形式添加的脂肪相比，对膨化的影响小，如以全脂油菜籽提供脂肪对膨化的影响要小于纯菜籽油。

在宠物食品配方中添加0.5%~1%甘油单酯，可消除粗糙的表面，减少细粉尘，并使产品具有更明显的形状。另外，甘油单酯可与直链淀粉和蛋白质形成复合物，从而使许多膨化产品的黏度降低。

4. 粗纤维

粗纤维中纤维素和半纤维素等物质是食品（原料）中活性相对较差的成分，当其含量占混合物总重的15%以上时，则会减弱产品的膨化性能。

5. 灰分

低灰分原料可改善产品的膨化性能，并减少挤压部件的金属磨损。从营养与健康的角度，低灰分原料的选择对于生产宠物猫的食品尤为重要。

多数宠物食品配方中都含有纤维素、矿物质、食盐、维生素及增色剂、乳化剂等，这些成分或原料含量的增加会降低产品的膨化性能。

（六）挤压加工变量的影响

在宠物食品加工中，与挤压熟化系统有关的加工变量对宠物食品质量有很大影响，其中一些重要的加工变量对宠物食品的影响如下。

1. 预调质

预调质是挤压熟化系统中的一个重要工序。可将蒸汽、水、调味剂、增色剂以及其他液体（如脂肪、肉浆与可溶物）加入调质圆筒中，与原料混合物掺和。预调质可以改善产品的风味与组织结构，增加物料进入挤压机的流量。当物料在80~93℃调质圆筒中的停留时间稍有增加时，就可以明显提高挤压机的处理量及成品的熟化效果，而在同一调质圆筒中，增大蒸汽流量与能量输入则成品也能获得同样好的效果。

2. 熟化

挤压机螺筒内螺杆部件的几何设计或结构具有多变特性。合理的设计或结构，将有助于产生机械剪切力与摩擦，使原料混合物通过挤压机螺筒时，能提供充足的热量来熟化物料或使之糊化，并最终将物料挤出模孔。因此，挤压机螺筒内螺杆部件的设计与结构是重要的加工变量之一。

3. 添加水分

在挤压过程中添加水分对于淀粉糊化、成品风味的形成以及挤压机的处理量与维修费用都有重要的影响。挤压机螺体内低水分物料能增加摩擦阻力，从而需要更大的功率，而高水分物料则会降低摩擦阻力，提高产量，并减少对挤压机部件的磨损。

4. 挤压机螺筒内的压力

挤压机螺筒内的压力一般取决于压模模孔与物料进入挤压机的流量。压力释放致使水变为蒸汽，从而引起成品膨化。因此，对物料给定模孔的流量进行调节，可有效地控制成品的容重。多数挤压机都装有夹套，热流体（蒸汽或水）可通过夹套循环流动来增加或减少传递给挤压机螺筒内物料的热能，从而利于控制成品的形状与容重。向挤压机螺筒内直接输入蒸汽是提高成品熟化程度的方法之一。

三、储运中的质量控制

宠物食品在库房中存储时，要码放整齐，避免混料或发错现象发生，保持存储环境的干燥、避光、通风、整洁与卫生。

在运输过程中，要防止雨淋、日晒，避免包装破损，保证产品质量。

项目小结

项目	内容	要点
相关知识	影响质量的因素	（1）影响宠物食品品质的因素；（2）质量监测；（3）宠物食品的标签要求
	宠物食品质量管理	（1）相关概念；（2）宠物食品质量管理的意义；（3）宠物食品的质量标准；（4）宠物食品质量管理的作用；（5）宠物食品质量管理的基本措施
项目实施	原料的质量控制	（1）宠物食品的细菌污染；（2）宠物食品细菌污染的途径；（3）宠物食品细菌污染的危害
	加工过程中的质量控制	（1）加工工序质量管理；（2）挤压膨化过程质量管理；（3）颗粒大小的影响；（4）影响宠物食品适口性的因素；（5）可加工性；（6）挤压加工变量的影响
	储运中的质量控制	保持存储环境的干燥、避光、通风、整洁与卫生；在运输过程中，要防止雨淋、日晒，避免包装破损，保证产品质量

思政角

杜欣芳：成功等于坚持，坚持做好该做的每一件小事

杜欣芳，乖宝宠物食品集团股份有限公司副总裁兼麦富迪事业部总裁，中国宠物行业的杰出代表之一。在进入宠物行业之前，杜欣芳已在快消品领域积累了丰富的经验。然而，她并未安于现状，而是敏锐地捕捉到了宠物行业这一新兴市场的巨大潜力。经过一年的深入调研，她毅然决然地投身其中，开启了全新的创业征程。这一决定，不仅展现了她敢于挑战自我的勇气，更体现了她对梦想的执着追求和对市场的敏锐洞察。

在创业初期，杜欣芳面临着前所未有的挑战。市场知名度低、渠道建设困难、消费者基础薄弱，种种问题接踵而至，让她一度陷入了迷茫与挣扎。然而，正是这些困难与挑战磨砺了她的意志、坚定了她的信念。她深知，成功从不是一蹴而就的，只有坚持做好每一件小事，才能逐步积累起成功的基石。于是，她带领团队夜以继日地工作，不断优化产品、拓展市场、提升服务，最终让麦富迪逐渐在市场上站稳了脚跟，并赢得了广泛的认可与赞誉。

杜欣芳的成功，不仅仅在于她的事业成就，更在于她所传递的价值观与人生哲理。无论是产品研发、生产还是销售服务，她都力求做到最好，以满足宠物及主人的需求。同时，她也积极倡导行业内的友善竞争与合作共赢，共同推动宠物行业的健康发展。这种以爱为本、以责任为重的精神风貌，不仅赢得了消费者的信赖与尊重，更为整个行业树立了良好的形象与风气。

杜欣芳的故事告诉我们成功并非遥不可及，只要我们怀揣梦想、坚定信念、勇于坚持并做好每一件小事，就一定能够迎来属于自己的辉煌时刻。同时，她也提醒我们在追求事业成功的同时，更要不忘初心、牢记使命、关爱他人、回馈社会。只有这样，我们才能真正实现个人价值与社会贡献的和谐统一。

让我们以杜欣芳为榜样，不断学习她的精神品质与人生智慧，努力成为有理想、有道德、有文化、有纪律的新时代青年。在未来的日子里，让我们携手并进、共同奋斗，为实现中华民族伟大复兴的中国梦贡献自己的青春与力量！

学习情境四 宠物食品品质检验

宠物食品生产企业的品管员和化验员承担着企业的原料采购、宠物食品生产和成品的监督检验、宠物食品质量控制等工作。本情境包括宠物食品质量检测的基本内容与方法、样品的采集与制备及实验室测定宠物食品中常规营养成分含量等项目。

情境目标

◆ 知识目标

1. 掌握宠物食品品质检验的内容和方法；
2. 掌握宠物食品常规营养成分含量测定的原理；
3. 掌握分析化学基本知识与实验仪器基本操作要求。

◆ 技能目标

1. 能够依据检验要求正确安装和调试所需仪器设备；
2. 能快速和准确地检测宠物食品常规营养成分含量，撰写品质检验报告单。

◆ 素质目标

1. 认真记录检测数据，培养严谨务实的态度，提高分析问题、处理问题的能力；
2. 宠物食品常规营养成分含量检测过程中，规范使用仪器设备及试剂，提高安全意识。

项目一　宠物食品质量检测的基本内容与方法

合格的宠物食品会带给宠物均衡的营养需求，可以有效地避免宠物营养过剩和缺乏现象，使其更加健康和美观。随着消费习惯的升级，消费者注重宠物的科学喂养，也愈加重视宠物食品的安全合格性。对宠物食品的监管始于2005年，随着近年来宠物食品召回事件频频发生，监管部门也加大了对宠物食品安全的抽检力度，宠物食品安全相关检测需求剧增。通过学习，理解宠物食品质量检测的重要意义，了解宠物食品质量检测的基本内容与方法，为进行宠物食品原料或成品质量检测奠定基础。

项目目标

一、知识目标

1. 理解宠物食品质量检测目的和检测指标；
2. 掌握宠物食品质量检测项目和国家相关部门制定的有关标准。

二、技能目标

1. 掌握宠物食品实验室检测的程序和方法；
2. 了解实验室评价新宠物食品原料及产品的步骤。

三、素质目标

1. 善于学习，善于接受新事物和新知识，努力提升自身能力素质；
2. 学好专业知识，为宠物行业发展贡献力量。

必备知识

一、宠物食品质量检测目的

随着人们对宠物食品需要日益增加，宠物食品工业正在迅速兴起，许多商业、粮食、畜牧、农垦、社企、水产、石油等农业相关系统和个体户纷纷兴办饲料加工厂，厂家繁多，类型各异，产品的质量差异很大。许多工厂和部门还未建立必要的品质检验和质量分析实验室，缺乏必要的分析检验手段与化验设备，缺少基本的检验队伍，缺乏对原料、生产工艺、成品的质量监督与控制，致使市场流通的产品质量不高，合格率低。此外，在宠物食品中还发现了违规违禁药物、激素等添加剂，难以保证宠物食品的安全和质量。因此，正确有效地进行宠物食品的质量检测，对于加强生产管理，提高宠物食品的质量，监督执行国家制定的相关质量标准具有重要的指导作用。

通过正确有效地进行宠物食品分析检验工作，可以达到如下5个方面的主要目的。

（1）检验原料成分是否符合国家标准、行业标准、企业标准或合同要求。

（2）有助于控制并改进成品或半成品宠物食品的加工工艺与制造方法。

（3）校准计算机配方的成分理论计算值与实际化验分析值的差异。

（4）指导食品加工厂选择宠物食品原料或宠物食品添加剂供应货源及供应厂商。

（5）指导宠物饲养者科学合理的使用宠物食品原料、成品及半成品。

但是，宠物食品的质量检测工作必须审慎有根据地进行，做到“有的放矢”和“行之有效”。如果漫无目的地不加分析考察，不进行正确有效的宠物食品的检测方案和步骤设计，不论何种原料或产品都进行全面地分析检测，这样不仅浪费人力、财力，同时也由于项目过多过杂，抓不住宠物食品分析检测要解决的关键问题，达不到有效地进行质量控制的目的。因此，正确地进行宠物食品检验设计，不仅可以抓住主要问题，进行有效的质量控制；还可以大量地节约人力、物力和财力，节省时间，达到事半功倍的效果。

二、宠物食品质量指标

宠物食品一般按理化指标（营养指标）和卫生指标（无机污染物、微生物污染、毒素类污染）两个方面进行综合评价。

（一）理化指标

理化指标可以反映食品的营养成分，为宠物生长发育和健康提供必需的营养物质。理化指标涵盖了水分、蛋白质、粗脂肪、粗灰分、粗纤维、无氮浸出物、矿物质、微量元素、氨基酸、维生素等几方面的内容。其中，水分、蛋白质、脂肪等成分是生命的物质基础，也是最重要的营养成分指标；钙、磷是构成宠物骨骼和牙齿的主要成分，对维持神经、肌肉的正常活动，参与凝血过程都起着重要作用。

（二）卫生指标

卫生指标反映了宠物食品的安全性，2018年《宠物饲料卫生规定》规定了宠物食品需满足的安全检测项目。其主要涉及无机污染物、含氮化合物、有机氯污染物、细菌微生物及毒素类等指标，其中无机污染物及含氮物质指标包括铅、镉、三聚氰胺等，毒素类如黄曲霉毒素 B_1 等指标。细菌是最常见的宠物食品微生物污染，往往会引起食品自身的腐败变质，影响宠物的健康。

三、宠物食品质量检测项目

（一）营养成分检测

粗蛋白、粗脂肪、粗纤维、粗灰分、水分和其他挥发性物质、维生素类、矿物质、氨基酸等。

（二）重金属及其他有害物质检测

重金属（砷、铅、汞、镉、铬等）、黄曲霉毒素、多氯联苯、氰化物、三聚氰胺、农药残留、瘦肉精等。

（三）微生物检测

细菌总数、大肠菌群、沙门菌、霉菌等。

（四）兽药残留检测

呋喃类、磺胺类、氯霉素、土霉素、金霉素、四环素等。

四、宠物食品质量检测标准

GB/T 31216—2014《全价宠物食品　犬粮》、GB/T 31217—2014《全价宠物食品　猫粮》两个产品标准考察指标均为水分、粗蛋白、粗脂肪、粗灰分、粗纤维、水溶性氯化物、钙、磷、氨基酸、铅、汞、砷、镉、氟、黄曲霉毒素 B_1、商业无菌、细菌总数、沙门菌。前者考核的氨基酸为赖氨酸，后者考察的氨基酸为牛磺酸。各项指标所采用的方法标准见表 4-1。

表 4-1　　宠物食品质量检测项目和检测方法

序号	检测项目	检测方法
1	水分	GB/T 6435—2014《饲料中水分的测定》
2	粗蛋白	GB/T 6432—2018《饲料中粗蛋白的测定　凯氏定氮法》
3	粗脂肪	GB/T 6433—2006《饲料中粗脂肪的测定》
4	粗灰分	GB/T 6438—2007《饲料中粗灰分的测定》
5	粗纤维	GB/T 6434—2022《饲料中粗纤维的含量测定》
6	水溶性氯化物	GB/T 6439—2023《饲料中水溶性氯化物的测定》
7	钙	GB/T 6436—2018《饲料中钙的测定》
8	磷	GB/T 6437—2018《饲料中总磷的测定　分光光度法》
9	氨基酸	GB/T 18246—2019《饲料中氨基酸的测定》
10	铅	GB/T 13080—2018《饲料中铅的测定　原子吸收光谱法》
11	汞	GB/T 13081—2022《饲料中汞的测定》

续表

序号	检测项目	检测方法
12	砷	GB/T 13079—2022《饲料中总砷的测定》
13	镉	GB/T 13082—2021《饲料中镉的测定》
14	氟	GB/T 13083—2018《饲料中氟的测定 离子选择性电极法》
15	商业无菌	GB 4789. 26—2023《食品安全国家标准 食品微生物学检验 商业无菌检验》
16	细菌总数	GB/T 13093—2023《饲料中细菌总数的测定》
17	沙门氏菌	GB/T 13091—2018《饲料中沙门氏菌的测定》
18	呋喃类代谢物残留量	GB/T 39670—2020《宠物饲料中硝基呋喃类代谢物残留量的测定 液相色谱-串联质谱法》
19	黄曲霉毒素 B_1	NY/T 2071—2011《饲料中黄曲霉毒素、玉米赤霉烯酮和 T-2 毒素的测定液相色谱-串联质谱法》

必备技能

一、实验室检测

宠物食品实验室检测的一般程序和方法如下。

（1）明确进行检验的目的。

（2）明确必须分析检验的项目。

（3）确定进行项目分析检测的检测方法（感官法、物理法、化学法、微生物法、饲养实验法）。

（4）分析比较结果，看是否达到检验的目的。

（5）提交检验报告和检验相关文件。

二、实验室评价新宠物食品原料及产品的步骤

宠物食品是宠物所需要营养物质的来源，是维系宠物生命活动、生产活动及构成宠物体的物质基础。在合理利用现有宠物食品原料资源的同时，也要去积极开发新产品。新宠物食品原料包括创新的原料或产品时，绝对不可仅以简单的饲养实验便对其价值轻易下结论。为了科学和经济的配制宠物食品，充分满足宠物对各种营养物质的需要，以充分调动宠物的身体素质，在实验室中必须进行以下科学步骤，逐项评鉴其价值。

1. 感官性评价

宠物食品含有 50 种以上养分和非营养性添加剂，因此，对宠物食品营养全面性的

控制要十分严格。宠物食品的感官评价是最基本的必要的内容。

2. 安全性评价

安全性是任何宠物食品和原料在应用之前的先决条件，经过国家饲料质量监督检验部门评价后，食品（原料）所含有的毒害物质一定要在允许范围之内。毒性来源包括原料本身毒性、有机磷和有机氯农药残留、氢氰酸、亚硝酸盐、黄曲霉毒素、杀虫剂、消毒剂、化学药剂、重金属等天然毒素与污染毒物。

3. 化学成分分析

化学成分分析是评价宠物食品潜在养分价值的重要步骤，成分分析资料可以让营养学专家判断原料的适用对象，预测可供利用的养分，并配制较完整的配方进行实验。比较重要的成分资料包括水分、食品总能、粗蛋白质、氨基酸、粗脂肪、中性洗涤纤维、酸性洗涤纤维、脂肪酸组成（高脂原料才需要）、粗灰分、钙、磷、钠、氯、植酸磷、糖及淀粉等。

4. 饲养实验分析

（1）了解宠物对宠物食品接受情况，日粮中逐渐增加适用比例，以测出用量限制范围。

（2）观察和分析宠物食品外观、质地、加工等对适口性及粪便的影响。

（3）观察和分析对宠物生长、毛发发育、骨骼生长、宠物情绪等的影响。

（4）消化率或代谢率的测定。这是一项相当重要但是常被忽略的重要步骤，测定结果可以被用来印证我们的预测及判断。这个步骤主要是算出能量及氨基酸消化率。

三、广泛性生产验证

目前，我国对宠物食品产品的检验项目及广泛性验证周期尚无统一规定，根据饲料工业企业多年来的实际操作实践，主要归纳为以下几类检验形式。

1. 出厂检验项目

感官指标、水分、粗蛋白质、粉料成品粒度、挤压膨化食品含粉率为每批出厂检验项目。

2. 形式检验项目

（1）钙、总磷、盐分每 15d 检测 1 次。

（2）粗纤维、粗脂肪、粗灰分每季度检测 1 次。

（3）均匀度每半年检测 1 次。

（4）卫生指标每年检测 1 次。

3. 判定规则

（1）卫生指标中有 1 项不合格，则该批产品即为不合格，并不得复检。

（2）感官指标、水分、粗蛋白质、钙、总磷、粗纤维、粗脂肪、粗灰分、混合均匀度为判定合格的指标，检验中有不合格项目，应重新取样进行复检，经复检仍有 1 项不合格者，即为不合格。干膨化食品含粉率、盐分为参考指标，必要时可按上述检验项目检验或验收。

（3）检测与仲裁判定各项指标合格与否时，必须考虑检验项目分析允许误差。

项目小结

项目	内容	要点
相关知识	宠物食品质量检测目的	（1）检验原料成分是否符合国家标准、行业标准、企业标准或合同要求；（2）有助于控制并改进成品或半成品宠物食品的加工工艺与制造方法；（3）校准计算机配方的成分理论计算值与实际化验分析值的差异；（4）指导选择宠物食品原料或宠物食品添加剂供应货源及供应厂商；（5）指导宠物饲养者科学合理的使用宠物食品原料、成品及半成品
	宠物食品质量考核指标	（1）理化指标；（2）卫生指标
	宠物食品质量检测项目	（1）营养及功效成分检测；（2）重金属及其他有害物质检测；（3）微生物检测；（4）兽药残留检测
	宠物食品质量检测标准	检测项目和检测方法
项目实施	实验室检测	（1）明确进行检验的目的；（2）明确必须分析检验的项目；（3）确定进行项目分析检测的检测方法；（4）分析比较结果，看是否达到检验的目的；（5）提交检验报告和检验相关文件
	实验室评价新宠物食品原料及产品的步骤	（1）感官性评价；（2）安全性评价；（3）化学成分分析；（4）饲养实验分析
	广泛性生产验证	（1）出厂检验项目；（2）形式检验项目；（3）判定规则

项目二　样品的采集和制备

样品是待检宠物食品原料或产品的一部分。从待测宠物食品原料或产品中按规定采集一定数量、具有代表性样品的过程称为采样。将样品经过干燥、磨碎和混合处理，以便进行理化分析的过程称为样品的制备。样品采集是宠物食品品质分析中的第一步，也是最重要的一个环节，必须加以重视。通过学习，学会科学合理采样，正确制备与保存样品，为进行宠物食品原料或成品检测化验奠定坚实基础。

项目目标

一、知识目标

1. 理解样品采集的目的与要求；
2. 掌握样品采集和制备的方法；
3. 掌握样品登记与保存的方法。

二、技能目标

1. 能够依据品质检验要求采集和制备样品；
2. 能正确进行样品的登记与保存。

三、素质目标

1. 培养认真负责的做事态度和沟通协调的能力；
2. 引导学生应有高度的责任心和熟练的采样技能。

必备知识

从受检的宠物食品或原料中，按规定抽取一定数量具有代表性的部分，称为样品。样品一般分为原始样品，平均样品和试验样品。

一、常用样品类别

在实践中样品分类如下。

1. 核对样品

核对样品是指把同一个样品分为若干份后，再分别送往多个实验室进行分析测定。根据化验结果的方差来核对某一测定方法的准确性。

2. 混合样品

混合样品是把来自同一个批量货物（如一船、一卡车、一集装箱等）的多个样品混合以后，用来测定该批量货物的平均组成成分。

3. 单一样品

单一样品是采自一小批饲料的样品，可用于分析该批饲料的成分变异或混合均匀度等。

4. 平行样品

平行样品是将同一个样品一分为二，分别送往两个不同实验室进行分析测定。这常用来比较两个实验室之间分析结果的差异。

5. 官方样品

官方样品是指由政府采取的样品，常用于制定规格。

6. 商业样品

商业样品是指由卖方发货时，一同送往买方的样品。

7. 仲裁样品

仲裁样品是指由公正的采样员采取的样品，送往仲裁实验室分析化验，以有助于买卖双方在商业贸易工作中达成协议。

8. 参考样品

参考样品是指具有特定性质的样品，在购买原料时可作为参考比较，或用于鉴定成品与之有无颜色、结构及其他表观特征上的区别。

9. 备用样品

备用样品是指在发货后留下的样品，供急需或有争议时备用。

10. 标准样品

标准样品是指由权威实验室仔细分析化验后的样品。如再由其他实验室进行分析化验，可用标准样品来校正或确定某一测定方法或某种仪器的准确性。

11. 化验样品

化验样品亦称“工作样品”，指送往化验室或检验站分析的样品。

二、样品采集的目的

采样的根本目的是通过对样品理化指标的分析，客观反映受检宠物食品原料或产品的品质。样品的分析结果有不同的用途。对宠物食品工业而言，采样影响着许多方面的决策，并且这种影响面很广泛，具体表现在以下几个方面：

（1）为宠物食品配方选择原料；

（2）选择宠物食品原料供应商；

（3）接收或拒收某种原料；

（4）判断产品的质量是否符合规格要求和保证值，以决定产品出厂与否以及仲裁买卖双方的争议；

（5）判断宠物食品加工程度和工艺控制质量；

（6）分析保管储存条件对原料和产品质量的影响程度；

（7）保留每一批宠物食品原料或产品的样品，以备急需时用；

（8）分析测定方法的准确性和实验室或人员之间操作误差的比较。

三、样品采集的要求

1. 样品必须具有代表性

受检宠物食品的容积和质量往往都很大，而分析时所用样品仅为其中的很小一部分，所以样品采集的正确与否决定分析样品的代表性，直接影响分析结果的准确性。因此，在采样时，应根据分析要求，遵循正确的采样技术，并详细注明宠物食品样品的情况，使采集的样品具有足够的代表性，让因采样引起的误差减至最低限度，使所得分析结果能为生产实际所参考和应用。否则，如果样品不具有代表性，即使一系列分析工作都非常精密、准确，无论分析了多少个样品的数据，其意义都不大，有时甚至会得出错误结论。事实上，实验室提交的分析数据不可能优于所采集的样品。

2. 必须采用正确的采样方法

正确的采样应该从具有不同代表性的区域取几个采样点，然后把这些样品充分混合成为整个宠物食品的代表样品，然后再从中分出一小部分作为分析样品用。采样过程中，做到随机、客观，避免人为和主观因素的影响。

3. 样品必须有一定的数量

不同的宠物食品原料和产品要求采集的样品数量不同，主要取决于以下几个因素。

（1）宠物食品原料和产品的水分含量　水分含量高，则采集的样品应多，以便干燥后的样品数量能够满足各项分析测定要求；反之，水分含量少，则采集的样品可相应减少。

（2）宠物食品原料或产品的颗粒大小和均匀度　原料颗粒大，均匀度差，则采集的样品应多。

（3）平行样品的数量　同一样品的平行样品数量越多，则采集的样品数量就越多。

4. 采样人员应有高度的责任心和熟练的采样技能

采样人员应明白自己是宠物食品企业管理及产品质量的“眼睛”，要具有高度的责任心。在采样时，认真按操作规程进行，不弄虚作假和谋取私利，及时发现和报告一切异常的情况。

采样人员应通过专门培训，具备相应技能，经考核合格后方能上岗。

5. 重视和加强管理

主管部门、权威检测机构和宠物食品企业必须高度重视采样和分析的重要性，加强管理。管理人员必须熟悉各种原料、加工工艺和产品；对采样方法、采样操作规程和所用工具提供相应规定；对采样人员提供培训和指导。

四、样品制备的一般方法

样品取回后，首先应对样品的来源、重量、送样日期等情况进行详细登记，然后对样品进行分析鉴定前的处理工作，主要包括以下几个阶段。

1. 粉碎

块状或粒状的原始样品，不能直接用于分析测试，需要经过破碎、粉碎工作。

2. 过筛

样品在粉碎过程中，并非所有的试样颗粒都是同步粉碎的，其试样颗粒大小在很大范围内变动。为了加快粉碎速度，在对试样粉碎前和粉碎过程中用一定孔径筛孔的分样筛过筛一遍，将筛上物再进行粉碎，这样可以有效地加快粉碎速度。应该注意的是，任何时候都不能随意弃去筛上物。

3. 混匀

在试样中常含有一些相对密度、硬度不同的组分。在粉碎和过筛的过程中，会使一些硬度大、相对密度小的组分产生滞后现象，造成物料的分级。因此，试样全部过筛后须混匀。

4. 缩分

原始样品经加工处理后一般重量较大，不能直接作为分析试样，需经缩分后，取其中的一部分作为分析试样。缩分方法常用的有四分法、正方形法、分样器法。

（1）四分法　样品混匀后，用木板将样品摊成圆盘形，通过圆心划两根垂直的直线，将样品分成四等份，任意取出对角的两个四分之一合并成一个试样。如采集的样品太多，可再进行混匀、继续用四分法缩分。

（2）正方形法　将混匀后的样品摊成长方形的薄层，然后用直尺将样品分成若干个正方形，取其中的一个或几个小块作为正样或副样，只要方格的完整性没有破坏，就可从中取出一个或几个试样，这种方法常用于缩分的最后阶段。

（3）分样器法　采用槽式分样器进行缩分可省去混匀手续。槽式分样器的内部并排焊接着一些隔板，这些隔板形成几个一左一右交替开口的隔槽，试样倒入后，分别由槽底两侧的开口流出，从而形成两等份试样。分样器的槽口越窄，缩分的准确性越高，但要保证试样不堵塞隔槽。

必备技能

一、采集样品

（一）准备采样工具

采样工具有很多，但必须符合要求：能够采集宠物食品中任何粒度的颗粒，无选择性；对宠物食品样品无污染，如不增加样本中微量金属元素的含量或引入外来生物或霉菌毒素。目前常使用的采样工具主要有以下几种。

1. 探针采样器

探针采样器也叫探管或探枪，是最常用的干物料采样工具。其规格有多种，有带槽的单管或双管，具有锐利的尖端，如图 4-1 所示。

2. 锥形袋式采样器

锥形袋式采样器是用不锈钢制作的，特点是具有一个尖头、锥形体和一个开启的进料口，如图 4-2 所示。

3. 液体采样器

（1）空心探针　实际上是一个镀镍或不锈钢的金属管，直径为 25mm，长度为 75mm，管壁有长度为 715mm、宽度为 18mm 的孔，孔边缘圆滑，管下端为圆锥形，与内壁成 15°角，管上端装有把柄。常用做桶和小型容器的采样。

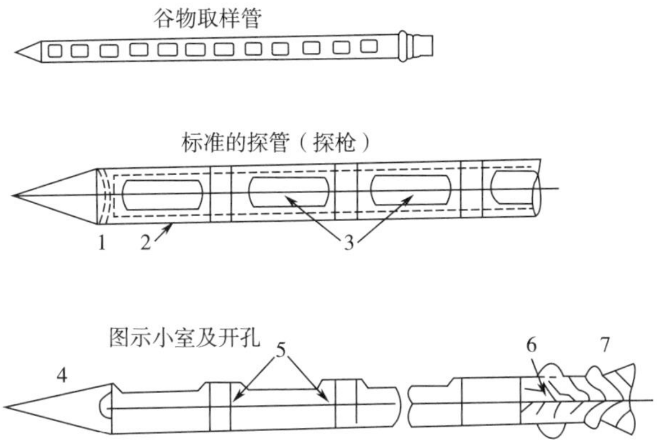

1—外形套管；2—内层套管；3—分隔小室；4—尖顶端；5—小室间隔；6—锁扣；7—固定木柄。

图 4-1　探针采样器

（2）区层式采样器　区层式采样器（图 4-3）为密闭的圆柱体，可用做散装罐的液体采样，能从储存罐的任何指定区域采样。当到达储存罐底部时，一个阀提起，如果在中间的深度取样时，它可由一根连在该阀的柱塞上的绳子手动提起。

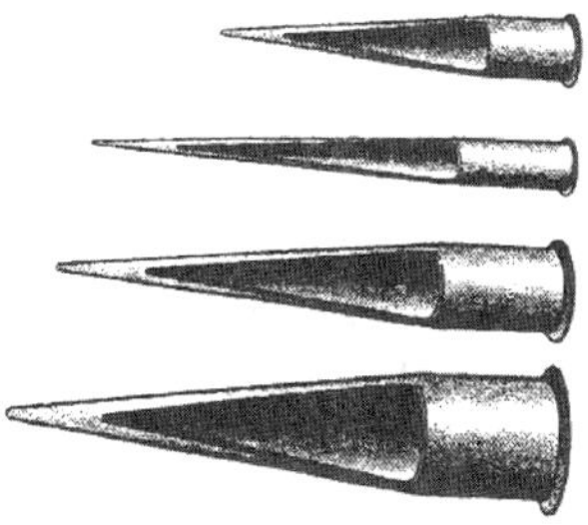

图 4-2　锥形袋式采样器

图 4-3　区层式采样器

4. 自动采样器

自动采样器可安装在宠物食品生产企业的输送管道、分级筛或打包机等处，能够定时、定量采集样品。自动采样器适合于大型生产企业，其种类很多，根据物料类型和特性、输送设备等进行选择使用。

5. 其他采样器

剪刀（或切草机）、刀、铲、短柄或长柄勺等也是常用的采样器具。

（二）采样步骤和基本方法

1. 采样步骤

（1）采样前记录　采样前，必须记录与原料或产品相关的资料，如生产厂家、生产日期、批号、种类、总量、包装堆积形式、运输情况、储存条件和时间、有关单据和证明、包装是否完整、有无变形、破损、霉变等。

（2）原始样品采集　也叫初级样品，是从生产现场如田间、仓库、试验场等的大量分析对象中最初采取的样品。原始样品应尽量从大批（或大数量）原料或大面积牧地上，按照不同的部位即深度和广度来分别采取一部分，保证每一小部分的成分与其全部的成分完全相同。然后混合而成。原始样品一般不少于 2kg。

（3）次级样品采集　也叫平均样品，是将原始样品混合均匀或简单的剪碎混合，从中取出的样品。平均样品一般不少于 1kg。

（4）分析样品采集　也叫试验样品。次级样品经过粉碎、混匀等制备处理后，从中取出的一部分即为分析样品，用做样品分析用。分析样品的数量根据分析指标和测定方法要求而定。

2. *采样基本方法*

虽然采样的方法随不同的物料而不同，但一般来说，采样的基本方法有两种，几何法和四分法。

（1）几何法　几何法是指把整个一堆物质看成一种有规则的几何体，如立方体、圆柱体、圆锥体等。取样时先将该立体分为若干体积相等的部分（虽然不便实际操作，但至少可以在想象中将其分开），这些部分必须在全体中分布得均匀，而不只是在表面或只是在一面。从这些部分中取出体积相等的样品，称之为支样，将这些支样混合后即为“初级、次级、三级……”等样品，然后由最后一级样品中制备分析用样品。

（2）四分法　四分法是指将样品平铺在一张平坦而光滑的方形纸或塑料布、帆布、漆布等上（大小视样本的多少而定），提起一角，使物料流向对角，随即提起对角使其流回。将四角轮流反复提起，使物料反复移动混合均匀，然后将物料堆成等厚的正方体或圆锥，用药铲、刀子或其他适当器具，从中划一“十”字或以角线相连接，将样本分成 4 等份，任意除去对角的 2 份，将剩余的 2 份，如前述混合均匀后，再分成 4 个等份。重复上述过程，直至剩余样本数量与测定所需要的用量相接近时为止。四分法示意图如图 4-4 所示。

四分法常用于小批量样品和均匀样品的采样或从原始样品中获取次级样品和分析样品。也可采用分样器或四分装置代替上述手工操作。如常用的锥形分样器（图 4-5）和具备分类系统的复合槽分样器（图 4-6）对粉末状、均匀度高的样品，可直接通过四分法采集分析样品，一般 500g 左右。对颗粒大、均匀度不好的如籽实原料，通过四分法可从原始样品中采集次级样品。次级样品至少在 1kg 左右。

对于不均匀的原料如各种块根块茎类原料、动物胴体等，则需要几何法与四分法结合起来反复使用，使用的次数随原料体积的大小和不均匀性质的情况而定。

（1）将均匀样品堆成圆锥形　（2）平铺成圆堆　（3）分成四等份　（4）移去对角，缩分

图 4-4　四分法示意图

（3）分样器法　分样时，将清洁的分样器放稳，关闭漏斗开关，放好接样斗，将样

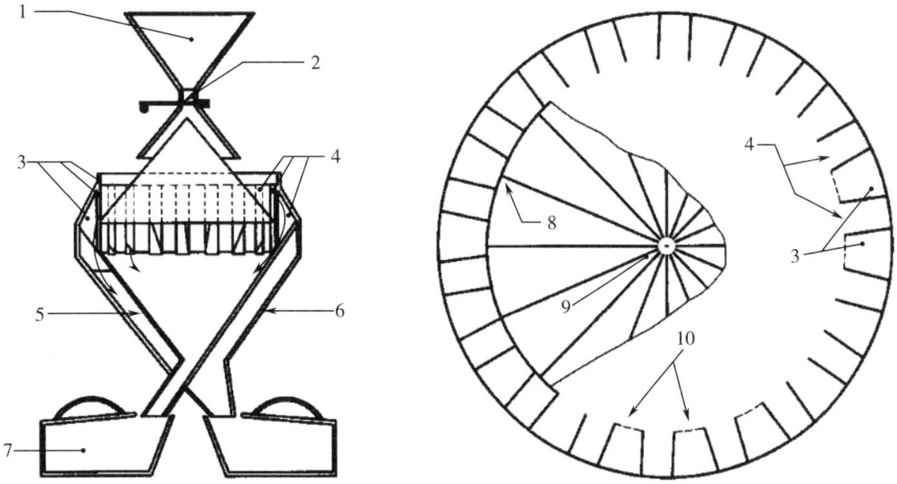

（1）正视　　（2）俯视

1—加料斗；2—截断阀门；3—通向外斗的槽；4—通向内斗的槽；5—内斗；6—外斗；7—容器；8—圆锥底；9—圆锥顶；10—与圆锥底相连的槽。

图 4-5　锥形分样器

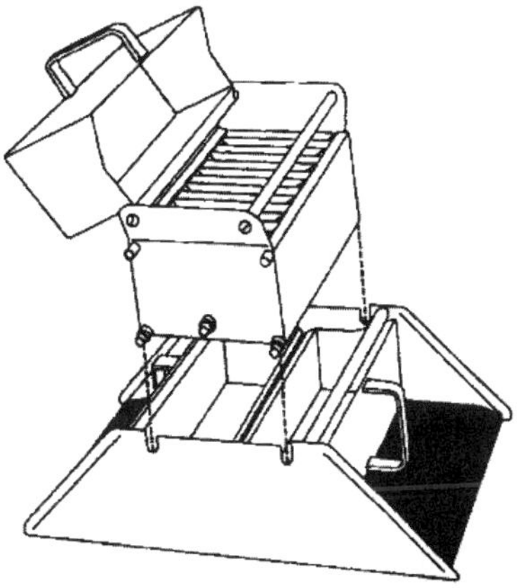

图 4-6　具备分类系统的复合槽分样器

品从高于漏斗口约 5cm 处倒入漏斗内，刮平样品，打开漏斗开关，待样品流尽后，轻拍分样器外壳，关闭漏斗开关，再将两个接样斗内的样品同时倒入漏斗内，继续照上法重复混合两次。以后每次用一个接样斗内的样品按上述方法继续分样，直至一个接样斗内的样品接近需要试样重量为止。

（三）不同原料样品的采集

不同物料样品的采集因原料或产品的性质、状态、颗粒大小或包装方式不同而异。

1. 粉状和颗粒原料

（1）散装　散装的原料应在机械运输过程中的不同场所（如滑运道、传送带等处）取样。如果在机械运输过程中未能取样，则可用探针取样，但应避免因原料不匀而造成的错误取样。

取样时，用探针从距边缘 0.5m 的不同部位分别取样，然后混合即得原始样品。取样点的分布和数目取决于装载的数量，见图 4-7。也可在卸车时用长柄勺、自动选样器或机器选样器等，间隔相等时间，截断落下的料流取样，然后混合得原始样品。

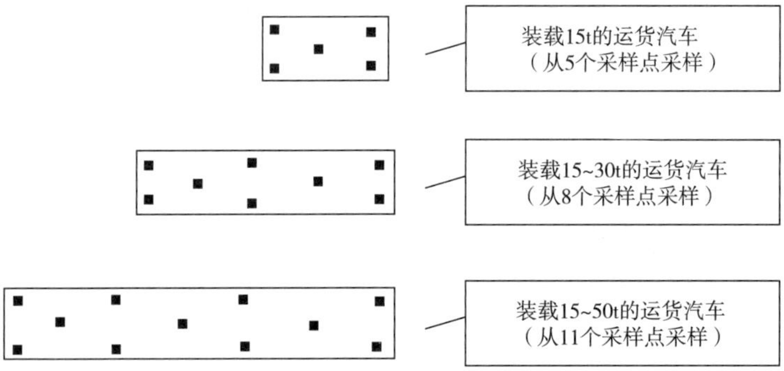

图 4-7 散装料取样示意图

（2）袋装 用抽样锥随意从不同袋中分别取样，然后混合得原始样品。每批采样的袋数取决于总袋数、颗粒大小和均匀度，取袋数量至少为总袋数的 10%，也可以按以下公式计算出。

$$取样袋数=\sqrt{\frac{总袋数}{2}} \tag{4-1}$$

中小颗粒原料如玉米、小麦等取样的袋数不少于总袋数的 5%。粉状原料取样的袋数不少于总袋数的 3%。总袋数在 100 袋以下，取样不少于 10 袋，每增加 100 袋需增加 1 袋。取样时，用口袋探针从口袋的上下两个部位采样，或将袋平放，将探针的槽口向下，从袋口的一角按对角线方向插入袋中，然后转动取样器柄使槽朝上，抽出探针，取出样品。

大袋的颗粒物料在采样时，可采取倒袋和拆袋相结合的方法取样，倒袋和拆袋的比例为 1∶4。倒袋时，先将取样袋放在洁净的样布或地面上，拆去袋口缝线，缓慢地放倒，双手紧握袋底两角，提起约 50cm 高，边拖边倒，至 1.5m 远全部倒出，用取样铲从相当于袋的中部或底部取样，每袋各点取样数量应一致，然后混匀。拆袋时，将袋口缝线拆开 3~5 针，用取样铲从上部取出所需样品，每袋取样数量一致。将倒袋和拆袋采集的样品混合即得原始样品。

（3）仓装 一种方法是在原料进入包装车间或成品库的流水线或传送带上、储塔下、料斗下、秤上或工艺设备上采取原始样本。具体方法：用长柄勺、自动或机械式采样器，间隔时间相同，截断落下的物料流。间隔时间应根据产品移动的速度来确定，同时要考虑到每批选取的原始样本的总量。对于饲料级磷酸盐、动物性食品原料和鱼粉应不少于 2kg，而其他原料则不低于 4kg。另一种是针对储藏在原料库中的散装产品的原始样本的选取。方法是按高度分层采样，即采样前将层表面划分为六个等份，在每一部分的四方形对角线的四角和交叉点 5 个不同地方采样。料层厚度在 0.75m 以下时，从两层中选取，即从距料层表面 10~15cm 深处的上层和靠近地面上的下层选取；当料层厚度在

0.75m 时，从三层中选取，即从距料层表面 10~15cm 深处的上层、中层和靠近地面的下层选取。在任何情况下，原始样本都是先从上层，然后是中层、下层依次采取的。料堆边缘的点应距边缘 50cm，底层距底部 20cm。如图 4-8 所示。

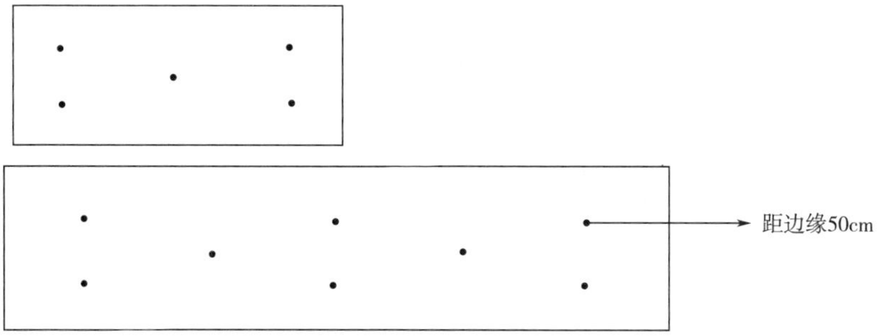

图 4-8　仓装料取样示意图

圆仓：按高度分层，每层按仓直径分内（中心）、中（半径的一半处）、外（距仓边 30cm）三圈。圆仓直径小于 8m，每层按内、中、外分别采 1、2、4 个点，共 7 个点采样。直径大于 8m，每层按内、中、外分别设 1、4、8 个点，共 13 个点（图 4-9）。

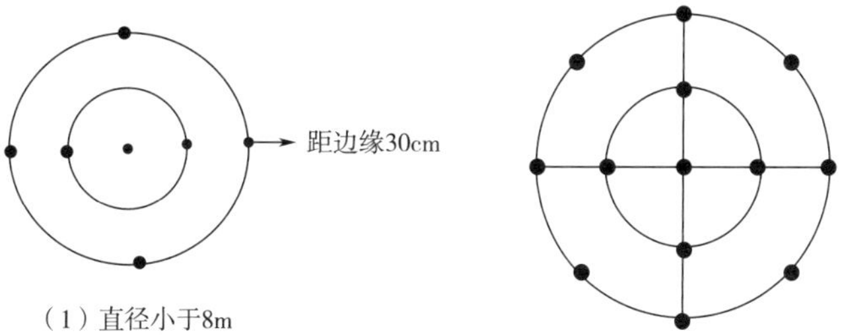

图 4-9　圆仓采样部位示意图

2. 液体或半固体原料

（1）液体原料　桶或瓶装的植物油等液体原料应从不同的包装单位（桶或瓶）中分别取样，然后混合。取样的桶数如下：7 桶以下，取样桶数不少于 5 桶；10 桶以下，取样桶数不少于 7 桶；10~50 桶，取样桶数不少于 10 桶；51~100 桶，取样桶数不少于 15 桶；101 桶以上，按不少于总桶数的 15%取样。

取样时，将桶内原料搅拌均匀（或摇匀），然后将空心探针缓慢地自桶口插至桶底，然后堵压上口提出探针，将液体原料注入样品瓶内混匀。

对散装（大池或大桶）的液体原料按散装液体高度分上、中、下三层分层布点取样。上层距液面约 40cm，中层设在液体中间，下层为距池底 40cm 处，三层采样数量的比例为 1∶3∶1（卧式液池、车槽为 1∶8∶1）。采样时，用液体取样器在不同部位采样，并将各部位采集的样品进行混合，即得原始样品。原始样品的数量取决于总量，总量为 500t 以下，应不少于 1.5kg；500~1000t，不少于 2.0kg；1001t 以上，不少于 4.0kg。原始样品混匀后，再采集 1kg 做次级样品备用。

（2）固体油脂　对在常温下呈固体的动物性油脂的采样，可参照固体原料采样方法，但原始样品应通过加热融化混匀后，才能采集次级样品。

（3）黏性液体　黏性浓稠原料如糖蜜，可在卸料过程中采用抓取法，即定时用勺等器具随机采样。原始样品数量 1t 应至少采集 1L。原始样品充分混匀后，即可采集次级样品。

3. 块饼类

块饼类原料的采样依块饼的大小而异。大块状原料从不同的堆积部位选取不少于 5 大块，然后在每块中切取对角的小三角形（图 4-10），将全部小三角形块锤碎混合后得原始样品，然后按“四分法”取分析样品 200 g 左右。

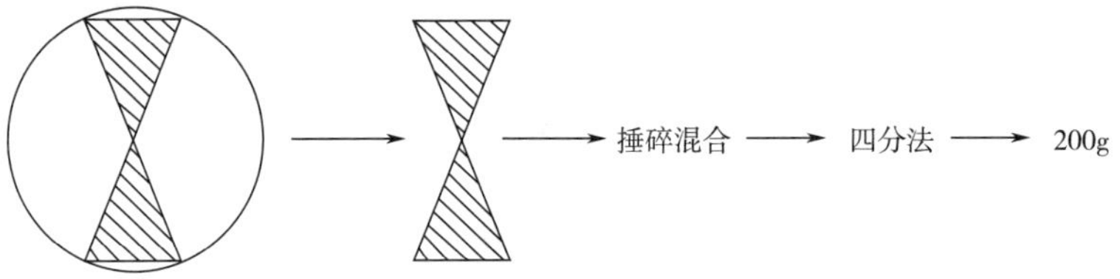

图 4-10　块（油）饼类饲料采样示意图

小块的油粕，要选取具有代表性的饼片，1t 至少取 10 片（25~50 片），粉碎混合后得原始样品，然后按“四分法”取分析样品 200g 左右。

4. 副食及酿造加工副产品

副食及酿造加工副产品包括酒糟、醋糟、粉渣和豆渣等。取样方法：在储藏池、木桶或储堆中分上、中、下 3 层取样。视池、桶、堆的大小每层取 5~10 个点，每点取 100g 放入瓷桶内混合后得原始样品，然后从中随机取分析样品约 1500 g，用 200 g 测定其初水分，其余放入大瓷盘中，在 60~65℃ 恒温干燥箱中干燥供制风干样品用。

对豆渣和粉渣等含水较多的样品，在采样过程中应注意避免汁液损失。

5. 根茎及瓜果类

根茎及瓜类原料的特点是含水量大，由不均匀的大体积单位组成。采样时，通过采集多个单独样品来消除每个个体间的差异。样品个数的多少，根据样品的种类和成熟的均匀与否，以及所需测定的营养成分而定，见表 4-2。

表 4-2　根茎及瓜果类的取样数量

种类	取样数量/个
一般的块根、块茎原料	10~20
马铃薯	50
胡萝卜	20
南瓜	10

采样时，从田间或储藏窖内随机分点采取原始样品 15kg，按大、中、小三类分堆称重求出比例，按比例取 5kg 次级样品。先用水洗干净，洗涤时注意不得损伤样品的外皮，洗净后用清洁的布拭去表面的水分。如果个体太大，应采取对角采样法，从块根的顶部

至根部纵切具有代表性的对角 1/4、1/8、1/16……直至适量的分析样品，迅速切碎后混合均匀，取 300g 左右测定初水分，其余样品平铺于洁净的瓷盘内或用线串联置于阴凉通风处风干 2~3d，然后在 60~65℃恒温干燥箱中烘干备用。

6. 新鲜青绿原料

新鲜青绿原料包括天然牧草、蔬菜类、作物的茎叶和藤蔓等。一般取样是在天然牧地或田间，在大面积的牧地上应根据牧地类型划区分点采样（图 4-11）。每区选 5 个以上的采样点，每点 $1m^2$ 的范围，在此范围内离地面 3~4cm 处割取牧草，除去不可食草，将各点原始样品剪碎，混合均匀后取分析样品 500~1000g。栽培的青绿原料应视田地面积的大小按上述方法等距离分点，每点采一至数株，切碎混合后取分析样本。此法也适用于水生饲料，但应注意采样后要晾干样品外表游离水分，然后切碎取分析样品。

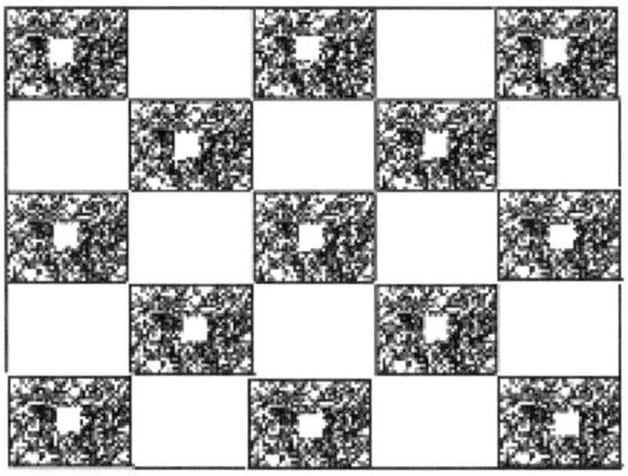

图 4-11　天然牧地及田间采样示意图

二、制备样品

（一）风干样品的制备

风干样品指自然含水量不高的饲料，一般含水量在 15%以下，如晒干的玉米、小麦等作物籽实、糠麸、青干草、鱼粉、贝壳粉、配合饲料等。

风干样品的制备包括 3 个过程。

（1）原始样品的采集　按照几何法和四分法采集。

（2）次级样品的采集　对不均匀的原始样品如干草、秸秆等，可经过一定处理如剪碎或锤碎等混匀，按四分法采取次级样品。对均匀的样品如玉米、粉料等，可直接按四分法采取次级样品。

（3）分析样品的制备

①制备设备：常用样品制备的粉碎设备有植物样本粉碎机、旋风磨、咖啡磨和滚筒式样品粉碎机。其中最常用的有旋风磨、植物样本粉碎机（图 4-12、图 4-13）。植物样本粉碎机易清洗，不会过热及使水分发生明显变化，能使样品经研磨后完全通过适当筛孔的筛。旋风磨粉碎效率高，但在粉碎过程中水分有损失，需注意校正。

注意磨的筛网的孔径大小不一定与检验用的大小相同。而粉碎粒度的大小直接影响分析结果的准确性。

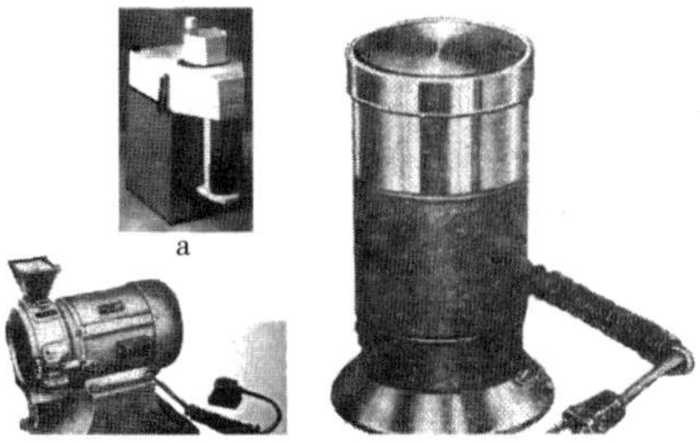

图 4-12　旋风磨

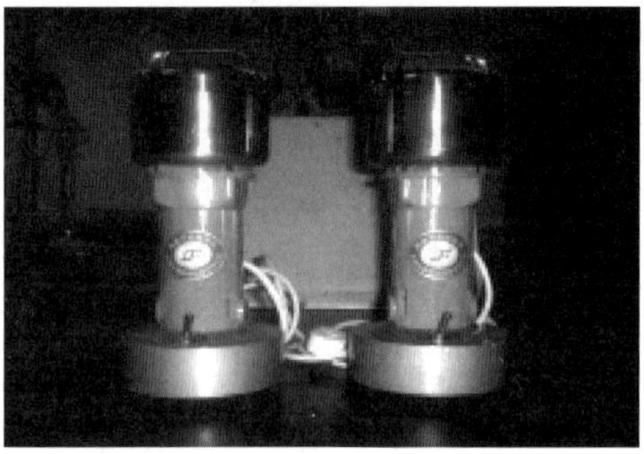

图 4-13　植物样本粉碎机

②制备过程：次级样品用饲料样品粉碎机粉碎，通过孔径为 1.00～0.25mm 孔筛即得分析样品。样品粉碎粒度要求见表 4-3。不易粉碎的粗饲料如秸秆渣等在粉碎机中会剩留极少量难以通过筛孔，这部分决不可抛弃，应尽力弄碎如用剪刀仔细剪碎后一并均匀混入样品中，避免引起分析误差。将剪碎完毕的样品 200～300g 装入磨口广口瓶中，贴好标签放入避光、阴凉、干燥处备用。标签上应注明样品名称、采集地点、采集时间、采样人以及必要的若干说明，以便对照核查。

表 4-3　样品粉碎粒度的要求

检测项目	分析筛规格/目	筛孔直径/mm
水、蛋白质、粗脂肪、粗灰分、钙、磷、盐	40	0.45
粗纤维、体外胃蛋白酶消化率	18	1.00
氨基酸、微量元素、维生素、脲酶活性、蛋白质溶解度	60	0.25

（二）半干样品的制备

半干样品是由新鲜的青饲料、青贮饲料等制备而成。这些新鲜样品含水量高，不易粉碎和保存。除少数指标如胡萝卜素的测定可直接使用新鲜样品外，一般在测定饲料的初水分后制成半干样品，以便保存，供其余指标分析备用。

半干样品的制备包括烘干、回潮和称恒重 3 个过程。新鲜样品在 60～65℃恒温干燥箱中烘 8～12h，除去部分水分，然后回潮使其与周围环境条件的空气湿度保持平衡，在这种条件下所失去的水分称为初水分。去掉初水分之后的样品为半干样品。

初水分的测定步骤如下。

（1）瓷盘称重　在普通天平上称取瓷盘的质量。

（2）称样品重　用已知质量的瓷盘在普通天平上称取新鲜样品 200～300g。

（3）灭酶　将装有新鲜样品的瓷盘放入 120℃烘箱中烘 10～15min。目的是使新鲜饲料中存在的各种酶失活，以减少对饲料养分分解造成的损失。

（4）烘干　将有新鲜样品的瓷盘迅速放入 60～70℃烘箱中，烘一定时间，直到样品干燥容易磨碎为止。烘干时间一般为 8～12h，取决于样品含水量和样品数量。含水低、数量少的样品也可能只需 5～6h 即可烘干。

（5）回潮和称重　取出瓷盘，放于室内自然条件下冷却 24h，然后在普通天平上称重。

（6）再烘干　继续将瓷盘放入 60~70℃烘箱中烘 2h。

（7）再回潮和称重　取出瓷盘，同样放于室内自然条件下冷却 24h，然后在普通天平上称重。

如果两次质量之差超过 0.5g，则将瓷盘再放入烘箱，重复步骤 6 和步骤 7，直至两次质量之差不超过 0.5g 为止。以最低的质量即为半干样品的质量。将半干样品粉碎至一定细度即为分析样品。

（8）计算公式与结果表示：

$$w(\text{水分含量}) = \frac{m(\text{新鲜样品}) - m(\text{半干样品})}{m(\text{新鲜样品})} \times 100\% \tag{4-2}$$

（三）其他样品的制备

1. 液体样品的制备

用机械搅拌器或均质器混合样品，以使所有的独立物质（骨粉、油等）能完全分散开。边摇边用勺、烧杯或大口吸管转移 50~10mL 样品到样品容器（能够保证试样成分不发生变化，避光，并有足够的容积，容器应密封良好）中。

2. 湿型食品（如罐装或冷冻宠物食品）样品的制备

用机械搅拌器或均质器将实验室样品（可以是整份罐装或其他包装）均质，将均质化的样品充分混合，装入一清洁干燥的样品容器中，密封。应尽快进行实验，最好立即进行。否则应将试样储存于 0~4℃条件下。

三、样品的登记

制备好的样本应置于洁净、干燥的磨口广口瓶中，作为分析样本备用。瓶外贴好标签，标明样本名称、采样和制样时间、采样和制样人等。此外，分析实验室应有专门的样品登记本，系统的详细的记录与样品相关的资料，要求登记的内容如下。

（1）样品名称（一般名称、学名和俗名）和种类（必要时要注明品种、质量等级）。

（2）生长期（成熟程度）、收获期和茬次。

（3）调制和加工方法及储存条件。

（4）外观形状及混杂度。

（5）采样地点和采集部位。

（6）生产厂家和出厂日期。

（7）质量。

（8）采样和制样人姓名。

四、样品的保存

1. 保存条件

样品应避光保存，并尽可能低温保存，并做好防虫措施。

2. 保存时间

样本保存时间的长短应有严格规定，这主要取决于原料更换的快慢及买卖双方谈判情况（如水分含量过高，蛋白质不足是否合乎规定）。此外，某些宠物食品在饲喂后可能出现问题，故该宠物食品样品应长期保存，备作考验。但一般情况下原料样本应保留两周，成品样本应保留至过保质期 1 个月（与对客户的保险期相同）。有时为了特殊目的宠物食品样品有需保留 1~2 年的。这种样品的保存可用锡铝纸软包装，经抽真空充氮气后密封，在冷库中保存备用。专门从事宠物食品质量检验监督机构的样品保存期一般为 3~6 个月。

宠物食品样品应由专人采集、登记、制备与保管。

项目小结

项目	内容	要点
相关知识	常用样品类别与定义	（1）标准样品；（2）商业样品；（3）参考样品；（4）备用样品；（5）仲裁样品；（6）化验样品；（7）原始样品；（8）初级样品；（9）次级样品；（10）分析样品
	样品采集的目的	（1）为宠物食品配方选择原料；（2）选择宠物食品原料供应商；（3）接收或拒收某种原料；（4）判断产品的质量是否符合规格要求和保证值，以决定产品出厂与否以及仲裁买卖双方的争议；（5）判断宠物食品加工程度和工艺控制质量；（6）分析保管储存条件对原料和产品质量的影响程度；（7）保留每一批宠物食品原料或产品的样品，以备急需时用；（8）分析测定方法的准确性和实验室或人员之间操作误差的比较
	样品采集的要求	（1）样品必须具有代表性；（2）必须采用正确的采样方法；（3）样品必须有一定的数量；（4）采样人员应有高度的责任心和熟练的采样技能；（5）重视和加强管理
	样品制备的一般方法	（1）四分法；（2）几何法
项目实施	采集样品	（1）准备采样工具；（2）采样步骤和基本方法
	制备样品	（1）制备风干样品；（2）新鲜样品的制备；（3）其他样品的制备
	样品的登记	贴好标签，标明样品名称、采样和制样时间、采样和制样人等
	样品的保存	（1）保存条件；（2）保存时间

项目三　营养分析基础常识

通过学习，熟悉标准溶液的配制与标定方法，学会处理分析数据，在宠物食品常规养分含量检测过程中，规范使用仪器设备及试剂，培养严谨务实的态度，提高分析问题、处理问题的能力。

项目目标

一、知识目标

1. 掌握分析化学基本知识与实验仪器基本操作要求；
2. 理解宠物食品中常规养分含量检测标准。

二、技能目标

1. 能够依据检测要求正确安装和调试所需仪器设备；
2. 能快速和准确地检测宠物食品常规营养成分含量，撰写质检报告单。

三、素质目标

1. 认真记录检测数据，培养严谨务实的态度，提高分析问题、处理问题的能力；
2. 宠物食品常规营养成分含量检测过程中，规范使用仪器设备及试剂，养成安全意识。

必备知识

一、分析化学基本知识

（一）配制与标定溶液

在饲料检测实验中，随时都要使用各种浓度的溶液，而不论采用何种滴定方法，都离不开标准溶液。

标准溶液是具有准确浓度的溶液，用于滴定待测试样，标准溶液配制时需使用基准物质。

1. 基准物质及其使用条件

用来直接配制标准溶液或标定溶液浓度的物质称为基准物质。作为基准物质必须满足以下条件。

（1）纯度高　一般要求其纯度在99.9%以上，即杂质含量少，不至于影响分析的准确度。

（2）物质的化学组成与化学式完全相符　若含有结晶水，其含量也应与化学式相同。

（3）化学性质稳定　如不氧化、不分解、不潮解、不挥发、不还原等。

（4）有较大的摩尔质量，以减少称量的相对误差。

（5）试剂参加反应时无副反应。

常用基准物质及其标定对象见表4-4。

表4-4　分析常用基准物质及其标定对象

基准物质名称	分子式	干燥条件	标定对象
碳酸钠	Na_2CO_3	270~300℃	酸
硼砂	$Na_2B_4O_7 \cdot 10H_2O$	室温，在NaCl和蔗糖饱和液的干燥器中4h	酸
邻苯二甲酸氢钾	$KHC_8H_4O_4$	110~120℃干燥至恒重	碱
草酸钠	$Na_2C_2O_4$	105~110℃	高锰酸钾
氯化钠	NaCl	500~600℃干燥40~50min	硝酸银
硝酸银	$AgNO_3$	280~290℃	氯化物
碳酸钙	$CaCO_3$	110~120℃干燥至恒重	EDTA
锌	Zn	室温，干燥器中24h以上	EDTA

2. 配制标准溶液

标准溶液的配制方法有直接法和间接法。

（1）直接法　准确称取一定量基准物质，溶解后转入容量瓶，用蒸馏水稀释至刻度，根据计算得出该溶液的准确浓度。

（2）间接法　对于不符合基准物质条件的试剂，不能直接配制成标准溶液，可先配制成近似所需浓度的溶液，然后选用能与所配溶液定量反应的基准物质或另一种标准溶液测定所配溶液的准确浓度。如氢氧化钠溶液的配制，先配制成近似浓度，再用邻苯二甲酸氢钾来标定氢氧化钠溶液的准确浓度。

3. 标定与保存标准溶液

（1）标定的定义　用基准物质或标准试样来测定所配制的标准溶液浓度的过程称为标定。

（2）标定方式　称取一定量的基准物质，溶解后用待标定的溶液滴定，然后根据基准物质的质量及待标定溶液所消耗的体积，即可算出该溶液的准确浓度。如标定NaOH，0.515g $KHC_8H_4O_4$，用NaOH滴定时消耗25.00mL，则NaOH的标准浓度：

已知 $KHC_8H_4O_4$ 的摩尔质量为204.2g/moL。

$$n(KHC_8H_4O_4)=\frac{m(KHC_8H_4O_4)}{M(KHC_8H_4O_4)}=0.515g\times\frac{1000}{204.2g/mol}=2.500mol$$

$$n(NaOH)=2.500mol$$

$$c(NaOH)=\frac{n(NaOH)}{V(NaOH)}=\frac{2.500mol}{25.00mL}=0.100mol/L$$

（二）常见的酸碱指示剂的变色范围

借助于颜色的变化来指示溶液 pH 的物质叫酸碱指示剂。

指示剂的颜色变化取决于 H^+浓度或溶液的 pH。以弱酸指示剂（通式为 HIn）为例，在溶液中有如下电离平衡。

$$\underset{\text{酸式色}}{HIn} \rightleftharpoons H^+ + \underset{\text{碱式色}}{In^-}$$

当溶液的 H^+浓度加大时，电离平衡向左移动而呈现酸式色，反之，平衡向右移动而呈现碱式色。常见的酸碱指示剂的变色范围见表 4-5。

表 4-5　常见酸碱指示剂的变色范围

指示剂	变色范围（pH）	颜色变化（酸式色—碱式色）	浓度
百里酚蓝	1.2~2.8	红色—黄色	0.1%的 20%乙醇溶液
甲基黄	2.9~4.0	红色—黄色	0.1%的 90%乙醇溶液
甲基橙	3.1~4.4	红色—黄色	0.05%水溶液
溴酚蓝	3.0~4.6	黄色—紫色	0.1%的 20%乙醇溶液
溴甲酚绿	4.0~5.6	黄色—蓝色	0.1%的 20%乙醇溶液
甲基红	4.4~6.2	红色—黄色	0.1%的 60%乙醇溶液
溴百里酚蓝	6.2~7.6	黄色—蓝色	0.1%的 20%乙醇溶液
中性红	6.8~8.0	红色—黄橙色	0.1%的 60%乙醇溶液
苯酚红	6.8~8.4	黄色—红色	0.1%的 60%乙醇溶液
酚酞	8.0~10.0	无色—红色	0.5%的 90%乙醇溶液
百里酚酞	9.4~10.6	无色—蓝色	0.1%的 90%乙醇溶液

二、处理分析数据

（一）有效数字

定量分析中能测量到的有实际意义的数字称为有效数字。有效数字不仅反映测量数据“量”的多少，而且反映所用仪器的准确程度。

有效数字包括所有的准确数字和最后一位“可疑数字”。例如，在电子天平上称得一试样为 0.5000g，即表明试样的质量为 0.5000g，还表明称量的误差在 0.0002g 以内。如果将其记录为 0.50g，则表明试样是台秤称量的，且称量误差为 0.02g。

数字中的“0”是否为有效数字，要视具体情况而定，因“0”在数字中有双重意义，一种是有效数字，另一种是起定位作用，见表 4-6。

表 4-6　数字中“0”的意义

物质	称量瓶	Na_2CO_3	$C_2H_2O_4$	称量纸
质量/g	10.7830	2.9085	0.2408	0.0180
有效数字	6 位	5 位	4 位	3 位

以上数字中，“10.7830”中的两个“0”都是有效数字，即为6位有效数字；“2.9085”中的“0”也是有效数字，即有5位有效数字；“0.2408”中，第一个非零数字前面的“0”不是有效数字，仅起定位作用，所以是4位有效数字；“0.0180”中仅末尾的“0”是有效数字，故有3位有效数字。以“0”结尾的正整数，有效数字的位数不确定。如“5800”，就不能确定是几位有效数字，遇到这种情况，应根据实际有效数字书写成：5.8×10^3（2位有效数字）；5.80×10^3（3位有效数字）；5.800×10^3（4位有效数字）。对于滴定管、移液管和吸量管，能准确测量0.001mL溶液体积。当使用25mL滴定管，其测定体积大于10mL而小于50mL时，应记录4位有效数字；测定体积小于10mL，应记录3位有效数字。当用25mL移液管移取溶液时，应记录为25.00mL，用5mL移液管移取溶液时，溶液体积应记录为5.00mL。

（二）数字的修约规则

处理分析数据时，要对一定位数的有效数字进行合理的修约。修约规则是“四舍六入五成双”。即当尾数≤4时舍去，尾数≥6时进位，当尾数为“5”时，“5”前为偶数将“5”舍去，“5”前为奇数则“5”进位，当“5”后面还有不为0的任何数时，无论其前面是奇数还是偶数都应进位。如：6.346 → 6.35、6.343 → 6.34、6.3351 → 6.34、6.345 → 6.34、6.355 → 6.36、6.3651 → 6.37。

（三）有效数字运算规则

1. 加减法

几个数据相加减时，以小数点后面位数最少的数字为标准，对参与运算的所有数据进行一次修约后再计算，并正确保留计算结果的有效数字。如：0.0122+25.64+1.05783时应以25.64为准，修约后的三位数是0.01、25.64、1.06。则0.01+25.64+1.06=26.71。

2. 乘除法

几个数据相乘除时，以相对误差最大的数据即有效数字位数最少的数为标准，对参与运算的所有数据进行一次修约后再计算。如：$0.0122\times25.64\times1.05783$时，应以0.0122为准，结果应保留3位有效数字。即$0.0122\times25.6\times1.06=0.331$。

（四）准确度与精密度

1. 准确度与误差

饲料常规成分检验是测定试样中有关组分的含量，因此，得到的分析结果与被测组分真实值越接近准确程度就越高。但分析过程中由于方法、仪器、试剂等多因素的限制，测量值与真实值之间存在差值，我们将这种差值称为误差。

准确度通常用误差的大小表示，误差越小，分析结果越准确。

误差可用绝对误差和相对误差表示。

（1）绝对误差　绝对误差（E）是测量值（X）与真实值（T）之差，表达式：

$$E=X-T \tag{4-3}$$

（2）相对误差　相对误差（E_r）是绝对误差与真实值之比，用百分数表示，表达式：

$$E_r = \frac{E}{T} \times 100\% = \frac{X - T}{T} \times 100\% \tag{4-4}$$

2. 精密度与偏差

在分析检验中，为了提高分析结果的可靠性，往往通过多次重复测定取算术平均数作为分析结果。多次测定值相接近的程度称为精密度。精密度的高低用偏差表示，偏差是单次测定值与多次测定结果的算术平均值之差。偏差越小，精密度越高。偏差可用绝对偏差和相对偏差表示。

（1）绝对偏差

$$绝对偏差（d_i）= 个别测得值（x_i）- 算术平均值（\bar{x}） \tag{4-5}$$

（2）相对偏差

$$相对偏差 = \frac{d_i}{\bar{x}} \times 100\% \tag{4-6}$$

三、分析仪器设备的使用

（一）使用电子天平

进行宠物食品常规成分分析时，电子天平是常用的称量工具，天平使用方法如下（以 FA 型电子天平系列为例）。

1. 调试天平

（1）调整水平仪　使用前调整水平调整脚，使水泡位于水平仪中央。

（2）预热　使用要求一般时，天平应预热 30min 以上；精确称重时，天平应预热 180min 以上。

（3）校准　从秤盘上取走加载物，按“TARE”键清零，等待天平稳定后按“C”键，显示“匚”，轻轻放校准码至天平中心，关闭玻璃门约 30s 后，显示校准码值，听到“嘟”音后，取出校准码，天平校准完毕。

2. 称重

（1）基本称重　按“TARE”键，将天平清零，等待天平显示零。称重稳定后即可读取显示的质量读数。

（2）使用容器称重　如液体等物品称重时，先将空容器放置在秤盘上，按“TARE”键清零，等待天平显示零后，将待测物品放入容器中，称重稳定后即可读出所称液体质量读数。

（3）称重模式选择　按住“M”键不放，天平在“克、金盎司、计件称重、百分比称重”模式之间循环切换，待天平显示所需称重模式时，放开“M”键，天平进入所选称重模式。

（4）计件称重　放上容器（若不需容器时，可越过此步骤），按“TARE”键清零，等待天平显示零后，放上计件物，待称重稳定后，按照称重模式选择操作，进入计件称重模式。

（5）百分比称重　放上容器（若不需容器时，可越过此步骤），按“TARE”键清零，等待天平显示零后，放上标准样，待称重稳定后，按照称重模式选择操作，进入百分比称重模式。

（二）使用分光光度计

测定宠物食品的总磷时，需要使用分光光度计，以722s型可见分光光度计为例进行介绍。

1. 操作使用

（1）预热仪器　将选择开关置于“T”，打开电源开关，使仪器预热20min。为了防止光电管疲劳，不要连续光照，预热仪器时和不测定时应将试样室盖打开，使光路切断。

（2）选定波长　根据实验要求，转动波长手轮，调至所需要的单色波长。

（3）固定灵敏度挡　在能使空白溶液很好地调到“100%”的情况下，尽可能采用灵敏度较低的挡，使用时，首先调到“1”挡，灵敏度不够时再逐渐升高。但换挡改变灵敏度后，须重新校正“0%”和“100%”。选好的灵敏度，实验过程中不要再变动。

（4）调节T=0%　轻轻旋动“0%”旋钮，使数字显示为“0.000”（此时试样室是打开的）。

（5）调节T=100%　将盛蒸馏水（或空白溶液，或纯溶剂）的比色皿放入比色皿座架中的第一格内，并对准光路，把试样室盖子轻轻盖上，调节透过率“100%”旋钮，使数字显示正好为“100.0”。

（6）吸光度的测定　将选择开关置于“A”，盖上试样室盖子，将空白液置于光路中，调节吸光度调节旋钮，使数字显示为“0.000”。将盛有待测溶液的比色皿放入比色皿座架中的其他格内，盖上试样室盖，轻轻拉动试样架拉手，使待测溶液进入光路，此时数字显示值即为该待测溶液的吸光度值。读数后，打开试样室盖，切断光路。

重复上述测定操作1~2次，读取相应的吸光度，取平均值。

（7）浓度的测定　选择开关由“A”旋至“C”，将已标定浓度的样品放入光路，调节浓度旋钮，使得数字显示为标定值，将被测样品放入光路，此时数字显示值即为该待测溶液的浓度值。

（8）关机　实验完毕，切断电源，将比色皿取出洗净，并将比色皿座架用软纸擦净。

2. 维护仪器

（1）清洁仪器外表时，不能使用乙醇、乙醚等有机溶剂，仪器不使用时需加盖防尘罩。

（2）比色皿使用后应用石油醚清洗，并用擦镜纸擦拭干净再存放于比色皿盒中备用。

（3）检查机内机械、光路、电路状态时要先切断电源，卸下仪器底座前部两个M_4螺钉，向上翻起上盖（仪器底座左后方有高压部分，注意勿带电操作）。

3. 识别与处理常见故障

分光光度计常见故障见表4-7。

表 4-7 分光光度计常见故障

故障现象	原因	处理方法
电源开启后仪器无反应	（1）电源未接通； （2）电源保险丝断裂； （3）机内接插件松动	（1）电源插头应在 190～240V 间且接触良好，主机底部电压应在适配开关位置，查看电源电缆是否短线，主机电源开关有否损坏； （2）更换保险丝； （3）重插接插件
显示数值不稳	（1）仪器预热时间不够； （2）交流电源不稳； （3）环境振动大； （4）接插件接触不良	（1）仪器预热 30min； （2）电源应保持在 220V±20V 无突变； （3）调换工作环境； （4）打开仪器盖，重插接插件
不能调 100%T	（1）光能源不够； （2）滤光片位置不对； （3）比色皿架未落位	（1）正确选择增益键，检查光源灯光是否打进入光狭缝或调高灯电压； （2）放置于正确位置； （3）放置于正确位置
测光不正常	（1）样品处理错误； （2）比色皿不配对； （3）波长误差大	（1）正确处理； （2）扣除配对误差； （3）用镨钕玻璃检查并调整波长
数值不能输进上层软件	与计算机有关的电路串行通讯有故障	与厂家维修部联系
出现“Err3”	操作错误	关机重开

四、玻璃仪器的使用

（一）使用滴定管

1. 滴定管的种类

滴定管是在滴定过程中用来准确测量滴定溶液体积的量器，分为常量、半微量和微量 3 种。常量滴定管有 50mL 和 25mL 两种规格，最小刻度为 0. 1mL，读数时，可估计到 0. 01mL。半微量或微量滴定管有 10mL、5mL、2mL、1mL 等规格。

滴定管分酸式和碱式两种。酸式滴定管的下端带有玻璃活塞，用于盛放酸性溶液和氧化性溶液；碱式滴定管的下端装有带玻璃珠的橡皮管，用来盛放碱性溶液。

2. 滴定前的准备

（1）检查 滴定管在使用前要检查其密合性。操作时关闭活塞，在管中加水至“0”刻度标线，将其垂直夹在滴定管夹上，直立 2min，观察活塞周围及管尖有无渗水现象；将活塞旋转 180°后，若仍无渗水现象，则可以使用。若有渗水时，需进行涂油处理。对碱式滴定管要检查玻璃珠的大小与橡皮管是否匹配，能否灵活控制滴液，若不符合要求，应更换成合适的橡皮管后使用。

（2）涂油 平放酸式滴定管，取出活塞，将其卷一层滤纸后再插入活塞内转动几次，以除去活塞表面和活塞套内残留的油污和水分。取出活塞，用手指蘸少量凡士林，均匀地涂抹于活塞孔两侧（注意不要让油堵塞活塞孔），将活塞插入活塞套内，单方向旋转活塞，使其与活塞套的接触部位全部呈透明状、无气泡和纹路且转动灵活，用橡皮圈或塑料盖将活塞套好以防脱落。

（3）洗涤　用滴定管刷蘸少量洗涤剂刷洗，再用自来水冲洗，最后用蒸馏水润洗2~3次（每次用水5~10mL）。润洗时，双手平持滴定管缓慢转动，使水能够润洗滴定管全部内壁，再从末端将水放出。若有油污时，可用10~15mL洗液润洗或浸泡（碱式管应拔去橡皮管，套上橡皮帽再注入洗液），再用自来水冲洗、蒸馏水润洗。

（4）装液　先用待装液润洗滴定管2~3次（每次5~10mL，方法同用蒸馏水洗），润洗液一定要从滴定管下端放出。然后从试剂瓶中将待装液直接装入滴定管至“0”刻度以上。

（5）排出气泡　酸式滴定管排气泡时，右手拿滴定管，使其倾斜30°，左手迅速打开活塞，使溶液冲出将气泡排出；碱式管可将橡皮管向上弯曲，轻轻捏挤玻璃珠右上方的橡皮管，使气泡随溶液排出。

3. 读数

滴定管应垂直固定，待装液排出气泡后等待2min，视线应和液体凹面下缘处于同一水平面上。无色或浅色的液体，应读取液体凹面下缘最低点处所对应的刻度；深色溶液，读取液体凹面两侧最高点处所对应的刻度；蓝线滴定管，应从蓝线的尖端与液面接触处读数，即读取三角交叉点所对应的刻度。

4. 滴定操作

（1）滴定前准备　必须将悬挂在滴定管尖端的液体除去后记录初读数。将滴定管尖端插入锥形瓶或烧杯内约1cm处，注意管头不可靠住内壁，左手操作滴定管，右手按单方向摇动锥形瓶；用烧杯滴定时，将滴定管放于烧杯左侧，右手持玻璃棒单方向搅动液体，注意玻璃棒不要触及杯壁、杯底以及滴定管尖部。

（2）酸式滴定管滴定操作　左手无名指及小指弯曲位于滴定管左侧，轻轻抵住滴定管，其他三指控制活塞，拇指在前，食指和中指在后，轻轻将活塞转动并向里用力（不可向外用力，以防拔出活塞），控制滴定速度。

（3）碱式滴定管滴定操作　用左手无名指和小指夹住橡皮管下端，拇指和食指的指尖挤捏玻璃珠上部右侧的橡皮管，使溶液从橡皮管和玻璃珠之间的隙缝处流出（不可挤捏玻璃珠下部的橡皮管和使玻璃珠发生移动，以免使管尖吸入气泡而造成滴定误差）。

（4）控制滴定速度　滴定开始时，液体不可呈柱状加入，接近终点时，需一滴滴地滴入。每一滴需轻摇锥形瓶或烧杯，最后要半滴半滴加入。当溶液悬挂在滴定管尖部时，可用锥形瓶内壁靠上去，使悬挂液沿瓶壁流入瓶内，用蒸馏水冲洗瓶内壁。若用烧杯滴定，可用玻璃棒接悬挂液然后将其放入烧杯中搅拌。

（5）滴定后的处理　滴定完毕，应将滴定管中剩余的溶液倒出、洗净并倒置在滴定管架上，或装满蒸馏水，用大试管套住管口，固定在滴定管架上。

（二）使用容量瓶

容量瓶是准确测量溶液体积的量器，用于配制或稀释溶液，通常有50mL、100mL、250mL、500mL和1000mL等多种规格。

1. 使用前的检查

加入一定量的自来水，盖好瓶塞。左手食指压住瓶塞，右手手指托住瓶底，将容量瓶倒立 2min，观察瓶塞周围是否漏水。若不漏水，将瓶正立使瓶塞旋转 180°，塞紧瓶塞后再将其倒立，不漏水时方可使用。

2. 清洗

使用时依次用洗液、自来水、蒸馏水洗涤容量瓶，直至内壁不挂水珠为止。

3. 定容操作

溶液转移时，应用玻璃棒插入容量瓶引流，以避免移液过程中的溶液损失。加水到接近刻度 2~3cm 时，改用胶头滴管加蒸馏水到刻度，这个操作叫定容。定容时要注意溶液凹液面的最低处和刻度线相切，眼睛视线与刻度线呈水平，不能俯视或仰视，否则都会造成误差。

在容量瓶中加蒸馏水至容量瓶体积的 1/3~1/2 时，直立旋摇容量瓶（不盖瓶塞），使溶液初步混合均匀。继续加入蒸馏水至接近标线下 1cm 处，静置 1~2min。

用胶头滴管滴加蒸馏水至溶液凹面下缘与标线重合，盖好瓶塞。用右手食指压住瓶塞，左手托住瓶底，将容量瓶反复倒转数次，使溶液混合均匀。

4. 注意事项

（1）容量瓶是刻度精密的玻璃仪器，不能用来溶解。易溶解且不发热的物质可直接用漏斗倒入容量瓶中溶解，其他物质基本不能在容量瓶里进行溶质的溶解，应将溶质在烧杯中溶解后转移到容量瓶里。

（2）用于洗涤移液前容器的溶剂总量不能超过容量瓶的标线。

（3）溶解完溶质后溶液要放置冷却到常温再转移。容量瓶不能进行加热。如果溶质在溶解过程中放热，要待溶液冷却后再进行转移，因为一般的容量瓶是在 20℃ 的温度下标定的，若将温度较高或较低的溶液注入容量瓶，容量瓶则会热胀冷缩，所量体积就会不准确，导致所配制的溶液浓度不准确。

（4）溶解用烧杯和搅拌引流用玻璃棒都需要在转移后洗涤两三次。

（5）定容一旦加入水过多，则配制过程失败，不能用吸管再将溶液从容量瓶中吸出到刻度。

（6）摇匀后，发现液面低于刻度线，不能再补加蒸馏水，因为用胶头滴管加入蒸馏水定容到液面正好与刻度线相切时，溶液体积恰好为容量瓶的标定容量。摇匀后，竖直容量瓶时会出现液面低于刻度线，这是因为有极少量的液体沾在瓶塞或磨口处。所以摇匀以后不需要再补加蒸馏水，否则所配溶液浓度偏低。

（7）容量瓶只能用于配制溶液，不能储存溶液，因为溶液可能会对瓶体进行腐蚀，从而使容量瓶的精度受到影响。

（8）容量瓶用毕应及时洗涤干净，塞上瓶塞，并在塞子与瓶口之间夹一条纸条，防止瓶塞与瓶口粘连。

（三）使用干燥器

干燥器是一个下层放有干燥剂，之间由带孔的瓷板隔开，上层放置待干燥物品的玻璃器皿。一般按照其外径的大小分为 100 mm、150 mm、180 mm、210 mm、240 mm 等不同规格。

新干燥器在使用前需在其口上涂一层凡士林，然后盖好盖并反复推动使凡士林涂抹均匀。

开启干燥器时，应固定干燥器的下部，然后向前用力推开盖子（不可用力向上拔盖）。

干燥器内使用的干燥剂一般是变色硅胶或无水氧化钙，变色硅胶变为红色时或长期使用过程中，应更换干燥剂。

（四）使用移液管和吸量管

移液管和吸量管是用来准确量取溶液体积的量器。移液管是中部较粗、两端较细的玻璃管，有 5mL、10mL、15mL、20mL、25mL、50mL 等多种规格；吸量管是管身直径均匀并有分刻度的玻璃管，用于吸取不同体积的溶液，常用的有 1mL、2mL、5mL、10mL 等不同规格。

移液管和吸量管在吸取溶液前，应用洗液洗净内壁，再用自来水冲洗、蒸馏水润洗 2~3 次，最后用少量待移取溶液润洗 2~3 次。

吸取溶液时，用右手大拇指和中指拿住管的标线以上部位，将其插入移取液内数厘米，但不得触及瓶底，左手持洗耳球并挤出球内空气，将球尖嘴部分紧贴管口后，慢慢松开洗耳球，当移取液上升到刻度线以上时，移去洗耳球。迅速用右手食指摁住管口，将管提出液面，使管尖紧贴盛液瓶的内壁，使用中指和拇指轻微转动，利用转动时食指与管口产生的空隙，使液面缓缓下降到与刻度线重合时，再用食指迅速压住管口。将移液管慢慢垂直移至接受溶液的容器内，左手倾斜容器使其内壁与管尖相靠，松开右手食指使移取液自由流出。待溶液流尽并停 15s 后，取出移液管。

若管上印有“吹”“B”等字样，则要将残留在管尖的液体吹出，否则，不需要吹出。

必备技能

一、测定饲料中水分

（一）测定原理

根据样品性质选择特定条件对试样进行干燥，通过试样干燥损失的质量计算水分的含量。

（二）准备仪器与设备

（1）分析天平　感量 1mg。

（2）称量瓶。

①玻璃称量瓶Ⅰ：直径 50mm，高 30mm，或能使样品铺开约 0.3g/cm^2 规格的其他耐腐蚀金属称量瓶（减压干燥法须耐负压的材质）。

②玻璃称量瓶Ⅱ：直径70mm，高35mm，或能使样品铺开约0.3g/cm^2规格的其他耐腐蚀金属称量瓶（减压干燥法须耐负压的材质）。

（3）电热干燥箱　温度可控制在（103±2）℃。

（4）电热真空干燥箱　温度可控制在（80±2）℃，真空度可达13kPa以下。

应备有通入干燥空气导入装置或以氧化钙（CaO）为干燥剂的装置（20个样品需300g氧化钙）。

（5）干燥器　具有干燥剂。

（6）砂　经酸洗或市售（试剂）海砂。

（三）采样和制备试样

按GB/T 14699—2023《饲料　采样》采样。样品应具有代表性，在运输和储存过程中避免发生损坏和变质。按GB/T 20195—2006《动物饲料　试样的制备》制备试样。

（四）测定步骤

1. 直接干燥法

（1）固体样品　将洁净的称量瓶Ⅰ放入（103±2）℃干燥箱中，取下称量瓶盖并放在称量瓶的边上。干燥（30±1）min后盖上称量瓶盖，将称量瓶取出，放在干燥器中冷却至室温。称量其质量（m_1），准确至1mg。

称取5g试样（m_2）于称量瓶内，准确至1mg，并摊平。将称量瓶放入（103±2）℃干燥箱内，取下称量瓶盖并放在称量瓶的边上，建议平均每立方分米干燥箱空间最多放一个称量瓶。

当干燥箱温度达（103±2）℃后，干燥（4±0.1）h。盖上称量瓶盖，将称量瓶取出放入干燥器冷却至室温。称量其质量（m_3），准确至1mg。再于（103±2）℃干燥箱中干燥（30±1）min，从干燥箱中取出，放入干燥器冷却至室温。称量其质量，准确至1mg。

如果两次称量值的变化小于等于试样质量的0.1%，以第一次称量的质量（m_3）按式4-3计算水分含量；若两次称量值的变化大于试样质量的0.1%，将称量瓶再次放入干燥箱中于（103±2）℃干燥（2±0.1）h，移至干燥器中冷却至室温，称量其质量，准确至1mg。若此次干燥后与第二次称量值的变化小于等于试样质量的0.2%，以第一次称量的质量（m_3）按式4-3计算水分含量；大于0.2%时，按减压干燥法测定水分。

（2）半固体、液体或含脂肪高的样品　在洁净的称量瓶Ⅱ内放一薄层砂和一根玻璃棒。将称量瓶放入（103±2）℃干燥箱内，取下称量瓶盖并放在称量瓶的边上，干燥（30±1）min。盖上称量瓶盖，将称量瓶从干燥箱中取出，放在干燥器中冷却至室温。称量其质量（m_1），准确至1mg。

称取10g试样（m_2）于称量瓶内，准确至1mg。用玻璃棒将试料与砂混匀并摊平，玻璃棒留在称量瓶内。将称量瓶放入干燥箱中，取下称量瓶盖并放在称量瓶的边上。建议平均每立方分米干燥箱空间最多放一个称量瓶。

当干燥箱温度达（103±2）℃后，干燥（4±0.1）h。盖上称量瓶盖，将称量瓶从干燥箱中取出，放入干燥器冷却至室温。称量其质量（m_3），准确至1mg。再于（103±

2)℃干燥箱中干燥（30±1）min，从干燥箱中取出，放入干燥器冷却至室温。称量其质量，准确至1mg。

如果两次称量值的变化小于等于试样质量的0.1%，以第一次称量的质量（m_3）按式4-3计算水分含量；若两次称量值的变化大于试样质量的0.1%，将称量瓶再次放入干燥箱中于（103±2）℃干燥（2±0.1）h，移至干燥器中冷却至室温，称量其质量，准确至1mg。若此次干燥后与第二次称量值的变化小于等于试样质量的0.2%，以第一次称量的质量（m_3）按式4-3计算水分含量；大于0.2%时按减压干燥法测定水分。

2. 减压干燥法

按直接干燥法干燥称量瓶（固体样品用称量瓶Ⅰ，半固体、液体或含脂肪高的样品用称量瓶Ⅱ），称量其质量（m_1），准确至1mg。

按直接干燥法称取试样（m_2），将称量瓶放入真空干燥箱中，取下称量瓶盖并放在称量瓶的边上，减压至约13kPa。通入干燥空气或放置干燥剂。在放置干燥剂的情况下，当达到设定的压力后断开真空泵。在干燥过程中保持所设定的压力。当干燥箱温度达到（80±2）℃后，加热（4±0.1）h。干燥箱恢复至常压，盖上称量瓶盖，将称量瓶从干燥箱中取出，放在干燥器中冷却至室温。称量其质量，准确至1mg。将试样再次放入真空干燥箱中干燥（30±1）min，直至连续两次称量值的变化之差小于试样质量的0.2%，以最后一次干燥称量值（m_3）计算水分的含量。

（五）计算测定结果

1. 测定结果的计算

试样中水分以质量分数X计，数值以%表示，按式（4-7）计算：

$$X = \frac{m_2 - (m_3 - m_1)}{m_2} \times 100\% \tag{4-7}$$

式中　m_1——称量瓶的质量，如使用砂和玻璃棒，也包括砂和玻璃棒，g；

m_2——试样的质量，g；

m_3——称量瓶和干燥后试样的质量，如使用砂和玻璃棒，也包括砂和玻璃棒，g。

2. 测定结果的表示

取两次平行测定的算术平均值作为结果。结果精确至0.1%。

直接干燥法：两个平行测定结果，水分含量<15%的样品绝对差值不大于0.2%。水分含量≥15%的样品相对偏差不大于1.0%。

减压干燥法：两个平行测定结果，水分含量的绝对差值不大于0.2%。

（六）注意事项

（1）制样是非常重要的步骤，首先必须采用几何法和四分法进行缩分，然后使用植物粉碎机或咖啡磨，少用旋风磨。同时还要注意筛孔大小是否与检验要求相同，通常分样筛的孔径为0.42mm（40目）。因为粉碎粒度的大小直接影响分析结果的准确性。孔径过大不利于水分蒸发，孔径过小、样本过轻，不利于操作且使样本易于被氧化。另外，还要注意过筛时一定要将样品全部过筛并混合均匀。

（2）称量瓶应为玻璃或铝质，一般采用铝质较好，不易破碎；称样皿的表面积能使样品铺开约 0.3g/cm^2（通常直径为 40mm 以上，高度在 25mm 以下），以利于水分蒸发，不宜过高或过细。

（3）称量瓶应预先在烘箱中烘 30min，冷却至室温，称重准确 1mg。注意冷却的时间应尽可能保持一致。

（4）在称样时要特别注意防止水分的变化，对有些饲料如维生素、咖啡等很容易吸水的物质，在称量时要迅速，否则越称越重。称量样品时，要戴细纱手套或脱脂薄纱手套，禁止直接用手操作。

（5）烘箱温度　烘箱除定期请法定计量所进行校正外，平时操作时还要附加一支温度计，能及时标示箱体内的实测温度，箱体内每个位置也存在温度差异，应注意控制。通常建议平均每升干燥箱空间最多放一个称量瓶。

（6）在烘箱中干燥时，称样皿应敞开盖子且与盖子一起干燥。

（7）干燥时间　应针对不同饲料控制适当的烘干时间，不一定越长越好，因为时间太短，水分可能还没有完全逸出，太长可能物质又会发生化学反应。

（8）干燥器中的干燥剂用硅胶为好。要注意干燥剂的颜色（含钴，干燥时呈蓝色）变化，当吸水过多（变棕或白色）时，应放在烘箱中烘干（烘干条件：135℃，2~3h），使之转变为脱水干燥色以后再用。

（9）干燥器放置时间　冷却时间也要控制好，尤其需要恒重时，每次在干燥器放置时间不一，也很难达到恒重要求。

二、测定饲料中粗蛋白质的含量

（一）测定原理

试样在催化剂作用下，经硫酸消解，含氮化合物转化成硫酸铵，加碱蒸馏使氨逸出，用硼酸吸收后，再用盐酸标准滴定溶液滴定，测出氮含量，乘以 6.25，计算出粗蛋白的含量。

（二）准备试剂

除非另有说明，仅使用分析纯试剂。

（1）水　GB/T 6682—2008《分析实验室用水规格和试验方法》，三级。

（2）硼酸　化学纯。

（3）氢氧化钠　化学纯。

（4）硼酸　化学纯。

（5）硫酸铵。

（6）蔗糖。

（7）混合催化剂　称取 0.4g 无水硫酸铜、6.0g 硫酸钾后硫酸钠，研磨混匀；或购买商品化的凯氏定氮催化剂片。

（8）硼酸吸收液Ⅰ　称取 20g 硼酸，用水溶解并稀释至 1000mL。

（9）硼酸吸收液Ⅱ　1%硼酸水溶液 1000mL，加入 0.1%溴甲酚绿乙醇溶液 10mL，0.1%甲基红乙醇　溶液 7mL，4%氢氧化钠水溶液 0.5mL，混匀，室温保存期为 1 个月

(全自动程序用)。

(10) 氢氧化钠溶液　称取40g氢氧化钠，用水溶解，待冷却至室温后，用水稀释至100mL。

(11) 盐酸标准滴定溶液　c (HCl) = 0.1mol/L或0.02mol/L，按GB/T 601—2016《化学试剂　标准滴定溶液的制备》配制和标定。

(12) 甲基红乙醇溶液　称取0.1g甲基红，用乙醇溶解并稀释至100mL。

(13) 溴甲酚绿乙醇溶液　称取0.5g溴甲酚绿，用乙醇溶解并稀释至100mL。

(14) 混合指示剂溶液　将甲基红乙醇溶液和溴甲酚绿乙醇溶液等体积混合。该溶液室温避光保存，有效期3个月。

(三) 准备仪器设备

(1) 分析天平　感量0.0001g。

(2) 消煮炉或电炉。

(3) 凯氏烧瓶　250mL。

(4) 消煮管　250mL。

(5) 凯氏蒸馏装置　常量直接蒸馏式或半微量水蒸气蒸馏式。

(6) 定氮仪　以凯氏原理制造的各类型半自动、全自动蛋白质测定仪。

(四) 采样和制备样品

按照GB/T 14699—2023《饲料　采样》抽取具有代表性的饲料样品，用四分法缩减取样。按照GB/T 20195—2006《动物饲料　试样的制备》制备试样，粉碎，全部通过0.42mm试验筛，混匀，装入密封容器中备用。

(五) 测定步骤

1. 半微量法 (仲裁法)

(1) 试样消煮

①凯氏烧瓶消煮：平行做两份试验。称取试样0.5~2g (含氮量5~80mg，准确至0.0001g)，置于凯氏烧瓶中，加入6.4g混合催化剂，混匀，加入12mL硫酸和2粒玻璃珠，将凯氏烧瓶置于电炉上，开始于约200℃加热，待试样焦化、泡沫消失后，再提高温度至约400℃，直至呈透明的蓝绿色，然后继续加热至少2h。取出，冷却至室温。

②消煮管消煮：平行做两份试验。称取试样0.5~2g (含氮量5~80mg，准确至0.0001g)，放入消煮管中，加入2片凯氏定氮催化剂片或6.4g混合催化剂，12mL硫酸，于420℃消煮炉上消化1h。取出，冷却至室温。

(2) 氨的蒸馏　待试样消煮液冷却，加入20mL水，转入100mL容量瓶中，冷却后用水稀释至刻度，摇匀，作为试样分解液。将半微量蒸馏装置的冷凝管末端浸入装有20mL硼酸吸收液Ⅰ和2滴混合指示剂的锥形瓶中。蒸汽发生器的水中应加入甲基红指示剂数滴，硫酸数滴，在蒸馏过程中保持此液为橙红色，否则需补加硫酸。准确移取试样分解液10~20mL注入蒸馏装置的反应室中，用少量水冲洗进样入口，塞好入口玻璃塞，再加10mL氢氧化钠溶液，小心提起玻璃塞使之流入反应室，将玻璃塞塞好，且在入口处加水密封，防止漏气。蒸馏 4min 降下锥形瓶使冷凝管末端离开吸收液面，再蒸馏 1min，至流出液 pH 为中性。用水冲洗冷凝管末端，洗液均需流入锥形瓶内，然后停止蒸馏。

（3）滴定　将蒸馏后的吸收液立即用 0.1mol/L 或 0.02mol/L 盐酸标准滴定溶液滴定，溶液由蓝绿色变成灰红色为滴定终点。

2. 全量法

（1）试样消煮　按半微量法试样消煮步骤进行。

（2）氨的蒸馏

①待试样消煮液冷却，加入 60~100mL 蒸馏水，摇匀，冷却。将蒸馏装置的冷凝管末端浸入装有 25mL 硼酸吸收液 I 和 2 滴混合指示剂的锥形瓶中。然后小心地向凯氏烧瓶中加入 50mL 氢氧化钠溶液，摇匀后加热蒸馏，直至馏出液体积约为 100mL。降下锥形瓶，使冷凝管末端离开液面，继续蒸馏 1~2min，至流出液 pH 为中性。用水冲洗冷凝管末端，洗液均需流入锥形瓶内，然后停止蒸馏。

②用半自动凯氏定氮仪时，将带消煮液的消煮管插在蒸馏装置上，以 25mL 硼酸吸收液 I 为吸收液，加入 2 滴混合指示剂，蒸馏装置的冷凝管末端要浸入装有吸收液的锥形瓶内，然后向消煮管中加入 50mL 氢氧化钠溶液进行蒸馏，至流出液 pH 为中性。蒸馏时间以吸收液体积达到约 100mL 时为宜。降下锥形瓶，用水冲洗冷凝管末端，洗液均需流入锥形瓶内。

③采用全自动凯氏定氮仪时，按仪器操作说明书进行测定。

（3）滴定　用 0.1mol/L 盐酸标准滴定溶液滴定吸收液，溶液由蓝绿色变成灰红色为终点。

3. 蒸馏步骤查验

精确称取 0.2g 硫酸铵（精确至 0.0001g），代替试样，按半微量法或全量法步骤进行操作，测得硫酸铵含氮量应为（21.19±0.2）%，否则应检查加碱、蒸馏和滴定各步骤是否正确。

4. 空白测定

精确称取 0.5 g 蔗糖（精确至 0.000 1 g），代替试样，按半微量法或全量法进行空白测定，消耗 0.1mol/L 盐酸标准滴定溶液的体积不得超过 0.2mL，消耗 0.02mol/L 盐酸标准滴定溶液体积不得超过 0.3mL。

（六）计算分析结果

试样中粗蛋白质含量以质量分数 w 计，数值以质量分数（%）表示，按式（4-8）计算：

$$w = \frac{(V_2 - V_1) \times c \times 0.0140 \times 6.25}{m \times \frac{V'}{V}} \times 100 \qquad (4-8)$$

式中　V_2——滴定试样时所需标准酸溶液体积，mL；

V_1——滴定空白时所需标准酸溶液体积，mL；

c——盐酸标准滴定溶液浓度，mol/L；

m——试样质量，g；

V——试样消煮液总体积，mL；

V'——蒸馏用消煮液总体积，mL；

0.0140——与1.00mL盐酸标准溶液［c（HCl）=1.0000mol/L］相当的，以克表示的氮的质量；

6.25——氮换算成粗蛋白的平均系数。

每个试样取两个平行样进行测定，以其算术平均值为结果，计算结果保留至小数点后两位。

（七）精密度

在重复性条件下，两次独立测定结果与其算术平均值的绝对差值与该平均值的比值应符合以下要求：

粗蛋白含量大于25%时，不超过1%；

粗蛋白含量在10%~25%时，不超过2%；

粗蛋白含量小于10%时，不超过3%。

三、测定饲料中粗脂肪的含量

（一）测定原理

将试样放在特制的仪器中，用脂溶性溶剂（乙醚、石油醚、三氯甲烷等）反复抽提，可把脂肪抽提出来，浸出的物质除脂肪外，还有一部分类脂物质，如游离脂肪酸、磷脂、蜡、色素以及脂溶性维生素等，所以称为粗脂肪。

本方法适用于油籽和油籽残渣以外的动物饲料。为了本方法的测定效果，将动物饲料分为两类。B类：纯动物性饲料，包括乳制品；脂肪不经预先水解不能提取的纯植物性饲料，如谷蛋白、酵母、大豆及马铃薯蛋白以及加热处理的饲料；含有一定数量加工产品的配合饲料，其脂肪含量至少有20%来自这些加工产品。A类：B类以外的动物饲料。B类产品的样品提取前需要水解。

脂肪含量较高的样品（至少200g/kg）预先用石油醚提取。B类样品用盐酸加热水解，水解溶液冷却、过滤，洗涤残渣并干燥后用石油醚提取，蒸馏、干燥除去溶剂，残渣称量。A类样品用石油醚提取，通过蒸馏和干燥除去溶剂，残渣称量。

（二）准备试剂

本标准所用试剂，未注明要求时，均指分析纯试剂。

（1）水　至少应为GB/T 6682—2008《分析实验室用水规格和试验方法》规定的三级。

（2）硫酸钠　无水。

（3）石油醚　主要由具有6个碳原子的碳氢化合物组成，沸点范围为40~60℃。溴值应低于1，挥发残渣应小于20mg/L。也可使用挥发残渣低于20mg/L的工业乙烷。

（4）金刚砂或玻璃细珠。

（5）丙酮。

（6）盐酸　c（HCl）= 3mol/L。

（7）滤器辅料　如硅藻土（lieselguhr），在盐酸［c（HCl）= 6mol/L］中消煮30min，用水洗至中性，然后再130℃下干燥。

（三）准备仪器设备

实验室常用仪器设备。

（1）提取套管　无脂肪和油，用乙醚洗涤。

（2）索氏提取器　虹吸溶剂约100mL，或用其他循环提取器。

（3）加热装置　有温度控制装置，不作为火源。

（4）干燥箱　温度能保持在（103±2）℃。

（5）电热真空箱　温度能保持在（80±2）℃，并减压至13.3kPa以下，配有引入干燥空气的装置，或内盛干燥剂，如氧化钙。

（6）干燥器　内装有效的干燥剂。

（四）采样和制备试样

样本采集按照GB/T 14699—2023《饲料　采样》执行，样本制备按照GB/T 20195—2006《动物饲料　试样的制备》执行。

（五）分析步骤

如果试样不易粉碎，或因脂肪含量高（超过200g/kg）而不易获得均质的缩减，先按步骤（1）处理，再按步骤（2）处理。在所有其他情况下，直接按步骤（2）处理。

（1）预先提取

①称取至少20g制备的试样（m_0），准确至1mg与10g无水硫酸钠混合，转移至一提取套管并用一小块脱脂棉覆盖。

将一些金刚砂转移至一干燥烧瓶，如果随后将对脂肪定性，则使用玻璃细珠取代金刚砂。将烧瓶与提取器连接，收集石油醚提取物。

将套管置于提取器中，用石油醚提取2h。如果使用索氏提取器，则调节加热装置使每小时至少循环10次，如果使用一个相当设备，则控制回流速度每秒至少5滴（约10mL/min）。

用500mL石油醚稀释烧瓶中的石油醚提取物，充分混合。对一个盛有金刚砂或玻璃细珠的干燥烧瓶进行称量（m_1），准确至1mg，吸取50mL石油醚溶液移入此烧瓶中。

②蒸馏除去溶剂，直至烧瓶中几无溶剂，加2mL丙酮至烧瓶中，转动烧瓶并在加热装置上缓慢加温以除去丙酮，吹去痕量丙酮。残渣中103℃干燥箱内干燥（10±0.1）min，在干燥器中冷却，称量（m_2），准确至0.1mg。

也可采取下列步骤：蒸馏除去溶剂，烧瓶中残渣中80℃电热真空箱中干燥1.5h，中干燥器中冷却，称量（m_2），准确至0.1mg。

③取出套管中提取的残渣中空气中干燥，除去残余的溶剂，干燥残渣称量（m_3），准确至0.1mg。将残渣粉碎成1mm大小的颗粒，按步骤（2）处理。

（2）称取试样　称取 5g（m_4）制备的试样，准确至 1mg。

对 B 类样品先按步骤（3）处理。对 A 类样品，将试料移至提取套管并用一小块脱脂棉覆盖，直接按步骤（4）处理。

（3）水解　将试料转移至一个 400mL 烧杯或一个 300mL 锥形瓶中，加 100mL 盐酸和金刚砂，用表面皿覆盖，或将锥形瓶与回流冷凝器连接，在火焰上或电热板上加热混合物至微沸，保持 1h，每 10min 旋转摇动一次，防止产物黏附于容器壁上。

在环境温度下冷却，加一定量的滤器辅料，防止过滤时脂肪丢失，在布氏漏斗中通过湿润的无脂的双层滤纸抽吸过滤，残渣用冷水洗涤至中性。

如果在滤液表面出现油或脂，则可能得出错误结果，一种可能的解决办法是减少测定试料或提高酸的浓度重复进行水解。

小心取出滤器并将含有残渣的双层滤纸放入一个提取套管中，在 80℃ 电热真空箱中于真空条件下干燥 60min，从电热真空箱中取出套管并用一小块脱脂棉覆盖。

（4）提取

①将一些金刚砂转移至一干燥烧瓶，称量（m_5），准确至 1mg。如果随后将要对脂肪定性，则使用玻璃细珠取代金刚砂。将烧瓶与提取器连接，收集石油醚提取物。

将套管置于提取器中，用石油醚提取 6h。如果使用索氏提取器，则调节加热装置使每小时至少循环 10 次，如果使用一个相当设备，则控制回流速度每秒至少 5 滴（约 10mL/min）。

②蒸馏除去溶剂，直至烧瓶中几无溶剂，加 2mL 丙酮至烧瓶中，转动烧瓶并在加热装置上缓慢加温以除去丙酮，吹去痕量丙酮。残渣在 103℃ 干燥箱内干燥（10±0.1）min，在干燥器中冷却，称量（m_6），准确至 0.1mg。

也可采取下列步骤：蒸馏除去溶剂，烧瓶中残渣在 80℃ 电热真空箱中真空干燥 1.5h，在干燥器中冷却，称量（m_6），准确至 0.1mg。

（六）计算结果

1. 预先提取测定法

试样的脂肪含量 ω_1 按式（4-9）计算，以 g/kg 表示：

$$\omega_1 = \left[\frac{10(m_2 - m_1)}{m_0} + \frac{(m_6 - m_5)}{m_4} \times \frac{m_3}{m_0}\right] \times f \tag{4-9}$$

式中　m_0——步骤（1）中称取试样的质量，g；

m_1——步骤（1）中装有金刚砂的烧瓶的质量，g；

m_2——步骤（1）中带有金刚砂的烧瓶和干燥的石油醚提取物残渣的质量，g；

m_3——步骤（1）中获得的干燥提取的残渣的质量，g；

m_4——步骤（2）试料的质量，g；

m_5——步骤（4）中使用的盛有金刚砂烧瓶的质量，g；

m_6——步骤（4）中盛有金刚砂的烧瓶和获得的干燥石油醚提取残渣的质量，g；

f——校正因子单位，g/kg（f=1000g/kg）。

结果表示准确至 1g/kg。

2. 无预先提取的测定法

试样的脂肪含量 ω_2 按式（4-10）计算，以 g/kg 表示：

$$\omega_2 = \frac{m_6 - m_5}{m_4} \times f \qquad (4-10)$$

式中　m_4——步骤（2）试料的质量，g；

m_5——步骤（4）使用的盛有金刚砂的烧瓶的质量，g；

m_6——步骤（4）盛有金刚砂的烧瓶和获得的干燥石油醚提取残渣的质量，g；

f——校正因子单位，g/kg（f=1000g/kg）。

四、测定饲料中粗纤维的含量

（一）测定原理

试样用沸腾的稀硫酸处理，过滤分离滤渣，洗涤；用沸腾的氢氧化钾溶液处理，过滤分离滤渣，洗涤，脱脂，干燥，称重，然后灰化。灰化失去的质量占试样质量的百分比即为试样中粗纤维的含量。

（二）滤埚法（仲裁法）

1. 准备试剂

（1）水　GB/T 6682—2008《分析实验室用水规格和试验方法》，三级。

（2）石油醚　沸程 30~60℃。

（3）丙酮。

（4）盐酸溶液Ⅰ（0.5mol/L）　量取 41.7mL 盐酸，用水稀释并定容至 1000mL，混匀。

（5）盐酸溶液Ⅱ（4mol/L）　量取 333mL 盐酸，用水稀释并定容至 1000mL，混匀。

（6）硫酸溶液［（0.13±0.005）mol/L］　量取 7.2mL 硫酸，缓慢注入 1000mL 水中，混匀，按照 GB/T601—2016《化学试剂　标准滴定溶液的制备》标定。

（7）氢氧化钾溶液［（0.23±0.005）mol/L］　称取 15.18g 氢氧化钾，用水溶解，定容至 1000mL，混匀。按照 GB/T 601—2016《化学试剂　标准滴定溶液的制备》标定。

（8）助滤剂　海沙、硅藻土或性能相当的其他材料。使用前，海沙用盐酸溶液Ⅱ（浸没，煮沸处理后，用水洗至中性，于（500±25）℃灼烧 2h，取出，冷却后放入干燥器中备用。

（9）消泡剂　正辛醇或硅油。

2. 准备仪器与设备

（1）天平　精度 0.01g 和 0.0001g。

（2）滤埚　材质为石英、陶瓷或硬质玻璃，带有玻璃烧结滤板，滤板孔径 40~100μm。初次使用前，将新滤埚小心地逐步加温，温度不超过 525℃，并在（500±25）℃下保持数分钟。或使用性能相当的不锈钢坩埚，滤板孔径为 90μm。

（3）陶瓷筛板。

（4）灰化皿　方舟灰化皿或大小合适的瓷坩埚。

（5）烧杯或锥形瓶　600mL，带冷凝装置。

（6）干燥器。

（7）干燥箱　控温精度±2℃。

（8）马弗炉　控温精度±25℃。

（9）冷提取装置　附有一个滤埚支架，一个装有至真空和液体排出孔旋塞的排放管，以及连接滤埚的连接环。

（10）加热装置（手工操作）　带有一个适当的冷却装置，在沸腾时能保持体积恒定。

（11）加热装置（半自动操作）　用于酸和碱消煮。附有一个滤埚支架；一个装有至真空和液体排出孔旋塞的排放管；以及一个容积至少 270mL 的圆筒，供消煮用，带有回流冷凝器；将加热装置与滤埚及消煮圆筒连接的连接环；可选择性地提供压缩空气。使用前，设备用沸水预热 5min。

3. 样品

按 GB/T 20195—2006《动物饲料　试样的制备》制备样品，至少 200g，粉碎使其全部通过 1 mm 孔径的分析筛，充分混匀，装入密闭容器中，备用。

4. 试验步骤

（1）滤埚手工操作法

①称样：平行做两份试验。称取试样约 1g（精确至 0.0001g）。若试样脂肪含量超过 10%、碳酸盐含量超过 5%，将其置于滤埚，按步骤②预先脱脂；若试样脂肪含量超过 10%、碳酸盐含量低于 5%，将其置于滤埚，预先脱脂后，再进行步骤④酸消煮继续处理；若试样脂肪含量低于 10%、碳酸盐含量超过 5%，将其置于烧杯中，除去碳酸盐；若试样脂肪含量低于 10%、碳酸盐含量低于 5%，将其置于烧杯中，进行步骤④酸消煮处理。碳酸盐的含量以碳酸钙计。

②预先脱脂：将装有试样的滤埚连接冷提取装置，加入 30mL 石油醚，浸泡 5min，真空抽干，重复 3 次，将滤渣全部转移至烧杯中。

③除去碳酸盐：加入 100mL 盐酸溶液 1，连续搅拌 5min，小心将此混合物转移至底部预先覆盖一薄层助滤剂（助滤剂厚度约为滤埚高度的 1/5）的滤埚中，真空抽干。用 100mL 洗涤烧杯，一并转入滤埚中，抽干，重复用水洗涤 1 次。将试样和助滤剂全部转移至原烧杯中。

④酸消煮：加入 150mL 硫酸溶液，加热，尽快使其沸腾，并保持沸腾状态（30±1）min。沸腾开始后，每隔 5min 转动 1 次烧杯。必要时加数滴消泡剂。沸腾期间开启冷却装置，保持消煮液体积恒定。

⑤第一次过滤：在滤埚中铺一层助滤剂（助滤剂厚度约为滤埚高度的 1/5），在助滤剂上加盖一筛板以防溅起。消煮结束后，将消煮液转移至滤埚，真空抽滤，尽量抽干。滤渣用热水洗涤 5 次，每次约 10mL，真空抽滤。停止抽真空后，加 30mL 丙酮使之覆盖滤渣，静置 5min，抽干。确保过滤板始终有助滤剂覆盖，使粗纤维不直接接触滤板。

⑥脱脂：将装有试样滤渣的滤埚连接在冷提取装置上，加入 30mL 石油醚，浸泡 5min，真空抽干，重复 3 次。

⑦碱消煮：将滤渣全部转移至酸消煮用的同一烧杯中，加入 150mL 氢氧化钾溶液，加热，尽快使其沸腾，保持沸腾状态（30±1）min。沸腾开始后，每隔 5min 转动 1 次烧杯。沸腾期间开启冷却装置，保持消煮液体积恒定。

⑧第二次过滤：试样消煮液通过滤埚过滤，坩埚内铺有一层助滤剂（助滤剂厚度约为滤埚高度的1/5），在助滤剂上加盖一个筛板以防溅起。消煮结束后，将消煮液转移至滤埚，真空抽滤，尽量抽干。滤渣用热水洗至中性。将装有试样滤渣的滤埚连接在冷提取装置上，加入30mL丙酮，浸泡5min，真空抽干，重复3次。

⑨干燥：将滤埚置于灰化皿中，(130±2)℃干燥2h。取出，置于干燥器中，冷却至室温迅速称量，精确至0.0001g。

⑩灰化：将滤埚和灰化皿于（500±25)℃灰化30min，取出，滤埚和灰化皿初步冷却后，置于干燥器中，冷却30min，称量，精确至0.0001g。直至连续2次称重的差值不超过2mg。

⑪空白测定：用相同质量的助滤剂，不加试样，按步骤④~⑩进行空白测定，灰化引起的质量损失不应超过2mg。

（2）滤埚半自动操作法

①试料：平行做两份试验。称取试样约1g，精确至0.0001g，转移至装有2g助滤剂的滤埚中。若试样脂肪含量超过10%、碳酸盐含量超过5%，从步骤②预先脱脂开始处理；若试样脂肪含量超过10%、碳酸盐含量低5%，按步骤②处理后，再按步骤④酸消煮继续处理；若试样脂肪食量低于10%、碳酸盐含量超过5%，从步骤③除去碳酸盐开始处理；若试样脂肪含量低于10%、碳酸盐含量低于5%从步骤④酸消煮开始处理。碳酸盐的含量以碳酸钙计。

②预先脱脂：将装有试样的滤埚连接冷提取装置，加入30mL石油醚，浸泡5min，真空抽干，重复3次。

③除去碳酸盐：将滤埚与加热装置连接，用盐酸溶液Ⅰ洗涤试样3次，每次用盐酸30mL，浸泡1min。用约30mL水洗涤一次。

④酸消煮：将滤埚安装在加热装置上，加入150mL沸腾的硫酸溶液，加热，使硫酸尽快沸腾，并保持剧烈沸腾（30±1）min，必要时加数滴消泡剂。

⑤第一次过滤：停止加热，打开排放管旋塞，排出硫酸溶液，滤渣用热水至少洗涤3次，每次用水30mL，真空抽干，洗涤至中性。如果试样所含脂肪不能直接用石油醚提取，按步骤⑥脱脂进行，否则，按步骤⑦碱消煮进行。如果过滤时堵塞，小心吹气排除。所含脂肪不能直接用石油醚提取的试样是指GB/T 6433—2006《饲料中粗脂肪的测定》规定的脂肪提取前需要水解的B类试样。

⑥脱脂：将滤埚与冷提取装置连接，用丙酮洗涤滤渣3次，每次30mL，真空抽干，然后用石油醚洗涤滤渣3次，每次30mL，真空抽干。

⑦碱消煮：关闭排出孔旋塞，加入150mL沸腾的氢氧化钾溶液，加数滴消泡剂，加热，使溶液尽快沸腾，并保持剧烈沸腾（30±1）min。

⑧第二次过滤：停止加热，打开排放管旋塞，排出氢氧化钾溶液，用热水至少洗涤3次，每次30mL，真空抽干，洗至中性。将滤埚与冷提取装置连接，滤渣用丙酮洗涤3次，每次30mL，真空抽干。如过滤困难，小心吹气排出滤器堵塞。

⑨干燥：将滤埚置于灰化皿中，(130±2)℃干燥2h。取出，置于干燥器中，冷却至室温迅速称量，精确至0.0001g。

⑩灰化：将滤埚和灰化皿于（500±25)℃灰化30min，取出，滤埚和灰化皿初步冷

却后，置于干燥器中，冷却30min，称量，精确至0.0001g。直至连续2次称重的差值不超过2mg。

⑪空白测定：用相同质量的助滤剂，不加试样，按步骤④~⑩进行空白测定。灰化引起的质量损失不应超过2mg。

5. 实验数据处理

试样中粗纤维的含量以质量分数 ω_1 计，数值以质量分数以%表示，按式（4-11）计算：

$$\omega_1 = \frac{m_2 - m_3}{m_1} \tag{4-11}$$

式中 m_2——灰化皿、滤埚、试样滤渣及助滤剂干燥后的质量，g；

m_3——灰化皿、滤埚、试样滤渣及助滤剂灰化后的质量，g；

m_1——试样质量，g。

测定结果以平行测定的算术平均值表示，保留至小数点后1位。

6. 精密度

在重复性条件下获得的2次独立测定结果应符合以下要求：

粗纤维含量<5%时其绝对差值不大于0.6%；

粗纤维含量在5%~10%时，其绝对差值不大于其算术平均值的10%；

粗纤维含量>10%时，其绝对差值不大于其算术平均值的6%。

（三）滤袋法

1. 准备试剂或材料

（1）水　GB/T 6682—2008《分析实验室用水规格和试验方法》，三级。

（2）石油醚　沸程30~60℃。

（3）丙酮。

（4）盐酸溶液Ⅰ（0.5mol/L）　量取41.7mL盐酸，用水稀释并定容至1000mL，混匀。

（5）硫酸溶液［（0.13±0.005）mol/L］　量取7.2mL硫酸，缓慢注入1000mL水中，混匀，按照GB/T 601—2016《化学试剂　标准滴定溶液的制备》标定。

（6）氢氧化钾溶液［（0.23±0.005）mol/L］　称取15.18g氢氧化钾，用水溶解，定容至1000mL，混匀。按照GB/T 601—2016《化学试剂　标准滴定溶液的制备》标定。

（7）滤纸。

2. 准备仪器设备

（1）分析天平　精度0.01 g和0.0001g。

（2）滤袋　孔径20~25μm，受热稳定，耐受酸、碱消煮，或者性能相当者。

（3）烧杯。

（4）坩埚。

（5）干燥器。

（6）干燥箱　控温精度±2℃。

（7）马弗炉　控温精度±25℃。

（8）加热冷却装置 配有独立加热单元，有一个适当的冷却装置，在沸腾时能保持体积恒定。

3. 样品

按 GB/T 20195—2006《动物饲料 试样的制备》制备样品，至少 200g，粉碎使其全部通过 1mm 孔径的分析筛，充分混匀，装入密闭容器中，备用。

4. 试验步骤

（1）称样 平行做两份试验。取经（105±2）℃干燥 2h、在干燥器中冷却至室温的滤袋，称量，精确至 0.0001g。称取试样 1g，精确至 0.0001g，装入滤袋内，试样体积一般不超过滤袋容量的 1/2，封口。如太满，可适当减少称样量，但不得低于 0.2g。若试样脂肪含量超过 5%、碳酸盐超过 5%，从步骤（2）预先脱脂开始处理；若试样脂肪含量超过 5%、碳酸盐低于 5%，按步骤（2）预先脱脂处理后，再按步骤（4）酸消煮继续处理；若试样脂肪含量低于 5%、碳酸盐超过 5%，从步骤（3）除去碳酸盐开始处理；若试样脂肪含量低于 5%、碳酸盐低于 5%，从步骤（4）酸消煮开始处理。

（2）预先脱脂 将装有试样的滤袋放入烧杯中，置于通风橱内，加入丙酮或石油醚，使样品完全浸没，浸泡 5min，期间用玻璃棒轻轻搅拌翻动 2 次，或取出滤袋反复浸没 2 次，倒去烧杯中的丙酮或石油醚。重复操作 3 次。取出滤袋，放在滤纸上，轻轻挤压去除滤袋上的丙酮或石油醚，在通风橱中挥发 30min，去除残余的丙酮或石油醚。

（3）除去碳酸盐 将装有试样的滤袋放在烧杯中，加入 100mL 盐酸溶液 I，浸泡 5min，取出滤袋，用水冲洗至中性，再用滤纸把袋内水分轻轻挤干。

（4）酸消煮 将装有试样的滤袋放入烧杯中，按每个滤袋 100mL 的量加入硫酸溶液，加热至微沸，保持（30±1）min。沸腾期间开启冷却装置，保持消煮液体积恒定。煮沸完毕取出滤袋，用热水洗至中性，再用滤纸把袋内水分轻轻挤干。

（5）碱消煮 将酸消煮后的滤袋放入干净的烧杯中，按每个滤袋 100mL 的量加入氢氧化钾溶液，加热至微沸，保持（30±1）min。沸腾期间开启冷却装置，保持消煮液体积恒定。煮沸完毕取出滤袋，用热水洗至中性，再用滤纸把袋内水分轻轻挤干。

（6）脱脂 将碱消煮后的滤袋放入干净烧杯，置于通风橱中，加入丙酮适量，使样品完全浸没，浸泡 5min，期间用玻璃棒轻轻搅拌翻动 2 次，或取出滤袋反复浸没 2 次、倒去烧杯中的丙酮。重复操作 3 次。取出滤袋，放在滤纸上，轻轻挤压去除滤袋上的丙酮、在通风橱中挥发 30min，去除残余的丙酮。

（7）烘干 将脱脂后的滤袋于（105±2）℃干燥 4h，取出，置于干燥器中冷却至室温，迅速称量，精确至 0.0001g，直至连续 2 次称重的差值不超过 2mg。

（8）灰化 将烘干、称重后的滤袋放入已恒重的坩埚中，置于电炉或电热板上，小心加热至滤袋和残渣完全炭化，于（600±25）℃灰化 3h，取出坩埚，初步冷却后，置于干燥器中，冷却至室温，称量坩埚及灰分质量，精确至 0.0001g，直至连续 2 次称重的差值不超过 2mg。

（9）空白测定 用空白滤袋，不加试样，按步骤（4）~步骤（8）进行空白试验，灰化引起的质量损失不应超过空白滤袋的质量。

若采用纤维测定仪，按仪器操作说明书进行测定。

5. 试验数据处理

试样中粗纤维的含量以质量分数 ω_2 计，滤袋法按式（4-12）和式（4-13）计算。

$$\omega_2 = \frac{m_6 - (m_8 - m_7) - m_5 \times f}{m_4} \times 100 \quad (4-12)$$

$$f = \frac{m_{b6} - (m_{b8} - m_{b7})}{m_{b5}} \quad (4-13)$$

式中 m_6——滤袋和试样滤渣干燥后的质量，g；

m_8——坩埚、滤袋和试样滤渣灰化后的质量，g；

m_7——坩埚质量，g；

m_5——干燥后的滤袋质量，g；

f——空白滤袋灰化校正因子，按照式（4-9）计算；

m_4——试样质量，g；

m_{b6}——空白试验滤袋干燥后的质量，g；

m_{b8}——空白试验坩埚、滤袋灰化后的质量，g；

m_{b7}——空白试验坩埚质量，g；

m_{b5}——空白试验滤袋质量，g。

测定结果以平行测定的算术平均值表示，保留至小数点后1位。

6. 精密度

在重复性条件下获得的2次独立测定结果应符合以下要求：

粗纤维含量<5%时，其绝对差值不大于0.6%；

粗纤维含量为5%~10%时，其绝对差值不大于其算术平均值的10%；

粗纤维含量>10%时，其绝对差值不大于其算术平均值的6%。

五、测定饲料中粗灰分的含量

（一）测定原理

试样中的有机质经灼烧分解，对所得的灰分称量（灰分用质量分数表示）。

（二）准备仪器与设备

除常用实验室设备外，其他仪器设备如下。

（1）分析天平　感量为0.001g。

（2）马弗炉　电加热，可控制高温，带高温计。马弗炉中摆放煅烧盘的地方，在550℃时温差不超过20℃。

（3）干燥箱　温度控制在（103±2）℃。

（4）电热板或煤气喷灯。

（5）煅烧盘　铂或铂合金（如10%铂，90%金），或者实验室条件下不受影响的其他物质（如瓷质材料），最好是表面积约为20cm^2、高约2.5cm的长方形容器，对易于膨胀的碳水化合物样品，灰化盘的表面积约为30cm^2、高为3.0cm的容器。

（6）干燥器　盛有有效的干燥剂。

（三）采样和制备试样

采样按GB/T 14699—2023《饲料　采样》执行，试样制备按GB/T 20195—2006

《动物饲料　试样的制备》执行。

(四) 测定步骤

将煅烧盘放入马弗炉中，于550℃，灼热至少30min，移入干燥器冷却至室温，称重，准确至0.001g。称取约5g试样（精确至0.001g）于煅烧盘中。

将盛有试样的煅烧盘放在电热板或煤气喷灯上小心加热至试样炭化，转入预先加热到550℃的马弗炉中灼烧3h，观察是否有炭粒，如无炭粒，继续于马弗炉中灼烧1h，如果有炭粒或怀疑有炭粒，将煅烧盘冷却并用蒸馏水润湿，在（103±2）℃的干燥箱中仔细蒸发至干，再将煅烧盘置于马弗炉中灼烧1h，取出于干燥器中，冷却至室温迅速称量，准确至0.001g。

对同一试样取两份试料进行平行测定。

(五) 计算测定结果

粗灰分ω，用质量分数（%）表示，按式（4-14）计算：

$$\omega = \frac{m_2 - m_0}{m_1 - m_0} \times 100 \tag{4-14}$$

式中　m_2——灰化后粗灰分加煅烧盘的质量，g；

m_1——煅烧盘加试样的质量，g；

m_0——空煅烧盘的质量，g。

取两次测量的算术平均值作为测定结果，所得结果应表示至0.1%。

六、测定饲料中钙的含量

(一) 测定原理

1. 高锰酸钾法

将试样中有机物破坏，钙变成溶于水的离子，用草酸铵定量沉淀，用高锰酸钾法间接测定钙含量。

2. 乙二胺四乙酸二钠络合滴定法

将试样中有机物破坏，钙变成溶于水的离子，用三乙醇胺、乙二胺、盐酸羟胺和淀粉溶液消除干扰离子的影响，在碱性溶液中以钙黄绿素为指示剂，用乙二胺四乙酸二钠（EDTA）标准滴定溶液络合滴定钙，可快速测定钙的含量。

(二) 高锰酸钾法

1. 准备试剂

除非另有说明，所有试剂均为分析纯和符合GB/T 6682—2008《分析实验室用水规格和试验方法》规定的三级水。

（1）浓硝酸。

（2）高氯酸　70%~72%。

（3）盐酸溶液（1+3）。

（4）硫酸溶液（1+3）。
（5）氨水溶液（1+1）。
（6）氨水溶液（1+50）。
（7）草酸铵溶液（42g/L） 称取 4.2g 草酸铵溶于 100mL 水中。
（8）高锰酸钾标准溶液［$c(\frac{1}{5}KMnO_4)$ = 0.05mol/L］的配制按 GB/T 601—2016《化学试剂 标准滴定溶液的制备》规定。
（9）甲基红指示剂（1g/L） 称取 0.1g 甲基红溶于 100mL 95%乙醇中。
（10）有机微孔滤膜 0.45mm。
（11）定量滤纸 中速，7~9cm。

2. 准备仪器和设备

（1）实验室用样品粉碎机或研钵。
（2）分析天平 感量 0.0001 g。
（3）高温炉 可控温度在（550±20）℃。
（4）坩埚 瓷质 50mL。
（5）容量瓶 100mL。
（6）滴定管 酸式，25mL 或 50mL。
（7）玻璃漏斗 直径 6cm。
（8）移液管 10mL，20mL。
（9）烧杯 200mL。
（10）凯氏烧瓶 250mL 或 500mL。

3. 采样和试样制备

按 GB/T 14699—2023《饲料 采样》的规定，抽取有代表性的饲料样品，用四分法缩减取样，按 GB/T 20195—2006《动物饲料 试样的制备》制备试样。粉碎至全部过 0.45mm 孔筛，混匀装于密封容器，备用。

4. 测定步骤

（1）试样提取

①干法：称取试样 0.5~5g 于坩埚中，精确至 0.0001g，在电炉上小心炭化，再放入高温炉于 550℃下灼烧 3h，在坩埚中加入盐酸溶液 10mL 和浓硝酸数滴，小心煮沸，将此溶液转入 100mL 容量瓶中，冷却至室温，用水稀释至刻度，摇匀，为试样分解液。

②湿法：称取试样 0.5~5g 于 250mL 凯氏烧瓶中，精确至 0.0002g，加入浓硝酸 10mL，小火加热煮沸，至二氧化氮黄烟逸尽，冷却后加入高氯酸 10mL，小心煮沸至溶液无色，不得蒸干，冷却后加水 50mL，且煮沸驱逐二氧化氮，冷却后移入 100mL 容量瓶中，用水定容至刻度，摇匀，为试样分解液。

小火加热煮沸过程中如果溶液变黑需立刻取下，冷却后补加高氯酸，小心煮沸至溶液无色；加入高氯酸后，溶液不得蒸干，蒸干可能发生爆炸。

（2）测定 准确移取试样分解液 10~20mL（含钙量 20mg 左右）于 200mL 烧杯中，加水 100mL，甲基红指示剂 2 滴，滴加氨水溶液至溶液呈橙色，若滴加过量，可加盐酸溶液调至橙色，再多加 2 滴使其呈粉红色（pH 为 2.5~3.0），小心煮沸，慢慢滴加热草酸铵溶液 10mL，且不断搅拌，如溶液变橙色，则应补加盐酸溶液使其呈红色，煮沸 2~3min，放置过夜使沉淀陈化（或在水浴上加热 2h）。

用定量滤纸过滤，用氨水溶液洗沉淀 6~8 次，至无草酸根离子接滤液数毫升加硫酸溶液数滴，加热至 80℃，再加高锰酸钾标准溶液 1 滴，呈微红色，且 30s 不褪色。

将沉淀和滤纸转入原烧杯中，加硫酸溶液 10mL，水 50mL，加热至 75~80℃，用高锰酸钾标准溶液滴定，溶液呈粉红色且 30s 不褪色为终点。

同时进行空白溶液的测定。

5. 试验数据处理

试样中钙的含量 ω，以质量分数表示（%），按式（4-15）计算：

$$\omega = \frac{(V - V_0) \times c \times 0.02}{m \times \frac{V'}{100}} \times 100 \tag{4-15}$$

式中 V——试样消耗高锰酸钾标准溶液的体积，mL；

V_0——空白消耗高锰酸钾标准溶液的条件，mL；

c——高锰酸钾标准溶液的浓度，mol/L；

V'——滴定时移取试样分解液体积，mL；

m——试样质量，g；

0.02——与 1.00mL 高锰酸钾标准溶液 [$c(\frac{1}{5}KMnO_4) = 1.000mol/L$] 相当的以克（g）表示的钙的质量。

测定结果用平行测定的算术平均值表示，结果保留 3 位有效数字。

6. 重复性

含钙量 10%以上时，在重复性条件下获得的两次独立测定结果的绝对差值不大于这两个测定值的算术平均值的 3%。

含钙量在 5%~10%时，在重复性条件下获得的两次独立测定结果的绝对差值不大于这两个测定值的算术平均值的 5%。

含钙量 1%~5%时，在重复性条件下获得的两次独立测定结果的绝对差值不大于这两个测定值的算术平均值的 9%。

含钙量 1%以下时，在重复性条件下获得的两次独立测定结果的绝对差值不大于这两个测定值的算术平均值的 18%。

（三）乙二胺四乙酸二钠络合滴定法

1. 准备试剂

除非另有说明，所有试剂均为分析纯和符合 GB/T 6682—2008《分析实验室用水规格和试验方法》规定的三级水。

（1）盐酸羟胺。

（2）三乙醇胺。

（3）乙二胺。

（4）盐酸水溶液（1+3）。

（5）氢氧化钾溶液（200g/L） 称取 20g 氢氧化钾溶于 100mL 水中。

（6）淀粉溶液（10g/L）　称取 1g 可溶性淀粉放入 200mL 烧杯中，加 5mL 水润湿，加 95mL 沸水搅拌，煮沸，冷却备用（现用现配）。

（7）孔雀石绿水溶液（1g/L）。

（8）钙黄绿素—甲基百里香草酚蓝试剂　0.10g 钙黄绿素与 0.10g 甲基麝香草酚蓝、0.03g 百里香酚酞、5g 氯化钾研细混匀，储存于磨口瓶中备用。

（9）钙标准液（0.0010g/mL）　称取 2.4974g 于 105～110℃ 干燥 3h 的基准物碳酸钙，溶于 40mL 盐酸中，加热赶出二氧化碳，冷却，用水移至 1000mL 容量瓶中，定容至刻度。

（10）乙二胺四乙酸二钠（EDTA）标准滴定溶液　称取 3.8g EDTA 加入 200mL 烧瓶中，加水 200mL，加热溶解冷却后转至 1000mL 容量瓶中，用水定容至刻度。

①EDTA 标准滴定溶液的滴定：准确吸取钙标准溶液 10.0mL 按试样测定法进行滴定。

②EDTA 滴定溶液对钙的滴定按式（4-16）计算：

$$T = \frac{\rho \times V}{V_0} \tag{4-16}$$

式中　T——EDTA 标准滴定溶液对钙的滴定度，g/mL；

ρ——钙标准溶液的质量浓度，g/mL；

V——所取钙标准溶液的体积，mL；

V_0——EDTA 标准滴定溶液的消耗体积，mL。

所得结果应表示至 0.0001g/mL。

2. 准备仪器和设备

仪器和设备同高锰酸钾法。

3. 采样和试样制备

采样和试样制备同高锰酸钾法。

4. 测定步骤

准确移取试样分解液 5～25mL（含钙量 2～25mg）。加水 50mL，加淀粉溶液 10mL、三乙醇胺 2mL、乙二胺 1mL、1 滴孔雀石绿溶液，滴加氢氧化钾溶液至无色，再过量 10mL，加 0.1 g 盐酸羟胺（每加入一种试剂后都需要摇匀），加钙黄绿素—甲基百里香草酚蓝指示剂少许，在黑色背景下立即用 EDTA 标准滴定溶液滴定至绿色荧光消失呈现紫红色且 30s 不回头为滴定终点。同时做空白实验。

5. 试验数据处理

试样中钙的含量 ω，以质量分数表示（%），按式（4-17）计算：

$$\omega(\%) = \frac{T \times V_2}{m \times \frac{V_1}{V_0}} \times 100 \tag{4-17}$$

式中　T——EDTA 标准滴定溶液对钙的滴定度，g/mL；

V_0——试样分解液的总体积，mL；

V_1——分取试样分解液的体积，mL；

V_2——试样实际消耗 EDTA 标准滴定溶液的体积，mL；

m——试样的质量，g。

测定结果用平行测定的算术平均值表示，结果保留 3 位有效数字。

6. 重复性

同高锰酸钾法。

七、测定饲料中总磷的含量

（一）测定原理

试样中的总磷经消解，在酸性条件下与钒钼酸铵生成黄色的钒钼黄［$(NH_4)_3PO_4NH_4VO_3 \cdot 16MoO_3$］络合物。钒钼黄的吸光度值与总磷的浓度成正比。在波长 400nm 下测定试样溶液中钒钼黄的吸光度值，与标准系列比较定量。

（二）准备试剂

所用试剂除特殊说明外，均为分析纯。实验室用水为蒸馏水或同等纯度的水。

（1）硝酸。

（2）高氯酸。

（3）盐酸溶液 盐酸+水=1+1（V_1+V_2）。

（4）磷标准储备液（50μg/mL） 将 105℃干燥至恒重的磷酸二氢钾，置干燥器中，冷却后，精密称取 0.2195 g，溶解于水，定量移入 1000mL 容量瓶中，加硝酸 3mL，加水稀释至刻度，摇匀，即得。置聚乙烯瓶中 4℃下可储存 1 个月。

（5）钒钼酸铵显色剂 称取偏钒酸铵 1.25g，加水 200mL 加热溶解，冷却后再加入 250mL 硝酸，另称取钼酸铵 25g，加水 400mL 加热溶解，在冷却的条件下，将两种溶液混合，用水稀释至 1000mL，避光保存，若生成沉淀，则不能继续使用。

（三）准备仪器和设备

（1）分析天平 感量 0.0001g。

（2）紫外—可见分光光度计 带 1cm 比色皿。

（3）高温炉 可控温度在±20℃。

（4）电热干燥箱 可控温度在±2℃。

（5）可调温电炉 1000W。

（四）制备试样

按 GB/T 14699—2023《饲料 采样》抽取有代表性的饲料样品，用四分法缩减取约 200g，按照 GB/T 20195—2006《动物饲料 试样的制备》制备样品，粉碎后过 0.42mm 孔径的分析筛，混匀，装入磨口瓶中，备用。

（五）测定步骤

1. 试样的前处理

（1）干灰化法 称取试样 2～5g，精确到 1mg，置于坩埚中，在电炉上小心炭化，再放入高温炉，在 550℃灼烧 3h（或测粗灰分继续进行），取出冷却，加盐酸溶液 10mL

和硝酸数滴，小心煮沸约 10min，冷却后转入 100mL 容量瓶中，加水稀释至刻度，摇匀，为试样溶液。

（2）湿法消解法　称取试样 0.5～5g，精确到 1mg，置于凯氏烧瓶中，加入硝酸 30mL，小心加热煮沸至黄烟逸尽，稍冷，加入高氯酸 10mL，继续加热至高氯酸冒白烟（不得蒸干），溶液基本无色，冷却，加水 30mL，加热煮沸，冷却后用水转入 100mL 容量瓶中并稀释至刻度，摇匀，为试样溶液。

（3）盐酸溶解法（适用于微量元素预混料）　称取试样 0.2～1g，精确到 1mg，置于 100mL 烧杯中，缓缓加入盐酸溶液 10mL，使其全部溶解，冷却后转入 100mL 容量瓶中，加水稀释至刻度，摇匀，为试样溶液。

2. 磷标准工作液的制备

分别准确移取磷标准贮备液 0mL、1mL、2mL、5mL、10mL、15mL 于 50mL 容量瓶中（即相当于含磷量为 0μg、50μg、100μg、250μg、500μg、750μg），于各容量瓶中分别加入钒钼酸铵显色剂 10mL，用水稀释至刻度，摇匀，常温下放置 10min 以上，以 0mL 磷标准溶液为参比，用 1cm 比色皿，在 400nm 波长下用分光光度计测各溶液的吸光度。以磷含量为横坐标，吸光度为纵坐标，绘制工作曲线。

3. 试样的测定

准确移取试样溶液 1～10mL（含磷量 50～750μg）于 50mL 容量瓶中，加入钒钼酸铵显色剂 10mL，用水稀释至刻度，摇匀，常温下放置 10min 以上，用 1cm 比色皿，在 400nm 波长下用分光光度计测定试样溶液的吸光度，通过工作曲线上计算试样溶液的磷含量。若试样溶液磷含量超过磷标准工作曲线范围，应对试样溶液进行稀释。

（六）试验数据处理

1. 结果计算

试样中磷的含量 ω，以质量分数计，数值以%表示，结果按式（4-18）计算：

$$\omega = \frac{m_1 \times V}{m \times V_1 \times 10^6} \times 100\% \tag{4-18}$$

式中　m_1——通过工作曲线计算出试样溶液中磷的含量，μg；

V——试样溶液的总体积，mL；

m——试样质量，g；

V_1——试样测定时移取试样溶液的体积，mL；

10^6——换算系数。

2. 结果表示

每个试样称取两个平行样进行测定，以其算术平均值为测定结果，所得到的结果应表示至小数点后 2 位。

（七）精密度

在同一实验室，由同一操作者使用相同设备，按相同的测试方法，并在短时间内对同一饲料样品相互独立进行测试获得的两次独立测试结果的绝对差值，当试样中总磷含量小于或等于 0.5%时，不得大于这两次测定值的算术平均值的 10%；当试样中总磷含量大于 0.5%时，不得大于这两次测定值的算术平均值的 3%。以大于这两次测定值的算术平均值的百分数的情况不超过 5%为前提。

八、测定饲料中水溶性氯化物含量

（一）测定原理

试样中的氯离子溶于水（试样中若含有有机物质，用沉淀剂将溶液澄清）用硝酸溶液酸化，再加入硝酸银标准溶液使氯化物生成氯化银沉淀，过量的硝酸银采用福尔哈德法用硫氰酸铵或硫氰酸钾标准溶液滴定。

（二）准备试剂

除非另有规定，仅使用分析纯试剂。

（1）水　GB/T 6682—2008《分析实验室用水规格和试验方法》，三级。

（2）丙酮。

（3）正己烷。

（4）活性炭　不含有氯离子也不能吸收氯离子。

①活性炭不含有氯离子的验证：在 1.0g 活性炭中加入 50mL 水，混匀，在回旋振荡器中振荡 10min，静置 10min，使用滤纸过滤。在滤液中滴加 3 滴硝酸银标准溶液 I，不应有浑浊。

②活性炭不能吸收氯离子验证：称取 1.0g 活性炭，置于 100mL 容量瓶中，加入 10.0mL 氯化钠标准溶液Ⅱ，混匀，在回旋振荡器中振荡 10min，静置 10min，使用滤纸过滤，按分析步骤 2 滴定操作，计算回收率，若回收率大于 98%，可作为试验试剂使用。

（5）硝酸溶液（20%）　移取 200mL 硝酸，用水稀释并定容至 1000mL，混匀。

（6）铬酸钾溶液（5%）　称取 5.0g 铬酸钾，用水溶解并定容至 100mL，混匀。

（7）硫酸铁铵饱和溶液　称取 125g 硫酸铁铵［$NH_4Fe(SO_4)_2 \cdot 12H_2O$］溶于 100mL 水，再逐渐增加硫酸铁铵直至饱和。

（8）沉淀剂Ⅰ　称取 10.6g 亚铁氰化钾［$K_4Fe(CN)_6 \cdot 3H_2O$］，用水溶解并定容至 100mL，混匀。

（9）沉淀剂Ⅱ　称取 21.9g 乙酸锌［$Zn(CH_3COO)_2 \cdot 2H_2O$］，加入 70mL 水和 3mL 冰乙酸溶解，用水定容至 100mL，混匀。

（10）氯化钠标准溶液 I（0.1mol/L）　标准溶液的浓度应精确至 0.0001mol/L。将约 20g 细粉末状氯化钠（基准试剂）放置于表面皿上，铺成薄层。于 250℃干燥 1～2h。干燥器中冷却至室温，准确称取 5.8g 氯化钠（精确至 0.0001g），用水溶解，容量瓶定容至 1000mL，混匀。

氯化钠标准溶液浓度按式（4-19）计算：

$$c_{NaCl} = \frac{m_{NaCl}}{58.44} \tag{4-19}$$

式中 c_{NaCl}——氯化钠标准溶液浓度，mol/L；

m_{NaCl}——氯化钠的质量，g。

（11）氯化钠标准溶液Ⅱ（0.02mol/L） 准确移取100ml氧化钠标准溶液Ⅰ置于500mL容量瓶中，用水稀释定容，混匀，临用现配。

（12）硝酸银标准溶液Ⅰ（0.1mol/L） 标准溶液浓度应精确至0.0001mol/L，且重复滴定误差不超过±0.1mL。或购买有证标准物质。

将约20g细粉末状硝酸银放置于表面皿上，铺成薄层。于80℃干燥2~3h，干燥器中冷却至室温，称取约17.0g置于1000mL容量瓶中，水溶解定容至1000mL，混匀。

用单标线吸量管准确移取20mL氯化钠标准溶液Ⅰ至200mL锥形瓶中，加入1mL铬酸钾溶液。用硝酸银标准溶液Ⅰ滴定，充分摇晃直至红棕色30s不褪色。

硝酸银标准溶液浓度按照式（4-20）计算：

$$c_s = \frac{20 \times c_{NaCl}}{V_s} \tag{4-20}$$

式中 c_s——硝酸银标准溶液Ⅰ浓度，mol/L；

c_{NaCl}——氯化钠标准溶液Ⅰ浓度，mol/L；

V_s——滴定所消耗硝酸银标准溶液体积，mL。

（13）硝酸银标准滴定溶液Ⅱ（0.02mol/L） 准确移取100mL硝酸银标准溶液Ⅰ置于500mL棕色容量瓶中用水稀释定容，混匀。避光储存。临用现配。

（14）硫氰酸钾或硫氰酸铵标准溶液Ⅰ（0.1mol/L） 标准溶液浓度应精确至0.0001mol/L，且重复滴定误差不超过±0.1mL。或购买有证标准物质。

称取9.7g硫氰酸钾或7.6g硫氰酸铵，置于1000mL容量瓶中，用水溶解定容至1000mL，摇匀。用单标线吸量管准确移取20mL硝酸银标准溶液Ⅰ加入200mL锥形瓶中，加入1.0mL硝酸溶液和2mL硫酸铁铵饱和溶液，用硫氰酸钾或硫氰酸铵标准溶液滴定，充分摇晃直至红棕色30s不褪色。

硫氰酸钾或硫氰酸铵标准溶液浓度按照式（4-21）计算：

$$c_t = \frac{20 \times c_s}{V_t} \tag{4-21}$$

式中 c_t——硫氰酸钾或硫氰酸铵标准溶液浓度，mol/L；

c_s——硝酸银标准溶液Ⅰ浓度，mol/L；

V_t——滴定所消耗硫氰酸钾或硫氰酸铵标准溶液体积，mL。

（15）硫氰酸钾或硫氰酸铵标准滴定溶液Ⅱ（0.02mol/L） 准确移取100mL硫氰酸钾或硫氰酸铵标准溶液Ⅰ置于500mL棕色容量瓶中，用水稀释定容，混匀。避光储存。临用现配。

（16）中速定量滤纸。

（三）准备仪器

（1）分析天平 精度0.0001g。

（2）回旋振荡器 不低于200r/min。

（3）单标线吸量管 5mL、10mL、20mL、25mL、50mL、100mL，A级。

（4）酸式滴定管　25mL、50mL，A 级。
（5）容量瓶　100mL、500mL、1000mL，A 级。
（6）电热恒温干燥箱　精度±2℃。
（7）离心机　不低于 7000r/min。

（四）制备试样

按 GB/T 20195—2006《动物饲料　试样的制备》制备样品，至少 200g，粉碎使其全部通过 1.0mm 孔径的分析筛，充分混匀，装入磨口瓶中，保存，备用。

（五）分析步骤

1. 试样溶液的制备

（1）通则　平行做两份试验。称取试样适量，精确至 0.0001g，置于 250mL 具塞磨口三角瓶中。具体称取试样质量、分取滤液体积和分取滤液中氯化物预计量见表 4-8。

表 4-8　称样质量、分取滤液体积和分取滤液中氯化物预计量

氯化物含量/%	称取试样质量/g	分取滤液体积（V_a）/mL	氯化物预计量/mg
<0.5	6	50	<15
0.5~1.0	3	50	<15
>1.0~2.0	3	25	<15
>2.0	1	稀释后，>10	<15

（2）不含有机物的试样　准确加入 100mL 水于盛有试样的三角瓶中，混匀，200r/min 振荡 30min，用滤纸过滤，弃去最初滤液约 10mL，滤液待用。

（3）含有机物的试样［（4）所列试样除外］　准确加入 100mL 水于盛有试样的三角瓶中，加入 1g 活性炭，混匀。依次准确加入 2.5mL 沉淀剂Ⅰ和 2.5mL 沉淀剂Ⅱ，每次加后摇匀。200r/min 振荡 30min，静置 30min。用滤纸过滤，弃去初滤液约 10mL，滤液待用。

（4）熟化饲料、亚麻饼粉、富含亚麻粉的产品、富含黏液或胶体物质（如糊化淀粉）试样试液的制备　准确加入 100mL 水于盛有试样的三角瓶中，加入 1g 活性炭，混匀。依次准确加入 2.5mL 沉淀剂Ⅰ和 2.5mL 沉淀剂Ⅱ，每次加后摇匀。200r/min 振荡 30min，静置 30min。用滤纸滤，弃去初滤液约 10mL，滤液待用（如无法过滤，以 7000r/min 离心 10min）。

准确移取 50mL 滤液至 100mL 容量瓶中，加丙酮混合，稀释至刻度，混匀，用滤纸过滤。

熟化饲料包括采用膨化、压片、调质、制粒、膨胀、烘焙等工艺处理，淀粉糊化后的饲料和饲料原料。富含黏液或胶体物质（如糊化淀粉）包括经过发酵、酶解的饲料和饲料原料。

2. 滴定

准确移取适量滤液（V_a，氯化物含量不超过 15mg）于 200mL 锥形瓶中。如溶液体积小于50mL，用水补充至50mL。依次加入2.5mL硝酸溶液、2mL硫酸铁铵饱和溶液，从加满硫氰酸钾或硫氰酸铵标准滴定溶液Ⅱ至0刻度的滴定管中滴加2滴硫氰酸钾或硫氰酸铵标准滴定溶液Ⅱ，摇晃，准确加入20mL（V_{s1}）硝酸银标准滴定溶液Ⅱ，加入5mL丙酮、5mL正己烷，剧烈摇晃。继续用硫氰酸钾或硫氰酸铵标准滴定溶液Ⅱ滴定，摇晃至溶液近产生红棕色，边滴边慢摇至溶液产生红棕色，能保持30s不褪色，记录消耗硫氰酸钾或硫氰酸铵标准滴定溶液的体积V_{t1}（包括先前加入的2滴硫氰酸钾或硫氰酸铵标准滴定溶液）。

3. 空白试验

同步进行试剂空白测定。

（六）实验数据处理

水溶性氮化物（以氯化钠计）的含量以质量分数计，按式（4-22）计算：

$$w = \frac{M \times [(V_{s1} - V_{s0}) \times c_s - (V_{t1} - V_{t0}) \times c_t]}{m \times 1000} \times \frac{V_i}{V_a} \times F \times 100$$

$$= \frac{M \times [(V_{s1} \times c_s - V_{t1} \times c_t) - (V_{s0} \times c_s - V_{t0} \times C_s)]}{m \times 1000} \times \frac{V_i}{V_a} \times F \times 100 \quad (4-22)$$

式中 M——氯化钠的摩尔质量（M=58.44），g/mol；

V_{s1}——测试溶液移取硝酸银标准滴定溶液Ⅱ体积，mL；

V_{s0}——空白溶液移取硝酸银标准滴定溶液Ⅱ体积，mL；

c_s——硝酸银标准滴定溶液Ⅱ浓度，mol/L；

V_{t1}——测试溶液滴加硫氰酸钾或硫氰酸铵标准滴定溶液Ⅱ体积，mL；

V_{s0}——空白溶液滴加硫氰酸钾或硫氰酸铵标准滴定溶液Ⅱ体积，mL；

c_t——硫氰酸钾或硫氰酸铵标准滴定溶液Ⅱ浓度，mol/L；

m——试样质量，g；

V_i——试液的总体积，mL，V_i=100（不含有机物的试样），V_i=105［含有机物的试样，熟化饲料、亚麻饼粉、富含亚麻粉的产品、富含黏液或胶体物质（如糊化淀粉）试样］；

V_a——移出液的体积，mL；

F——稀释因子（丙酮稀释），F=1，用于其他饲料（不含有机物的试样，含有机物的试样），F=2，用于熟化饲料、亚麻饼粉、富含亚麻粉的产品、富含黏液或胶体物质（如糊化淀粉）试样。

（七）精密度

1. 重复性

在同一实验室，由同一操作者使用相同设备，按相同的测试方法，并在短时间内对同一被测对象相互独立进行测试获得的两次独立测试结果的绝对差值不超过重复性限（r），超过重复性限（r）的情况不超过5%，重复性限（r）按式（4-23）计算：

$$r = 0.314 w_{WC}^{0.521} \quad (4-23)$$

式中 r——重复性限，%；

w_{WC}——二次测定结果平均值,%。

2. 再现性

在不同实验室，由不同操作者使用不同的设备按相同的测试方法，对同一被测对象相互独立进行测试获得的两次独立测试结果的绝对差值不超过再现性限（R），超过再现性限（R）的情况大超过 5%，再现性限（R）按式（4-24）计算：

$$R = 0.552\% + 0.135w_{wc} \quad (4-24)$$

式中　R——再现性限,%；

w_{wc}——二次测定结果平均值,%。

项目小结

项目	内容	要点
相关知识	分析化学基本知识	（1）配制与标定标准溶液；（2）常见的酸碱指示剂的变色范围
	处理分析数据	（1）有效数字；（2）数字的修约规则；（3）有效数字的运算规则；（4）准确度与精密度
	分析仪器设备的使用	（1）使用电子天平；（2）使用分光光度计；（3）使用高温电炉；（4）使用电热恒温干燥箱
	玻璃仪器的使用	（1）使用滴定管；（2）使用容量瓶；（3）使用干燥器；（4）使用移液管和吸量管；（5）安装与使用凯氏定氮装置；（6）安装与使用索氏提取装置
项目实施	测定饲料中水分的含量	（1）测定原理；（2）准备仪器与设备；（3）采样和制备试样；（4）测定步骤；（5）计算测定结果；（6）注意事项
	测定饲料中粗蛋白质的含量	（1）测定原理；（2）准备试剂；（3）准备仪器与设备；（4）采样和制备试样；（5）测定步骤；（6）计算分析结果；（7）精密度
	测定饲料中粗脂肪的含量	（1）测定原理；（2）准备试剂；（3）准备仪器设备；（4）采样和制备试样；（5）分析步骤；（6）计算结果
	测定饲料中粗纤维的含量	（1）测定原理；（2）滤埚法（仲裁法）；（3）滤袋法
	测定饲料中粗灰分的含量	（1）测定原理；（2）准备仪器与设备；（3）采样和制备试样；（4）测定步骤；（5）计算测定结果
	测定饲料中钙的含量	（1）测定原理；（2）高锰酸钾法；（3）乙二胺四乙酸二钠络合滴定法
	测定饲料中总磷的含量	（1）测定原理；（2）准备试剂；（3）准备仪器和设备；（4）制备试样；（5）测定步骤；（6）实验数据处理；（7）精密度
	测定饲料中水溶性氯化物的含量	（1）测定原理；（2）准备试剂；（3）准备仪器；（4）制备试样；（5）分析步骤；（6）实验数据处理；（7）精密度

思政角

以奋斗之姿　筑青春之梦

“日月忽其不淹兮，春与秋其代序”，辽宁省检验检测认证中心农产品及兽药饲料产品检验检测院的杨慧杰同志入职十一年来，历经改革变迁，从行业新人到业务骨干，再到专业带头人，始终秉持干一行、爱一行、钻一行的精神，立足岗位、精益求精，用奋斗的汗水描绘青春梦想。

检验检测工作除了考验化验人员的实际操作技能，更考验化验人员的责任意识。为了确保出具的检测结果准确、可靠，她不但注重事前准备、检验步骤、所用设备等实验关键点，每次实验结束后，还会结合实验结果进行总结、归纳，形成专属的“实验宝典”。“实验宝典”不是某个实验的总结报告，而是结合实验结果进行的提炼和升华，为今后完成相关实验工作奠定的良好基础，更为从事该类工作的新人提供了技术支撑。“工匠精神，这个词听起来离我们很远，但其实离我们很近，因为我们对本职工作精益求精的追求其实就是工匠精神的具体体现。”正是凭借着这样一丝不苟的求真精神，工作十一年来她圆满完成了一项又一项检测任务，获得了大家的认可和好评。

学习情境五 宠物饲养

不同年龄、体型、品种、活动量与健康状况的宠物犬、猫对营养的需求都不一样，犬、猫的进食习惯也大不相同，宠物主人需要根据宠物的具体情况为爱宠选择最合适的宠物食品，根据宠物的生活习性选择合适的饲喂方法，帮助爱宠健康生活。通过学习，熟悉各种宠物食品的使用，为宠物的健康保驾护航。

情境目标

◆ **知识目标**

1. 了解犬、猫的形态特征和生活习性；
2. 掌握犬、猫的饲养方法。

◆ **技能目标**

1. 熟练掌握不同时期宠物犬、猫的饲养管理技术；
2. 在实践中，能根据宠物的特点给予科学的饲养管理。

◆ **素质目标**

1. 宠物饲养实践中，尊重宠物，保证宠物福利，培养爱心和耐心；
2. 培养对新知识、新技能的学习能力与创新能力。

项目一　宠物犬的饲养

通过学习，了解不同生长阶段宠物犬的特点，掌握不同时期宠物犬的饲养管理技术。

项目目标

一、知识目标

1. 了解犬的形态特征和生理特征；
2. 熟悉犬的生活习性。

二、技能目标

1. 熟练掌握不同时期宠物犬的饲养管理技术；
2. 在实践中，能根据宠物犬的特点给予科学的饲养管理。

三、素质目标

1. 宠物饲养实践中，尊重宠物，保证宠物福利，培养爱心和耐心；
2. 培养对新知识、新技能的学习能力与创新能力。

必备知识

一、犬的消化器官

犬的消化器官由消化道（图 5-1）和消化腺组成。消化道主要由口腔、咽腔、食道、胃、小肠和大肠组成。小肠又分为十二指肠、空肠、回肠，大肠又分为盲肠、结肠和直肠。消化腺包括 3 对唾液腺（腮腺、颌下腺和舌下腺）、胃腺、肠腺以及胰腺和肝脏等。

口腔是犬消化器官的起始部分，犬的口腔长而狭窄，口腔内有唾液腺的开口，分泌唾液消化部分食物。舌位于口腔底部，长而扁，表面布有味觉感受器，在夏季是主要的散热器官。齿位于上颌骨和下颌骨的齿槽中，分为门齿（切齿）、犬齿和臼齿，每颗牙齿又分为齿冠、齿颈、齿根 3 部分，参与采食和咀嚼。犬的乳齿为 28 个，分为门齿、犬齿、前臼齿；恒齿为 42（长头颅）或 38（短头颅）个，分为门齿、犬齿、前臼齿和后臼齿。

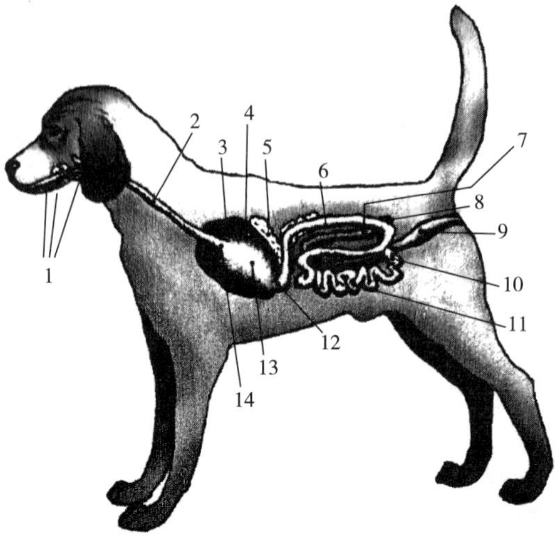

1—唾液腺；2—食道；3—肝脏；4—胆囊；5—胰腺；6—十二指肠；7—结肠；8—回盲瓣；
9—直肠；10—回肠；11—空肠；12—幽门括约肌；13—胃；14—贲门括约肌。

图 5-1 犬的消化道结构图

乳齿式：$2\left(\frac{3-1-4}{3-1-4}\right)$　　恒齿式：$2\left(\frac{3-1-4-2}{3-1-4-3}\right)$ 或 $2\left(\frac{3-1-4-1}{3-1-4-2}\right)$

牙齿的生长情况、磨损程度、外形颜色等与犬的年龄有一定的相关性。表 5-1 列举了犬齿情况与年龄的关系。

表 5-1　不同年龄阶段犬牙生长、更换及磨损情况

年龄	牙齿状况
2 个月以下	仅有乳齿（白、细、尖锐）
2~4 个月	更换门齿
4~6 个月	更换犬齿
6~10 个月	更换臼齿
1 岁	牙长齐，洁白光亮，门齿有尖突
2 岁	下门齿尖突部分磨平
3 岁	上下门齿尖突部分均磨平
4~5 岁	上下门齿开始磨损呈微斜面并发黄
6~8 岁	门齿磨露齿根，犬齿发黄磨损，唇部胡须发白
10 岁以上	门齿磨损严重，犬齿不齐全，牙根黄，唇边胡须全白

犬的胃弯曲呈梨形，容量为每千克体重 100~250mL，胃的容量比整个肠道的容量大。一只中等体型的犬，胃容量约为 2.5L，且犬胃伸缩性较强，一次可食入较多食物。犬胃能够储存大量食物，食物在这里进行初步消化。胃腺区分泌胃液，胃液呈弱酸性，具有强烈的杀菌作用。犬胃能分泌大量的胃液，胃液中盐酸的含量为 0.4%~0.6%，在家畜中居首位。盐酸能使蛋白质膨胀变性，便于分解消化。因此，犬对蛋白质的消化能

力很强，这与其肉食习性的生理基础有关。

肝脏约占体重的3%，是犬体内最大的消化腺；胰腺为消化和内分泌功能的腺体，胰腺分外分泌腺和内分泌腺2部分，外分泌腺分泌胰液，参与食物的消化，内分泌腺为胰岛，分泌胰岛素。

犬对蛋白质和脂肪能很好地消化吸收，但因咀嚼不充分和肠管短，不具发酵能力，故对粗纤维的消化能力差。因此，给犬喂蔬菜时应切碎、煮熟，不宜整块、整棵地喂。

二、犬的消化特点

犬所具有的消化特点与犬的消化器官有密切关系，是在长期进化过程中形成的。犬在动物学分类上属于食肉目，祖先以捕食小动物为主。人类驯养后，犬的食性发生了变化，成为以肉食为主的杂食动物。

犬消化食物主要在胃和小肠中进行。由于胃和小肠分泌的消化液中蛋白酶和脂肪酶含量丰富，淀粉酶较少，胃肠中几乎没有能使纤维素发酵降解的微生物，因而犬对含有较高水平蛋白质和脂肪的动物性饲料消化能力较强，而对植物性饲料消化能力弱，对粗纤维饲料几乎不能消化。

小肠是犬吸收营养物质的主要功能器官，90%营养物质在小肠上部和中部的肠壁被吸收，大肠只能吸收10%营养物质和水分。犬的肠道长约4.5m，是体长的3~5倍，而牛、羊等草食动物则是体长的7~10倍。由于消化道较短，食物在体内存留时间也较短，仅12~14h，而羊、牛可达5d左右。因此，犬容易有饿感，且对食物消化吸收比牛、羊差，粪便中仍有尚未被消化吸收的营养物质。

由于犬对食物咀嚼不充分且肠道较短又不具备发酵的能力，所以给犬喂肉或蔬菜时应切碎、煮熟，不宜整块、整棵喂。

必备技能

一、仔犬、幼犬的饲养

（一）仔犬的饲养

1. 仔犬的生理特点

从出生到断奶的犬称为仔犬，出生后3日龄左右的仔犬叫初生仔犬。初生仔犬活力较差，在母犬舔舐的刺激下发出叫声，活力逐渐增强。刚出生时的仔犬眼睛和耳朵都完全闭着，所以此时仔犬的视觉和听觉都还不能发挥作用，但初生仔犬嗅觉很灵敏，借此能自己寻找母犬的乳房。此期仔犬免疫功能差，因此初生仔犬必须吃初乳，以获得足够的母源抗体，增强其自身免疫力。

由表5-2可见，初生仔犬的体温较低，直到仔犬被毛干燥后，体温才逐渐上升。到10日龄后体温可恢复为37.3~37.5℃。初生仔犬的体温调节能力较差，外界温度对体温影响很大。因而，初生仔犬的保温措施尤为重要。

表 5-2　　仔犬体温变化

日龄	体温/℃
初生	36~37
出生 40min	33~34
出生被毛干燥后	35
7 日龄	36
10 日龄	37.3~37.5

仔犬的哺乳期一般为 45d。哺乳仔犬生长发育快，物质代谢旺盛。如体型中等的德国牧羊犬，出生时的体重为 0.30~0.60kg，出生后第 9 天体重是出生时的 1 倍，第 18 天增加 2 倍，第 25 天增加 3 倍，第 30 天增加 4 倍，第 5 天（断奶时）可增加 8 倍以上（表 5-3）。因此，给仔犬提供全价平衡的日粮尤为重要。哺乳期仔犬消化器官不发达，消化腺功能不完善，开始只能吃奶，随着仔犬胃、肠等器官的不断生长，功能才不断完善，并逐渐过渡到可消化其他动物性和植物性食品（原料）。

表 5-3　　体型中等的德国牧羊仔犬体重变化

日龄	体重/kg
初生	0.30~0.60
9 日龄	0.60~1.20
18 日龄	0.90~1.80
25 日龄	1.20~2.40
30 日龄	1.50~3.00
45 日龄	2.70~5.40

犬出生的体重因犬的品种不同而异。同窝犬体重也不尽相同，一般窝产仔数多时，胎儿娩出的体重较轻，少的则重。

2. 仔犬的饲养管理

仔犬由原来靠母体胎盘血液循环直接供应营养到自己独立摄取营养物质，其生活环境发生了很大的变化。仔犬各种生理功能发育尚不完善，因此，在此阶段要特别注意做好仔犬的各方面管理工作。

（1）做好记录工作　仔犬出生后逐只称体重，按出生先后编号，做好标记和各项记录工作。由于仔犬发育快，增重明显，根据增重速度可以确定仔犬生长发育状况。一般，对仔犬可 5d 或 7d 称量一次体重。

（2）做好护理工作　初生仔犬体弱无力，此时最容易发生仔犬被母犬挤压死亡事故，要特别注意看护，若听到仔犬发出短促的尖叫声时要立即查看，及时把被挤压的仔犬取出，防止仔犬被母犬挤压而死。

（3）调节好环境温度　初生仔犬的体温较低，对体温调节能力差，因而在冬季及早春，产房里应有取暖设施，使用红外烘烤灯等。一般初生仔犬，生活环境温度以 28~32℃为宜，2~3 周龄的仔犬环境温度以 27℃左右为宜，4 周龄以后，仔犬的环境温度以

23℃为宜。对于活力差的仔犬以及出生时由假死状态挽救成活的仔犬，更应注意其生活环境温度，室温不能过高，应以比健康仔犬的体温稍低的温度为好。

（4）仔犬的哺乳　仔犬出生后要及早哺乳，吃到足够的初乳。产后 1 周内的母乳称为初乳，由于犬的初乳含有很多抗体成分和丰富的维生素、矿物质等，对促进初生仔犬排出胎粪、抵抗病原感染有着重要作用。因此，对于产仔过多时，先产出的以及活力较差的仔犬常不能及时吃到初乳，要人为辅助仔犬吮乳。可使仔犬轮换哺乳或适当调节吸吮的乳头（犬后部乳房的乳腺较前部发达，泌乳量高）。对产后 1 周龄内的仔犬尽量不用或少用其他代乳品。

（5）初生仔犬的排泄　由于初生仔犬的排粪、排尿功能尚未发育成熟，因而排泄主要靠母犬舔舐肛门、生殖器的刺激和初乳的轻泻作用进行。初生仔犬多在出生后 1 h 之内排出胎粪。胎粪主要为胎儿的肠道分泌物和脱落的上皮细胞等，呈黄褐色条状。难产时的胎粪呈软的巧克力色。初生仔犬在以后的整个哺乳期其粪便呈黄色。有些产仔数过多的母犬、老龄母犬以及相当数量的室内玩赏大型母犬对初生仔犬照顾不周，当仔犬肛门堵塞、腹部胀满时，可采用人工刺激法或气味诱导法，用棉球擦拭仔犬肛门及外阴部周围或把肉汤、鸡蛋清等涂擦到仔犬阴部周围来诱导母犬舔舐，以促进仔犬排胎粪。

（6）适时补料，逐渐断乳　随着仔犬的生长发育加快，营养需要增加，而母犬的乳量却渐渐下降，因此在仔犬 2 周龄左右可引导其自行采食。对于母犬泌乳量不足、母犬死亡、异常泌乳以及仔犬吮乳力弱时，应及时人工哺乳或找保姆犬寄养。人工哺乳时常用牛乳或山羊乳来代替犬乳。但牛乳和羊乳的营养价值与犬乳相差很大，若用牛乳或羊乳时，需要添加 5%～7%的蛋白质、7%～9%的脂肪、4%～8%的碳水化合物、18%～20%的矿物质。通常，在 200g 牛乳中添加一个鸡蛋即可。一般，用奶瓶喂经过消毒的新鲜牛奶，奶温应为 27℃～30℃。10～15d 内，每只仔犬补给 50g，15d 时可增加到 100g，20d 增至 200g，仔犬睁开眼以后，把易消化的米汤、奶粉放到瓷盘里，让仔犬舔食，逐渐转为半流质和常规食品，初期仔犬应少食多餐，1d 喂 5～6 次。20d 后，可在牛奶中加一些米汤或稀粥，25d 后再加入一些浓的肉汤，每天分 3～4 次补给。人工哺乳的次数以少量多次为好，白天每隔 2h 哺乳 1 次，夜间每隔 6h 哺乳 1 次。尽早使仔犬采食常规食品，以促进仔犬消化器官的发育，有利于仔犬的生长发育。仔犬到 30 日龄时已能自由采食常规食品，这时应把母犬和仔犬分开饲养，分开时间由短到长，逐渐到 45 日龄时完全分开。

每周要根据仔犬生长情况进行一次食物营养估价，注意食物的钙、磷比例。仔犬要适当运动和进行日光浴，以防发生佝偻病。要注意观察仔犬的食欲、粪便情况，有无呕吐、眼屎等。这几方面可以初步反映仔犬的健康状态。

（7）剪除仔犬的狼趾、剪耳和断尾　有的仔犬后肢至今仍会长出犬祖先遗传的过剩趾，而且有的犬种以此作为本品种的特征，统称为狼趾（也称为狼爪）。狼趾对犬来说是完全多余的，尤其影响工作犬的运动，应尽早切除。一般在出生后 1 周内剪去，也有出生后立即剪去的。犬的断尾有以使用为目的的（如猎犬类的德国犬、向导猎犬），也有以美观为目的的（如长毛狮子犬、小型贵宾犬）。断尾的长度根据犬的种类而不同。犬的断尾于出生后 1 周内实施为宜。犬的剪耳与断尾同样，依犬种和各地习惯不同而异。

(8) 卫生管理　随着仔犬的发育，排泄物逐渐增多，母犬不能完全处理掉，这时的仔犬极易感染发生下痢或消化不良。因此，在管理上应特别注意经常更换垫草，保持产室或产箱的干燥，可定期用3%来苏儿和5%福尔马林交替消毒产室和仔犬活动场所。

(9) 仔犬的防疫　仔犬出生后20日龄进行驱虫，以后每月预防性驱虫1次。按照免疫程序接种疫苗，同时做好犬体和犬舍消毒。由于初乳移行的母源抗体水平明显下降，仔犬易感染各种疾病，如犬瘟热、犬细小病毒病、犬传染性肝炎，以及一些人兽共患病等，都必须采取免疫预防。犬细小病毒疫苗有灭活苗和弱毒苗2种，使用灭活苗时，可对妊娠母犬产前20 d时免疫1次，以增加母源抗体的保护时间，在仔犬出生后7~8周进行第1次免疫，间隔2周第2次免疫，以后每年免疫1次。对所有犬每年还应定期注射1~2次狂犬疫苗。

(二) 幼犬的饲养

1. 幼犬的生理特点

从出生后45d至8月龄的犬称为幼犬。幼犬正处于生长发育旺盛时期，不同生长发育时期的幼犬，其身体各部位的生长能力也不同。3月龄以前，幼犬主要增长躯体和增加体重；从4月龄开始到6月龄，则主要增长体长；7月龄后主要增长体高。

2. 幼犬的饲养管理

(1) 断奶时幼犬管理　为避免幼犬由于断奶而引起的应激不良反应，除了做好食品及饲养方法的过渡外，还要做好环境及管理制度的过渡。此时，一般情况下要维持原来的生长需要，让其在熟悉的环境条件进行生活，减少外界的刺激。

(2) 幼犬的营养需要　在其整个发育时期，均需要供给充足而丰富的蛋白质，易于消化吸收的食物。在此期间以躯干和四肢生长为主，应注意给予充足的钙和维生素D，有助于骨骼生长，同时注意每天多晒太阳增加维生素D。对于1.5~2月龄的幼犬，增重特别快，所以每天应喂4~5次；3~4月龄的幼犬增加饲喂量，每天喂4次，调整食品成分之间的比例。幼犬长到5~6月龄时，增加食品的饲喂量，食品中肉的比例增加，每天喂3~4次；当幼犬长到7~8月龄时，可以饲喂成年犬的日粮，每天喂3次。

目前幼犬的商品性食品种类有多种，都可以买来喂给幼犬，但食物一定要保证质量、新鲜。若自制幼犬食品，在食品配制上要更加认真，为了确保食物能够满足幼犬的生长需要，应根据幼犬不同生长期的特点进行配制食品。

(3) 幼犬的分群　为了利于幼犬的生长发育，也便于幼犬的饲养管理，可根据犬的性别、体型大小、采食速度以及体质强弱等进行搭配，并根据犬舍的面积决定犬群的大小。一般群饲，种用幼犬不宜超过6只。

(4) 幼犬的调教　加强对幼犬定点排便和定点睡眠的调教，使其养成良好的生活习惯，这将有利于犬舍的卫生，减轻犬舍的管理工作。训练幼犬定点排便，可将其粪、尿放置在一个固定的地方，并在此处放置一些土、砂或炉灰等，引诱其到此处排便。并且，在每次清除粪便时，应留下少许粪尿，通过粪尿的气味引导幼犬到此处排便。定点睡眠的训练，应将犬睡觉的地方打扫干净，并铺以垫草，引诱其到指定的地方睡眠。

(5) 进行适当运动　适当地让幼犬运动和环境锻炼，对强健骨骼、肌肉组织，改善内脏器官机能，促进新陈代谢，适应不同气候及环境条件等均有良好作用。加强幼犬的户外运动和进行日光浴可以增强体质，促进新陈代谢和骨骼的发育。幼犬每日应有一定的户外活动时间，运动时间可持续 0.5~1h，其运动形式以不加控制的自由走动、奔跑为主。运动量不宜过大，因为剧烈运动会导致身体发育不匀称或骨筋变形，而且会影响食欲。

断奶后幼犬要移到有较大活动场地的幼犬舍中管理，为了增加幼犬的活动量，可在活动场内放些小木球、小木块或大块骨头，或在高处吊布条等，便于犬游戏玩耍。幼犬散放初期应随同母犬或整窝进行，每日至少 3 次，以后逐渐延长，在散放中可让犬通过自然小障碍物、攀登小山、上下楼梯等，但不能硬行强迫。

（6）幼犬的驱虫和预防接种　对幼犬进行疫苗接种和预防性驱虫，是保证幼犬健康成长的关键。

幼犬的体内或体表寄生有多种不同的寄生虫，由于寄生虫的存在会消耗幼犬的营养、危及幼犬的健康，甚至会影响幼犬的生长发育。对于蛔虫病，可用盐酸左旋咪唑进行驱虫，剂量为每千克体重 10mg，一次口服，1 周后再服 1 次。

通常在幼犬 1~2 月龄进行犬五联苗或六联苗的第 1 次接种，以后每隔 2~4 周接种 1 次，共 3 次，以后每半年再接种 1 次。3 月龄时注射狂犬疫苗，幼犬每月驱虫 1 次。3 月龄以上的幼犬可接种狂犬疫苗 2 次，间隔 2~4 周，以后每半年接种 1 次。应注意当幼犬已出现疫情时不能进行接种。

（7）幼犬的训练　幼犬的体质锻炼应从断奶后开始，由母犬带全窝幼犬到环境清静、地面干净的场所进行散放。在散放中，幼犬互相追逐嬉戏、攀爬跳跃，这样自然地得到了体质锻炼。当幼犬长到 3 月龄左右时就应改为单独活动，并适当增加运动量，可用自行车带幼犬跑步，每天 2~3 次，每次 500m 左右。4~5 月龄的幼犬，可逐渐增加到 1000m 左右。6 月龄以上的幼犬，每次活动不得少于 1500m。还可利用自然地形和训练器材，诱导幼犬登降和跳跃，其高度和宽度均以幼犬能自然通过为宜。

（8）加强卫生管理　要经常给犬梳刷、洗澡，以促进血液循环及新陈代谢，调节体温，增强抗病力。清洁幼犬的眼、耳、齿，用 2%的硼酸水清洗眼、耳，清除牙垢，洗刷牙齿。定期用剪刀修指甲。犬舍要经常打扫冲刷，清除粪便，定期消毒。犬舍内保持干燥，空气流通，做到防暑防寒。犬床及垫草要经常晾晒及更换。要注意饮食卫生，餐后洗刷餐具，并定期煮沸消毒，饮水要清洁。

二、繁殖母犬的饲养

繁殖母犬在整个饲养过程中，一般经历妊娠、哺乳、空怀 3 个主要生理时期。由于在 3 个时期中繁殖母犬所处的生理状态不同，因此也就要求不同的营养水平及饲养管理方式。

（一）妊娠母犬的饲养管理

1. 妊娠母犬的生理特点

母犬的妊娠期为 60d，在此期间，由于胚胎摄取营养、胚盘和胚胎本身产生的各种生理变化导致母犬体内发生了一系列的生理变化。为了满足母犬本身和胎儿的需要，首先应根据胎儿不同的发育阶段和母犬身体状况，增加营养，喂给优质犬粮，保证胎儿的发育、机体健康及泌乳的需要。

2. 妊娠母犬的饲养管理

（1）妊娠母犬的饲养　母犬妊娠期根据胎儿的发育情况，划分为妊娠初期（妊娠后的 1~3 周）、妊娠中期（妊娠后的 4~6 周）、妊娠后期（妊娠后的 7~9 周）3 个时期。

妊娠初期，此期胎儿较小，绝对增长量小，所以母犬所需营养与正常犬相似，一般不需要添加特别的食品。但是，由于此期母犬刚刚妊娠，常伴有妊娠反应，所以食品的适口性要好，营养丰富且易消化。此时，可少喂多餐，可添加一些牛奶、肉类或新鲜蔬菜。

妊娠中期，此期的饲喂量可逐渐增至原来的 125%。此期，胎儿的生长发育加快，因而各种营养物质的需要量增加。在母犬的日粮中，应添加富含蛋白质的食物，如瘦肉、鸡蛋、鱼、肝，动物内脏以及豆制品、乳制品等。另外，能量食品原料、富含矿物质和维生素的食品（原料）也要补充。

妊娠后期，此期胎儿对营养物质需要比先前增加更多，母犬的日粮应逐渐增加到妊娠初期的 125%~150%。在日粮配制时，注意食品原料的多样化，并注意钙、磷、锌等矿物质的补充，以及维生素的添加。此期的能量原料不宜过多，以防流产或母犬肥胖而难产。

妊娠母犬的饲养除供给全价的日粮外，还要讲究食品的卫生和保证食品的质量。发霉、腐败、变质、带有毒性和刺激性的食品不可饲喂，否则容易引起流产。日粮不能频繁变更，日粮的体积不宜过大。应少量多餐，每日喂 3~4 次，由于胃容积太大易压迫胎儿引起流产。日粮温度要恒定，一般为 25℃左右，冷凉的食物和饮水可能会导致流产。

妊娠母犬的饲养方式可根据母犬的体况，采取不同的方式。对体瘦的经产母犬，采取“抓两头顾中间”的饲养方式。即在配种前的 1 个月和妊娠的后 1 个月，饲喂适口性好的高蛋白质全价日粮。对初产母犬，可采取“步步登高”的饲养方式，即随着妊娠的进程，逐步提高母犬的营养水平，以适应母犬和胚胎生长发育的需要。对体况良好的经产母犬，应采用“前粗后精”的饲养方式，即到妊娠 30d 后再提高营养水平。对一般体况的母犬，可采取“关键时期（配种前、胚胎迅速分化时、妊娠后期）加强饲养”的方式。

（2）妊娠母犬的管理　首先要保证妊娠犬的休息，犬舍比平时更应清洁干燥，犬床要严防潮湿，垫草要常晒常换。妊娠犬舍要宽敞、清洁、干燥、安静，并且光线充足、空气新鲜、温度适宜。在妊娠期间，妊娠母犬应做适当运动，以促进母体胎儿的血液循环，增强新陈代谢，并且有利于胎儿保持正常的胎位，以便顺利分娩。每天室外活动最少 4 次，每次不少于 30min，但应避免剧烈运动，运动时要保护好妊娠母犬的腹部，避免碰撞，引起流产。据统计，难产的原因 90%以上是运动不足而引起的。运动后避免大量饮水、饲喂。经常刷拭妊娠母犬的皮毛，乳房要经常用温水擦洗，经常带母犬到户外进行日光浴，适度的日光浴能杀死母犬体表的微生物，提高皮肤温度，促进血液循环；并且能促使身体产生更多的维生素 D，促进骨质生成，对胎儿的发育有利。整个妊娠期要防止母犬感冒和生病，若母犬患病，应积极治疗，切勿乱投药，以免引起流产或胎儿畸形。妊娠母犬注意事项如图 5-2 所示。

母犬产前 1 周左右，做好产前检查，将母犬转入产房，并单独饲喂，以熟悉环境。

产房内应有产床或产箱，地面应防滑，产房冬季要有防寒保暖设施，夏季要有防暑降温设备。进入产房前，产房要进行彻底消毒，母犬也要进行全身擦洗和消毒，特别是臀部、阴部和乳房周围要重点擦洗和消毒，并保持卫生。被毛长而浓密的犬种，上述部位应将毛剪掉，否则会影响分娩和仔犬吸乳。准备好产箱，并消毒备用。

分娩前要准备剪刀、卫生纸、纱布、脱脂棉、注射器、脸盆、热水、毛巾、缝合线、消毒时用的70%酒精及碘酊、催产药、止血药等。发现难产或异常情况，及时采取助产措施。如果助产有困难，请兽医处理。保证产舍安静，生产顺利。

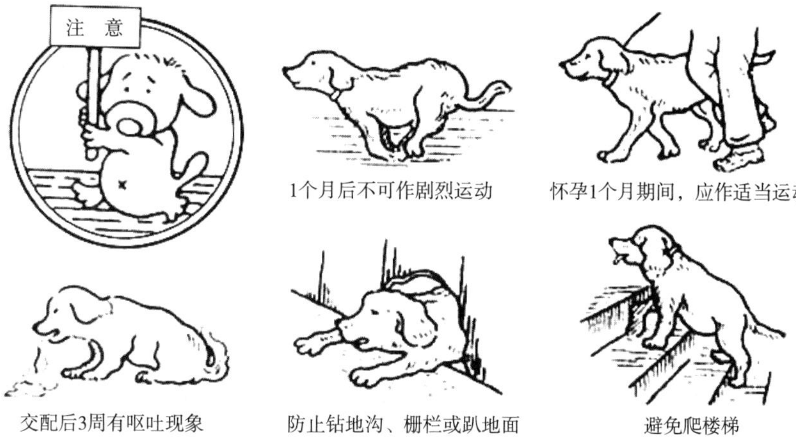

图 5-2 妊娠母犬注意事项

（二）哺乳母犬的饲养管理

1. 哺乳母犬的生理特点

母犬产仔后便进入哺乳期。母犬身体虚弱，各器官功能处于恢复期。仔犬在 10 日龄之前，它们自身的营养需要全部来自母犬。因此，母犬所摄取的营养物质除维持自身的需要外，还用于为仔犬提供大量的乳汁。

2. 哺乳母犬的饲养管理

（1）母犬在产后的 6h 内，一般不进食，只需供给清洁的温开水。在产后 1~3d 内，母犬虚弱、食欲不振，此时应喂给营养丰富的半流质食品，在食品中适量添加骨肉汤、牛奶等以提高适口性。每天饲喂 3~4 次，勤喂少餐，以利于各器官功能的恢复。饲喂次数以后逐渐减少，并且在这 3d 中，饲喂量仅占妊娠后期的 1/3 左右。3~5d 时喂给妊娠后期的 2/3，5~8d 喂给妊娠后期的 3/4，9d 以后饲喂量渐为正常，并逐渐增加，到 14 d 时可增加 1 倍，到第 3 周时，可增加到 2~3 倍，饲喂时，可让其自由采食。哺乳期间，对泌乳不足的母犬，可饲喂红糖水、牛奶或将亚麻仁煮熟、拌在食物中饲喂，以促进乳汁的分泌。哺乳期母犬的需水量较大，应注意供给充足的清洁饮水。在仔犬断奶前数日，逐渐减少母犬的饲喂量，以防发生乳房炎。当完全断奶时或一次性断奶时，可停食 1d，次日供给断奶前饲喂量的 1/4~1/3，第 3 天为 1/2，第 4 天为 3/4，以后逐渐恢复正常饲喂量。在哺乳期间，给母犬补充维生素、矿物质。

（2）注意产房内产床和地面的干燥，防止粪、尿堆积。经常更换犬床上的垫草，定期对产房进行消毒、清扫并使其通风良好、温度适宜。保持犬舍周围环境的安静。在哺乳过程中，防止外界的干扰，否则会不利于母犬的哺乳，甚至会因母犬对干扰的不良反应而踩伤仔犬。

（3）做好母犬的卫生保健工作　要经常给母犬梳理被毛、洗澡，并用消毒药水浸泡的棉球擦拭乳房，然后用清水洗净。要常让母犬到户外活动，并进行日光浴。一定限度内的运动可促进母犬的健康，并促进泌乳。外界气温适宜时，可使母犬带领仔犬到户外活动，每日至少 2 次，每次 0.5~1h，但防止母犬剧烈运动。

（4）防止子宫炎和缺钙现象的发生　母犬难产或在人工助产时操作不当等，会使母犬发生子宫炎症。如分娩 1 周后仍看到母犬阴门流出血样黏液，量大而有腥臭味，很可能是胎衣部分未下或子宫内膜损伤严重，若不及时治疗会影响母犬的下一个繁殖周期，甚至绝育，所以此时应积极治疗。另外，产后母犬由于泌乳量大，体况消瘦，而所供给的日粮单一，常常会患有哺乳性缺钙，此时有些母犬会不愿站立或站立不稳，有的甚至发生抽搐现象。如发现这种情况，应及时补钙。

（三）空怀母犬的饲养管理

1. 空怀母犬的生理特点

当母犬性成熟后，已能进行配种利用，但尚未妊娠者，一般称为空怀母犬。空怀母犬的饲养主要是为母犬进入下一个繁殖周期做准备，其饲养管理不如妊娠母犬那样严格。由于母犬在空怀期中存在有休产期和发情交配期两个不同的生理阶段，其生理特点有所不同，因而在饲养管理过程中所采取的方式方法也必须有所不同，只有这样才能使空怀期母犬饲养管理更科学。当母犬的哺乳任务完成后，母犬便进入一个相对休闲状态，其营养供给可保持维持状态的水平。在母犬到达配种期之前，应逐渐加强营养，使其体况良好，以保证正常发情、排卵和妊娠。

2. 空怀母犬的饲养管理

应提供营养全价食品，并根据母犬的体况适时增加营养。通常哺乳后的母犬体况会有所下降，呈现消瘦状态（这同哺乳期的营养供给和哺乳仔犬的数量有密切的关系），体况偏差，应选择营养较为全面的食品进行饲喂，同时适当增加饲喂量。当犬的体况恢复之后，再用正常量进行饲喂。如果在哺乳期间提供的营养过剩，使母犬在哺乳结束后体况处于偏肥状态，则应考虑逐渐减少食品的供给量，使母犬的状况迅速恢复到正常状态，顺利过渡到下一个繁殖周期。如果在哺乳期结束之后母犬的体况较为正常，则可以按正常量进行饲喂，以保持其个体维持的需要。需要特别注意与繁殖性能关系密切的营养因子的供给量，如蛋白质、脂肪、钙和磷、硒、维生素 A、维生素 D、维生素 E 等。一般来说，此阶段的母犬对食品的类型并不挑剔，只要适口性好就可以了。每日的饲喂次数可掌握在 2~3 次，如遇到特殊情况可灵活处理。

在管理方面，空怀母犬应有充足的运动，保持犬舍清洁卫生，随时清理犬的粪尿污物、定期用水冲刷；保证犬舍干燥、足够的日光浴及良好通风，定期消毒，一般每月消毒 1 次，犬群密度较大时，应适当增加消毒次数，传染病流行期应随时消毒。做好空怀母犬的卫生管理工作，每天要随时梳刷犬被毛，保持清洁卫生，特别要注意犬自身护理不到的部位，如臀部、腹部、尾部等。条件允许时，每周要给犬洗澡 1 次，洗澡时要注意犬的头部，避免水进入犬内耳，否则犬极易患中耳炎，洗浴用品的泡沫要防止进入犬的眼睛；每月进行 1 次药浴，防止寄生虫和皮肤病对犬的危害。

周围环境的卫生管理方面，犬舍内要注意卫生死角的清理和消毒工作；犬活动场所一定要注意随时清理异物，如腐败食品、砖头瓦块等，防止犬随地捡食、造成不必要的伤害。

发情期母犬的饲养管理除要采取以上措施外，还要注意母犬的食欲。母犬在发情期，其食欲一般都会有变化，呈现食欲下降的趋势，一次的摄食量会相对减少。因此，在饲养过程中，可根据其摄食量的变化，适当增加饲喂次数，以保证机体的维持需要。

同时，注意犬舍卫生，并注意观察掌握母犬的发情状况。母犬在发情过程中，其生殖系统的抗病能力相对减弱，极易受到感染。因此，应注意犬舍的清洁干净，同时尽可能保持犬舍处于相对干燥的状态。在母犬发情过程中，要注意观察母犬的发情变化，记录整个发情状况，以便把握准确的交配时间。对发情异常的母犬应请有关专业技术人员及时进行诊治。

杜绝和公犬随意接触，防止与非计划交配公犬发生意外交配。在犬交配时，主人一定要在现场看护，遇到特殊情况及时处理。同时，做好交配记录，合理使用人工辅助交配手段。

三、种公犬的饲养

优秀的种公犬对犬群的改良有重要作用。因此，养好种公犬有十分重要的意义。种公犬要常年保持中上等膘情、健康、活泼、性欲旺盛、精力充沛、配种能力强、繁殖性能良好。合理的营养、运动和配种是饲养好种公犬的关键。营养是维持公犬生命活动、产生精子和保持旺盛配种能力的物质基础。运动是加强种公犬机体新陈代谢、锻炼神经系统和肌肉的重要措施。配种是饲养种公犬的目的，也是决定给予犬营养和运动的主要依据。

（一）种公犬的营养需要

犬的配种多发生在春、秋两季，因而犬的饲养也可根据配种季节和非配种季节来划分。在配种频繁的季节，要根据种公犬的营养状况和饲养标准合理地配制日粮，以保证旺盛的配种能力。一般种公犬的能量需要是在维持需要基础上增加 20%，蛋白质和氨基酸的需要量与妊娠母犬相同。种公犬对蛋白质的质量和数量要求很高，长期饲喂单一来源的蛋白质食品，会引起某些氨基酸的供给量不足而造成精液品质下降，如精氨酸直接参与精子的形成，一般的植物性蛋白质原料中精氨酸的含量又较低，所以日粮原料要求多样搭配，适口性要好，应注意添加合成的氨基酸或动物性蛋白质原料。另外，在饲养中应注意，种公犬对能量食品的需要也有一定限制，能量原料供给过多，犬会变得肥胖，从而影响犬的性欲和精液的品质；而能量供给过少，会使犬过瘦，射精量减少，受胎率下降。

钙、磷、硒等矿物质对精液品质的影响较大。钙、磷不足或缺乏时，会使精子发育不全，活力下降，死精子数增多。种公犬的日粮中钙、磷比例一般应为（1.2~1.4）：1，其中钙占干物质重的1.1%，磷占0.99%，锰为每天0.11mg/kg。另外，应在日粮中添加一定量的食盐以增强食品的适口性，提高犬的食欲。维生素A、维生素D、维生素E对精液品质也有一定影响，长期缺乏维生素A，会使种公犬的睾丸发生肿胀或萎缩，精子产生减少，活力下降，甚至使公犬失去配种能力。维生素E缺乏，会引起睾丸机能下降或退化。维生素D缺乏，会通过对钙、磷代谢的影响而间接影响精液品质。因此，种公犬应在每千克日粮中添加110mg维生素A、50mg维生素E和500mg维生素D。每天供给充足的饮水。

对种公犬提供的日粮要种类丰富，营养全面。对个别性欲不够旺盛的种公犬，除增加营养外，可适当添加壮阳药物，如维生素E等。饲喂应做到定时、定量、定温、定质，每次不宜过饱，日粮的容积也不宜过大，以免造成垂腹大肚现象，影响配种进行。

在饲养方式上，对配种任务重的种公犬可采取“一贯加强饲养”法，即一直保持一个较高的营养水平，对配种任务轻的种公犬可采取配种季节“配种期加强饲养”法。无论哪种方法，都要以达到所需的目的为基准，即种公犬有一个健康的体魄、旺盛的性欲、良好的配种能力及配种效果。

（二）种公犬的管理

为了避免公犬间相互打架，种公犬应单独饲养在阳光充足、通风良好的犬舍内。种公犬饲养区应远离母犬饲养区，这样可使公犬安静，减少外界干扰，有利于休息，增加种公犬的食欲，并能杜绝爬跨和养成自淫的恶习。

种公犬要保证有足够的运动量，以增加食欲、帮助消化、增强体质、提高繁殖机能。一般而言，每天至少运动2~3次，每次不少于1h，可采取剧烈运动和自由运动相结合的方式进行。夏天应在早晨和傍晚进行运动；冬季在上午10点至下午2点运动；在严冬季节应减少运动量，以降低能量消耗。在配种前后严禁剧烈运动。

定期称重可以掌握种公犬的营养状况。后备种公犬的体重增长应逐渐增加，不宜过肥或过瘦。成年种公犬的体重要长期保持恒定，上下浮动不能超过5%，过高或过低都应立即采取相应的措施，把体重调整到标准体重。

经常刷拭种公犬身体，可促进犬机体的血液循环，增加食欲，促进饲养员与犬之间的感情交流，有利于协助种公犬交配和采精，并且还可以防止皮肤病和体外寄生虫病的发生。在夏季，应经常给种公犬洗澡，炎热时，每日可1~2次。经常刷拭和洗澡的种公犬性情温顺、体质健壮、性欲旺盛，配种效果好。特别要注意其生殖器官的保健护理，保持阴茎、睾丸和肛门周围的清洁卫生，以防感染疾病。每次交配前后均应用温水清洗或用热毛巾擦拭生殖器官和肛门。

种公犬的初配年龄最好控制在完全发育成熟时，初配年龄为2岁，每周配1次为宜，年配种15头次以内。如特殊需要，在种公犬体质状况允许的前提下，可以配2只母犬。种公犬的利用年限一般不超过6岁，特别优秀的种公犬可适当延迟。种公犬在配种季节不应使用过度，每日1次，每周休息1日。配种后要增加高蛋白质食物。

四、老龄犬的饲养

通常来讲，大型犬一般平均的寿命在10~12岁，而小型犬的平均寿命一般都在15

岁左右。对于一些杂交血统的犬，比如说中华田园犬和一些其他品种之间互相混合杂交而来的犬，寿命通常会长一些。品种越纯的犬，相对寿命越短。

（一）老龄犬的特征

一般情况下，犬 6~7 岁就算是步入中老年了，因为犬的品种不同，情况也有一些差别，除了年龄以外，还有很多犬的表现、动态，都可以来判断犬是否步入老年。

1. 较明显的老化生理特征

食欲下降、眼睛变得浑浊、皮肤干燥、松弛、失去弹性，毛发变得黯淡无光且脱毛现象严重，身体某些部位的毛发颜色会变白。

2. 身体功能逐渐下降

活动量减少、行动变得迟缓，精神萎靡、嗜睡，听力和视力开始衰退等。

3. 行为和认知衰退

迷路、迷失方向、忘记以前的技能或习惯、脾气变得暴躁等。这些迹象可能与神经退行性疾病或认知障碍有关。

4. 慢性疾病和健康问题

胃肠功能下降，出现关节炎、心脏病、糖尿病、肿瘤、口腔疾病、生殖及泌尿系统问题等。

（二）老龄犬的饲养

1. 饮食健康

合理的饮食结构和习惯，可以减少健康风险。原则是既不要能量过剩，又能保证个体营养需求。

老龄犬需要的食物是优质蛋白质、低钠低磷、富含脂肪酸和纤维素。可以喂食专门的老年犬猫粮，但不要喂剩菜剩饭，且严格限制零食。状态不佳或患病的老龄犬，需额外增加针对性营养。

2. 体重管理

老龄犬的基础代谢会降低、运动量减少，如果摄入的能量不变，很容易诱发肥胖问题，继而导致其他疾病，因此保持适度的运动是很有必要的。除了要防止发胖，体重突然下降也要警惕，可能是由某些消耗性疾病，如肿瘤、糖尿病等导致。

3. 饮水和排尿

饮水量、排尿量是容易被忽视的问题，但却跟很多疾病相关，如肝病、肾病、内分泌疾病等。因此要对老龄犬的饮水量、排尿量有基本的了解，如果发现过多或过少的情况，一定要重视。

4. 眼耳护理

衰老的表现之一是听力、视力衰退，甚至会逐渐失去听觉和视觉。因此要做好老龄犬的眼耳护理，日常定期清洗，留意有没有红肿、分泌物或者异味。

可以用宠物滴耳油清理耳道，防止耳垢堆积引起炎症。眼睛可以用宠物洗眼液，或者硼酸滴眼液清洗眼睛，再用棉球自内向外轻轻擦拭眼周。

5. 定期体检

建议老龄犬至少每年体检一次，半年一次更佳。定期体检，对于一些疾病可以做到尽早发现、尽早治疗，延长老龄犬生命，提高其生活质量。

五、病犬的饲养

（一）病犬的营养需要

犬在患病过程中，由于机体的消耗增加，需要更高的营养水平，甚至需要某些特殊的营养物质，如犬体温每升高1℃，其新陈代谢水平一般要增加10%；当犬患传染性疾病时，其免疫球蛋白的合成及免疫系统的新陈代谢均增强。为了满足这种需要，机体就需要大量蛋白质、维生素和微量元素等。此外，疾病往往又会影响到消化功能，使食欲下降，病犬的采食量减少，甚至不采食，更加剧了病情。因此，喂给病犬的食品要营养全面丰富、营养价值高、易消化和适口性好，如动物肝脏、瘦肉、牛奶和鸡蛋等，适当加入煮透的谷物类食品。少喂纤维素含量高的食物、并补充适量维生素、矿物质和添加剂。患湿热性病或胃肠道疾病，尤其是伴有呕吐和下痢等症的犬，常大量失水，严重者会危及生命，应及时补水。

因病犬食欲不佳，饲喂的量应比平常减少。这样既可刺激犬的食欲，又能使其不吃剩食。但为了保证病犬能摄取所需的营养，饲喂次数一般每天增至4~6次。任何食物，如果病犬在15~20min内未吃完，就应拿走，不得让其吃剩食。

（二）病犬的护理

一般犬患病后，由于消化功能下降，容易引起食欲不振，在没有呕吐的情况下，可以喂给流质食物，用吸管或注射器从口角注入，先试探性地少量饲喂，再逐渐增加。或者把碎肉做成丸状，用手指推入口中咽下，以引起食欲。对由于日粮突然改变而引起的不愿吃食或对挑食的犬，可采取“饥饿疗法”，空1~2顿不给犬喂饲，然后再逐渐增加饲喂至常量。

犬是容易呕吐的动物，呕吐前和呕吐后如无其他异常时，就不必担心，尤其是呕吐后又马上吃掉时，更无大毛病。但1d吐几次，吐过后想喝水，喝了又吐，吐了又喝，如此反复就要引起重视，这是病情恶化的表现。

犬感冒后，容易发烧，体温上升，会感到寒冷发抖，尤其在冬季，垫料要加厚，准备热水袋或加热器。犬舍要密闭，防止寒风吹入。持续发高烧的犬会很衰弱，要采取降低体温的措施，如用酒精擦身等。可用脱脂棉或纱布将鼻涕擦拭干净。鼻涕多时或鼻孔充满鼻涕时，可用棉棒（木棍前端卷上脱脂棉）拭净，为防止鼻端干裂、可用棉棒蘸甘油涂抹鼻端。眼屎过多要用2%硼酸水浸湿脱脂棉拭净，并用眼药水点眼，如眼屎是脓性的，要使用兽医开的眼药。犬发生咳嗽时，首先要看是否有异物被误吸入气管，若是应立即设法排出。对由呼吸系统炎症引起的咳嗽，要尽量使病犬安静，禁止运动，同时在兽医的指导下用药治疗。

若病犬下痢，要让其绝食1d，之后喂给流质的食物，如米汤、果汁、蔬菜等，少量多餐，随后可以喂粥，逐渐过渡到软的米饭和普通食物。

六、犬运输中的饲养技术

无论是引进种犬还是销售肉犬，都需要利用交通工具对其进行运输。犬的运输是一项复杂而艰苦的工作，只有做好出发前的准备及运输途中的饲养管理，才能顺利地完成任务。

装运的笼具及运输工具必须按规定进行消洗、消毒后备用。同时，还必须到相关部门办理检疫手续，出具检疫证明，经检疫属于健康的犬方可准予起运。

在用犬笼装犬运输时，如果一个大笼内要装几只犬，则特别要注意将凶猛和温顺、幼犬与成犬、种公犬与种母犬分开装笼，以免因犬打架撕咬，造成咬伤、咬死的意外事故。起运前应检查犬笼是否牢固、是否关好，避免在运输过程中发生犬逃脱或其他事故。

运输途中，要随时注意车内的温度和湿度。冬季运输时为防止犬受凉感冒，避免贼风吹到犬体上。夏季气候炎热，车内温度高，湿度大，犬容易中暑，要注意车内通风，保持车内干燥，及时清除粪便，保持车内清洁卫生。要定时饲喂，但不要喂得太饱，要随时保证清洁饮水。夏季炎热天气，应在早、晚凉爽时运输。冬季寒冷天气，应选晴天运输。

运到目的地后，不要马上给犬大量饮水，可先让犬饮些淡盐水，散放活动，排放大小便，然后再给予限量的食品，只能吃七八成饱，以免犬因过食而生病。

新运来的犬，应单独分圈观察、饲养 2 周。其目的一是精心护理饲养，恢复犬的体力；二是由兽医检疫，进行适当的疫苗注射。经检查确认健康无病时，才能与原犬群合并饲养。

项目小结

项目	内容	要点
相关知识	犬的消化器官	宠物犬的消化器官由消化道和消化腺组成
	犬的消化特点	犬消化食物主要在胃和小肠中进行的，小肠是犬吸收营养物质的主要功能器官
项目实施	仔犬、幼犬的饲养	（1）仔犬的饲养；（2）幼犬的饲养
	繁殖母犬的饲养	（1）妊娠母犬的饲养管理；（2）哺乳母犬的饲养管理；（3）空怀母犬的饲养管理
	种公犬的饲养	（1）种公犬的营养需要；（2）种公犬的管理
	老龄犬的饲养	（1）老龄犬的特征；（2）老龄犬的饲养
	病犬的饲养	（1）病犬的营养需要；（2）病犬的护理
	犬运输中的饲养技术	（1）出发前的准备；（2）运输途中的饲养管理

项目二　宠物猫的饲养

通过学习，了解不同生长阶段宠物猫的特点，熟悉不同时期宠物猫的饲养管理要点和各种猫粮的使用技术。

项目目标

一、知识目标

1. 了解猫的消化特点；
2. 熟悉猫的生活习性。

二、技能目标

1. 熟练掌握不同时期宠物猫的饲养管理技术；
2. 在实践中，能根据宠物猫的特点给予科学的饲养管理。

三、素质目标

1. 宠物饲养实践中，尊重宠物，保证宠物福利，培养爱心和耐心；
2. 培养对新知识、新技能的学习能力与创新能力。

必备知识

一、猫的消化器官

猫的消化器官由消化道和消化腺组成（图 5-3），消化道主要由口腔、咽腔、食管、胃、小肠、大肠和盲肠组成。消化腺有唾液腺、胰腺、肠腺、胆囊和肝脏等。

猫的口腔短而宽。猫的犬齿特别发达，上下颌各有 2 颗犬齿，长而且尖，牙齿齿冠的边缘都很尖锐，前臼齿的齿冠上有 4 个齿尖，上颌的后假臼齿和下颌的第 1 真臼齿特别粗大，这些齿尖能将猎物的皮肉撕裂。猫的乳齿为 26 个，恒齿为 30 个。

乳齿式：$2\left(\frac{3-1-3}{3-1-2}\right)$　　恒齿式：$2\left(\frac{3-1-3-1}{3-1-2-1}\right)$

猫牙齿的生长和换牙很有规律，常可作为仔猫年龄鉴定的依据（表 5-4）。

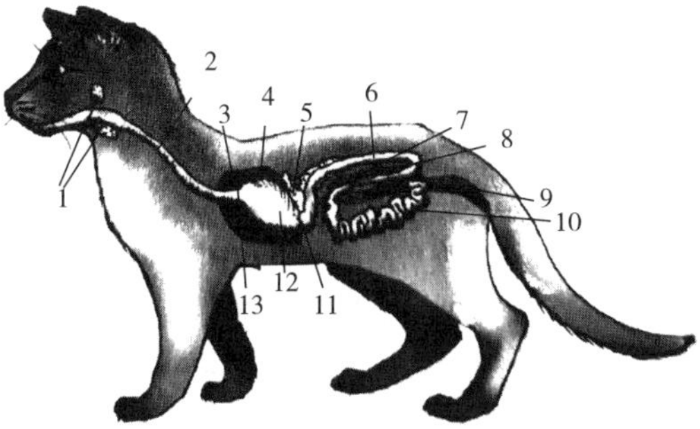

1—唾液腺；2—食道；3—肝脏；4—胆囊；5—胰腺；6—十二指肠；7—结肠；8—回盲瓣；
9—直肠；10—空肠；11—幽门括约肌；12—胃；13—贲门括约肌。

图 5-3　猫的消化道

表 5-4　　猫牙齿的生长和换牙的时间

牙齿	生长和换牙的时间	牙齿	生长和换牙的时间
第一乳切齿	2~3 周长出	第一前乳臼齿	2 个月长出（上颌有，下颌无）
第二乳切齿	3~4 周长出	第二前乳臼齿	4~6 个月长出
第三乳切齿	3~-4 周长出	第三前乳臼齿	4~6 个月长出
第一切齿	3.5~4 个月换牙	第一前臼齿	4.5~5 个月长出（上颌有，下颌无）
第二切齿	3.5~4 个月换牙	第二前臼齿	5~6 个月长出
第三乳切齿	4~4.5 个月换牙	第三前臼齿	5~6 个月长出
乳犬齿	3~4 周长出	第一臼齿	4~5 个月长出
犬齿	5 个月换牙		

猫舌的结构是猫科动物所特有的，其表面有无数丝状乳突，被有较厚的角质层，呈倒钩状。猫的胃呈梨形囊状（图 5-4），约能容纳 1/3L 的食物，可暂时储存食物，食物与胃液在此混合，并进行前期消化。

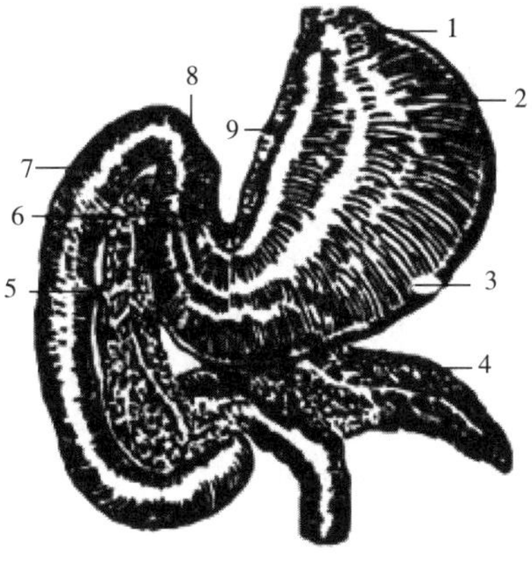

1—贲门；2—大网膜；3—大弯；4—胰腺；5—副胰管；6—胰管；7—十二指肠；8—幽门；9—小弯。

图 5-4　猫胃、十二指肠和胰脏

猫的胃腺分布于整个胃壁上，而在猪、兔等动物的胃中，约有1/3的胃壁上没有胃腺（无腺部）。胃腺能分泌胃酸和胃蛋白酶原，猫胃液的pH平均为2.5，能使胃蛋白酶原转变成胃蛋白酶，进而分解、消化蛋白质。

二、猫的消化特点

猫属于哺乳动物食肉目猫科猫属，虽然也吃粮食、蔬菜类食品，但仍然以肉食为主，其食物中应该含有较高比例的动物性食品原料。

消化过程从口腔开始，猫唾液腺发达，咀嚼食物时，唾液腺分泌大量的唾液，除了润滑口腔、食道和湿润食物之外，唾液中的溶菌酶具有杀菌和清理口腔的作用。但猫唾液中缺乏淀粉酶，在口腔中没有对淀粉的消化过程。猫进食时不像犬那样直接吞咽，而是把食物切割成小碎块再吞食。

食物在胃部完成初步消化后通过幽门进入小肠，在小肠内完成对食物的化学性消化和小肠绒毛的吸收过程。胰腺和十二指肠黏膜腺体会分泌消化酶到小肠腔中，通过这些消化酶来进行蛋白质、脂肪以及碳水化合物的化学消化，肝脏分泌胆汁并储存于胆囊中，胆汁主要是在小肠中乳化脂肪并激活脂肪酶。

肠道微生物发酵生成短链脂肪酸，能够维持肠道健康。相对而言，猫肠道微生物的种类和数量都比较少，更换猫粮要逐步进行，否则消化道微生物极易发生紊乱而引起消化不良。因此，在猫的饲养上，尤其是家养的名贵观赏猫，由于捕鼠能力差或不捕鼠，应在食物中添加较高比例的动物性原料，以保持正常的消化生理功能和营养需要。

必备技能

一、仔猫、幼猫的饲养

（一）仔猫的饲养管理

从出生到断奶这段时期的猫称为仔猫。仔猫机体生长发育尚未完全，抵抗力弱，适应性差，这一时期生长发育迅速，做好饲养管理是提高仔猫成活率、培育出健壮的猫的保证。

让仔猫尽早吃到初乳，使仔猫尽快从初乳中获得免疫力。搞好猫舍的防寒保温工作，对于孤儿猫，可人工喂养，以奶粉代乳粉为好（鲜奶、羊奶亦可）。少喂多餐，每天5~6次。

仔猫初生时，消化器官不发达，食量小，在出生后的前20d内主要由母猫哺乳，20d以后由于胃肠容积的增加，食量增多，可给仔猫开食，开始喂食物，可喂一些鱼汤、牛奶等。随着仔猫的生长，喂食量逐渐增加。

当仔猫长到5~6周龄时，即可断奶。首先要增加补饲的数量，提高质量，蛋白质要占35%以上。与此同时减少喂乳次数，逐渐断奶，断奶不宜过快。断奶后要母仔分开，防止母猫带丢仔猫。

（二）幼猫的饲养管理

从断奶到3月龄的猫，称为幼猫。这一段时期幼猫生长发育加快，所以这时要特别注意喂给富含蛋白质和脂肪的食物，要多喂瘦肉、肝，适当加点钙、磷等矿物质，每隔几天喂少量肥肉，以提高食欲。幼猫的抗病力差，要特别在意饲养管理。除了每天供给较多的营养丰富的蛋白质、维生素、矿物质食品，还要养在温暖、清洁、干燥的地方，加强运动，如春、秋季可上午放猫、下午收猫。这时猫可塑性最强，所以驯养幼猫应从这时开始。驯养幼猫时可用绳拴好小鼠直接训练，或用小皮球、其他东西训练幼猫跑、跳。

二、繁殖母猫的饲养

（一）妊娠母猫的饲养

猫的妊娠期为63~66 d，妊娠期间母猫除了维持自身生命活动所需要一定的营养外，还要供给胎儿生长发育所需要的营养，因而要加强母猫的营养。母猫怀孕后食欲明显增加，以获得更多的营养物质。因而，此时应注意给怀孕母猫增加蛋白质量食物，如肉类、鱼类、肝脏、牛奶，以及维生素、矿物质等。妊娠初期（5周内）可日喂3次，日粮占体重8%左右；怀孕后期胎儿生长发育迅速，更应注意给予母猫提供充足的营养，尤其是钙。妊娠后期（45~60d）可每日喂4次，日粮占体重10%左右。一般产前1个月左右在猫日粮中加入青绿蔬菜和钙制剂，如碳酸钙和葡萄糖酸钙，以利胎儿的正常生长发育。临产前稍减饲喂量，以防乳房炎。

但是，在加强营养物质供给的同时，亦应注意防止营养物质供给过多，特别是碳水化合物和脂肪供给不宜过多，以免母猫和胎儿过于肥胖造成难产。产前产后给母猫适当增加肉类、鱼类等蛋白质食物对防止母猫发生食仔癖也是有益的。

同时还要让母猫每天进行适当运动。母猫怀孕后，多小心谨慎、动作缓慢、活动减少、常常喜欢安静地躺卧休息。由于母猫怀孕后运动量减少，加上营养供给增加，容易使脂肪蓄积，造成母猫过于肥胖。此外，运动不足还会导致全身肌肉张力减退，肌肉松弛，收缩力减弱，子宫肌的张力和收缩力均减弱，这些均是造成分娩时阵缩、努责微弱，生产力不足性难产的重要原因。如室外活动减少，日光照射也少，可导致母猫维生素D缺乏，进而影响母猫对钙、磷的吸收和利用，影响胎儿骨骼的生长发育。因此，应让怀孕母猫适当运动，最好多在室外活动，多晒太阳，这对母猫和胎儿的健康均有重要意义。

防止怀孕母猫受到惊吓和机械性损伤。妊娠母猫在受到惊吓导致精神受到强烈刺激、腹壁受到不适当的挤压或运动过于剧烈时，往往使胎儿的生长发育受到损害，甚至使胎儿死亡和流产。为此，应加强对怀孕母猫的饲养管理，防止母猫惊吓和剧烈运动，保证怀孕母猫的休息，猫舍比平时更应清洁干燥，猫床要严防潮湿。孕猫舍要宽敞、清洁、干燥、安静，并且光线充足、空气新鲜、温度适宜。

让临产前的母猫在产前7~10d进入产箱，并单独饲喂，以熟悉和适应产箱、产窝，使母猫对产箱、产窝及其周围环境产生安全感。产室冬季要有防寒保暖设施，夏季要有防暑降温设备。进入产箱前，产箱要进行彻底消毒，母猫也要进行全身擦洗和消毒，特别是臀部、阴部和乳房周围要重点擦洗和消毒，并保持卫生。被毛长而浓密的猫，上述部位应将毛剪掉，否则会影响分娩和仔猫吸乳。准备好产箱，并消毒备用。这对母猫顺利地进行分娩和哺乳仔猫也是十分重要的。

（二）哺乳母猫的饲养

母猫在产后由于体力消耗较大，此时应供给营养丰富，易消化的食物和充足的饮水，在日粮配合上，应增加肝和奶的比例，喂食应稀一些，可拌些大豆的豆汁，为了提高泌乳量，可多喂一些蛋、牛肉、羊肉，以健身增奶。管理上要搞好卫生、消毒以及给仔猫补食，注意仔猫的保温和安全。

（三）非繁殖期成年母猫的饲养

非繁殖期成年母猫的饲养可粗放一些，以植物性食物为主，也可喂一些残菜剩饭。每日喂 2 次，饲喂量占体重 5%左右，以健康、体重不下降为度。

三、种公猫的饲养

种公猫常年均应具备良好的营养水平，保持健康的体况。饲养管理的好坏直接影响种公猫配种性能和精液品质，且影响母猫的受胎率、胎产仔数和仔猫成活率。因此，对于配种期公猫，要求食物体积小、质量高、适口性好、易消化，并含有足够的蛋白质及维生素 A、维生素 D、维生素 E、B 族维生素和矿物质，除早、晚 2 次饲喂外，中午应加餐 1 次，可适当增加肝、瘦肉及奶的比例，以提高精液品质，日喂量可占体重的 5%~6%。在非配种期，减少脂肪类食物，在满足种公猫营养需要的同时保持好的体质，力求消除过肥或过瘦的状况，这样才有利于生殖器官的迅速发育和产生品质优良的精液。另外，食具用后应洗刷，每周用 0.1%过氧乙酸喷雾或 0.1%新洁尔灭浸泡 2~3 次，每次消毒后用水冲洗干净。

四、老龄猫的饲养

猫的寿命一般都较长，大多数猫都活到 12~14 岁，猫在 8~9 岁时开始进入老年期。老龄猫的各种生理功能都有不同程度的变化。所以良好的营养对老龄猫非常重要，精心的饲养管理会延长猫的寿命。猫粮的质量要高，其中包括高质量的蛋白质、足够的脂肪、充足的无机盐和维生素。因为掉牙导致咀嚼困难，所以老龄猫的食物要熟、易消化，并且要少吃多餐。由于老龄猫容易出现脱水现象，应给予足够的饮水。另外，老龄猫易得病，平时要注意观察猫的各种行为，发现异常及时找兽医治疗。老龄猫的肌肉和关节的配合及神经的控制协调功能会明显下降，骨骼也变得脆弱，因此不能让它们做一些高难度动作，以免因剧烈运动而导致肌肉拉伤或骨折等。

五、病猫的饲养

猫生病后身体很虚弱，因而要尽可能减少活动，应将病猫安置在温暖（或凉爽）、安静的地方，让猫充分休息，减少消耗，保持体力，增强对疾病的抵抗力。病猫的饮食护理很重要，猫生病时多数情况都要影响消化功能，表现为食欲大大减退，甚至不吃不喝，还可能出现呕吐、腹泻等症状。若不及时的补充营养物质，特别是饮水，会导致机体一系列功能的紊乱、酸中毒、心力衰竭等现象，严重时会引起死亡。因此，应加强对病猫的饮食护理。首先要供给充足的饮水，水里面放点食盐，用量是每100mL水加食盐0.9g，以维持体内水盐代谢的平衡。如果猫不喝，可用小胶皮球或塑料瓶灌水；但不可操之过急，以防猫呛水。病猫食欲不好，并不是食物不合口味，而是由于疾病的影响引起食欲中枢抑制的结果，即使猫平时最喜欢的东西，这时也会变得平淡无味。只有疾病得到治疗，食欲才会逐渐恢复。在积极治疗的同时，可给猫少量的鱼或肉，以刺激食欲。对患有消化系统疾病的猫，应给予容易消化的流食，如米汤、豆浆、牛奶等。如果猫患有不能进食的疾病，由兽医静脉输入葡萄糖，以补充能量。

由于病猫体力大量的消耗，变得精神不振，行动迟缓，懒散喜卧，不能整理自己的被毛，显得被毛脏乱、眼屎增多等。病情严重者，便溺不能入盆，造成环境和被毛的污染。此时要加强护理，认真梳理被毛，促进皮肤的血液循环。对被粪便玷污的被毛，要及时清洗干净。对猫窝和猫的用具要勤消毒。

六、猫运输中的饲养技术

猫的运输一般采用笼装，在起运前30min应喂1次预防应激反应性药物，可以8mg/kg体重的量混入食物中饲喂。在猫食物中加大维生素C的用量，可减轻运输过程中对猫身体的影响，在运输过程中要注意喂养和适量饮水。

项目小结

项目	内容	要点
相关知识	猫的消化器官	宠物猫的消化器官由消化道和消化腺组成
	猫的消化特点	在小肠内完成对宠物食品的化学性消化和随后小肠绒毛的吸收过程
项目实施	仔猫、幼猫的饲养	（1）仔猫的饲养管理；（2）幼猫的饲养管理
	繁殖母猫的饲养	（1）妊娠母猫的饲养；（2）哺乳母猫的饲养；（3）非繁殖期成年母猫的饲养
	种公猫的饲养	常年均应具备良好的营养水平，保持健康的体况
	老龄猫的饲养	猫在8~9岁时开始进入老年期，良好的营养对老龄猫非常重要，精心的饲养管理会延长猫的寿命
	病猫的饲养	猫充分休息，减少消耗，保持体力，增强对疾病的抵抗力
	猫运输中的饲养技术	在猫食物中加大维生素C的用量，可减轻运输过程中对猫身体的影响，在运输过程中要注意喂养和适量饮水

思政角

吴起：治疗犬，用生命影响生命

近年来，“一老一小”的健康问题已引起社会广泛关注。为了让老人们享受宁静的晚年，孩子们拥有快乐的童年，世界各地都在积极寻求解决方案。

在这一背景下，吴起宠物工作室·PFH① 治疗犬公益团队不断精进，致力于优化动物疗法在促进“一老一小”健康方面发挥更大的作用。

吴起，宠物行为专家、推动国内动物辅助疗法第一人、中国 PFH 治疗犬公益项目创始人，创办了国内首个治疗犬公益项目。自 2012 年开始，他将自己在国际犬类运动赛事、动物影视节目制作、宠物行为研究和训练等方面的经验，用在了流浪动物和家庭伴侣犬的社会价值培养上，从开始的不被认可，到现在治疗犬走进养老机构、福利院、特殊儿童机构、医院服务，PFH 动物疗法在国内医学领域正逐渐受到更多医疗机构的关注和推广。他说：“参与这个项目，不仅要学会与小动物互动和建立信赖，更要学会如何通过小动物的桥梁作用与不同人建立交流，让生命和生命相互疗愈。医学治疾，治疗犬暖心。”

吴起将原本的社会矛盾问题转变成社会支持力量，在北京、上海等全国多个城市建立志愿者团队，服务认知症老人、孤独症儿童和精神亚健康群体超十万人次。

弘扬尊老爱幼这一源远流长的中华传统美德，倡导关爱与陪伴的现代社会背景下，吴起宠物工作室·PFH 治疗犬公益团队凭借其专业与人文关怀的理念，为“一老一小”这两大社会群体带来了动物疗法的温暖与治愈。

展望未来，吴起宠物工作室将持续聚焦“一老一小”群体，致力于将更专业、更规范、更全面的动物疗法融入他们的日常生活中。通过不断探索和创新，确保动物疗法的实施更加精准有效，让“夕阳”更加红火，让“朝阳”更加绚烂。

---

① PFH 是 PAW FOR HEAL 的缩写，PFH 治疗犬公益项目旨在发挥伴侣动物的社会价值去帮助更多的人。

附　　录

附录一　宠物饲料标签规定

说明：2018 年 4 月 27 日，为进一步加强宠物饲料管理，规范宠物饲料市场，促进宠物饲料行业发展，农业农村部在全面梳理《饲料和饲料添加剂管理条例》及其配套规章适用规定、充分考虑宠物饲料特殊性和管理需要的基础上，制定了《宠物饲料管理办法》《宠物饲料生产企业许可条件》《宠物饲料标签规定》《宠物饲料卫生规定》《宠物配合饲料生产许可申报材料要求》《宠物添加剂预混合饲料生产许可申报材料要求》等规范性文件（农业农村部公告第 20 号）。

第一条　为加强宠物饲料管理，规范宠物饲料标签标示内容，根据《饲料和饲料添加剂管理条例》《宠物饲料管理办法》，制定本规定。

第二条　本规定所称的宠物饲料标签是指以文字、符号、数字、图形等方式粘贴、印刷或者附着在产品包装上用以表示产品信息的说明物的总称。

第三条　在中华人民共和国境内生产、销售的宠物饲料产品的标签应当按照本规定要求标示产品名称、原料组成、产品成分分析保证值、净含量、贮存条件、使用说明、注意事项、生产日期、保质期、生产企业名称及地址、许可证明文件编号和产品标准等信息。

第四条　宠物饲料产品标签应当在醒目位置标示“本产品符合宠物饲料卫生规定”字样，并以粘贴或者印刷等形式附具产品质量检验合格证。

第五条　宠物饲料产品名称应当位于标签的主要展示版面并采用通用名称。通用名称应当使用一致的字体、字号和颜色，不得突出或者强调其中的部分内容。在标示通用名称的同时，可以标示商品名称，但应当放在通用名称之后或者之下，字号不得大于通用名称。

（一）宠物配合饲料的通用名称应当标示“宠物配合饲料”“宠物全价饲料”“全价宠物食品”或者“全价”字样，并标示适用动物种类和生命阶段。适用动物种类可以具体至犬、猫品种或者体型，如不标示则默认为适用于所有品种和体型；生命阶段包括幼年期、成年期、老年期、妊娠期、哺乳期等，如不标示则默认为适用于所有生命阶段。为满足宠物特定生理、病理状态下营养需要生产的宠物配合饲料，其通用名称应当标示“处方”字样。示例见附录 1.1。

（二）宠物添加剂预混合饲料的通用名称应当标示“宠物添加剂预混合饲料”“补充

性宠物食品”或者“宠物营养补充剂”，并标示适用动物种类和生命阶段。适用动物种类可以具体至犬、猫品种或者体型，如不标示则默认为适用于所有品种和体型；生命阶段包括幼年期、成年期、老年期、妊娠期、哺乳期等，如不标示则默认为适用于所有生命阶段。宠物添加剂预混合饲料的通用名称中，也可以标示产品中的氨基酸、维生素、矿物质微量元素、酶制剂等营养性饲料添加剂，标示时可以使用营养性饲料添加剂的品种名称或者类别名称。示例见附录 1.1。

（三）其他宠物饲料的通用名称应当标示“宠物零食”，并标示适用动物种类和生命阶段。适用动物种类可以具体至犬、猫品种或者体型，如不标示则默认为适用于所有品种和体型；生命阶段包括幼年期、成年期、老年期、妊娠期、哺乳期等，如不标示则默认为适用于所有生命阶段。其他宠物饲料的通用名称中，也可以标示产品的具体呈现形式。示例见附录 1.1。

第六条 宠物饲料产品标签上应当标示原料组成。原料组成包括饲料原料和饲料添加剂两部分，分别以“原料组成”和“添加剂组成”为引导词。其中，“原料组成”应当标示生产该产品所用的饲料原料品种名称或者类别名称，并按照各类或者各种饲料原料成分加入重量的降序排列；“添加剂组成”应当标示生产该产品所用的饲料添加剂名称，抗氧化剂、着色剂、调味和诱食物质类饲料添加剂可以标示类别名称。

饲料原料品种名称应当与《饲料原料目录》一致，类别名称应当与附录 1.2 规定一致。饲料添加剂名称应当与《饲料添加剂品种目录》一致。

在产品中使用以《饲料原料目录》中动物水解物为主要原料复配制成的调味产品的，应当在原料组成部分中以“宠物饲料复合调味料”或者“口味增强剂”标示。

原料组成中的某种原料如以品种名称标示，则不应当再以类别名称标示；如以类别名称标示，则不应当再以品种名称标示。

第七条 在中国境内生产的宠物饲料产品标签上应当标示产品所执行的产品标准编号。进口宠物配合饲料、宠物添加剂预混合饲料应当标示进口产品复核检验报告的编号。

第八条 宠物饲料产品标签上应当标示产品成分分析保证值。产品成分分析保证值的计量单位见附录 1.3。

（一）宠物配合饲料产品成分分析保证值至少应当包括的项目、要求及具体标示方法见附录 1.4。

为满足宠物特定生理、病理状态下的营养需要生产的宠物配合饲料，其产品成分分析保证值除满足上述要求外，可以进行特殊标示。

（二）宠物添加剂预混合饲料产品成分分析保证值至少应当标示水分和产品中所添加的主要营养性饲料添加剂，标示方法参照附录 1.4。

（三）其他宠物饲料产品成分分析保证值至少应当标示水分，也可以根据需要标示其他成分的分析保证值，标示方法参照附录 1.4。

第九条 宠物饲料产品应当标示产品包装单位的净含量。净含量标示由净含量、数字和法定计量单位组成。净含量与产品名称应当位于标签的同一展示版面。

固态产品应当使用质量进行标示，净含量不足 1 千克的，以克或者 g 作为计量单位；净含量超过 1 千克（含 1 千克）的，以千克或者 kg 作为计量单位。

液态产品、半固态产品除可以使用前款规定的质量进行标示外，也可以使用体积标示，以体积标示时，净含量不足 1 升的，以毫升或者 mL 作为计量单位；净含量超过 1 升（含 1 升）的，以升或者 L 作为计量单位。

第十条　宠物饲料产品标签上应当标示产品的贮存条件及贮存方法。

第十一条　宠物饲料产品标签上应当标示产品使用说明。使用说明应当根据宠物的生命阶段、活动量和体型类别标示推荐饲喂量或者饲喂建议。

第十二条　宠物饲料产品标签上应当标示产品使用的注意事项。含动物源性成分（乳和乳制品除外）的产品应当标示“本产品不得饲喂反刍动物”字样。

通用名称标示“处方”字样的宠物配合饲料，应当在注意事项中参照本规定附录 1.5 中的示例，标示该产品适用的宠物特定生理、病理状态及主要营养特征，并在醒目位置标示“请在执业兽医指导下使用”字样。如其适用的生理、病理状态及主要营养特征未在附录 1.5 收录范围以内，该产品的生产企业应当参照附录 1.5 根据产品的实际情况标示注意事项，并能够提供相关证明资料。资料至少应当包括能够验证产品效果的科学试验数据及配方组成。

第十三条　宠物饲料产品标签应当标示完整的年、月、日生产日期信息，标示方法见附录 1.6。进口产品中文标签标示的生产日期应当与原产地标签上标示的生产日期一致。如生产日期标示采用“见包装物某部位”的形式，应当标示包装物的具体部位。生产日期的标示不得另外加贴或者篡改。

第十四条　宠物饲料产品标签应当标示保质期，标示方法见附录 1.6。进口宠物饲料产品中文标签标示的保质期应当与原产地标签上标示的保质期一致。如保质期标示采用“见包装物某部位”的形式，应当标示包装物的具体部位。保质期的标示不得另外加贴或者篡改。

第十五条　在中国境内生产的宠物配合饲料和宠物添加剂预混合饲料的产品标签，应当标示与许可证明文件一致的生产许可证编号、企业名称、注册地址、生产地址、联系方式；其他宠物饲料产品，应当标示与生产企业营业执照一致的企业名称、注册地址、生产地址、联系方式。如生产企业的注册地址与生产地址一致，可不重复标示。

进口宠物饲料产品应当以中文标示原产国名或者地区名。进口宠物配合饲料和宠物添加剂预混合饲料产品，应当标示与进口登记证一致的登记证号、生产厂家名称、生产地址，以及该产品在中国境内依法登记注册的销售机构名称、地址和联系方式。其他进口宠物饲料产品，应当标示生产厂家名称、生产地址，以及该产品在中国境内依法登记注册的销售机构名称、地址和联系方式。

联系方式应当标示以下至少一项内容：电话、传真、网络联系方式、通讯地址等。

第十六条　对于内包装不独立销售的宠物饲料产品，外包装应当标示本规定的所有内容，内包装至少标示产品名称、保质期和净含量。对于内包装独立销售的产品，内、外包装均应当标示本规定的所有内容。如内包装已标示本规定的所有内容，且标示内容能透过外包装物清晰、完整地呈现，可不在外包装物上进行重复标示。仅用于宠物饲料产品运输的外包装除外。

对于复合包装产品，外包装应当标示复合包装的净含量和所含独立包装的净含量及件数，或者直接标示所含独立包装的净含量和件数，标示形式见附录 1.6。外包装上标示的保质期应当按照最早到期的独立包装产品的保质期计算，生产日期应当标示最早生产的独立包装产品的生产日期，也可以在外包装上分别标示各独立包装产品的生产日期和保质期。

第十七条 宠物饲料免费产品，除标示本规定的所有内容外，还应当标示“免费样品”“赠品”“非卖品”或者“试用装”等字样。

第十八条 委托加工的宠物配合饲料、宠物添加剂预混合饲料产品，除标示本规定的所有内容外，还应当标示委托企业的名称、注册地址和生产许可证编号。

第十九条 宠物饲料产品中含有转基因成分的，其标示应当符合相关法律法规的要求。

第二十条 宠物饲料产品标签中可以进行成分、功能和特性声称，声称时应当遵守以下规定：

（一）禁止对宠物饲料作具有预防或者治疗宠物疾病的说明或者宣传。

（二）所有声称应当具备证明材料。证明材料包括公开发表的出版物、教科书、配方组成、检测数据或者试验报告等。

（三）对成分进行声称时，声称的内容应当置于产品名称相邻位置，并与产品名称使用相同的字体和颜色，字号不大于产品名称，不得以任何形式突出或者强调其中部分内容。

1. 宠物饲料如声称使用某种饲料原料，应当在饲料原料组成中标示其名称，并在名称后标示其添加量；如该饲料原料使用所属类别名称标示，应当在类别名称之后以括号的方式标示该饲料原料的品种名称及其在产品中的添加量。示例见附录 1.1。

2. 经脱水处理的饲料原料，可以依据水分还原后其在产品中的含量进行声称。可以进行水分还原的饲料原料种类及其计算方法见附录 1.7。如进行水分还原，则附录 1.7 中涉及的三类饲料原料应当同时还原，计算方法应当按附录 1.7 执行。

3. 声称“××配方”时，产品中的“××”饲料原料应当达到产品总重的 26%以上；如对两种或者两种以上饲料原料进行组合声称，其中至少一种饲料原料应当达到产品总重的 26%以上，其余每种饲料原料均应当达到产品总重的 3%以上，声称应当按原料的重量百分比降序排列。示例见附录 1.1。

声称“含××配方”时，产品中的“××”饲料原料应当达到产品总重的 14%以上；如对两种或者两种以上饲料原料进行组合声称，其中至少一种饲料原料应当达到产品总重的 14%以上，其余每种饲料原料均应达到产品总重的 3%以上，声称应按原料的重量百分比降序排列。示例见附录 1.1。

声称“含××”时，产品中的“××”饲料原料应当达到产品总重的 4%以上；如对两种或者两种以上饲料原料进行组合声称，其中至少一种饲料原料应当达到产品总重的 4%以上，其余每种原料均应当达到产品总重的 3%以上，声称应当按饲料原料的重量百分比降序排列。示例见附录 1.1。

4. 如宠物饲料产品使用的饲料原料、宠物饲料复合调味料或者口味增强剂能够赋予产品某种风味，可以对产品的风味进行声称，声称应当使用“××味”字样。示例见附录 1.1。

5. 如宠物饲料产品中的某种饲料原料的添加量足以赋予产品某些特有属性，即使该原料未达到产品总重的4%，也可以对其进行声称，声称应当使用“添加××”字样。示例见附录1.1。

6. 宠物饲料产品如声称使用某种维生素、矿物质微量元素等营养素或者使用的某种饲料添加剂可以赋予产品某些特有属性，声称应当使用“含××”字样。声称涉及的维生素、矿物质微量元素等营养素应当在产品成分分析保证值中列示。声称涉及的饲料添加剂应当在饲料添加剂组成中列示并标示其添加量。示例见附录1.1。

7. 宠物饲料产品可以声称不含有某种饲料原料或者饲料添加剂，声称应当使用“无××”或者“不含××”。除饲料原料和饲料添加剂外，不得对其他任何物质进行不含有声称。对于麸质成分，如其含量不高于20mg/kg时，可以进行“无麸质”或者“不含麸质”的声称。

8. 如对宠物饲料产品中的某种成分含量进行“高”“增高”或者“低”“降低”或者类似的比较性声称，应当以本企业的产品作为参照物且明确列示，增高或者降低的比例应当达到15%以上，对于常量营养素，增高或者降低的百分比应当能够通过配方进行验证。示例见附录1.1。

（四）对特性进行声称时，应当符合下列要求。

1. 如宠物饲料产品使用的所有饲料原料和饲料添加剂均来自未经加工、非化学工艺加工或者只经过物理加工、热加工、提取、纯化、水解、酶解、发酵或者烟熏等处理工艺的植物、动物或者矿物质微量元素，可对产品进行特性声称，声称应当使用“天然的”“天然粮”或者类似字样。如宠物饲料产品中添加的维生素、氨基酸、矿物质微量元素是化学合成的，也可以对产品进行“天然的”“天然粮”的声称，但应当同时对所使用的维生素、氨基酸、矿物质微量元素进行标示，声称应当使用“天然粮，添加××”字样；如添加了两种（类）或者两种（类）以上的化学合成的维生素、氨基酸、矿物质微量元素，声称中可以使用饲料添加剂的类别名称。所有声称文字应置于同一展示版面，使用相同的字体、字号和颜色，中间不得插入其他任何内容，不得以任何形式突出或者强调其中某一部分。示例见附录1.1。

2. 如宠物饲料产品使用的某种饲料原料和饲料添加剂来自未经加工、非化学工艺加工或者只经过物理加工、热加工、提取、纯化、水解、酶解、发酵或者烟熏等处理工艺的植物、动物或者矿物质微量元素，可以对该饲料原料或者饲料添加剂进行特殊声称，声称应当使用“天然”字样。示例见附录1.1。

3. 如宠物饲料产品使用的某种饲料原料除冷藏外未经蒸煮、干燥、冷冻、水解等类似任何处理过程，且不含有氯化钠、防腐剂或者其他饲料添加剂，可以对该饲料原料进行声称，声称应当使用“新鲜的”“鲜”或者类似字样。示例见附录1.1。

4. 如犬用宠物饲料产品的水分含量低于20%且脂肪含量不高于9%、水分含量在20%至65%之间且脂肪含量不高于7%、水分含量大于65%且脂肪含量不高于4%时，可以对犬用宠物饲料进行“低脂肪”的声称。如猫用宠物饲料产品水分含量低于20%且脂肪含量不高于10%、水分含量在20%至65%之间且脂肪含量不高于8%、水分含量大于65%且脂肪含量不高于5%时，可以对猫用宠物饲料进行“低脂肪”的声称。

5. 如犬用宠物饲料产品的水分含量低于20%且能量值不高于1296kJ ME/100g、水分含量在20%至65%之间且能量值不高于1045kJ ME/100g、水分含量不低于65%且能量值不高于 376kJ ME/100g 时，可以对该产品进行“低能量”声称并对其能量值进行标示。如猫用宠物饲料产品水分含量低于 20%且能量值不高于 1359kJ ME/100g、水分含量在 20%~65%之间且能量值不高于 1108kJ ME/100g、水分含量不低于 65%且能量值不高于 397kJ ME/100g，可以对该产品进行“低能量”声称并对其能量值进行标示。标示时应当以“能量”或者“能量值”为引导词，并与该声称置于同一展示版面。能量值应当以代谢能（ME）值表示，并以 kJ/100g 为单位，代谢能可以采用计算值，计算方法见附录 1.8，但应当在代谢能值后以括号的方式标注“计算值”字样。

6. 宠物饲料产品可以使用“新产品”“配方升级”“产品升级”或者类似声称，但声称应当有充分证据，且该声称在产品标签上标示的时间不得超过 18 个月。

7. 如对宠物饲料产品进行符合国际或者国外标准的声称，产品应当符合对应标准的所有要求，且在监管部门要求时应当能提供检测报告或者产品配方等证明材料。

（五）如宠物饲料产品使用的某种饲料原料、饲料添加剂或者饲料原料中含有的某种营养素具有维持、增强宠物生长、发育、生理功能或者机体健康的作用，可以进行功能声称。声称应当符合以下要求。

1. 声称涉及的饲料添加剂应当在饲料添加剂组成或者产品成分分析保证值中按本规定要求标示，声称涉及的饲料原料应当在原料组成中标示其名称，并在名称后标示其添加量，示例见附录 1.1。

2. 如宠物饲料产品对毛球产生、牙垢积聚等非疾病性问题具有预防性作用，可以进行功能声称，声称可以使用“预防”字样并标示该产品可以预防的非疾病问题，示例见附录 1.1。

第二十一条 宠物饲料标签应当结实耐用。附签形式的标签不得与包装物分离或者被遮掩，标签内容应当在不打开包装的情况下完整呈现。标签内容应当清晰、醒目、持久，方便消费者辨认和识读。文字应当使用规范的汉字（商标、进口宠物饲料的生产者和地址、国外经营者的名称和地址、网址除外），可以同时使用有对应关系的汉语拼音、少数民族文字或者其他文字，但不得大于相应的汉字（商标除外）。对于印有多语言的包装物，凡使用规范汉字提供的信息均应当符合本规定的要求。

第二十二条 标签的展示面积大于 35cm^2 时，标示内容的文字、符号、数字的高度不得小于 1.8mm。不同包装物或者包装容器上标签最大表面面积计算方法见附录 1.9。

第二十三条 国务院农业行政主管部门和县级以上地方人民政府饲料管理部门，应当根据需要定期或者不定期组织实施宠物饲料产品标签监督抽查。

第二十四条 宠物饲料产品标签不符合本规定的，依据《饲料和饲料添加剂管理条例》第四十一条进行处罚。

第二十五条 宠物饲料生产企业、经营者生产、经营的宠物饲料与标签标示的内容不一致的，依据《饲料和饲料添加剂管理条例》第四十六条进行处罚。

第二十六条 本规定自 2018 年 6 月 1 日起施行。

附录 1.1 宠物饲料标示内容示例

一、宠物配合饲料通用名称示例

——“宠物配合饲料犬粮”或者“宠物全价饲料犬粮”或者“全价犬粮”或者“全价宠物食品犬粮”；

——“宠物配合饲料幼年期犬粮”或者“宠物全价饲料幼年期犬粮”或者“全价幼年期犬粮”或者“全价幼犬粮”或者“全价宠物食品幼年期犬粮”；

——“宠物配合饲料泰迪幼年期犬粮”或者“宠物全价饲料泰迪幼年期犬粮”或者“全价泰迪幼年期犬粮”或者“全价泰迪幼犬粮”或者“全价宠物食品泰迪幼年期犬粮”；

——“宠物配合饲料大型犬幼年期犬粮”或者“宠物全价饲料大型犬幼年期犬粮”或者“全价大型犬幼年期犬粮”或者“全价大型犬幼犬粮”或者“全价宠物食品大型犬幼年期犬粮”；

——“宠物配合饲料犬处方粮”或者“宠物全价饲料犬处方粮”或者“全价犬处方粮”或者“全价宠物食品犬处方粮”。

二、宠物添加剂预混合饲料通用名称示例

——“宠物添加剂预混合饲料微量元素”或者“补充性宠物食品微量元素”或者“宠物营养补充剂微量元素”；

——“宠物添加剂预混合饲料犬幼年期微量元素”或者“补充性宠物食品犬幼年期微量元素”或者“宠物营养补充剂犬幼年期微量元素”；

——“宠物添加剂预混合饲料泰迪犬幼年期微量元素”或者“补充性宠物食品泰迪犬幼年期微量元素”或者“宠物营养补充剂泰迪犬幼年期微量元素”；

——“宠物添加剂预混合饲料大型犬幼年期微量元素”或者“补充性宠物食品大型犬幼年期微量元素”或者“宠物营养补充剂大型犬幼年期微量元素”；

——“宠物添加剂预混合饲料维生素 B”或者“补充性宠物食品维生素 B”或者“宠物营养补充剂维生素 B”；

——“宠物添加剂预混合饲料犬幼年期维生素 B”或者“补充性宠物食品犬幼年期维生素 B”或者“宠物营养补充剂犬幼年期维生素 B”；

——“宠物添加剂预混合饲料泰迪犬幼年期维生素 B”或者“补充性宠物食品泰迪犬幼年期维生素 B”或者“宠物营养补充剂泰迪犬幼年期维生素 B”；

——“宠物添加剂预混合饲料大型犬幼年期维生素 B”或者“补充性宠物食品大型犬幼年期维生素 B”或者“宠物营养补充剂大型犬幼年期维生素 B”。

三、其他宠物饲料通用名称示例

——“宠物零食肉棒”；

——“宠物零食幼犬饮料”；

——“宠物零食幼犬牛肉粒”；

——“宠物零食幼犬洁齿磨牙棒”；

——“宠物零食泰迪犬咬胶”。

四、宠物饲料产品如声称使用某种饲料原料，标示示例

——“肉类及制品（鸡肝 3.5%）”；

——“果蔬类籽实及其制品（蔓越莓 1.3%）”。

五、成分声称标示示例

（一）宠物饲料产品中某种饲料原料达到产品总重 26%以上，声称标示示例：

——“牛肉配方”；

——“鸡肉大米配方”；

——“牛肉鸡肉配方”。

（二）宠物饲料产品中某种饲料原料达到产品总重14%以上，声称标示示例：

——“含牛肉配方”；

——“含糙米配方”；

——“含牛肉鸡肉配方”；

——“含牛肉大米配方”。

（三）宠物饲料产品中某种饲料原料达到产品总重4%以上，声称标示示例：

——“含牛肉”；

——“含糙米”；

——“含牛肉鸡肉”；

——“含鸡肉大米”。

（四）宠物饲料产品中使用的饲料原料、宠物饲料复合调味料或者口味增强剂能够赋予产品某种风味，声称标示示例：

——“牛肉味”；

——“鸡肉味”；

——“烟熏味”。

（五）宠物饲料产品中某种饲料原料的添加量足以赋予产品某些特有属性，声称标示示例：

——“添加燕麦”；

——“添加牛初乳”。

（六）宠物饲料产品如声称使用某种维生素、矿物质微量元素等营养素或者使用的某种饲料添加剂可以赋予产品某些特有属性，声称标示示例：

——“含 DHA”；

——“含共轭亚油酸”。

（七）宠物饲料产品进行比较性声称时，声称标示示例：

——高蛋白全价犬粮（与××全价犬粮相比）。

六、特性声称标示示例

（一）声称应当使用“天然的”、“天然粮”或者类似字样的宠物饲料产品标示示例：

——“天然粮，添加维生素”；

——“天然粮，添加维生素和氨基酸”；

——“天然色素”；

——“天然防腐剂”。

（二）声称应当使用“新鲜的”、“鲜”或者类似字样的宠物饲料产品标示示例：

——“新鲜鸡肉”；

——“鲜牛肉”。

七、功能声称标示示例

（一）宠物饲料产品中如使用的某种饲料原料、饲料添加剂或者其中含有的某种营养素具有维持、增强宠物生长、发育、生理功能或者机体健康的作用，声称标示示例：

——“含钙促进骨骼发育”；

——“含菊苣根粉促进肠道有益菌增殖”。

(二) 宠物饲料产品如对非疾病性问题具有预防性作用，声称标示示例：

——“预防毛球产生”；

——“预防牙垢聚集”。

附录 1.2　宠物饲料原料分类

序号	类别名称	与《饲料原料目录》对应的原料品种
1	谷物及其制品	“谷物及其加工产品”中的所有原料
2	油料籽实及其制品	“油料籽实及其加工产品”中的所有原料
3	豆科籽实及其制品	“豆科作物籽实及其加工产品”中的所有原料
4	果蔬类籽实及其制品	“块茎、块根及其加工产品”中的所有原料、“其他籽实、果实类产品及其加工产品”中的所有原料
5	天然植物及其制品	“其他植物、藻类及其加工产品”中的 7.1、7.2、7.3、7.4 的原料
6	饲草类及其制品	“饲草、粗饲料及其加工产品”中的所有原料
7	藻类及其制品	“其他植物、藻类及其加工产品”中的 7.5 的原料
8	乳类及其制品	“乳制品及其副产品”中的所有原料
9	肉类及其制品	“陆生动物产品及其副产品”中 9.1、9.3、9.6 和 9.7 的原料
10	昆虫及其制品	“陆生动物产品及其副产品”中 9.2 和 9.5 的原料
11	蛋类及其制品	“陆生动物产品及其副产品”中 9.4 的原料
12	鱼类等水生生物及其制品	“鱼、其他水生生物及其副产品”中的所有原料
13	矿物质	“矿物质”中的所有原料
14	微生物发酵类制品	“微生物发酵产品及副产品”中的所有原料

附录 1.3　产品成分分析保证值常用计量单位

一、粗蛋白质、粗脂肪、粗纤维、水分、粗灰分、钙、总磷、水溶性氯化物（以 Cl^- 计）、氨基酸含量，以百分含量（%）表示。

二、微量元素含量，以每克、每千克、每毫升、每升、每片、每胶囊、每粒中元素的毫克数表示。

示例：mg/g、mg/kg、mg/mL、mg/L、mg/片、mg/胶囊。

三、维生素含量，以每克、每千克、每毫升、每升、每片、每胶囊、每粒产品中含药物或者维生素的毫克数，或者以表示生物效价的国际单位（IU）表示。

示例：mg/g、mg/kg、mg/mL、mg/L、mg/片、mg/胶囊、mg/粒，或 IU/g、IU/kg、IU/mL、IU/L、IU/片、IU/胶囊。

四、酶制剂含量，以每克、每毫升、每片、每胶囊、每粒产品中含酶活性单位表示。

示例：U/g、U/mL、U/片、U/胶囊、U/粒。

五、微生物含量，以每克、每千克、每毫升、每升、每片、每胶囊、每粒产品中含微生物的菌落数或者个数表示。

示例：CFU/g、CFU/kg、CFU /mL、CFU /L、CFU/片、CFU/胶囊、CFU/粒，或者个/g、个/mL、个/片、个/胶囊。

附录 1.4　宠物配合饲料产品成分分析保证值至少应当包括的项目及标示要求

项目	要求	标示方法
粗蛋白质	最小值	≥，或者不小于，或者至少
粗脂肪	最小值；对于进行低脂肪声称的产品，应当同时标示其最大值	≥，或者不小于，或者至少；进行低脂肪声称的产品应当标示为：最小值≤粗脂肪≤最大值，或者粗脂肪不小于，且不大于
粗纤维	最大值	≤，或者不大于，或者至多
水分	最大值	≤，或者不大于，或者至多
粗灰分	最大值	≤，或者不大于，或者至多
钙	最小值	≥，或者不小于，或者至少
总磷	最小值	≥，或者不小于，或者至少
水溶性氯化物（以 Cl^- 计）	最小值	≥，或者不小于，或者至少
赖氨酸，适用于犬粮	最小值	≥，或者不小于，或者至少
牛磺酸，适用于猫粮	最小值	≥，或者不小于，或者至少

附录 1.5　宠物配合饲料适用的特定状态及主要营养特征标示示例

一、改善慢性肾功能不全状态

示例：本产品适用于慢性肾功能不全的犬、猫使用，产品中的磷和蛋白质经过科学调整。

二、帮助溶解鸟粪石

示例：本产品用于促进犬、猫鸟粪石溶解，产品中的镁和蛋白质经过科学调整。

三、减少鸟粪石再生

示例：本产品用于减少犬、猫鸟粪石再生，产品中的镁经过科学调整。

四、减少尿酸盐结石形成

示例：本产品用于减少犬、猫尿酸盐结石形成，产品中的嘌呤和蛋白质经过科学调整。

五、减少草酸盐结石形成

示例：本产品用于减少犬、猫草酸盐结石形成，产品中的钙、维生素 D 经过科学调整。

六、减少胱氨酸结石形成

示例：本产品用于减少犬、猫胱氨酸结石形成，产品中的蛋白质和含硫氨基酸经过科学调整。

七、降低急性肠道吸收障碍发生

示例：本产品用于降低犬、猫急性肠道吸收障碍发生，产品中的电解质和易消化原料经过科学调整。

八、降低原料和营养素不耐受

示例：本产品用于降低犬、猫原料和营养素的不耐受症，产品中的蛋白质或者碳水化合物经过科学调整。

九、改善消化不良

示例：本产品用于改善犬、猫消化不良，产品中原料的可消化性和脂肪经过科学调整。

十、改善慢性心脏功能不全

示例：本产品用于改善犬、猫慢性心脏功能不全，产品中的钠经过科学调整。

十一、调节葡萄糖供给

示例：本产品用于调节糖尿病犬、猫的葡萄糖供给，产品中的碳水化合物经过科学调整。

十二、改善肝功能不全

示例：本产品用于调节肝功能不全的犬、猫的营养供给，产品中的蛋白质和必需脂肪酸经过科学调整。

十三、改善高脂血症

示例：本产品用于调节犬、猫的脂肪代谢，产品中的脂肪和必需脂肪酸经过科学调整。

十四、改善甲状腺功能亢进

示例：本产品用于改善猫的甲状腺功能亢进状态，产品中的碘经过科学调整。

十五、降低肝脏中的铜含量

示例：本产品用于降低犬肝脏中的铜，产品中的铜经过科学调整。

十六、改善超重状态

示例：本产品用于降低犬、猫的多余体重，产品的能量密度经过科学调整。

十七、营养恢复期

示例：本产品用于犬、猫疾病后的营养恢复，产品的能量密度、必需营养素和易消化原料经过科学调整。

十八、改善皮肤炎症和过度脱毛

示例：本产品用于改善犬、猫皮肤炎症和过度脱毛现象，产品中的必需脂肪酸经过科学调整。

十九、改善关节炎症

示例：本产品用于改善犬、猫的关节炎症，产品中的多不饱和脂肪酸、维生素 E 等经过科学调整。

附录 1.6　生产日期、保质期及净含量的标示

一、生产日期的标示

生产日期中年、月、日可用空格、斜线、连字符、句点等符号分隔，或者不用分隔符。年代号一般应当标示4位数字，小包装食品也可以标示2位数字。月、日应当标示2位数字。

生产日期标示示例：

——“生产日期：2010年3月20日”；

——“生产日期：20日3月2010年”或者“生产日期：3月20日2010年”；

——“生产日期（年/月/日）：2010 03 20”或者“生产日期（年/月/日）：2010/03/20”或者“生产日期（年/月/日）：20100320”；

——“生产日期（月/日/年）：03 20 2010”或者“生产日期（月/日/年）：03/20/2010”或者“生产日期（月/日/年）：03202010”；

——“生产日期（日/月/年）：20 03 2010”或者“生产日期（日/月/年）：20/03/2010”或者“生产日期（日/月/年）：20032010”。

二、保质期的标示

示例：

——“保质期：××个月”或者“××日”或者“××天”或者“×年”；

——“保质期至××××年××月××日”或者“保质期至××月××日××××年”或者“保质期至××日××月××××年”；

——“此日期前最佳……”或者“此日期前食用最佳……”或者“最好在……之前食用”或者“……之前食用最佳”（……）处填写日期。

三、净含量的标示

（一）复合包装中独立包装为同类产品的，净含量标示方式示例：

——“净含量：40克×5”或者“净含量：40g×5”；

——“净含量：5×40g”或者“净含量：5×40g”；

——“净含量：200克（5×40克）”或者“净含量：200g（5×40g）”；

——“净含量：200克（40克×5）”或者“净含量：200g（40g×5）”；

——“净含量：200克（5件或者5袋或者5包或者5罐或者5听）”或者“净含量：200g（5件或者5袋或者5包或者5罐或者5听）”；

——“净含量：200克（100克+50克×2）”或者“净含量：200g（100g+50g×2）”；

——“净含量：200克（80克×2+40克）”或者“200g（80g×2+40g）”。

（二）复合包装中独立包装为不同类产品的，净含量标示方式示例：

——“净含量：200克（A产品40克×3，B产品40克×2）或200g（A产品40g×3，B产品40g×2）”；

——“净含量：200克（40克×3，40克×2）”或者“净含量：200g（40g×3，40g×2）”；

——“净含量：100克A产品，50克×2 B产品，50克C产品”或者“净含量：100g A产品，50g×2 B产品，50g C产品”；

——“净含量：A产品：100克，B产品：50克×2；C产品：50克”或者“净含量：A产品：100g，B产品：50g×2；C产品：50g”；

——“净含量：100克（A产品），50克×2（B产品），50克（C产品）”或者“净含量：100g（A产品），50g×2（B产品），50g（C产品）”；

——“净含量：A 产品 100 克，B 产品 50 克×2，C 产品 50 克”或者“净含量：A 产品 100g，B 产品 50g×2，C 产品 50g”。

附录 1.7　可进行水分还原的原料种类及其计算方法

一、可进行水分还原的原料种类及还原后水分还原标准

新鲜水果和蔬菜（不包括由果蔬皮渣制成的副产品）的脱水物：90.0%；

肉类、鱼类（仅包括可食用动物组织）的脱水物：75.0%；

谷物：15.0%。

二、含水原料水分还原示例

（一）固态/半固态宠物饲料

原料	配方组成/kg	原料的水分含量/%	配方中的干物质含量/kg	水分还原标准/%	还原后的配方组成/kg	还原后的配方组成比例/%
玉米	66.0	10.0	59.4	15.0	69.9	37.2
鸡肉粉	24.2	10.0	21.8	75.0	87.2	46.4
牛肉粉	1.8	11.1	1.6	75.0	6.4	3.4
胡萝卜粉	2.0	8.0	1.84	90.0	18.4	9.8
添加剂预混合饲料	4.0		4.0		4.0	2.1
油脂	2.0		2.0		2.0	1.1
总计	100.0				187.9	100.0

注：上述示例中，原配方中 24.2kg 的鸡肉粉经水分还原后相当于 87.2kg 的鸡肉，占还原后配方组成比例 46.4%，可以进行“鸡肉配方”的声称；原配方中 2.0kg 的胡萝卜粉经水分还原后相当于 18.4kg 的胡萝卜，占还原后配方组成比例 9.8%，可以进行“含胡萝卜”的声称；原配方中 1.8kg 的牛肉粉经水分还原后相当于 6.4kg 的牛肉，占还原后配方组成比例 3.4%，可以进行“牛肉味”的声称。

（二）液态宠物饲料

原料	配方组成/kg	原料的水分含量/%	配方中的干物质含量/kg	水分还原标准/%	还原后的配方组成/kg	还原后的配方组成比例/%
水	42.0				35.4	35.4
牛肉	35.0				35.0	35.0
鸡肉	18.2				18.2	18.2
鱼肉	2.0				2.0	2.0
添加剂预混合饲料	2.0				2.0	2.0
胡萝卜粉	0.8	8.0	0.74	10.0	7.4	7.42
总计	100.0				1001	100

注：①上述示例中，配方中 0.8kg 的胡萝卜粉经水分还原后重量增加至 7.4kg，增加的 6.6kg 重量可视为来源于配方中的水分，所以计算还原后的配方组成比例时配方总重量保持 100kg 不变；②配方中 0.8kg 的胡萝卜粉经水分还原后相当于 7.4kg 的胡萝卜，占还原后配方组成比例 7.4%，可以进行“含胡萝卜”的声称。

附录 1.8 产品能量值的计算方法

一、犬用宠物饲料产品能量值计算方法（每 100g 产品中）

（一）总能（GE）计算

总能（kcal）= 5.7×粗蛋白质克数+9.4×粗脂肪克数+4.1×（无氮浸出物克数+粗纤维克数）

（二）能量消化率（%）计算

能量消化率（%）= 91.2−1.43×干物质中粗纤维所占百分比数

（三）消化能（DE）计算

消化能（kcal）= GE×能量消化率（%）

（四）代谢能（ME）计算

代谢能（kcal）= DE−1.04×粗蛋白克数

（五）单位换算

1kcal = 4.186kJ

示例：

以 100g 犬用配合饲料产品为例计算其能量值，其中含 80g 水分、7g 粗蛋白质、4g 粗脂肪、3g 粗灰分、1g 粗纤维和 5g 无氮浸出物

GE（kcal）= 5.7×7+9.4×4+4.1×（1+5）= 102.1

能量消化率（%）= 87.9−（0.88×5）= 83.5%

DE（kcal）= 102.1×83.5% = 85.3

ME（kcal）= 85.3−0.77×7 = 79.9

ME（kJ）= 79.9×4.186 = 334.5

二、猫用宠物饲料产品能量值计算方法（每 100g 产品中）

（一）总能（GE）计算

总能（kcal）= 5.7×粗蛋白质克数+ 9.4×粗脂肪克数+ 4.1×（无氮浸出物克数+粗纤维克数）

（二）能量消化率（%）计算

能量消化率（%）= 87.9−0.88×干物质中粗纤维所占百分比数

（三）消化能（DE）计算

消化能（kcal）= GE×能量消化率（%）

（四）代谢能（ME）计算

代谢能（kcal）= DE−0.77×粗蛋白质克数

（五）单位换算

1kcal = 4.186kJ

示例：

以 100g 猫用宠物配合饲料产品为例计算其能量值，其中含 80g 水分、7g 粗蛋白、4g 粗脂肪、3g 粗灰分、1g 粗纤维和 5g 无氮浸出物

能量消化率（%）= 87.9−（0.88×5）= 83.5%

DE（kcal）= 102.1×83.5% = 85.3

ME（kcal）= 85.3−0.77×7 = 79.9

ME（kJ）= 79.9×4.186 = 334.5

附录 1.9 不同包装物或者包装容器上标签最大表面面积计算方法

一、长方体形包装物或者包装容器上的计算方法

长方体形包装物或者包装容器的最大一个侧面的高度（cm）乘以宽度（cm）。

二、圆柱形包装物或者包装容器、近似圆柱形包装物或者包装容器上的计算方法

包装物或者包装容器的高度（cm）乘以圆周长（cm）的 40%。

三、其他形状的包装物或者包装容器上的计算方法

包装物或者包装容器的总表面积的 40%。

四、如果包装物或者包装容器有明显的主要展示版面，应以主要展示版面的面积为最大表面面积。

五、包装袋等计算表面面积时应除去封边所占尺寸。瓶形或者罐形包装计算表面面积时不包括肩部、颈部、顶部和底部的凸缘。

附录二　宠物饲料管理办法

第一条　为加强宠物饲料管理，保障宠物饲料产品质量安全，促进宠物饲料行业发展，根据《饲料和饲料添加剂管理条例》，制定本办法。

第二条　本办法所称宠物饲料，是指经工业化加工、制作的供宠物直接食用的产品，也称为宠物食品，包括宠 物配合饲料、宠物添加剂预混合饲料和其他宠物饲料。

宠物配合饲料，是指为满足宠物不同生命阶段或者特定生理、病理状态下的营养需要，将多种饲料原料和饲料添加剂按照一定比例配制的饲料，单独使用即可满足宠物全面营养需要。

宠物添加剂预混合饲料，是指为满足宠物对氨基酸、维生素、矿物质微量元素、酶制剂等营养性饲料添加剂的需要，由营养性饲料添加剂与载体或者稀释剂按照一定比例配制的饲料。

其他宠物饲料，是指为实现奖励宠物、与宠物互动或者刺激宠物咀嚼、撕咬等目的，将几种饲料原料和饲料添加剂按照一定比例配制的饲料。

第三条　申请从事宠物配合饲料、宠物添加剂预混合饲料生产的企业，应当符合《宠物饲料生产企业许可条件》的要求，向生产地省级人民政府饲料管理部门提出申请，并依法取得饲料生产许可证。

第四条　宠物饲料生产企业应当按照有关规定和标准，对采购的饲料原料、添加剂预混合饲料和饲料添加剂进行查验或者检验；使用饲料添加剂的，应当遵守《饲料添加剂品种目录》《饲料添加剂安全使用规范》等限制性规定。禁止使用《饲料原料目录》《饲料添加剂品种目录》以外的任何物质生产宠物饲料。

宠物饲料生产企业应当如实记录采购的饲料原料、添加剂预混合饲料、饲料添加剂的名称、产地、数量、保质期、许可证明文件编号、质量检验信息、生产企业名称或者供货者名称及其联系方式、进货日期等。记录保存期限不得少于 2 年。

第五条　宠物配合饲料、宠物添加剂预混合饲料生产企业应当按照产品质量标准、《饲料质量安全管理规范》组织生产，对生产过程实施有效控制并实行生产记录和产品留样观察制度。

其他宠物饲料生产企业应当按照产品质量标准组织生产，建立健全采购、生产、检验、销售、仓储等管理制度，对生产过程实施有效控制并实行生产记录和产品留样观察制度。

第六条　宠物饲料生产企业应当对其生产的产品进行质量检验；检验合格的，应当附具产品质量检验合格证。未经产品质量检验、检验不合格或者未附具产品质量检验合格证的，不得出厂销售。

宠物饲料生产企业应当如实记录出厂销售的宠物饲料产品的名称、数量、生产日期、生产批次、质量检验信息、购货者名称及其联系方式、销售日期等。记录保存期限不得少于 2 年。

第七条　出厂销售的宠物饲料产品应当包装，包装应当符合国家有关安全、卫生的规定。

第八条　宠物饲料产品的包装上应当附具标签。标签应当符合《宠物饲料标签规定》的要求。

第九条　宠物饲料生产企业应当采取有效措施保障产品质量安全。宠物饲料产品的卫生指标应当符合《宠物饲料卫生规定》的要求。

第十条　宠物饲料经营者进货时应当查验宠物饲料产品标签、产品质量检验合格证；对宠物配合饲料、宠物添加剂预混合饲料产品，还应当查验饲料生产许可证、进口登记证等许可证明文件。宠物饲料经营者不得对宠物饲料产品进行拆包、分装，不得对宠物饲料产品进行再加工或者添加任何物质。禁止经营无产品标签、无产品质量标准、无产品质量检验合格证的宠物饲料。禁止经营标签不符合《宠物饲料标签规定》要求的宠物饲料。禁止经营用《饲料原料目录》《饲料添加剂品种目录》以外的任何物质生产的宠物饲料。禁止经营无生产许可证的宠物配合饲料、宠物添加剂预混合饲料。禁止经营未取得进口登记证的进口宠物配合饲料、宠物添加剂预混合饲料。

第十一条　宠物饲料经营者应当建立产品购销台账，如实记录购销宠物饲料产品的名称、许可证明文件编号、规格、数量、保质期、生产企业名称或者供货者名称及其联系方式、购销时间等。购销台账保存期限不得少于 2 年。

第十二条　网络宠物饲料产品交易第三方平台提供者，应当对入网的宠物饲料经营者进行实名登记，督促经营者认真履行宠物饲料产品质量安全管理责任和义务，保障平台上销售的宠物饲料产品符合本办法要求。

第十三条　宠物饲料生产企业发现其生产的产品可能对宠物健康有害或者存在其他安全隐患的，应当立即停止生产，通知经营者、使用者，向饲料管理部门报告，主动召回产品，并记录召回和通知情况。召回的产品应当在饲料管理部门的监督下，予以无害化处理或者销毁。宠物饲料经营者发现其销售的宠物饲料产品有前款规定情形的，应当立即停止销售，通知生产企业、供货者和使用者，向饲料管理部门报告，并记录通知情况。

第十四条　境外宠物饲料生产企业向中国出口宠物配合饲料、宠物添加剂预混合饲料的，应当委托境外企业驻中国境内的办事机构或者中国境内代理机构向国务院农业行政主管部门申请登记，并依法取得进口登记证。

第十五条　向中国境内出口的宠物饲料，应当包装并附具符合《宠物饲料标签规定》要求的中文标签；产品卫生指标应当符合《宠物饲料卫生规定》的要求；宠物配合饲料、宠物添加剂预混合饲料还应当符合进口登记产品的备案标准要求。

生产向中国境内出口的宠物饲料所使用的饲料原料和饲料添加剂应当符合《饲料原料目录》《饲料添加剂品种目录》的要求，并遵守《饲料添加剂品种目录》《饲料添加剂安全使用规范》的规定。

第十六条　国务院农业行政主管部门和县级以上人民政府饲料管理部门，应当根据需要定期或者不定期组织实施宠物饲料产品监督抽查。

国务院农业行政主管部门和省级人民政府饲料管理部门应当按照职责权限公布监督抽查结果，并可以公布具有不良记录的宠物饲料生产企业、经营者以及为经营者提供服务的第三方交易平台名单。

第十七条　未取得饲料生产许可证生产宠物配合饲料、宠物添加剂预混合饲料的，依据《饲料和饲料添加剂管理条例》第三十八条进行处罚。

第十八条 宠物饲料生产企业违反本办法规定，使用《饲料原料目录》《饲料添加剂品种目录》以外的物质生产宠物饲料的，或者不遵守国务院农业行政主管部门的限制性规定的，依据《饲料和饲料添加剂管理条例》第三十九条进行处罚。

第十九条 宠物饲料生产企业未对采购的饲料原料、添加剂预混合饲料和饲料添加剂进行查验或者检验的，或者未对生产的宠物饲料进行产品质量检验的，依据《饲料和饲料添加剂管理条例》第四十条进行处罚。

第二十条 宠物配合饲料、宠物添加剂预混合饲料生产企业不遵守《饲料质量安全管理规范》的，依据《饲料和饲料添加剂管理条例》第四十条进行处罚。

第二十一条 宠物饲料生产企业未实行采购、生产、销售记录制度或者产品留样观察制度的，依据《饲料和饲料添加剂管理条例》第四十一条进行处罚。

第二十二条 宠物饲料产品未附具产品质量检验合格证或者包装、标签不符合规定的，依据《饲料和饲料添加剂管理条例》第四十一条进行处罚。

第二十三条 宠物饲料经营者有下列行为之一的，依据《饲料和饲料添加剂管理条例》第四十三条进行处罚：

（一）对经营的宠物饲料产品进行再加工或者添加物质的；

（二）经营无产品标签、无产品质量检验合格证的宠物饲料的；经营无生产许可证的宠物配合饲料、宠物添加剂预混合饲料的；

（三）经营用《饲料原料目录》《饲料添加剂品种目录》以外的物质生产的宠物饲料的；

（四）经营未取得进口登记证的进口宠物配合饲料、宠物添加剂预混合饲料的。

第二十四条 宠物饲料经营者有下列行为之一的，依据《饲料和饲料添加剂管理条例》第四十四条进行处罚：

（一）对宠物饲料产品进行拆包、分装的；

（二）未实行产品购销台账制度的；

（三）经营的宠物饲料产品失效、霉变或者超过保质期的。

第二十五条 对本办法第十五条规定的宠物饲料产品，生产企业不主动召回的，依据《饲料和饲料添加剂管理条例》第四十五条进行处罚。

第二十六条 宠物饲料生产企业、经营者有下列行为之一的，依据《饲料和饲料添加剂管理条例》第四十六条进行处罚：

（一）生产、经营无产品质量标准或者不符合产品质量标准的宠物饲料产品的；

（二）生产、经营的宠物饲料产品与标签标示的内容不一致的。

第二十七条 本办法仅适用于宠物犬、宠物猫饲料的管理。其他种类宠物饲料的管理要求另行规定。

第二十八条 本办法自 2018 年 6 月 1 日起施行。

附录三　宠物饲料生产企业许可条件

第一章　总　则

第一条　为加强宠物饲料生产许可管理，保障宠物饲料质量安全，根据《饲料和饲料添加剂管理条例》《饲料和饲料添加剂生产许可管理办法》《宠物饲料管理办法》，制定本条件。

第二条　申请从事宠物配合饲料、宠物添加剂预混合饲料生产的企业，应当符合本条件。

第二章　机构与人员

第三条　企业应当设立技术、生产、质量、销售、采购等管理机构。技术、生产、质量机构应当配备专职负责人，并不得互相兼任。

第四条　技术机构负责人应当具备畜牧、兽医、食品等相关专业大专以上学历或者中级以上技术职称，熟悉饲料法规、动物营养、产品配方设计等专业知识，并通过现场考核。

第五条　生产机构负责人应当具备畜牧、兽医、食品、机械、化工等相关专业大专以上学历或者中级以上技术职称，熟悉饲料法规、饲料加工技术与设备、生产过程控制、生产管理等专业知识，并通过现场考核。

第六条　质量机构负责人应当具备畜牧、兽医、食品、化工、生物等相关专业大专以上学历或者中级以上技术职称，熟悉饲料法规、原料与产品质量控制、原料与产品检验、产品质量管理等专业知识，并通过现场考核。

第七条　销售和采购机构负责人应当熟悉饲料法规，并通过现场考核。

第八条　企业应当配备 2 名以上专职检验化验员，并通过现场操作技能考核。

第三章　厂区、布局与设施

第九条　企业应当独立设置厂区，厂区周围没有影响产品质量安全的污染源。

厂区应当布局合理，生产区与生活、办公等区域分开。厂区应当整洁卫生，道路和作业场所采用混凝土或者沥青硬化，生活、办公等区域有密闭式生活垃圾收集设施。

第十条　生产区应当按照生产工序合理布局，生产区总使用面积应当与生产规模相匹配。

固态的宠物配合饲料、宠物添加剂预混合饲料有相对独立、与生产规模相匹配的原料库、配料间、加工间、成品库和附属物品库房。

半固态的宠物配合饲料、宠物添加剂预混合饲料有相对独立、与生产规模相匹配的原料库、前处理间、配料间、加工间、灌装间（区）、外包装间（区）、成品库和附属物品库房。

液态的宠物配合饲料、宠物添加剂预混合饲料有相对独立、与生产规模相匹配的原料库、前处理间、配料间、加工灌装间、外包装间、成品库和附属物品库房。

同时生产宠物、畜禽等其他动物饲料的，可以共同使用原料库、成品库和附属物品库房。宠物饲料生产设备不得用于生产畜禽等其他动物饲料。

第十一条 生产区建筑物通风和采光良好，自然采光设施应当有防雨功能。

第十二条 厂区内应当配备必要的消防设施或者设备。

第十三条 厂区内应当有完善的排水系统，排水系统入口处有防堵塞装置，出口处有防止动物侵入装置。

第十四条 存在安全风险的设备和设施，应当设置警示标识和防护设施：

（一）配电柜、配电箱有警示标识，易产生或者积存粉尘区域的人工采光灯具、电源开关及插座有防爆功能；

（二）高温设备和设施有隔热层和警示标识；

（三）压力容器有安全防护装置；

（四）设备传动装置有防护罩；

（五）有投料地坑的，入口处有完整的栅栏；

（六）吊物孔有坚固的盖板或者四周有防护栏，所有设备维修平台、操作平台和爬梯有防护栏。

企业应当为生产区作业人员配备劳动保护用品。

第十五条 企业仓储设施应当符合以下条件：

（一）满足原料、成品、包材、备品备件的贮存要求，具有防霉、防潮、防鸟、防鼠等功能；

（二）存放维生素、微生物添加剂和酶制剂等热敏物质的贮存间面积与生产规模相匹配，满足储存温度要求，密闭性能良好；

（三）亚硒酸钠等按危险化学品管理的饲料添加剂，有独立的贮存间或者贮存柜；

（四）使用新鲜或者冷冻动物源性原料的，有与生产规模相匹配的冷藏、冷冻设施或者设备；

（五）有立筒仓的，配备立筒仓通风系统和温度监测装置。

第四章 工艺与设备

第十六条 固态宠物配合饲料生产企业应当符合以下条件：

（一）配备成套加工机组，包括粉碎、配料、提升、混合、调质、膨化、干燥、喷涂、冷却、计量、包装、异物检除等设备，并具有完整的除尘系统和电控系统；

（二）配料、混合工段采用计算机自动化控制系统，配料动态精度不大于3‰，静态精度不大于1‰；

（三）混合机的混合均匀度变异系数不大于7%；

（四）粉碎机、空气压缩机、高压风机采用隔音或者消音装置；

（五）生产线除尘系统使用脉冲式除尘设备，投料口采用单点除尘方式，作业区的粉尘浓度和排放浓度符合国家有关规定；

（六）小料配制和投料复核分别配置电子秤；

（七）有添加剂预混合工艺的，单独配备至少一台混合机及相应的除尘设备，混合机（含混合机缓冲仓）与物料接触部分使用不锈钢制造，混合机的混合均匀度变异系数不大于5%；

（八）有新鲜或者冷冻、冷藏动物源性原料预处理工序的，单独配备除杂、粉碎、均质、水解等设备；

（九）生产车间和作业场所噪声控制符合国家有关规定。

第十七条 半固态宠物配合饲料生产企业应当符合以下条件：

（一）配备成套加工机组，包括粉碎、配料、混合、乳化、蒸煮、冷却、计量、灌装、包装、异物检除等设备，并具有完整的电控系统；

（二）小料配制和投料复核分别配置电子秤；

（三）有添加剂预混合工艺的，单独配备至少一台混合机并配备相应的除尘设备，混合机（含混合机缓冲仓）与物料接触部分使用不锈钢制造，混合机的混合均匀度变异系数不大于5%；

（四）生产罐头等具有商业无菌要求的产品的，配备相应的杀菌设备；

（五）有新鲜或者冷冻、冷藏动物源性原料预处理工序的，单独配备除杂、粉碎、均质、水解等设备；

（六）生产车间和作业场所噪声控制符合国家有关规定。

第十八条 固态宠物添加剂预混合饲料生产企业应当符合以下条件：

（一）配备成套加工机组，包括原料除杂、配料、混合、成型、计量、自动包装等设备，并具有完整的除尘系统和电控系统；

（二）有两台以上混合机，混合机（含混合机缓冲仓）与物料接触部分使用不锈钢制造，混合机的混合均匀度变异系数不大于5%；

（三）生产线除尘系统使用脉冲式除尘设备，投料口采用单点除尘方式，作业区的粉尘浓度和排放浓度符合国家有关规定；

（四）小料配制和投料复核分别配置电子秤；

（五）有粉碎机、空气压缩机的，采用隔音或消音装置；

（六）生产车间和作业场所噪声控制符合国家有关规定。

第十九条 半固态宠物添加剂预混合饲料生产企业应当符合以下条件：

（一）配备成套加工机组，包括称量、加热、配料、搅拌、灌装、包装等设备，并具有完整的电控系统；

（二）生产设备、输送管道及管件使用不锈钢或者性能更好的材料制造；

（三）加热设备有搅拌、温度控制和温度显示装置；

（四）搅拌设备的搅拌速度可控；

（五）小料配制和投料复核分别配置电子秤；

（六）生产车间和作业场所噪声控制符合国家有关规定。

第二十条 液态的宠物配合饲料、宠物添加剂预混合饲料生产企业应当符合以下条件：

（一）配备成套加工机组，包括原料前处理、称量、配液、过滤、灌装等设备，并具有完整的电控系统；

（二）生产设备、输送管道及管件使用不锈钢或者性能更好的材料制造；

（三）有均质工序的，使用高压均质机的工作压力不小于50兆帕，并符合安全生产要求；使用高剪切均质机的均质转速不小于2800转/分；

（四）配液罐有加热保温功能和温度显示装置；

（五）小料配制和投料复核分别配置电子秤；

（六）生产车间和作业场所噪声控制符合国家有关规定。

第五章 质量检验和质量管理制度

第二十一条 企业应当在厂区内独立设置检验化验室，并与生产车间和仓储区域分离。

第二十二条 宠物配合饲料生产企业检验化验室应当符合以下条件：

（一）生产液态宠物配合饲料的企业，配备常规检验仪器、万分之一分析天平、可见光分光光度计、定氮装置、粗脂肪提取装置；生产半固态宠物配合饲料的企业，还应当在液态宠物配合饲料企业的基础上，配备恒温干燥箱、高温炉、真空泵及抽滤装置、高压灭菌锅、培养箱、显微镜和样品制备设备；生产固态宠物配合饲料的企业，还应当在半固态宠物配合饲料企业的基础上，配备硬度测定仪、容重测定仪、水分活度测定仪、标准筛。

（二）检验化验室至少包括天平室、理化分析室、仪器室、留样观察室；生产固态宠物配合饲料和半固态宠物配合饲料的，还应当设立微生物检验室。各功能室应当满足下列要求：

1. 天平室有满足分析天平放置要求的天平台；

2. 理化分析室有满足样品理化分析和检验要求的通风柜、实验台、器皿柜、试剂柜；同时开展高温或者明火操作和易燃试剂操作的，分别设立独立的操作区和通风柜，并保持一定的安全距离；

3. 仪器室满足分光光度计等仪器的使用要求；

4. 留样观察室有满足原料和产品贮存要求的样品柜或者样品架；

5. 微生物检验室具有符合要求的准备间、缓冲间、无菌间和超净工作台。

第二十三条 宠物添加剂预混合饲料生产企业检验化验室应当符合以下条件：

（一）生产液态宠物添加剂预混合饲料的企业，配备常规检验仪器、万分之一分析天平；生产半固态宠物添加剂预混合饲料的企业，还应当在液态宠物添加剂预混合饲料企业的基础上，配备恒温干燥箱、高温炉和样品制备设备；生产固态宠物添加剂预混合饲料的企业，还应当在半固态宠物添加剂预混合饲料企业的基础上，配备标准筛。

（二）产品中添加维生素的，配备具有紫外检测器的高效液相色谱仪；产品中添加微量元素的，配备具有火焰原子化器和被测项目元素灯的原子吸收分光光度计；产品中添加氨基酸、酶制剂等营养性饲料添加剂的，配备满足添加成分检测要求的检验仪器。

（三）检验化验室至少包括天平室、前处理室、仪器室和留样观察室。各功能室应当满足下列要求：

1. 天平室有满足分析天平放置要求的天平台；

2. 前处理室有能够满足样品前处理和检验要求的通风柜、实验台、器皿柜、试剂柜、气瓶固定装置以及避光、空调等设备或者设施；同时开展高温或者明火操作和易燃试剂操作的，分别设立独立的操作区和通风柜，并保持一定的安全距离；

3. 仪器室满足高效液相色谱仪、原子吸收分光光度计等仪器的使用要求，高效液相色谱仪和原子吸收分光光度计分室存放；

4. 留样观察室有满足原料和产品贮存要求的样品柜或者样品架。

第六章　附　则

第二十四条　在满足生产和质量检验要求的前提下，经省级人民政府饲料管理部门组织专家审核同意，企业可以使用性能更好的生产设备和检验仪器替代本条件中的相关生产设备和检验仪器。

第二十五条　本条件规定的成套加工机组中，如企业生产过程中不涉及相关工艺和设备，在申报材料和现场检查过程中可不作要求，但因缺少相关工艺和设备可能影响产品质量安全和安全生产的情况除外。

第二十六条　本条件自 2018 年 6 月 1 起施行。

附录四　宠物饲料卫生规定

一、为加强宠物饲料管理，保障宠物饲料产品质量安全和宠物健康，依据《饲料和饲料添加剂管理条例》《宠物饲料管理办法》，制定本规定。

二、在中华人民共和国境内生产、销售的宠物饲料产品应当符合本规定卫生指标要求。

三、国务院农业行政主管部门和县级以上人民政府饲料主管部门，应当以卫生指标为重点，根据需要定期或者不定期组织实施宠物饲料产品监督抽查。

四、国务院农业行政主管部门和省级人民政府饲料管理部门应当按照职责权限公布监督抽查结果，并可以公布具有不良记录的宠物饲料生产企业、经营者以及为经营者提供服务的第三方交易平台名单。

五、宠物饲料生产企业、经营者生产、经营的宠物饲料不符合本规定卫生指标要求的，依据《饲料和饲料添加剂管理条例》第四十六条进行处罚。

六、本规定自 2018 年 6 月 1 日起施行。

附表 4.1　　宠物饲料卫生指标及试验方法

<table>
<tr><th>序号</th><th>卫生指标</th><th>产品名称</th><th>限量</th><th>试验方法</th><th>备注</th></tr>
<tr><td colspan="6">无机污染物和含氮化合物</td></tr>
<tr><td rowspan="3">1</td><td rowspan="3">氟，mg/kg</td><td>宠物配合饲料</td><td>≤150</td><td rowspan="3">GB/T 13083</td><td>—</td></tr>
<tr><td rowspan="2">宠物添加剂预混合饲料、其他宠物饲料</td><td>≤500（磷含量≤4%时）</td><td rowspan="2">表中磷含量以干物质含量 88%计</td></tr>
<tr><td>≤125/1%的磷含量（磷含量>4%时）</td></tr>
<tr><td rowspan="2">2</td><td rowspan="2">镉，mg/kg</td><td>宠物配合饲料</td><td>≤2</td><td rowspan="2">GB/T 13082</td><td rowspan="2">—</td></tr>
<tr><td>宠物添加剂预混合饲料、其他宠物饲料</td><td>≤2</td></tr>
<tr><td>3</td><td>铬，mg/kg</td><td>宠物配合饲料、宠物添加剂预混合饲料、其他宠物饲料</td><td>≤5</td><td>GB/T 13088—2006（原子吸收光谱法）</td><td>—</td></tr>
<tr><td>4</td><td>汞，mg/kg</td><td>宠物配合饲料、宠物添加剂预混合饲料、其他宠物饲料</td><td>≤0.3</td><td>GB/T 13081</td><td>—</td></tr>
<tr><td rowspan="2">5</td><td rowspan="2">铅，mg/kg</td><td>宠物配合饲料</td><td>≤5</td><td rowspan="2">GB/T 13080</td><td rowspan="2">—</td></tr>
<tr><td>宠物添加剂预混合饲料、其他宠物饲料</td><td>≤10</td></tr>
<tr><td rowspan="3">6</td><td rowspan="3">总砷，mg/kg</td><td>含有水生动物及其制品或者藻类及其制品的宠物配合饲料、宠物添加剂预混合饲料和其他宠物饲料</td><td>≤10</td><td rowspan="3">总砷：总砷：GB/T 13079
无机砷：GB/T 23372</td><td>其中，无机砷含量不超过 2mg/kg</td></tr>
<tr><td>不含有水生动物及其制品或者藻类及其制品的宠物配合饲料</td><td>≤2</td><td rowspan="2">—</td></tr>
<tr><td>不含有水生动物及其制品或者藻类及其制品的宠物添加剂预混合饲料和其他宠物饲料</td><td>≤4</td></tr>
</table>

续表

序号	卫生指标	产品名称	限量	试验方法	备注
7	三聚氰胺，mg/kg	宠物配合饲料、宠物添加剂预混合饲料、其他宠物饲料	≤2.5	NY/T 1372	水分达到或超过60%的罐装宠物饲料以原样计
8	亚硝酸盐（以 $NaNO_2$ 计），mg/kg	含水量小于14%的宠物配合饲料	≤15	GB/T 13085	—
真菌毒素					
9	黄曲霉毒素 B_1，μg/kg	宠物配合饲料、宠物添加剂预混合饲料、其他宠物饲料	≤10	NY/T 2071（适用于水分含量<60%的宠物饲料）；GB/T 30955（适用于水分含量≥60%的宠物饲料）	—
10	伏马毒素（B_1+B_2），mg/kg	宠物配合饲料、宠物添加剂预混合饲料、其他宠物饲料	≤5	NY/T 1970	—
11	脱氧雪腐镰刀菌烯醇，mg/kg	宠物配合饲料（猫粮）、宠物添加剂预混合饲料（猫粮）、其他宠物饲料（猫粮）	≤5	GB/T 30956	—
		宠物配合饲料（犬粮）、宠物添加剂预混合饲料（犬粮）、其他宠物饲料（犬粮）	≤2		
12	玉米赤霉烯酮，mg/kg	宠物配合饲料、宠物添加剂预混合饲料、其他宠物饲料［幼年期（划分标准见附录2）、妊娠期和哺乳期］	≤0.15	NY/T 2071	—
		宠物配合饲料、宠物添加剂预混合饲料、其他宠物饲料［成年期（划分标准见附录2）］	≤0.25		
13	赭曲霉毒素A，mg/kg	宠物配合饲料、宠物添加剂预混合饲料、其他宠物饲料	≤0.01	GB/T 30957	—
14	T-2和HT-2，mg/kg	宠物配合饲料（猫粮）、宠物添加剂预混合饲料（猫粮）、其他宠物饲料（猫粮）	≤0.05	SN/T 3136	—

续表

<table>
<tr><th>序号</th><th>卫生指标</th><th colspan="2">产品名称</th><th>限量</th><th>试验方法</th><th>备注</th></tr>
<tr><td colspan="7">天然植物毒素</td></tr>
<tr><td>15</td><td>氰化物（以 HCN 计），mg/kg</td><td colspan="2">宠物配合饲料、宠物添加剂预混合饲料、其他宠物饲料</td><td>≤50</td><td>GB/T 13084</td><td>—</td></tr>
<tr><td colspan="7">有机氯污染物</td></tr>
<tr><td>16</td><td>滴滴涕（DDT），mg/kg</td><td colspan="2">宠物配合饲料、宠物添加剂预混合饲料、其他宠物饲料</td><td>≤0.05</td><td>GB/T 5009.162</td><td>—</td></tr>
<tr><td>17</td><td>多氯联苯（以 PCB28，PCB52，PCB101，PCB138，PCB153，PCB180 总和计），mg/kg</td><td colspan="2">宠物配合饲料、宠物添加剂预混合饲料、其他宠物饲料</td><td>≤0.04</td><td>GB 5009.190</td><td>—</td></tr>
<tr><td rowspan="3">18</td><td rowspan="3">六六六（HCH），mg/kg</td><td>α-HCH</td><td>宠物配合饲料、宠物添加剂预混合饲料和其他宠物饲料</td><td>≤0.02</td><td rowspan="3">GB/T 13090</td><td rowspan="3">—</td></tr>
<tr><td>β-HCH</td><td>宠物配合饲料、宠物添加剂预混合饲料和其他宠物饲料</td><td>≤0.01</td></tr>
<tr><td>γ-HCH</td><td>宠物配合饲料、宠物添加剂预混合饲料、其他宠物饲料</td><td>≤0.2</td></tr>
<tr><td>19</td><td>六氯苯（HCB），mg/kg</td><td colspan="2">宠物配合饲料、宠物添加剂预混合饲料、其他宠物饲料</td><td>≤0.01</td><td>SN/T 0127</td><td>—</td></tr>
<tr><td colspan="7">微生物污染物</td></tr>
<tr><td rowspan="2">20</td><td rowspan="2">沙门氏菌，25g 中</td><td colspan="2">宠物配合饲料（罐装除外）</td><td>不得检出</td><td rowspan="2">GB/T 13091</td><td rowspan="2">—</td></tr>
<tr><td colspan="2">宠物添加剂预混合饲料（罐装除外）、其他宠物饲料（罐装除外）</td><td>不得检出</td></tr>
<tr><td>21</td><td>微生物</td><td colspan="2">宠物配合饲料（罐装）、宠物添加剂预混合饲料（罐装）、其他宠物饲料（罐装）</td><td>商业无菌</td><td>GB 4789.26</td><td>—</td></tr>
</table>

注：表中所列限量，除特别注明外均以干物质含量 88%计（微生物污染物指标除外）。

附录 4.1　犬、猫幼年期和成年期划分

一、犬的幼年期和成年期按下表划分

犬幼年期和成年期划分

成年时体重/kg	幼年期/月龄	成年期/月龄
≤5	<9	≥9
5~20	<12	≥12
20~40	<18	≥18
≥40	<21	≥21

二、12 月龄以下为幼年期猫，大于 12 月龄为成年期猫。

附录五 饲料添加剂品种目录（截至 2023 年 12 月）

《饲料添加剂品种目录（2013）》于 2013 年 12 月 30 日由中华人民共和国农业部公告第 2045 号发布，2014 年 2 月 1 日起实施。后经农业农村部多次修订。

附表 5.1　　饲料添加剂品种目录

类别	通用名称	适用范围
氨基酸、氨基酸盐及其类似物	L-赖氨酸、液体 L-赖氨酸（L-赖氨酸含量不低于 50%）、L-赖氨酸盐酸盐、L-赖氨酸硫酸盐及其发酵副产物（产自谷氨酸棒杆菌、乳糖发酵短杆菌，L-赖氨酸含量不低于 51%）、DL-甲硫氨酸、L-苏氨酸、L-色氨酸、L-精氨酸、L-精氨酸盐酸盐、甘氨酸、L-酪氨酸、L-丙氨酸、天（门）冬氨酸、L-亮氨酸、异亮氨酸、L-脯氨酸、苯丙氨酸、丝氨酸、L-半胱氨酸、L-组氨酸、谷氨酸、谷氨酰胺、缬氨酸、胱氨酸、牛磺酸	养殖动物
	半胱胺盐酸盐	畜禽
	L-半胱氨酸盐酸盐	犬[d]、猫[d]
	甲硫氨酸羟基类似物	猪、鸡、牛和水产养殖动物、犬[d]、猫[d]、鸭[h]
	甲硫氨酸羟基类似物钙盐	猪、鸡、牛和水产养殖动物、犬[d]、猫[d]
	甲硫氨酸羟基类似物异丙酯[h]	反刍动物
	N-羟甲基甲硫氨酸钙	反刍动物
	α-环丙氨酸	鸡
维生素及类维生素	维生素 A、维生素 A 乙酸酯、维生素 A 棕榈酸酯、β-胡萝卜素、盐酸硫胺（维生素 B_1）、硝酸硫胺（维生素 B_1）、核黄素（维生素 B_2）、盐酸吡哆醇（维生素 B_6）、氰钴胺（维生素 B_{12}）、L-抗坏血酸（维生素 C）、L-抗坏血酸钙、L-抗坏血酸钠、L-抗坏血酸-2-磷酸酯、L-抗坏血酸-6-棕榈酸酯、维生素 D_2、维生素 D_3、天然维生素 E、dl-α-生育酚、dl-α-生育酚乙酸酯、亚硫酸氢钠甲萘醌（维生素 K_3）、二甲基嘧啶醇亚硫酸甲萘醌、亚硫酸氢烟酰胺甲萘醌、烟酸、烟酰胺、D-泛醇、D-泛酸钙、DL-泛酸钙、叶酸、D-生物素、氯化胆碱、肌醇、L-肉碱、L-肉碱盐酸盐、甜菜碱、甜菜碱盐酸盐	养殖动物
	25-羟基胆钙化醇（25-羟基维生素 D_3）	猪、家禽
	L-肉碱酒石酸盐	宠物
	维生素 K_1、酒石酸氢胆碱	犬[d]、猫[d]

续表

类别	通用名称	适用范围
矿物质及其络（螯）合物[1]	氯化钠、硫酸钠、磷酸二氢钠、磷酸氢二钠、磷酸二氢钾、磷酸氢二钾、轻质碳酸钙、氯化钙、磷酸氢钙、磷酸二氢钙、磷酸三钙、乳酸钙、葡萄糖酸钙、硫酸镁、氧化镁、氯化镁、柠檬酸亚铁、富马酸亚铁、乳酸亚铁、硫酸亚铁、氯化亚铁、氯化铁、碳酸亚铁、氯化铜、硫酸铜、碱式氯化铜、氧化锌、氯化锌、碳酸锌、硫酸锌、乙酸锌、碱式氯化锌、氯化锰、氧化锰、硫酸锰、碳酸锰、磷酸氢锰、碘化钾、碘化钠、碘酸钾、碘酸钙、氯化钴、乙酸钴、硫酸钴、亚硒酸钠、钼酸钠、甲硫氨酸铜络（螯）合物、甲硫氨酸铁络（螯）合物、甲硫氨酸锰络（螯）合物、甲硫氨酸锌络（螯）合物、赖氨酸铜络（螯）合物、赖氨酸锌络（螯）合物、甘氨酸铜络（螯）合物、甘氨酸铁络（螯）合物、酵母铜、酵母铁、酵母锰、酵母硒、氨基酸铜络合物（氨基酸来源于水解植物蛋白）、氨基酸铁络合物（氨基酸来源于水解植物蛋白）、氨基酸锰络合物（氨基酸来源于水解植物蛋白）、氨基酸锌络合物（氨基酸来源于水解植物蛋白）	养殖动物
	氨基酸锌络合物（氨基酸为L-赖氨酸和谷氨酸）[g]	断奶仔猪、肉仔鸡和蛋鸡
	氨基酸铁络合物（氨基酸为L-赖氨酸和谷氨酸）[l]	家禽和猪
	氨基酸铜络合物（氨基酸为L-赖氨酸和谷氨酸）[l]、氨基酸锰络合物（氨基酸为L-赖氨酸和谷氨酸）[l]	畜禽
	蛋白铜、蛋白铁、蛋白锌、蛋白锰	养殖动物（反刍动物除外）
	羟基甲硫氨酸类似物络（螯）合锌、羟基甲硫氨酸类似物络（螯）合锰、羟基甲硫氨酸类似物络（螯）合铜	奶牛、肉牛、家禽和猪
	烟酸铬、酵母铬、吡啶甲酸铬	猪、犬[d]、猫[d]
	甲硫氨酸铬	猪、泌乳奶牛[k]、犬[d]、猫[d]
	丙酸铬	猪、奶牛[b]、肉仔鸡[j]、犬[d]、猫[d]
	甘氨酸锌	猪、犬[d]、猫[d]
	丙酸锌	猪、牛和家禽
	硫酸钾	畜禽[e]
	碳酸氢钾[l]	泌乳奶牛
	三氧化二铁、氧化铜	反刍动物
	碳酸钴	反刍动物、猫、狗
	稀土（铈和镧）壳糖胺螯合盐	畜禽、鱼和虾
	乳酸锌（α-羟基丙酸锌）	生长育肥猪、家禽、犬[d]、猫[d]

续表

类别	通用名称	适用范围
矿物质及其络（螯）合物[1]	葡萄糖酸铜、葡萄糖酸锰、葡萄糖酸锌、葡萄糖酸亚铁、焦磷酸铁、碳酸镁、甘氨酸钙、二氢碘酸乙二胺（EDDI）	犬[d]、猫[d]
	木薯多糖铁[1]	仔猪
酶制剂[2]	淀粉酶（产自黑曲霉、解淀粉芽孢杆菌、地衣芽孢杆菌、枯草芽孢杆菌、长柄木霉[3]、米曲霉、大麦芽、酸解支链淀粉芽孢杆菌）	青贮玉米、玉米、玉米蛋白粉、豆粕、小麦、次粉、大麦、高粱、燕麦、豌豆、木薯、小米、大米
	α-半乳糖苷酶（产自黑曲霉）	豆粕
	纤维素酶（产自长柄木霉[3]、黑曲霉、孤独腐质霉、绳状青霉）	玉米、大麦、小麦、麦麸、黑麦、高粱
	β-葡聚糖酶（产自黑曲霉、枯草芽孢杆菌、长柄木霉[3]、绳状青霉、解淀粉芽孢杆菌、棘孢曲霉）	小麦、大麦、菜籽粕、小麦副产物、去壳燕麦、黑麦、黑小麦、高粱
	葡萄糖氧化酶（产自特异青霉、黑曲霉）	葡萄糖
	脂肪酶（产自黑曲霉、米曲霉）	动物或植物源性油脂或脂肪
	麦芽糖酶（产自枯草芽孢杆菌）	麦芽糖
	β-甘露聚糖酶（产自迟缓芽孢杆菌、黑曲霉、长柄木霉[3]）	玉米、豆粕、椰子粕
	β-半乳糖苷酶（产自黑曲霉）、菠萝蛋白酶（源自菠萝）、木瓜蛋白酶（源自木瓜）、胃蛋白酶（源自猪、小牛、小羊、禽类的胃组织）、胰蛋白酶（源自猪或牛的胰腺）	犬[d]、猫[d]
	果胶酶（产自黑曲霉、棘孢曲霉）	玉米、小麦
	植酸酶（产自黑曲霉、米曲霉、长柄木霉[3]、毕赤酵母）	玉米、豆粕等含有植酸的植物籽实及其加工副产品类饲料原料
	蛋白酶（产自黑曲霉、米曲霉、枯草芽孢杆菌、长柄木霉[3]）	植物和动物蛋白
	角蛋白酶（产自地衣芽孢杆菌）	植物和动物蛋白
	木聚糖酶（产自米曲霉、孤独腐质霉、长柄木霉[3]、枯草芽孢杆菌、绳状青霉、黑曲霉、毕赤酵母）	玉米、大麦、黑麦、小麦、高粱、黑小麦、燕麦

续表

类别	通用名称	适用范围
微生物	地衣芽孢杆菌、枯草芽孢杆菌、两歧双歧杆菌、粪肠球菌、屎肠球菌、乳酸肠球菌、嗜酸乳杆菌、干酪乳杆菌、德式乳杆菌乳酸亚种（原名：乳酸乳杆菌）、植物乳杆菌、乳酸片球菌、戊糖片球菌、产朊假丝酵母、酿酒酵母、沼泽红假单胞菌、婴儿双歧杆菌、长双歧杆菌、短双歧杆菌、青春双歧杆菌、嗜热链球菌、罗伊氏乳杆菌、动物双歧杆菌、黑曲霉、米曲霉、迟缓芽孢杆菌、短小芽孢杆菌、纤维二糖乳杆菌、发酵乳杆菌、德氏乳杆菌保加利亚亚种（原名：保加利亚乳杆菌）	养殖动物
	产丙酸丙酸杆菌、布氏乳杆菌	青贮饲料、牛饲料
	副干酪乳杆菌	青贮饲料
	凝结芽孢杆菌	肉鸡、生长育肥猪和水产养殖动物、犬[d]、猫[d]
	侧孢短芽孢杆菌（原名：侧孢芽孢杆菌）	肉鸡、肉鸭、猪、虾
非蛋白氮	尿素、碳酸氢铵、硫酸铵、液氨、磷酸二氢铵、磷酸氢二铵、异丁叉二脲、磷酸脲、氯化铵、氨水	反刍动物
抗氧化剂	乙氧基喹啉、丁基羟基茴香醚（BHA）、二丁基羟基甲苯（BHT）、没食子酸丙酯、特丁基对苯二酚（TBHQ）、茶多酚、维生素E、L-抗坏血酸-6-棕榈酸酯	养殖动物
	迷迭香提取物	宠物
	硫代二丙酸二月桂酯、甘草抗氧化物、D-异抗坏血酸、D-异抗坏血酸钠、植酸（肌醇六磷酸）	犬[d]、猫[d]
	L-抗坏血酸钠[h]、L-抗坏血酸[k]	养殖动物
防腐剂、防霉剂和调节剂	甲酸、甲酸铵、甲酸钙、乙酸、双乙酸钠、丙酸、丙酸铵、丙酸钠、丙酸钙、丁酸、丁酸钠、乳酸、苯甲酸、苯甲酸钠、山梨酸、山梨酸钠、山梨酸钾、富马酸、柠檬酸、柠檬酸钾、柠檬酸钠、柠檬酸钙、酒石酸、苹果酸、磷酸、氢氧化钠、碳酸氢钠、氯化钾、碳酸钠	养殖动物
	乙酸钙	畜禽
	焦磷酸钠、三聚磷酸钠、六偏磷酸钠、焦磷酸一氢三钠	宠物
	焦亚硫酸钠	宠物、猪[c]
	二甲酸钾	猪
	氯化铵	反刍动物
	亚硫酸钠	青贮饲料
	亚硝酸钠[6]、氢氧化钙、乙二胺四乙酸二钠、乳酸钠、乳酸钙、乳酸链球菌素、ε-聚赖氨酸盐酸盐、脱氢乙酸、脱氢乙酸钠、琥珀酸、碳酸钾、焦磷酸二氢二钠、谷氨酰胺转氨酶、磷酸三钠、葡萄糖酸钠	犬[d]、猫[d]

续表

<table>
<tr><th>类别</th><th colspan="2">通用名称</th><th>适用范围</th></tr>
<tr><td rowspan="8">着色剂</td><td colspan="2">辣椒红、β-阿朴-8′-胡萝卜素醛、β-阿朴-8′-胡萝卜素酸乙酯、β，β-胡萝卜素-4，4-二酮（斑蝥黄）</td><td>家禽</td></tr>
<tr><td colspan="2">β-胡萝卜素</td><td>家禽、犬[d]、猫[d]</td></tr>
<tr><td colspan="2">天然叶黄素（源自万寿菊）</td><td>家禽、水产养殖动物、犬[d]、猫[d]</td></tr>
<tr><td colspan="2">红法夫酵母</td><td>水产养殖动物、观赏鱼</td></tr>
<tr><td colspan="2">虾青素</td><td>水产养殖动物、观赏鱼、犬[d]、猫[d]</td></tr>
<tr><td colspan="2">柠檬黄、日落黄、诱惑红、胭脂红、靛蓝、二氧化钛、焦糖色（亚硫酸铵法、普通法[i]、氨法[i]）、赤藓红</td><td>宠物</td></tr>
<tr><td colspan="2">胭脂虫红、氧化铁红、高粱红、红曲红、红曲米、叶绿素铜钠（钾）盐、栀子蓝、栀子黄、新红、酸性红、萝卜红、番茄红素</td><td>犬[d]、猫[d]</td></tr>
<tr><td colspan="2">苋菜红、亮蓝</td><td>宠物和观赏鱼</td></tr>
<tr><td rowspan="6">调味和诱食物质[4]</td><td rowspan="4">甜味物质</td><td>糖精、糖精钙、新甲基橙皮苷二氢查耳酮</td><td>猪</td></tr>
<tr><td>索马甜[a]</td><td>养殖动物</td></tr>
<tr><td>海藻糖、琥珀酸二钠、甜菊糖苷、5′-呈味核苷酸二钠</td><td>犬[d]、猫[d]</td></tr>
<tr><td>糖精钠、山梨糖醇</td><td>养殖动物</td></tr>
<tr><td>香味物质</td><td>食品用香料[5]、牛至香酚</td><td rowspan="2"></td></tr>
<tr><td>其他</td><td>谷氨酸钠、5′-肌苷酸二钠、5′-鸟苷酸二钠、大蒜素</td></tr>
<tr><td rowspan="6">黏结剂、抗结块剂、稳定剂和乳化剂</td><td colspan="2">α-淀粉、三氧化二铝、可食脂肪酸钙盐、可食用脂肪酸单/双甘油酯、硅酸钙、硅铝酸钠、硫酸钙、硬脂酸钙、甘油脂肪酸酯、聚丙烯酸树脂Ⅱ、山梨醇酐单硬脂酸酯、聚氧乙烯 20 山梨醇酐单油酸酯、丙二醇、卵磷脂、海藻酸钠、海藻酸钾、海藻酸铵、琼脂、瓜尔胶、阿拉伯树胶、黄原胶、甘露糖醇、木质素磺酸盐、羧甲基纤维素钠、聚丙烯酸钠、山梨醇酐脂肪酸酯、蔗糖脂肪酸酯、焦磷酸二钠、单硬脂酸甘油酯、聚乙二醇400、磷脂、聚乙二醇甘油蓖麻酸酯</td><td>养殖动物</td></tr>
<tr><td colspan="2">二氧化硅（沉淀并经干燥的硅酸）[a]</td><td>养殖动物</td></tr>
<tr><td colspan="2">丙三醇</td><td>猪、鸡和鱼、犬[d]、猫[d]</td></tr>
<tr><td colspan="2">硬脂酸</td><td>猪、牛和家禽、犬[d]、猫[d]</td></tr>
<tr><td colspan="2">卡拉胶、决明胶、刺槐豆胶、果胶、微晶纤维素</td><td>宠物</td></tr>
<tr><td colspan="2">羟丙基纤维素、硬脂酸镁、不溶性聚乙烯聚吡咯烷酮（PVPP）、羧甲基淀粉钠、结冷胶、醋酸酯淀粉、葡萄糖酸-δ-内酯、羟丙基二淀粉磷酸酯、羟丙基淀粉、酪蛋白酸钠、丙二醇脂肪酸酯、中链甘油三酯、亚麻籽胶、乙酰化二淀粉磷酸酯、麦芽糖醇、可得然胶、聚葡萄糖</td><td>犬[d]、猫[d]</td></tr>
</table>

续表

类别	通用名称	适用范围
黏结剂、抗结块剂、稳定剂和乳化剂	辛烯基琥珀酸淀粉钠[a]	养殖动物
	乙基纤维素[f]、聚乙烯醇[f]	养殖动物
	紫胶[h]	养殖动物
	羟丙基甲基纤维素[c]	养殖动物[h]
多糖和寡糖	低聚木糖（木寡糖）	鸡、猪、水产养殖动物、犬[c]、猫[c]
	低聚壳聚糖	猪、鸡和水产养殖动物、犬[c]、猫[c]
	半乳甘露寡糖	猪、肉鸡、兔和水产养殖动物
	果寡糖、甘露寡糖、低聚半乳糖	养殖动物
	壳寡糖［寡聚β-（1-4）-2-氨基-2-脱氧-D-葡萄糖］（n=2~10）	猪、鸡、肉鸭、虹鳟鱼、犬[c]、猫[c]
	β-1，3-D-葡聚糖（源自酿酒酵母）	水产养殖动物、犬[c]、猫[c]
	N，O-羧甲基壳聚糖	猪、鸡
其他	天然类固醇萨洒皂角苷（源自丝兰）、天然三萜烯皂角苷（源自可来雅皂角树）、二十二碳六烯酸（DHA）	养殖动物
	糖萜素（源自山茶籽饼）	猪和家禽
	乙酰氧肟酸	反刍动物
	苜蓿提取物（有效成分为苜蓿多糖、苜蓿黄酮、苜蓿皂甙）	仔猪、生长育肥猪、肉鸡、犬[d]、猫[d]
	杜仲叶提取物（有效成分为绿原酸、杜仲多糖、杜仲黄酮）	生长育肥猪、鱼、虾
	淫羊藿提取物（有效成分为淫羊藿苷）	鸡、猪、绵羊、奶牛
	共轭亚油酸	仔猪、蛋鸡、犬[d]、猫[d]
	4，7-二羟基异黄酮（大豆黄酮）	猪、产蛋家禽
	地顶孢霉培养物	猪、鸡、泌乳奶牛[j]
	紫苏籽提取物（有效成分为α-亚油酸、亚麻酸、黄酮）	猪、肉鸡和鱼、犬[d]、猫[d]
	硫酸软骨素	猫、狗

续表

类别	通用名称	适用范围
其他	植物甾醇（源于大豆油/菜籽油，有效成分为β-谷甾醇、菜油甾醇、豆甾醇）	家禽、生长育肥猪、犬[d]、猫[d]
	透明质酸、透明质酸钠、乳铁蛋白、酪蛋白磷酸肽（CPP）、酪蛋白钙肽（CCP）、二十碳五烯酸（EPA）、二甲基砜（MSM）、硫酸软骨素钠	犬[d]、猫[d]

注：1. 所列物质包括无水和结晶水形态。

2. 酶制剂的适用范围为典型底物，仅作为推荐，并不包括所有可用底物。

3. 目录中所列长柄木霉亦可称为长枝木霉或李氏木霉。

4. 以一种或多种调味物质或诱食物质添加载体等复配而成的产品可称为调味剂或诱食剂，其中：以一种或多种甜味物质添加载体等复配而成的产品可称为甜味剂；以一种或多种香味物质添加载体等复配而成的产品可称为香味剂。

5. 食品用香料见《食品安全国家标准 食品添加剂使用卫生标准》（GB 2760—2014）中食品用香料名单。

6. 农业农村部公告第 21 号规定，亚硝酸钠仅限用于水分含量≥20%的宠物饲料，最高限量为 100mg/kg。

a. 2014 年 7 月 24 日中华人民共和国农业部公告第 2134 号修订。

b. 2015 年 6 月 3 日中华人民共和国农业部公告第 2264 号批准进口饲料添加剂丙酸铬用于奶牛。

c. 2017 年 12 月 28 日中华人民共和国农业部公告第 2634 号修订。

d. 2018 年 4 月 27 日中华人民共和国农业农村部公告第 21 号修订。

e. 2018 年 8 月 17 日中华人民共和国农业农村部公告第 53 号修订。

f. 2019 年 11 月 18 日中华人民共和国农业农村部公告第 231 号修订。

g. 2020 年 8 月 26 日中华人民共和国农业农村部公告第 325 号修订。

h. 2020 年 11 月 16 日中华人民共和国农业农村部公告第 356 号修订。

i. 2021 年 8 月 17 日中华人民共和国农业农村部公告第 459 号修订。

j. 2022 年 11 月 3 日中华人民共和国农业农村部公告第 614 号修订。

k. 2023 年 7 月 21 日中华人民共和国农业农村部公告第 692 号修订。

l. 2023 年 12 月 29 日中华人民共和国农业农村部公告第 744 号修订。

附录六 中国饲料成分及营养价值表（2023 年第 34 版）（节选）

TABLES OF FEED COMPOSITION AND NUTRITIVE VALUES IN CHINA（2023 THIRTY-FOUR EDITION） CHINESE FEED DATABASE

附表 6.1　　饲料描述及常规成分　Feed description and proximate composition

序号	中国饲料号 CFN	饲料名称 Feed Name	饲料描述 Description	干物质 DM%	粗蛋白质 CP%	粗脂肪 EE%	粗纤维 CF%	无氮浸出物 NFE%	粗灰分 Ash%	中洗纤维 NDF%	酸洗纤维 ADF%	淀粉 Starch%	钙 Ca%	总磷 P%	有效磷 A-P%
1	4-07-0278	玉米 corn grain	成熟，高蛋白，优质，1 级（CP10+）	86. 0	10. 3	3. 9	2. 3	68. 2	1. 3	9. 1	3. 3	61. 7	0. 01	0. 36	0. 12
2	4-07-0288	玉米 corn grain	成熟，高赖氨酸，优质	86. 0	8. 5	5. 3	2. 6	68. 3	1. 3	9. 4	3. 5	59. 0	0. 16	0. 25	0. 05
3	4-07-0279	玉米 corn grain	成熟 GB 1353—2018 2 级（CP9+）	86. 0	9. 3	3. 7	2. 2	69. 5	1. 3	9. 3	2. 7	65. 4	0. 01	0. 33	0. 11
4	4-07-0280	玉米 corn grain	成熟 GB 1353—2018 3 级（CP8+）	86. 0	8. 4	3. 6	2. 3	70. 7	1. 2	9. 2	4. 2	63. 5	0. 02	0. 32	0. 10
5	4-07-0272	高粱 sorghum grain	成熟 GB 8231—87	88. 0	8. 7	3. 4	1. 4	70. 7	1. 8	17. 4	8. 0	68. 0	0. 13	0. 36	0. 09
6	4-07-0270	小麦 wheat grain	混合小麦，成熟 GB1351—2008 2 级	88. 0	13. 1	1. 5	2. 3	68. 9	2. 2	13. 3	3. 9	54. 6	0. 05	0. 36	0. 18
7	4-07-0274	大麦（裸） naked barley grain	裸大麦，成熟 GB/T 11760—2008 2 级	87. 0	13. 0	2. 1	2. 0	67. 7	2. 2	10. 0	2. 2	50. 2	0. 04	0. 39	0. 12
8	4-07-0277	大麦（皮） barley grain	皮大麦，成熟 GB 10367-89 1 级	87. 0	11. 0	1. 7	4. 8	67. 1	2. 4	18. 4	6. 8	52. 2	0. 09	0. 33	0. 10
9	4-07-0281	黑麦 rye	籽粒，进口	88. 0	9. 5	1. 5	2. 2	73. 0	1. 8	12. 3	4. 6	56. 5	0. 05	0. 30	0. 14
10	4-07-0273	稻谷 paddy	成熟，晒干 NY/T 2 级	86. 0	7. 0	1. 8	8. 8	64. 8	3. 6	25. 1	14. 3	63. 0	0. 03	0. 36	0. 15
11	4-07-0276	糙 米 rough rice	除去外壳的大米 GB/T 18810—2002 1 级	87. 0	8. 8	2. 0	0. 7	74. 2	1. 3	1. 6	0. 8	47. 8	0. 03	0. 35	0. 13

续表

序号	中国饲料号 CFN	饲料名称 Feed Name	饲料描述 Description	干物质 DM%	粗蛋白质 CP%	粗脂肪 EE%	粗纤维 CF%	无氮浸出物 NFE%	粗灰分 Ash%	中洗纤维 NDF%	酸洗纤维 ADF%	淀粉 Starch%	钙 Ca%	总磷 P%	有效磷 A-P%
12	4-07-0275	碎 米 broken rice	加工精米后的副产品 GB/T 5503—2009 1 级	88. 0	10. 4	2. 2	1. 1	72. 7	1. 6	0. 8	0. 6	51. 6	0. 06	0. 35	0. 12
13	4-07-0479	粟（谷子） millet grain	合格，带壳，成熟	86. 5	9. 7	2. 3	6. 8	65. 0	2. 7	15. 2	13. 3	63. 2	0. 12	0. 30	0. 09
14	4-04-0067	木薯干 cassava tuber flake	木薯干片，晒干 GB 10369-89 合格	87. 0	2. 5	0. 7	2. 5	79. 4	1. 9	8. 4	6. 4	71. 6	0. 27	0. 09	0. 03
15	4-04-0068	甘薯干 sweet potato tuber flake	甘薯干片，晒干 NY/T 121—1989 合格	87. 0	4. 0	0. 8	2. 8	76. 4	3. 0	8. 1	4. 1	64. 5	0. 19	0. 02	—
16	4-08-0104	次粉 wheat middling and red dog	黑面，黄粉，下面 NY/T 211—1992 1 级	87. 0	14. 9	2. 1	2. 6	65. 5	2. 0	20. 9	5. 5	37. 8	0. 10	0. 50	0. 17
17	4-08-0105	次 粉 wheat middling and red dog	黑面，黄粉，下面 NY/T 211—1992 2 级	87. 0	12. 9	1. 3	2. 6	68. 2	2. 2	31. 9	10. 5	36. 7	0. 08	0. 48	0. 17
18	4-08-0069	小麦麸 wheat bran	传统制粉工艺 GB 10368—1989 1 级	87. 0	16. 2	2. 8	8. 9	55. 0	5. 2	37. 0	12. 0	22. 6	0. 14	1. 11	0. 38
19	4-08-0070	小麦麸 wheat bran	传统制粉工艺 GB 10368—1989 2 级	87. 0	14. 3	4. 0	6. 8	57. 1	4. 8	41. 3	11. 9	19. 8	0. 10	0. 93	0. 33
20	4-08-0041	米 糠 rice bran	新鲜，不脱脂 NY/T 2 级	90. 0	14. 5	15. 5	6. 8	45. 6	7. 6	20. 3	11. 6	27. 4	0. 05	2. 37	0. 35
21	4-10-0025	米糠饼 rice bran meal（exp.）	未脱脂，机榨 NY/T 1 级	90. 0	15. 0	9. 2	7. 6	49. 3	8. 9	28. 3	11. 9	30. 9	0. 14	1. 73	0. 25
22	4-10-0018	米糠粕 rice bran meal（sol.）	浸提或预压浸提 NY/T 1 级	87. 0	15. 1	2. 0	7. 5	53. 6	8. 8	23. 3	10. 9	25. 0	0. 15	1. 82	0. 25
23	5-09-0127	大豆 soybean	黄大豆，成熟 GB 1352-86 2 级	87. 0	35. 5	17. 3	4. 3	25. 7	4. 2	7. 9	7. 3	2. 6	0. 27	0. 48	0. 12
24	5-09-0128	全脂大豆 full-fat soybean	微粒化 GB/T 20411-2006	88. 0	35. 5	18. 7	4. 6	25. 2	4. 0	11. 0	6. 4	6. 7	0. 32	0. 40	0. 10

25	5-10-0241	大豆饼 soybean meal（exp.）	机榨 GB 10379-989 2 级	89. 0	41. 8	5. 8	4. 8	30. 7	5. 9	18. 1	15. 5	3. 6	0. 31	0. 50	0. 13
26	5-10-0103	去皮大豆粕 soybean meal（sol.）	去皮，浸提或预压浸提 NY/T 1 级	89. 0	47. 9	1. 5	3. 3	29. 7	4. 9	8. 8	5. 3	1. 8	0. 34	0. 65	0. 24
27	5-10-0102	大豆粕 soybean meal（sol.）	浸提或预压浸提 GB/T 19541—2017	89. 0	44. 3	1. 5	5. 4	30. 8	6. 0	13. 6	9. 6	3. 5	0. 33	0. 78	0. 18
28	5-10-0118	棉籽饼 cottonseed meal（exp.）	机榨 NY/ T 129—1989 2 级	88. 0	36. 3	7. 4	12. 5	26. 1	5. 7	32. 1	22. 9	3. 0	0. 21	0. 83	0. 21
29	5-10-0119	棉籽粕 cottonseed meal（sol.）	浸提 GB 21264—2007 1 级	90. 0	47. 0	0. 5	10. 2	26. 3	6. 0	22. 5	15. 3	1. 5	0. 30	1. 24	0. 31
30	5-10-0117	棉籽粕 cottonseed meal（sol.）	浸提 GB 21264—2007 2 级	88. 0	43. 9	0. 8	11. 4	28. 9	7. 2	24. 7	19. 4	1. 8	0. 28	1. 04	0. 26
31	5-10-0220	棉籽蛋白 cottonseed protein	脱酚，低温一次浸出，分步萃取	92. 0	51. 1	1. 0	6. 9	27. 3	5. 7	20. 0	13. 7	0. 9	0. 29	0. 89	0. 22
32	5-10-0183	菜籽饼 rapeseed meal（exp.）	机榨 NY/ T 1799—2009 2 级	88. 0	35. 7	7. 4	11. 4	26. 3	7. 2	33. 3	26. 0	3. 8	0. 59	0. 96	0. 20
33	5-10-0121	菜籽粕 rapeseed meal（sol.）	浸提 GB/T 23736—2009 2 级	88. 0	38. 6	1. 9	11. 6	29. 0	6. 9	20. 7	16. 8	6. 1	0. 82	1. 28	0. 25
34	5-10-0116	花生仁饼 peanut meal（exp.）	机榨 NY/ T 132—2019 2 级	88. 0	44. 7	7. 2	5. 9	25. 1	5. 1	14. 0	8. 7	6. 6	0. 25	0. 53	0. 16
35	5-10-0115	花生仁粕 peanut meal（sol.）	浸提 NY/T 133—1989 2 级	88. 0	47. 8	1. 4	6. 2	27. 2	5. 4	15. 5	11. 7	6. 7	0. 27	0. 56	0. 17
36	1-10-0031	向日葵仁饼 sunflower meal（exp.）	壳仁比 35：65 NY/T 128—1989 3 级	88. 0	29. 0	2. 9	20. 4	31. 0	4. 7	41. 4	29. 6	2. 0	0. 24	0. 87	0. 22
37	5-10-0242	向日葵仁粕 sunflower meal（sol.）	壳仁比 16：84 GB 10377—89 2 级	88. 0	36. 5	1. 0	10. 5	34. 4	5. 6	14. 9	13. 6	6. 2	0. 27	1. 13	0. 29
38	5-10-0243	向日葵仁粕 sunflower meal（sol.）	壳仁比 24：76 GB 10377—89 2 级	88. 0	33. 6	1. 0	14. 8	38. 8	5. 3	32. 8	23. 5	4. 4	0. 26	1. 03	0. 26
39	5-10-0119	亚麻仁饼 linseed meal（exp.）	机榨 NY/ T216—1992 2 级	88. 0	32. 2	7. 8	7. 8	34. 0	6. 2	29. 7	27. 1	11. 4	0. 39	0. 88	0. 22
40	5-10-0120	亚麻仁粕 linseed meal（sol.）	浸提或预压浸提 NY/T 216—1992 2 级	88. 0	34. 8	1. 8	8. 2	36. 6	6. 6	21. 6	14. 4	13. 0	0. 42	0. 95	0. 24

续表

序号	中国饲料号 CFN	饲料名称 Feed Name	饲料描述 Description	干物质 DM%	粗蛋白质 CP%	粗脂肪 EE%	粗纤维 CF%	无氮浸出物 NFE%	粗灰分 Ash%	中洗纤维 NDF%	酸洗纤维 ADF%	淀粉 Starch%	钙 Ca%	总磷 P%	有效磷 A-P%
41	5-10-0246	芝麻饼 sesame meal（exp.）	机榨，CP40%	92.0	39.2	10.3	7.2	24.9	10.4	18.0	13.2	1.8	2.24	1.19	0.31
42	5-11-0001	玉米蛋白粉 corn gluten meal	去胚芽、淀粉后的面筋部分 CP60%	90.1	63.5	5.4	1.0	19.2	1.0	8.7	4.6	17.2	0.07	0.44	0.16
43	5-11-0002	玉米蛋白粉 corn gluten meal	同上，中等蛋白质产品，C P50 % NY/T 685—2003 2 级	88.0	57.	1.4	1.6	25.7	1.6	8.2	5.1	16.1	0.02	0.46	0.15
44	5-11-0008	玉米蛋白粉 corn gluten meal	同上，中等蛋白质产品，CP 40% NY/T 685—20033 级	88.0	53.2	2.1	1.4	30.0	1.4	29.1	8.2	20.6	0.102	0.40	0.13
45	5-11-0003	玉米蛋白饲料 corn gluten feed	玉米去胚芽、淀粉后的含皮残渣	88.0	18.3	7.5	7.8	47.0	5.4	33.6	10.5	21.5	0.15	0.70	0.17
46	4-10-0026	玉米胚芽饼 corn germ meal（exp.）	玉米湿磨后的胚芽，机榨	90.0	16.7	9.6	6.3	50.8	6.6	28.5	7.4	13.5	0.04	0.50	0.15
47	4-10-0244	玉米胚芽粕 corn germ meal（sol.）	玉米湿磨后的胚芽，浸提	90.0	20.8	2.0	6.5	54.8	5.9	38.2	10.7	14.2	0.06	0.50	0.15
48	5-11-0007	DDGS（distiller dried grains with solubles）	玉米酒精糟及可溶物，脱水	88.0	26.9	10.0	8.0	38.7	4.4	38.3	12.5	4.2	0.06	0.79	0.49
49	5-11-0009	蚕豆粉浆蛋白粉 broad bean gluten meal	蚕豆去皮制粉丝后的浆液，脱水	88.0	66.3	4.7	4.1	10.3	2.6	13.7	9.7	—		0.59	0.18
50	5-11-0004	麦芽根 barley malt sprouts	大麦芽副产品，干燥	89.7	28.3	1.4	12.5	41.4	6.1	40.0	15.1	7.2	0.22	0.73	0.18
51	5-13-0044	鱼粉（CP 67%）fish meal	进口 GB/T 19164—2003，特级	88.0	67.1	7.5	1.1	0.1	12.3				3.80	2.60	2.60
52	5-13-0046	鱼粉（CP 60.2%）fish meal	沿海产的海鱼粉，脱脂，12 样平均值	888.0	60.2	9.0	1.0	1.3	16.5				3.50	2.14	2.14

53	5-13-0077	鱼粉（CP 53.5%）fish meal	沿海产的海鱼粉，脱脂，11 样平均值	88.0	56.5	9.6	1.3	2.1	18.5				4.98	2.50	2.50
54	5-13-0036	血 粉 blood meal	鲜猪血 喷雾干燥，国产	88.0	82.8	0.4		1.6	3.2				0.29	0.31	0.29
55	5-13-0037	羽毛粉 feather meal	纯净羽毛，水解，国产	88.0	77.9	2.2	0.7	1.4	5.8				0.20	0.68	0.61
56	5-13-0038	皮革粉 leather meal	废牛皮，水解，国产	88.0	74.7	0.8	1.6		10.9				4.40	0.15	0.13
57	5-13-0047	肉骨粉 meat and bone meal	屠宰下脚，带骨干燥粉碎	93.0	50.0	8.5	2.8		31.7				9.20	4.70	4.37
58	5-13-0048	肉 粉 meat meal	脱脂，国产	94.0	54.0	12.0	1.4	4.3	22.3				7.69	3.88	3.61
59	1-05-0074	苜蓿草粉（CP 19%）alfalfa meal	一茬盛花期烘干 NY/T 140—2002 1 级	87.0	19.1	2.3	22.7	35.3	7.6	36.7	25.0	6.1	1.40	0.51	0.51
60	1-05-0075	苜蓿草粉（CP 17%）alfalfa meal	一茬盛花期烘干 NY/T 140—2002 2 级	87.0	17.2	2.6	25.6	33.3	8.3	39.0	28.6	3.4	1.52	0.22	0.22
61	1-05-0076	苜蓿草粉（CP 14%～15%）alfalfa meal	NY/T 140-2002 3 级	87.0	14.3	2.1	29.8	33.8	10.1	36.8	29.0	3.5	1.34	0.19	0.19
62	5-11-0005	啤酒糟 brewers dried grain	大麦酿造副产品	88.0	24.3	5.3	13.4	40.8	4.2	39.4	24.6	11.5	0.32	0.42	0.14
63	7-15-0001	啤酒酵母 brewers dried yeast	啤酒酵母菌粉 QB/T 1940—94	91.7	52.4	0.4	0.6	33.6	4.7	6.1	1.8	1.0	0.16	1.02	0.46
64	4-13-0075	乳清粉 whey，dehydrated	乳清，脱水，乳糖含量 73%	97.2	11.5	0.8	0.1	76.8	8.0				0.62	0.69	0.52
65	5-01-0162	酪蛋白 casein	脱水，来源于牛奶	91.7	89.0	0.2		0.4	2.1				0.20	0.68	0.67
66	5-14-0503	明胶 gelatin	食用	90.0	88.6	0.5		0.59	0.31				0.49		
67	4-06-0076	牛奶乳糖 milk lactose	进口，含乳糖 80%以上	96.0	3.5	0.5		82.0	10.0				0.52	0.62	0.62
68	4-06-0077	乳糖 lactose	食用	96.0	0.3			95.7							
69	4-06-0078	葡萄糖 glucose	食用	90.0	0.3			89.7							
70	4-06-0079	蔗糖 sucrose	食用	99.0				98.5	0.5				0.04		

续表

序号	中国饲料号 CFN	饲料名称 Feed Name	饲料描述 Description	干物质 DM%	粗蛋白质 CP%	粗脂肪 EE%	粗纤维 CF%	无氮浸出物 NFE%	粗灰分 Ash%	中洗纤维 NDF%	酸洗纤维 ADF%	淀粉 Starch%	钙 Ca%	总磷 P%	有效磷 A-P%
71	4-02-0889	玉米淀粉 corn starch	食用	99. 0	0. 3	0. 2		98. 5				98. 0		0. 03	0. 01
72	4-17-0001	牛 脂 beef tallow		99. 0		98. 0		0. 5	0. 5						
73	4-17-0002	猪油 lard		99. 0		98. 0		0. 5	0. 5						
74	4-17-0003	家禽脂肪 poultry fat		99. 0		98. 0		0. 5	0. 5						
75	4-17-0004	鱼 油 fish oil		99. 0		98. 0		0. 5	0. 5						
76	4-17-0005	菜籽油 rapeseed oil		99. 0		98. 0		0. 5	0. 5						
77	4-17-0006	椰子油 coconut oil		99. 0		98. 0		0. 5	0. 5						
78	4-07-0007	玉米油 corn oil		99. 0		98. 0		0. 5	0. 5						
79	4-17-0008	棉籽油 cottonseed oil		99. 0		98. 0		0. 5	0. 5						
80	4-17-0009	棕榈油 palm oil		99. 0		98. 0		0. 5	0. 5						
81	4-17-0010	花生油 peanuts oil		99. 0		98. 0		0. 5	0. 5						
82	4-17-0011	芝麻油 sesame oil		99. 0		98. 0		0. 5	0. 5						
83	4-17-0012	大豆油 soybean oil	粗制	99. 0		98. 0		0. 5	0. 5						
84	4-17-0013	葵花油 sunflower oil		99. 0		98. 0		0. 5	0. 5						

注：空的数据项代表为“0”（下同），无特别说明者，均表示为饲喂状态的含量数据。

附表 6.2　　饲料中有效能值　Effective energy

序号	中国饲料号 CFN	饲料名称 Feed Name	干物质 DM%	粗蛋白质 CP%	猪消化能 DE		猪代谢能 ME		猪净能 NE		鸡代谢能 AME		肉牛维持净能 NEm		肉牛增重净能 NEg		奶牛产奶净能 NEl		羊消化能 DE	
					Mcal/kg	MJ/kg	Mcal/kg	MJ/kg	Mcal/kg	MJ/kg	Mcal/kg	MJ/kg	Mcal/kg	MJ/kg	Mcal/kg	MJ/kg	Mcal/kg	MJ/kg	Mcal/kg	MJ/kg
1	4-07-0278	玉米	86.0	10.3	3.44	14.39	3.24	13.57	2.66	11.14	3.18	13.31	2.20	9.19	1.68	7.02	1.83	7.66	3.40	14.23
2	4-07-0288	玉米	86.0	8.5	3.45	14.43	3.25	13.60	2.67	11.17	3.25	13.60	2.24	9.39	1.72	7.21	1.84	7.70	3.41	14.27
3	4-07-0279	玉米	86.0	9.3	3.41	14.27	3.21	13.43	2.64	11.04	3.24	13.56	2.21	9.25	1.69	7.09	1.84	7.70	3.41	14.27
4	4-07-0280	玉米	86.0	8.0	3.42	14.33	3.34	13.98	2.66	11.14	3.22	13.47	2.19	9.16	1.67	7.00	1.83	7.66	3.38	14.14
5	4-07-0272	高粱	86.0	9.0	3.15	13.18	2.97	12.43	2.44	10.20	2.94	12.30	1.86	7.80	1.30	5.44	1.59	6.65	3.12	13.05
6	4-07-0270	小麦	88.0	13.4	3.39	14.18	3.16	13.22	2.54	10.64	3.04	12.72	2.09	8.73	1.55	6.46	1.75	7.32	3.40	14.23
7	4-07-0274	大麦（裸）	87.0	13.0	3.24	13.56	3.03	12.68	2.43	10.17	2.68	11.21	1.99	8.31	1.43	5.99	1.68	7.03	3.21	13.43
8	4-07-0277	大麦（皮）	87.0	11.0	3.02	12.64	2.83	11.84	2.27	9.48	2.70	11.30	1.90	7.95	1.35	5.64	1.62	6.78	3.16	13.22
9	4-07-0281	黑麦	88.0	11.0	3.31	13.85	3.10	12.97	2.50	10.46	2.69	11.25	1.98	8.27	1.42	5.95	1.68	7.03	3.39	14.18
10	4-07-0273	稻谷	86.0	7.0	2.69	11.25	2.54	10.63	1.91	7.99	2.63	11.00	1.80	7.54	1.28	5.33	1.53	6.40	3.02	12.64
11	4-07-0276	糙米	87.0	8.8	3.44	14.39	3.24	13.57	2.68	11.21	3.36	14.06	2.22	9.28	1.71	7.16	1.84	7.70	3.41	14.27
12	4-07-0275	碎米	88.0	10.4	3.60	15.06	3.38	14.14	2.64	11.05	3.40	14.23	2.40	10.05	1.92	8.03	1.97	8.24	3.43	14.35
13	4-07-0479	粟（谷子）	86.5	9.7	3.09	12.93	2.91	12.18	2.32	9.71	2.84	11.88	1.97	8.25	1.43	6.00	1.67	6.99	3.00	12.55
14	4-04-0067	木薯干	87.0	2.5	3.13	13.10	2.97	12.43	2.51	10.50	2.96	12.38	1.67	6.99	1.12	4.70	1.43	5.98	2.99	12.51
15	4-04-0068	甘薯干	87.0	4.0	2.82	11.80	2.68	11.21	2.26	9.46	2.34	9.79	1.85	7.76	1.33	5.57	1.57	6.57	3.27	13.68
16	4-08-0104	次粉	88.0	14.9	3.27	13.68	3.04	12.72	2.27	9.50	3.05	12.76	2.41	10.10	1.92	8.02	1.99	8.32	3.32	13.89
17	4-08-0105	次粉	87.0	12.9	3.21	13.43	2.99	12.51	2.23	9.33	2.99	12.51	2.37	9.92	1.88	7.87	1.95	8.16	3.25	13.60

续表

序号	中国饲料号 CFN	饲料名称 Feed Name	干物质 DM%	粗蛋白质 CP%	猪消化能 DE		猪代谢能 ME		猪净能 NE		鸡代谢能 AME		肉牛维持净能 NEm		肉牛增重净能 NEg		奶牛产奶净能 NEl		羊消化能 DE	
					Mcal/kg	MJ/kg	Mcal/kg	MJ/kg	Mcal/kg	MJ/kg	Mcal/kg	MJ/kg	Mcal/kg	MJ/kg	Mcal/kg	MJ/kg	Mcal/kg	MJ/kg	Mcal/kg	MJ/kg
18	4-08-0069	小麦麸	87.0	16.2	2.24	9.37	2.08	8.70	1.52	6.36	1.36	5.69	1.67	7.01	1.09	4.55	1.46	6.11	2.91	12.18
19	4-08-0070	小麦麸	87.0	14.3	2.23	9.33	2.07	8.66	1.52	6.36	1.35	5.65	1.66	6.95	1.07	4.50	1.45	6.08	2.89	12.10
20	4-08-0041	米糠	90.0	12.8	3.02	12.64	2.82	11.80	2.22	9.29	2.68	11.21	2.05	8.58	1.40	5.85	1.78	7.45	3.29	13.77
21	4-10-0025	米糠饼	90.0	14.7	2.99	12.51	2.78	11.63	2.12	8.87	2.43	10.17	1.72	7.20	1.11	4.65	1.50	6.28	2.85	11.92
22	4-10-0018	米糠粕	87.0	15.1	2.76	11.55	2.57	10.75	1.96	8.20	1.98	8.28	1.45	6.06	0.90	3.75	1.26	5.27	2.39	10.00
23	5-09-0127	大豆	87.0	35.5	3.97	16.61	3.53	14.77	2.72	11.38	3.24	13.56	2.16	9.03	1.42	5.93	1.90	7.95	3.91	16.36
24	5-09-0128	全脂大豆	88.0	35.5	4.24	17.74	3.77	15.77	2.76	11.55	3.48	14.55	2.20	9.19	1.44	6.01	1.94	8.12	3.99	16.99
25	5-10-0241	大豆饼	89.0	41.8	3.44	14.39	3.01	12.59	2.01	8.41	2.52	10.54	2.02	8.44	1.36	5.67	1.75	7.32	3.37	14.10
26	5-10-0103	去皮大豆粕	89.0	47.9	3.60	15.06	3.11	13.01	2.09	8.74	2.53	10.58	2.07	8.68	1.45	6.06	1.78	7.45	3.42	14.31
27	5-10-0102	大豆粕	89.0	44.2	3.37	14.26	2.97	12.43	2.02	8.45	2.39	10.00	2.08	8.71	1.48	6.20	1.78	7.45	3.41	14.27
28	5-10-0118	棉籽饼	90.0	36.3	2.37	9.92	2.10	8.79	1.33	5.56	2.16	9.04	1.79	7.51	1.13	4.72	1.58	6.61	3.16	13.22
29	5-10-0119	棉籽粕	89.0	47.0	2.25	9.41	1.95	8.28	1.37	5.73	1.86	7.78	1.78	7.44	1.13	4.73	1.56	6.53	3.12	13.05
30	5-10-0117	棉籽粕	90.0	43.5	2.31	9.68	2.01	8.43	1.41	5.90	2.03	8.49	1.76	7.35	1.12	4.69	1.54	6.44	2.98	12.47
31	5-10-0220	棉籽蛋白	92.0	51.1	2.45	10.25	2.13	8.91	1.49	6.23	2.16	9.04	1.87	7.82	1.20	5.02	1.82	7.61	3.16	13.22
32	5-10-0183	菜籽饼	88.0	35.7	2.88	12.05	2.56	10.71	1.78	7.45	1.95	8.16	1.59	6.64	0.93	3.90	1.42	5.94	3.14	13.14
33	5-10-0121	菜籽粕	88.0	38.6	2.53	10.59	2.23	9.33	1.47	6.15	1.77	7.41	1.57	6.56	0.95	3.98	1.39	5.82	2.88	12.05
34	5-10-0116	花生仁饼	88.0	44.7	3.08	12.89	2.68	11.21	1.88	7.87	2.78	11.63	2.37	9.91	1.73	7.22	2.02	8.45	3.44	14.39

35	5-10-0115	花生仁粕	88.0	47.8	2.97	12.43	2.56	10.71	1.67	6.99	2.60	10.88	2.10	8.80	1.48	6.20	1.80	7.53	3.24	13.56
36	5-10-0031	向日葵仁饼	88.0	29.0	1.89	7.91	1.70	7.11	1.00	4.18	1.59	6.65	1.43	5.99	0.82	3.41	1.28	5.36	2.10	8.79
37	5-10-0242	向日葵仁粕	88.0	36.5	2.78	11.63	2.46	10.29	1.33	5.56	2.32	9.71	1.75	7.33	1.14	4.76	1.53	6.40	2.54	10.63
38	5-10-0243	向日葵仁粕	88.0	33.6	2.49	10.42	2.22	9.29	1.19	4.98	2.03	8.49	1.58	6.60	0.93	3.90	1.41	5.90	2.04	8.54
39	5-10-0119	亚麻仁饼	88.0	32.2	2.90	12.13	2.60	10.88	1.74	7.28	2.34	9.79	1.90	7.96	1.25	5.23	1.66	6.95	3.20	13.39
40	5-10-0120	亚麻仁粕	88.0	34.8	2.37	9.92	2.11	8.83	1.40	5.86	1.90	7.95	1.78	7.44	1.17	4.89	1.54	6.44	2.99	12.51
41	5-10-0246	芝麻饼	92.0	39.2	3.20	13.39	2.82	11.80	1.89	7.91	2.14	8.95	1.92	8.02	1.23	5.13	1.69	7.07	3.51	14.69
42	5-11-0001	玉米蛋白粉	88.0	61.6	3.60	15.06	3.00	12.55	2.16	9.04	3.88	16.23	2.32	9.71	1.58	6.61	2.02	8.45	4.39	18.37
43	5-11-0002	玉米蛋白粉	88.0	57.7	3.73	15.61	3.19	13.35	2.24	9.37	3.41	14.27	2.14	8.96	1.40	5.85	1.89	7.91	3.56	14.90
44	5-11-0008	玉米蛋白粉	88.0	53.2	3.59	15.02	3.13	13.10	2.15	9.00	3.18	13.31	1.93	8.08	1.26	5.26	1.74	7.28	3.28	13.73
45	5-11-0003	玉米蛋白饲料	88.0	19.3	2.48	10.38	2.28	9.54	1.69	7.07	2.02	8.45	2.00	8.36	1.36	5.69	1.70	7.11	3.20	13.39
46	4-10-0026	玉米胚芽饼	90.0	16.7	3.51	14.69	3.25	13.60	2.21	9.25	2.24	9.37	2.06	8.62	1.40	5.86	1.75	7.32	3.29	13.77
47	4-10-0244	玉米胚芽粕	90.0	20.8	3.28	13.72	3.01	12.59	2.07	8.66	2.07	8.66	1.87	7.83	1.27	5.33	1.60	6.69	3.01	12.60
48	5-11-0007	玉米 DDGS	88.0	26.9	3.43	14.35	3.10	12.97	2.25	9.41	2.20	9.20	1.86	7.78	1.57	6.58	2.14	8.97	3.50	14.64
49	5-11-0009	蚕豆粉浆蛋白粉	88.0	66.3	3.23	13.51	2.69	11.25	1.87	7.82	3.47	14.52	2.16	9.03	1.47	6.16	1.92	8.03	3.61	15.11
50	5-11-0004	麦芽根	89.7	28.3	2.31	9.67	2.09	8.74	1.25	5.23	1.41	5.90	1.60	6.69	1.02	4.29	1.43	5.98	2.73	11.42
51	5-13-0044	鱼粉（CP67%）	88.0	67.0	3.22	13.47	2.67	11.16	1.93	8.08	3.10	12.97	1.72	7.20	1.10	4.60	2.33	9.75	3.09	12.93
52	5-13-0046	鱼粉（CP60.2%）	88.0	60.2	3.00	12.55	2.52	10.54	1.80	7.53	2.82	11.80	1.86	7.77	1.19	4.98	1.63	6.82	3.07	12.85
53	5-13-0077	鱼粉（CP53.5%）	88.0	56.5	3.09	12.93	2.63	11.00	1.85	7.74	2.90	12.13	1.85	7.72	1.21	5.05	1.61	6.74	3.14	13.14
54	5-13-0036	血粉	88.0	82.8	2.73	11.42	2.16	9.04	1.42	5.94	2.46	10.29	1.45	6.08	0.75	3.13	1.34	5.61	2.40	10.04
55	5-13-0037	羽毛粉	88.0	77.9	2.77	11.59	2.22	9.29	1.43	5.98	2.73	11.42	1.46	6.10	0.76	3.19	1.34	5.61	2.54	10.63

续表

序号	中国饲料号 CFN	饲料名称 Feed Name	干物质 DM%	粗蛋白质 CP%	猪消化能 DE		猪代谢能 ME		猪净能 NE		鸡代谢能 AME		肉牛维持净能 NEm		肉牛增重净能 NEg		奶牛产奶净能 NEl		羊消化能 DE	
					Mcal/kg	MJ/kg	Mcal/kg	MJ/kg	Mcal/kg	MJ/kg	Mcal/kg	MJ/kg	Mcal/kg	MJ/kg	Mcal/kg	MJ/kg	Mcal/kg	MJ/kg	Mcal/kg	MJ/kg
56	5-13-0038	皮革粉	88.0	74.7	2.75	11.51	2.23	9.33	1.32	5.52	1.48	6.19	0.67	2.81	0.37	1.55	0.74	3.10	2.64	11.05
57	5-13-0047	肉骨粉	93.0	50.0	2.83	11.84	2.43	10.17	1.61	6.74	2.38	9.96	1.65	6.91	1.08	4.53	1.43	5.98	2.77	11.59
58	5-13-0048	肉粉	94.0	54.0	2.70	11.30	2.30	9.62	1.54	6.44	2.20	9.20	1.66	6.95	1.05	4.39	1.34	5.61	2.52	10.55
59	1-05-0074	苜蓿草粉（CP19%）	87.0	19.1	1.66	6.95	1.53	6.40	0.81	3.39	0.97	4.06	1.29	5.40	0.73	3.04	1.15	4.81	2.36	9.87
60	1-05-0075	苜蓿草粉（CP17%）	87.0	17.2	1.46	6.11	1.35	5.65	0.70	2.93	0.87	3.64	1.29	5.38	0.73	3.05	1.14	4.77	2.29	9.58
61	1-05-0076	苜蓿草粉（CP14%）	87.0	14.3	1.49	6.23	1.39	5.82	0.69	2.89	0.84	3.51	1.11	4.66	0.57	2.40	1.00	4.18	1.87	7.83
62	5-11-0005	啤酒糟	88.0	24.3	2.25	9.41	2.05	8.58	1.24	5.19	2.37	9.92	1.56	6.55	0.93	3.90	1.39	5.82	2.58	10.80
63	7-15-0001	啤酒酵母	91.7	52.4	3.54	14.81	3.02	12.64	1.95	8.16	2.52	10.54	1.90	7.93	1.22	5.10	1.67	6.99	3.21	13.43
64	4-13-0075	乳清粉	91.7	11.5	3.49	14.60	3.42	14.31	2.70	11.29	2.73	11.42	2.05	8.56	1.53	6.39	1.72	7.20	3.43	14.35
65	5-01-0162	酪蛋白	97.2	88.9	4.13	17.28	3.53	14.77	2.09	8.74	4.13	17.28	3.14	13.14	2.36	9.88	2.31	9.67	4.28	17.90
66	5-14-0503	明胶	90.0	88.6	2.80	11.72	2.19	9.16	1.43	5.98	2.36	9.87	1.80	7.53	1.36	5.70	1.56	6.53	3.36	14.06
67	4-06-0076	牛奶乳糖	96.0	3.5	3.37	14.10	3.21	13.43	2.79	11.67	2.69	11.25	2.32	9.72	1.85	7.76	1.91	7.99	3.48	14.56
68	4-06-0077	乳糖	96.0	0.3	3.53	14.77	3.39	14.18	2.93	12.26	2.70	11.30	2.31	9.67	1.84	7.70	2.06	8.62	3.92	16.41
69	4-06-0078	葡萄糖	90.0	0.3	3.36	14.06	3.22	13.47	2.79	11.67	3.08	12.89	2.66	11.13	2.13	8.92	1.76	7.36	3.28	13.73
70	4-06-0079	蔗糖	99.0		3.80	15.90	3.65	15.27	3.15	13.18	3.90	16.32	3.37	14.10	2.69	11.26	2.06	8.62	4.02	16.82
71	4-02-0889	玉米淀粉	99.0	0.3	4.00	16.74	3.84	16.07	3.28	13.72	3.16	13.22	2.73	11.43	2.20	9.12	1.87	7.82	3.50	14.65
72	4-17-0001	牛油	99.0		8.00	33.47	7.68	32.13	7.19	30.08	7.78	32.55	4.76	19.90	3.52	14.73	4.23	17.70	7.62	31.86

73	4-17-0002	猪油	99.0		8.29	34.69	7.96	33.30	7.39	30.92	9.11	38.11	5.60	23.43	4.15	17.37	4.86	20.34	8.51	35.60
74	4-17-0003	家禽脂肪	99.0		8.52	35.65	8.18	34.23	7.55	31.59	9.36	39.16	5.47	22.89	4.10	17.00	4.96	20.76	8.68	36.30
75	4-17-0004	鱼油	99.0		8.44	35.31	8.10	33.89	7.50	31.38	8.45	35.35	9.55	39.92	5.26	21.20	4.64	19.40	8.36	34.95
76	4-17-0005	菜籽油	99.0		8.76	36.65	8.41	35.19	7.72	32.32	9.21	38.53	10.14	42.30	5.68	23.77	5.01	20.97	8.92	37.33
77	4-17-0006	玉米油	99.0		8.75	36.61	8.40	35.15	7.71	32.29	9.66	40.42	10.44	43.64	5.75	24.10	5.26	22.01	9.42	39.42
78	4-17-0007	椰子油	99.0		8.40	35.11	8.06	33.69	7.47	31.27	8.81	36.83	9.78	40.92	5.58	23.35	4.79	20.05	8.63	36.11
79	4-17-0008	棉籽油	99.0		8.60	35.98	8.26	34.43	7.61	31.86	9.05	37.87	10.20	42.68	5.72	23.94	4.92	20.06	8.91	37.25
80	4-17-0009	棕榈油	99.0		8.01	33.51	7.69	32.17	7.20	30.30	5.80	24.27	6.56	27.45	3.94	16.50	3.16	13.23	5.76	24.10
81	4-17-0010	花生油	99.0		8.73	36.53	8.38	35.06	7.70	32.24	9.36	39.16	10.50	43.89	5.57	23.31	5.09	21.30	9.17	38.33
82	4-17-0011	芝麻油	99.0		8.75	36.61	8.40	35.15	7.72	32.30	8.48	35.48	9.60	40.14	5.20	21.76	4.61	19.29	8.35	34.91
83	4-17-0012	大豆油	99.0		8.75	36.61	8.40	35.15	7.72	32.23	8.37	35.02	9.38	39.21	5.44	22.76	4.55	19.04	8.29	34.69
84	4-17-0013	葵花油	99.0		8.76	36.65	8.41	35.19	7.73	32.32	9.66	40.42	10.44	43.64	5.43	22.72	5.26	22.01	9.47	39.63

注：猪饲料净能是按修订说明中列出的公式计算得到的，奶牛的产奶净能为3倍维持饲喂水平的数值。

附表 6.3 饲料中氨基酸含量 Amino acids

序号	中国饲料号 CFN	饲料名称 Feed Name	干物质 DM%	粗蛋白质 CP%	精氨酸 Arg%	组氨酸 His%	异亮氨酸 Ile%	亮氨酸 Leu%	赖氨酸 Lys%	蛋氨酸 Met%	胱氨酸 Cys%	苯丙氨酸 Phe%	酪氨酸 Tyr%	苏氨酸 Thr%	色氨酸 Trp%	缬氨酸 Val%
1	4-07-0278	玉米 corn grain	86.0	10.3	0.42	0.25	0.28	1.13	0.28	0.21	0.24	0.47	0.37	0.34	0.09	0.44
2	4-07-0288	玉米 corn grain	86.0	8.5	0.50	0.29	0.27	0.74	0.36	0.15	0.18	0.37	0.28	0.30	0.08	0.46
3	4-07-0279	玉米 corn grain	86.0	9.3	0.41	0.22	0.26	0.98	0.25	0.19	0.21	0.43	0.35	0.32	0.07	0.40
4	4-07-0280	玉米 corn grain	86.0	8.4	0.38	0.24	0.28	1.00	0.25	0.18	0.18	0.38	0.32	0.30	0.06	0.36
5	4-07-0272	高粱 sorghum grain	88.0	8.7	0.33	0.20	0.34	1.08	0.21	0.15	0.15	0.41	-	0.28	0.09	0.42
6	4-07-0270	小麦 wheat grain	88.0	13.4	0.62	0.30	0.46	0.89	0.35	0.21	0.30	0.61	0.37	0.38	0.15	0.56
7	4-07-0274	大麦（裸） naked barley grain	87.0	13.0	0.64	0.16	0.43	0.87	0.44	0.14	0.25	0.68	0.40	0.43	0.16	0.63
8	4-07-0277	大麦（皮） barley grain	87.0	11.0	0.65	0.24	0.52	0.91	0.42	0.18	0.18	0.59	0.35	0.41	0.12	0.64
9	4-07-0281	黑麦 rye	88.0	9.50	0.48	0.22	0.30	0.58	0.35	0.15	0.21	0.42	0.26	0.31	0.10	0.43
10	4-07-0273	稻谷 paddy	86.0	7.0	0.51	0.13	0.29	0.52	0.26	0.17	0.14	0.36	0.33	0.22	0.09	0.42
11	4-07-0276	糙米 rough rice	87.0	8.8	0.65	0.17	0.30	0.61	0.32	0.20	0.14	0.35	0.31	0.28	0.12	0.49
12	4-07-0275	碎米 broken rice	88.0	10.4	0.78	0.27	0.39	0.74	0.42	0.22	0.17	0.49	0.39	0.38	0.12	0.57
13	4-07-0479	粟（谷子） millet grain	86.5	9.7	0.30	0.20	0.36	1.15	0.15	0.25	0.20	0.49	0.26	0.35	0.17	0.42
14	4-04-0067	木薯干 cassava tuber flake	87.0	2.5	0.40	0.05	0.11	0.15	0.13	0.05	0.04	0.10	0.04	0.10	0.03	0.13
15	4-04-0068	甘薯干 sweet potato tuber flake	87.0	4.0	0.16	0.08	0.17	0.26	0.16	0.06	0.08	0.19	0.13	0.18	0.05	0.27
16	4-08-0104	次粉 wheat middling and reddog	88.0	15.4	0.86	0.41	0.55	1.06	0.59	0.23	0.37	0.66	0.46	0.50	0.21	0.72
17	4-08-0105	次粉 wheat middling and reddog	87.0	13.6	0.85	0.33	0.48	0.98	0.52	0.16	0.33	0.63	0.45	0.50	0.18	0.68
18	4-08-0069	小麦麸 wheat bran	87.0	15.7	1.00	0.41	0.51	0.96	0.63	0.23	0.32	0.62	0.43	0.50	0.25	0.71
19	4-08-0070	小麦麸 wheat bran	87.0	14.3	0.88	0.37	0.46	0.88	0.56	0.22	0.31	0.57	0.34	0.45	0.18	0.65

20	4-08-0041	米糠 rice bran	90. 0	14. 5	1. 20	0. 44	0. 71	1. 13	0. 84	0. 28	0. 21	0. 71	0. 56	0. 54	0. 16	0. 91
21	4-10-0025	米糠饼 rice bran meal（exp. ）	90. 0	15. 0	1. 19	0. 43	0. 72	1. 06	0. 66	0. 26	0. 30	0. 76	0. 51	0. 53	0. 15	0. 99
22	4-10-0018	米糠粕 rice bran meal（sol. ）	87. 0	15. 1	1. 28	0. 46	0. 78	1. 30	0. 72	0. 28	0. 32	0. 82	0. 55	0. 57	0. 17	1. 07
23	5-09-0127	大豆 soybeans	87. 0	35. 5	2. 57	0. 59	1. 28	2. 72	2. 20	0. 56	0. 70	1. 42	0. 64	1. 41	0. 45	1. 50
24	5-09-0128	全脂大豆 full-fat soybeans	88. 0	35. 5	2. 62	0. 95	1. 63	2. 64	2. 20	0. 53	0. 57	1. 77	1. 25	1. 43	0. 45	1. 69
25	5-10-0241	大豆饼 soybean meal（exp. ）	89. 0	41. 8	2. 53	1. 10	1. 57	2. 75	2. 43	0. 60	0. 62	1. 79	1. 53	1. 44	0. 64	1. 70
26	5-10-0103	去皮大豆粕 soybean meal（sol. ）	89. 0	47. 9	3. 43	1. 22	2. 10	3. 57	2. 99	0. 68	0. 73	2. 33	1. 57	1. 85	0. 65	2. 26
27	5-10-0102	大豆粕 soybean meal（sol. ）	89. 0	44. 2	3. 38	1. 17	1. 99	3. 35	2. 68	0. 59	0. 65	2. 21	1. 47	1. 71	0. 57	2. 09
28	5-10-0118	棉籽饼 cottonseed meal（exp. ）	88. 0	36. 3	3. 94	0. 90	1. 16	2. 07	1. 40	0. 41	0. 70	1. 88	0. 95	1. 14	0. 39	1. 51
29	5-10-0119	棉籽粕 cottonseed meal（sol. ）	90. 0	47. 0	5. 44	1. 28	1. 41	2. 60	2. 13	0. 65	0. 75	2. 47	1. 46	1. 43	0. 57	1. 98
30	5-10-0117	棉籽粕 cottonseed meal（sol. ）	88. 0	439	4. 69	1. 20	1. 30	2. 49	1. 99	0. 59	0. 69	2. 30	1. 06	1. 26	0. 51	1. 93
31	5-10-0220	棉籽蛋白 cottonseed protein	92. 0	51. 1	6. 08	1. 58	1. 72	3. 13	2. 26	0. 86	1. 04	2. 94	1. 42	1. 60		2. 48
32	5-10-0183	菜籽饼 rapeseed meal（exp. ）	88. 0	35. 7	1. 82	0. 83	1. 24	2. 26	1. 33	0. 60	0. 82	1. 35	0. 92	1. 40	0. 42	1. 62
33	5-10-0121	菜籽粕 rapeseed meal（sol. ）	88. 0	38. 6	1. 83	0. 86	1. 29	2. 34	1. 30	0. 63	0. 87	1. 45	0. 97	1. 49	0. 43	1. 74
34	5-10-0116	花生仁饼 peanut meal（exp. ）	88. 0	44. 7	4. 60	0. 83	1. 18	2. 36	1. 32	0. 39	0. 38	1. 81	1. 31	1. 05	0. 42	1. 28
35	5-10-0115	花生仁粕 peanut meal（sol. ）	88. 0	47. 8	4. 88	0. 88	1. 25	2. 50	1. 40	0. 41	0. 40	1. 92	1. 39	1. 11	0. 45	1. 36
36	5-10-0031	向日葵仁饼 sunflower meal（exp. ）	88. 0	29. 0	2. 44	0. 62	1. 19	1. 76	0. 96	0. 59	0. 43	1. 21	0. 77	0. 98	0. 28	1. 35
37	5-10-0242	向日葵仁粕 sunflower meal（sol. ）	88. 0	36. 5	3. 17	0. 81	1. 51	2. 25	1. 22	0. 72	0. 62	1. 56	0. 99	1. 25	0. 47	1. 72
38	5-10-0243	向日葵仁粕 sunflower meal（sol. ）	88. 0	33. 6	2. 89	0. 74	1. 39	2. 07	1. 13	0. 69	0. 50	1. 43	0. 91	1. 14	0. 37	1. 58

续表

序号	中国饲料号 CFN	饲料名称 Feed Name	干物质 DM%	粗蛋白质 CP%	精氨酸 Arg%	组氨酸 His%	异亮氨酸 Ile%	亮氨酸 Leu%	赖氨酸 Lys%	蛋氨酸 Met%	胱氨酸 Cys%	苯丙氨酸 Phe%	酪氨酸 Tyr%	苏氨酸 Thr%	色氨酸 Trp%	缬氨酸 Val%
39	5-10-0119	亚麻仁饼 linseed meal (exp.)	88.0	32.2	2.35	0.51	1.15	1.62	0.73	0.46	0.48	1.32	0.50	1.00	0.48	1.44
40	5-10-0120	亚麻仁粕 linseed meal (sol.)	88.0	34.8	3.59	0.64	1.33	1.85	1.16	0.55	0.55	1.51	0.93	1.10	0.70	1.51
41	5-10-0246	芝麻饼 sesame meal (exp.)	92.0	39.2	2.38	0.81	1.42	2.52	0.82	0.82	0.75	1.68	1.02	1.29	0.49	1.84
42	5-11-0001	玉米蛋白粉 corn gluten meal	88.0	61.6	1.95	1.19	2.83	10.19	1.07	1.55	0.96	3.82	3.09	2.05	0.35	2.85
43	5-11-0002	玉米蛋白粉 corn gluten meal	88.0	57.7	1.77	1.20	2.26	9.13	0.94	1.41	1.02	3.46	3.12	1.93	0.2	2.64
44	5-11-0008	玉米蛋白粉 corn gluten meal	88.0	53.2	1.57	0.94	1.96	8.50	0.85	1.25	0.78	3.13	2.44	1.66	-	2.21
45	5-11-0003	玉米蛋白饲料 corn gluten feed	88.0	18.3	0.74	0.54	0.54	1.57	0.55	0.30	0.39	0.62	0.50	0.66	0.08	0.87
46	4-10-0026	玉米胚芽饼 corn germ meal (exp.)	90.0	16.7	1.16	0.45	0.53	1.25	0.70	0.31	0.47	0.64	0.54	0.64	0.16	0.91
47	4-10-0244	玉米胚芽粕 corn germ meal (sol.)	90.0	20.8	1.51	0.62	0.77	1.54	0.75	0.21	0.28	0.93	0.66	0.68	0.18	1.66
48	5-11-0007	玉米 DDGS	88.0	26.9	1.10	0.73	0.95	3.06	0.69	0.56	0.53	1.25	1.07	0.97	0.20	1.29
49	5-11-0009	蚕豆粉浆蛋白粉 broad bean gluten meal	88.0	66.3	5.96	1.66	2.90	5.88	4.44	0.60	0.57	3.34	2.21	2.31	—	3.20
50	5-11-0004	麦芽根 barley malt sprouts	89.7	28.3	1.22	0.54	1.08	1.58	1.30	0.37	0.26	0.85	0.67	0.96	0.42	1.44
51	5-13-0044	鱼粉（CP67%）fish meal	88.0	67.0	3.93	2.01	2.61	4.94	4.97	1.86	0.60	2.61	1.97	2.74	0.77	3.11
52	5-13-0046	鱼粉（CP60.2%）fish meal	88.0	60.2	3.57	1.71	2.68	4.80	4.72	1.64	0.52	2.35	1.96	2.57	0.70	3.17
53	5-13-0077	鱼粉（CP53.5%）fish meal	88.0	56.5	3.24	1.36	2.43	4.54	4.09	1.47	0.52	2.34	1.80	2.65	0.63	2.93
54	5-13-0036	血粉 blood meal	88.0	82.8	2.99	4.40	0.75	8.38	6.67	0.74	0.98	5.23	2.55	2.86	1.11	6.08
55	5-13-0037	羽毛粉 feather meal	88.0	77.9	5.30	0.58	4.21	6.78	1.65	0.59	2.93	3.57	1.79	3.51	0.40	6.05

56	5-13-0038	皮革粉 leather meal	88.0	74.7	4.45	0.40	1.06	2.53	2.18	0.80	0.16	1.56	0.63	0.71	0.50	1.91
57	5-13-0047	肉骨粉 meat and bone meal	93.0	50.0	3.35	0.96	1.70	3.20	2.60	0.67	0.33	1.70	1.26	1.63	0.26	2.25
58	5-13-0048	肉粉 meat meal	94.0	54.0	3.60	1.14	1.60	3.84	3.07	0.80	0.60	2.17	1.40	1.97	0.35	2.66
59	1-05-0074	苜蓿草粉（CP19%）alfalfa meal	87.0	19.1	0.78	0.39	0.68	1.20	0.82	0.21	0.22	0.82	0.58	0.74	0.43	0.91
60	1-05-0075	苜蓿草粉（CP17%）alfalfa meal	87.0	17.2	0.74	0.32	0.66	1.10	0.81	0.20	0.16	0.81	0.54	0.69	0.37	0.85
61	1-05-0076	苜蓿草粉（CP14%～15%）alfalfa meal	87.0	14.3	0.61	0.19	0.58	1.00	0.60	0.18	0.15	0.59	0.38	0.45	0.24	0.58
62	5-11-0005	啤酒糟 brewers dried grain	88.0	24.3	0.98	0.51	1.18	1.08	0.72	0.52	0.35	2.35	1.17	0.81	0.28	1.66
63	7-15-0001	啤酒酵母 brewers dried yeast	91.7	52.4	2.67	1.11	2.85	4.76	3.38	0.83	0.50	4.07	0.12	2.33	0.21	3.40
64	4-13-0075	乳清粉 whey, dehydrated	97.2	11.5	0.26	0.21	0.64	1.11	0.88	0.17	0.26	0.35	0.27	0.71	0.20	0.61
65	5-01-0162	酪蛋白 casein	91.7	88.9	3.13	2.57	4.49	8.24	6.87	2.52	0.45	4.49	4.87	3.77	1.33	5.81
66	5-14-0503	明胶 gelatin	90.0	88.6	6.60	0.66	1.42	2.91	3.62	0.76	0.12	1.74	0.43	1.82	0.05	2.26
67	4-06-0076	牛奶乳糖 milk lactose	96.0	3.5	0.25	0.09	0.09	0.16	0.14	0.03	0.04	0.09	0.02	0.09	0.09	0.09

附表 6.4 矿物质及维生素含量 **Minerals and vitamins**

序号	中国饲料号 CFN	饲料名称 Feed Name	钠 Na	氯 Cl	镁 Mg	钾 K	铁 Fe	铜 Cu	锰 Mn	锌 Zn	硒 Se	胡萝卜素	VE	VB_1	VB_2	泛酸	烟酸	生物素	叶酸	胆碱	B_6	B_{12}	亚油酸
			%	%	%	%	Mg/kg	Mg/kg	Mg/kg	Mg/kg	Mg/kg	Mg/kg	Mg/kg	Mg/kg	Mg/kg	Mg/kg	Mg/kg	Mg/kg	Mg/kg	Mg/kg	Mg/kg	μg/kg	%
1	4-07-0278	玉米 corn grain	0. 01	0. 04	0. 11	0. 29	36	3. 4	5. 8	21. 1	0. 04	2	22. 0	3. 5	1. 1	5. 0	24. 0	0. 06	0. 15	620	10. 0		2. 20
2	4-07-0272	高粱 sorghum grain	0. 03	0. 09	0. 15	0. 34	87	7. 6	17. 1	20. 1	0. 05		7. 0	3. 0	1. 3	12. 4	41. 0	0. 26	0. 20	668	5. 2		1. 13
3	4-07-0270	小麦 wheat grain	0. 06	0. 07	0. 11	0. 50	88	7. 9	45. 9	29. 7	0. 05	0. 4	13. 0	4. 6	1. 3	11. 9	51. 0	0. 11	0. 36	1040	3. 7		0. 59
4	4-07-0274	大麦（裸）naked barley grain	0. 04		0. 11	0. 60	100	7. 0	18. 0	30. 0	0. 16		48. 0	4. 1	1. 4		87. 0				19. 3		
5	4-07-0277	大麦（皮）barley grain	0. 02	0. 15	0. 14	0. 56	87	5. 6	17. 5	23. 6	0. 06	4. 1	20. 0	4. 5	1. 8	8. 0	55. 0	0. 15	0. 07	990	4. 0		0. 83
6	4-07-0281	黑麦 rye	0. 02	0. 04	0. 12	0. 42	117	7. 0	53. 0	35. 0	0. 40		15. 0	3. 6	1. 5	8. 0	16. 0	0. 06	0. 60	440	2. 6		0. 76
7	4-07-0273	稻谷 paddy	0. 04	0. 07	0. 07	0. 34	40	3. 5	20. 0	8. 0	0. 04		16. 0	3. 1	1. 2	3. 7	34. 0	0. 08	0. 45	900	28. 0		0. 28
8	4-07-0276	糙米 rough rice	0. 04	0. 06	0. 14	0. 34	78	3. 3	21. 0	10. 0	0. 07		13. 5	2. 8	1. 1	11. 0	30. 0	0. 08	0. 40	1014	0. 04		
9	4-07-0275	碎米 broken rice	0. 07	0. 08	0. 11	0. 13	62	8. 8	47. 5	36. 4	0. 06		14. 0	1. 4	0. 7	8. 0	30. 0	0. 08	0. 20	800	28. 0		
10	4-07-0479	粟（谷子）millet grain	0. 04	0. 14	0. 16	0. 43	270	24. 5	22. 5	15. 9	0. 08	1. 2	36. 3	6. 6	1. 6	7. 4	53. 0		15. 00	790			0. 84
11	4-04-0067	木薯干 cassava tuber flake	0. 03		0. 11	0. 78	150	4. 2	6. 0	14. 0	0. 04			1. 7	0. 8	1. 0	3. 0				1. 00		0. 10
12	4-04-0068	甘薯干 sweet potato tuber flake	0. 16		0. 08	0. 36	107	6. 1	10. 0	9. 0	0. 07												
13	4-08-0104	次粉 wheat middling and reddog	0. 60	0. 04	0. 41	0. 60	140	11. 6	94. 2	73. 0	0. 07	3. 0	20. 0	16. 5	1. 8	15. 6	72. 0	0. 33	0. 76	1187	9. 0		1. 74

14	4-08-0105	次粉 wheat middling and reddog	0. 60	0. 04	0. 41	0. 60	140	11. 6	94. 2	73. 0	0. 07	3. 0	20. 0	16. 5	1. 8	15. 6	72. 0	0. 33	0. 76	1187	9. 0		1. 74
15	4-08-0069	小麦麸 wheat bran	0. 07	0. 07	0. 52	1. 19	170	13. 8	104. 3	96. 5	0. 07	1. 0	14. 0	8. 0	4. 6	31. 0		0. 36	0. 63	980	7. 0		1. 70
16	4-08-0070	小麦麸 wheat bran	0. 07	0. 07	0. 47	1. 19	157	16. 5	80. 6	104. 7	0. 05	1. 0	14. 0	8. 0	4. 6	31. 0	186. 0	0. 36	0. 63	980	7. 0		1. 70
17	4-08-0041	米糠 rice bran	0. 07	0. 07	0. 90	1. 73	304	7. 1	175. 9	50. 3	0. 09		60. 0	22. 5	2. 5	23. 0	293. 0	0. 42	2. 20	1135	14. 0		3. 57
18	4-10-0025	米糠饼 rice bran meal（exp.）	0. 08		1. 26	1. 80	400	8. 7	211. 6	56. 4	0. 09		11. 0	24. 0	2. 9	94. 9	689. 0	0. 70	0. 88	1700	54. 0	40. 0	
19	4-10-0018	米糠粕 rice bran meal（sol.）	0. 09	0. 10		1. 80	432	9. 4	228. 4	60. 9	0. 10												
20	5-09-0127	大豆 soybeans	0. 02	0. 03	0. 28	1. 70	111	18. 1	21. 5	40. 7	0. 06		40. 0	12. 3	2. 9	17. 4	24. 0	0. 42	2. 00	3200	12. 0	0. 0	8. 00
21	5-09-0128	全脂大豆 full-fat soybeans	0. 02	0. 03	0. 28	1. 70	111	18. 1	21. 5	40. 7	0. 06		40. 0	12. 3	2. 9	17. 4	24. 0	0. 42	4. 00	3200	12. 00	0. 0	8. 00
22	5-10-0241	大豆饼 soybean meal（exp.）	0. 02	0. 02	0. 25	1. 77	187	19. 8	32. 0	43. 4	0. 04		6. 6	1. 7	4. 4	13. 8	37. 0	0. 32	0. 45	2673	10. 00	0. 0	
23	5-10-0103	去皮大豆粕 soybean meal（sol.）	0. 03	0. 05	0. 28	2. 05	185	24. 0	38. 2	46. 4	0. 10	0. 2	3. 1	4. 6	3. 0	16. 4	30. 7	0. 33	0. 81	2858	6. 10	0. 0	0. 51
24	5-10-0102	大豆粕 soybean meal（sol.）	0. 03	0. 05	0. 28	1. 72	185	24. 0	28. 0	46. 4	0. 06	0. 2	3. 1	4. 6	3. 0	16. 4	30. 7	0. 33	0. 81	2858	6. 10	0. 0	0. 51
25	5-10-0118	棉籽饼 cottonseed meal（exp.）	0. 04	0. 14	0. 52	1. 20	266	11. 6	17. 8	44. 9	0. 11	0. 2	16. 0	6. 4	5. 1	10. 0	38. 0	0. 53	1. 65	2753	5. 30	0. 0	2. 47
26	5-10-0119	棉籽粕 cottonseed meal（sol.）	0. 04	0. 04	0. 40	1. 16	263	14. 0	18. 7	55. 5	0. 15	0. 2	15. 0	7. 0	5. 5	12. 0	40. 0	0. 30	2. 51	2933	5. 10	0. 0	1. 51
27	5-10-0117	棉籽粕 cottonseed meal（sol.）	0. 04	0. 04	0. 40	1. 16	263	14. 0	18. 7	55. 5	0. 15	0. 2	15. 0	7. 0	5. 5	12. 0	40. 0	0. 30	2. 51	2933	5. 10	0. 0	1. 51

续表

序号	中国饲料号 CFN	饲料名称 Feed Name	钠 Na	氯 Cl	镁 Mg	钾 K	铁 Fe	铜 Cu	锰 Mn	锌 Zn	硒 Se	胡萝卜素	VE	VB_1	VB_2	泛酸	烟酸	生物素	叶酸	胆碱	B_6	B_{12}	亚油酸
			%	%	%	%	Mg/kg	Mg/kg	Mg/kg	Mg/kg	Mg/kg	Mg/kg	Mg/kg	Mg/kg	Mg/kg	Mg/kg	Mg/kg	Mg/kg	Mg/kg	Mg/kg	Mg/kg	μg/kg	%
28	5-10-0183	菜籽饼 rapeseed meal（exp.）	0.02			1.34	687	7.2	78.1	59.2	0.29												
29	5-10-0121	菜籽粕 rapeseed meal（sol.）	0.09	0.11	0.51	1.40	653	7.1	82.2	67.5	0.16		54.0	5.2	3.7	9.5	160.0	0.98	0.95	6700	7.20	0.0	0.42
30	5-10-0116	花生仁饼 peanut meal（exp.）	0.04	0.03	0.33	1.14	347	23.7	36.7	52.5	0.06		3.0	7.1	5.2	47.0	166.0	0.33	0.40	1655	10.00	0.0	1.43
31	5-10-0115	花生仁粕 peanut meal（sol.）	0.07	0.03	0.31	1.23	368	25.1	38.9	55.7	0.06		3.0	5.7	11.0	53.0	173.0	0.39	0.39	1854	10.00	0.0	0.24
32	1-10-0031	向日葵仁饼 sunflower meal（exp.）	0.02	0.01	0.75	1.17	424	45.6	41.5	62.1	0.09		0.9		18.0	4.0	86.0	1.40	0.40	800			
33	5-10-0242	向日葵仁粕 sunflower meal（sol.）	0.20	0.01	0.75	1.00	226	32.8	34.5	82.7	0.06		0.7	4.6	2.3	39.0	22.0	1.70	1.60	3260	17.20		
34	5-10-0243	向日葵仁粕 sunflower meal（sol.）	0.20	0.10	0.68	1.23	310	35.0	35.0	80.0	0.08			3.0	3.0	29.9	14.0	1.40	1.14	3100	11.10		0.98
35	5-10-0119	亚麻仁饼 linseed meal（exp.）	0.09	0.04	0.58	1.25	204	27.0	40.3	36.0	0.18		7.7	2.6	4.1	16.5	37.4	0.36	2.90	1672	6.10		1.07
36	5-10-0120	亚麻仁粕 linseed meal（sol.）	0.14	0.05	0.56	1.38	219	25.5	43.3	38.7	0.18	0.2	5.8	7.5	3.2	14.7	33.0	0.41	0.34	1512	6.00	200.0	0.36

37	5-10-0246	芝麻饼 sesame meal（exp.）	0.04	0.05	0.50	1.39	1780	50.4	32.0	2.4	0.21	0.2	0.3	2.8	3.6	6.0	30.0	2.40	—	1536	12.50	0.0	1.90
38	5-11-0001	玉米蛋白粉 corn gluten meal	0.01	0.05	0.08	0.30	230	1.9	5.9	19.2	0.02	44.0	25.5	0.3	2.2	3.0	55.0	0.15	0.20	330	6.90	50.0	1.17
39	5-11-0002	玉米蛋白粉 corn gluten meal	0.02			0.35	332	10.0	78.0	49.0													
40	5-11-0008	玉米蛋白粉 corn gluten meal	0.02	0.08	0.05	0.40	400	28.0	7.0		1.00	16.0	19.9	0.2	1.5	9.6	54.5	0.15	0.22	330			
41	5-11-0003	玉米蛋白饲料 corn gluten feed	0.12	0.22	0.42	1.30	282	10.7	77.1	59.2	0.23	8.0	14.8	2.0	2.4	17.8	75.5	0.22	0.28	1700	13.00	250.0	1.43
42	4-10-0026	玉米胚芽饼 corn germ meal（exp.）	0.01	0.12	0.10	0.30	99	12.8	19.0	108.1		2.0	87.0		3.7	3.3	42.0			1936			1.47
43	4-10-0244	玉米胚芽粕 corn germ meal	0.01		0.16	0.69	214	7.7	23.3	126.6	0.33	2.0	80.8	1.1	4.0	4.4	37.7	0.22	0.20	2000			1.47
44	5-11-0007	DDGSdistillerdried grainswithsolubles	0.24	0.17	0.91	0.28	98	5.4	15.2	52.3		3.5	40.0	3.5	8.6	11.0	75.0	0.30	0.88	2637	2.28	10.0	2.15
45	5-11-0009	蚕豆粉浆蛋白粉 broadbeanglutenmeal	0.01			0.06		22.0	16.0														
46	5-11-0004	麦芽根 barley malt sprouts	0.06	0.59	0.16	2.18	198	5.3	67.8	42.4	0.60		4.2	0.7	1.5	8.6	43.3		0.20	1548			0.46
47	5-13-0044	鱼粉（CP67%）fish meal	1.04	0.71	0.23	0.74	337	8.4	11	102	2.70		5.0	2.8	5.8	9.3	82	1.30	0.90	5600	2.3	210	0.20
48	5-13-0046	鱼粉（CP60.2%）fish meal	0.97	0.61	0.16	1.10	80	8.0	10.0	80.0	1.50		7.0	0.5	4.9	9.0	55.0	0.20	0.30	3056	4.00	104.0	0.12

续表

序号	中国饲料号 CFN	饲料名称 Feed Name	钠 Na	氯 Cl	镁 Mg	钾 K	铁 Fe	铜 Cu	锰 Mn	锌 Zn	硒 Se	胡萝卜素	VE	VB_1	VB_2	泛酸	烟酸	生物素	叶酸	胆碱	B_6	B_{12}	亚油酸
			%	%	%	%	Mg/kg	Mg/kg	Mg/kg	Mg/kg	Mg/kg	Mg/kg	Mg/kg	Mg/kg	Mg/kg	Mg/kg	Mg/kg	Mg/kg	Mg/kg	Mg/kg	Mg/kg	μg/kg	%
49	5-13-0077	鱼粉（CP53. 5%）fish meal	1. 15	0. 61	0. 16	0. 94	292	8. 0	9. 7	88. 0	1. 94		5. 6	0. 4	8. 8	8. 8	65. 0			3000		143. 0	
50	5-13-0036	血粉 blood meal	0. 31	0. 27	0. 16	0. 90	2100	8. 0	2. 3	14. 0	0. 70		1. 0	0. 4	1. 6	1. 2	23. 0	0. 09	0. 11	800	4. 40	50. 0	0. 10
51	5-13-0037	羽毛粉 feather meal	0. 31	0. 26	0. 20	0. 18	73	6. 8	8. 8	53. 8	0. 80		7. 3	0. 1	2. 0	10. 0	27. 0	0. 04	0. 20	880	3. 00	71. 0	0. 83
52	5-13-0038	皮革粉 leather meal					131	11. 1	25. 2	89. 8													
53	5-13-0047	肉骨粉 meat and bone meal	0. 73	0. 75	1. 13	1. 40	500	1. 5	12. 3	90. 0	0. 25		0. 8	0. 2	5. 2	4. 4	59. 4	0. 14	0. 60	2000	4. 60	100. 0	0. 72
54	5-13-0048	肉粉 meat meal	0. 80	0. 97	0. 35	0. 57	440	10. 0	10. 0	94. 0	0. 37		1. 2	0. 6	4. 7	5. 0	57. 0	0. 08	0. 50	2077	2. 40	80. 0	0. 80
55	1-05-0074	苜蓿草粉（CP19%）alfalfa meal	0. 09	0. 38	0. 30	2. 08	372	9. 1	30. 7	17. 1	0. 46	94. 6	144. 0	5. 8	15. 5	34. 0	40. 0	0. 35	4. 36	1419	8. 00		0. 44
56	1-05-0075	苜蓿草粉（CP17%）alfalfa meal	0. 17	0. 46	0. 36	2. 40	361	9. 7	30. 7	21. 0	0. 46	94. 6	125. 0	3. 4	13. 6	29. 0	38. 0	0. 30	4. 20	1401	6. 50		0. 35
57	1-05-0076	苜蓿草粉（CP14%~15%）alfalfa meal	0. 11	0. 46	0. 36	2. 22	437	9. 1	33. 2	22. 6	0. 48	63. 0	98. 0	3. 0	10. 6	20. 8	41. 8	0. 25	1. 54	1548			
58	5-11-0005	啤酒糟 brewers dried grain	0. 25	0. 12	0. 19	0. 08	274	20. 1	35. 6	104. 0	0. 41	0. 20	27. 0	0. 6	1. 5	8. 6	43. 0	0. 24	0. 24	1723	0. 70		2. 94
59	7-15-0001	啤酒酵母 brewers dried yeast	0. 10	0. 12	0. 23	1. 70	248	61. 0	22. 3	86. 7	1. 00		2. 2	91. 8	37. 0	109. 0	448. 0	0. 63	9. 90	3984	42. 80	999. 9	0. 04

60	4-13-0075	乳清粉 whey, dehydrated	0. 94	1. 40	0. 13	1. 96	57	6. 6	3. 0	9. 90	0. 12		0. 3	4. 0	4. 1	47. 0	10. 0	0. 27	0. 85	1820	4. 00	23	0. 01
61	5-01-0162	酪蛋白 casein	0. 01	0. 04	0. 01	0. 01	14	4. 0	4. 0	30. 0	0. 16			0. 4	1. 5	2. 7	1. 0	0. 04	0. 51	205	0. 40		
62	5-14-0503	明胶 gelatin			0. 05																		
63	4-06-0076	牛奶乳糖 milk lactose			0. 15	2. 40																	

附表 6.5 常用矿物质饲料中矿物元素的含量（以饲喂状态为基础）

序号	中国饲料号（CFN）	饲料名称 Feed Name	化学分子式 Chemical formular	钙（Ca）[a]（%）	磷（P）（%）	磷利用率[b]	钠（Na）（%）	氯（Cl）（%）	钾（K）（%）	镁（Mg）（%）	硫（S）（%）	铁（Fe）（%）	锰（Mn）（%）
1	6-14-0001	碳酸钙，饲料级轻质 calcium carbonate	$CaCO_3$	38.42	0.02		0.08	0.02	0.08	1.610	0.08	0.06	0.02
2	6-14-0002	磷酸氢钙，无水 calcium phosphate（dibasic），anhydrous	$CaHPO_4$	29.60	22.77	95~100	0.18	0.47	0.15	0.800	0.80	0.79	0.14
3	6-14-0003	磷酸氢钙，2 个结晶水 calcium phosphate（dibasic），dehydrate	$CaHPO_4 \cdot 2H_2O$	23.29	18.00	95~100							
4	6-14-0004	磷酸二氢钙 calcium phosphate（monobasic） monohydrate	$Ca(H_2PO_4)_2 \cdot H_2O$	15.90	24.58	100	0.20		0.16	0.900	0.80	0.75	0.01
5	6-14-0005	磷酸三钙（磷酸钙） calcium phosphate（tribasic）	$Ca_3(PO_4)_2$	38.76	20.0								
6	6-14-0006	石粉[c]、石灰石、方解石等 limestone、calcite *etc.*		35.84	0.01		0.06	0.02	0.11	2.060	0.04	0.35	0.02
7	6-14-0007	骨粉，脱脂 bone meal		29.80	12.50	80~90	0.04		0.20	0.300	2.40		0.03
8	6-14-0008	贝壳粉 shell meal		32~35									
9	6-14-0009	蛋壳粉 egg shell meal		30~40	0.1~0.4								
10	6-14-0010	磷酸氢铵 ammonium phosphate（dibasic）	$(NH_4)_2HPO_4$	0.35	23.48	100	0.20		0.16	0.750	1.50	0.41	0.01
11	6-14-0011	磷酸二氢铵 ammonium phosphate（monobasic）	$NH_4H_2PO_4$		26.93	100							
12	6-14-0012	磷酸氢二钠 sodium phosphate（dibasic）	Na_2HPO_4	0.09	21.82	100	31.04						

13	6-14-0013	磷酸二氢钠 sodium phosphate (monobasic)	NaH_2PO_4		25.81	100	19.17	0.02	0.01	0.010			
14	6-14-0014	碳酸钠 sodium carbonate	Na_2CO_3				43.30						
15	6-14-0015	碳酸氢钠 sodium bicarbonate	$NaHCO_3$	0.01			27.00		0.01				
16	6-14-0016	氯化钠 sodium chloride	NaCl	0.30			39.50	59.00		0.005	0.20	0.01	
17	6-14-0017	氯化镁 magnesium chloride hexahydrate	$MgCl_2 \cdot 6H_2O$							11.950			
18	6-14-0018	碳酸镁 magnesium carbonate	$MgCO_3 \cdot Mg(OH)_2$	0.02						34.000			0.01
19	6-14-0019	氧化镁 magnesium oxide	MgO	1.69					0.02	55.000	0.10	1.06	
20	6-14-0020	硫酸镁，7 个结晶水 magnesium sulfate heptahydrate	$MgSO_4 \cdot 7H_2O$	0.02				0.01		9.860	13.01		
21	6-14-0021	氯化钾 potassium chloride	KCl	0.05			1.00	47.56	52.44	0.230	0.32	0.06	0.001
22	6-14-0022	硫酸钾 potassium sulfate	K_2SO_4	0.15			0.09	1.50	44.87	0.600	18.40	0.07	0.001

注：数据来源为《中国饲料学》（2000，张子仪主编），《猪营养需要》（NRC，2012）。饲料中使用的矿物质添加剂一般不是化学纯化合物，其组成成分的变异较大。如果能得到，一般应采用原料供给商的分析结果。例如饲料级的磷酸氢钙原料中往往含有一些磷酸二氢钙，而磷酸二氢钙中含有一些磷酸氢钙。

a. 在大多数来源的磷酸氢钙、磷酸二氢钙、磷酸三钙、脱氟磷酸钙、碳酸钙、硫酸钙和方解石石粉中，估计钙的生物学利用率为 90%~100%，在高镁含量的石粉或白云石石粉中钙的生物学效价较低，为 50%~80%。

b. 生物学效价估计值通常以相当于磷酸氢钠或磷酸氢钙中的磷的生物学效价表示。

c. 大多数方解石石粉中含有 38%或高于表中所示的钙和低于表中所示的镁。

附表 6.6 无机来源的微量元素和估测的生物学利用率[a]

Bioavailability for inorganic trace elements

微量元素与来源[b]	化学分子式	元素含量[c]（%）	相对生物学利用率（%）[d]
铁			
一水硫酸亚铁 Ferrous sulfate（monohydrate）	$FeSO_4 \cdot H_2O$	33.0	100
七水硫酸亚铁 Ferrous sulfate（heptahydrate）	$FeSO_4 \cdot 7H_2O$	20.1	100
碳酸亚铁 Ferrous carbonate	$FeCO_3$	48.3	15~80
三氧化二铁 Ferric oxide	Fe_2O_3	70.0	0
六水氯化铁 Ferric chloride（hexahydrate）	$FeCl_3 \cdot 6H_2O$	20.7	40~100
氧化亚铁 Ferrous oxide	FeO	77.8	—
铜（Cu）			
五水硫酸铜 Cupric sulfate（pentahydrate）	$CuSO_4 \cdot 5H_2O$	25.6	100
碱式氯化铜 Cupric chloride，tribasic	$Cu_2(OH)_3Cl$	59.7	100
氧化铜 Cupric oxide	CuO	80.0	0~10
无水硫酸铜 Cupric sulfate（anhydrous）	$CuSO_4$	39.9	100
锰（Mn）			
一水硫酸锰 Manganous sulfate（monohydrate）	$MnSO_4 \cdot H_2O$	32.5	100
氧化锰 Manganousoxide	MnO	77.5	70
二氧化锰 Mangnons diouide	MnO_2	63.2	35~95
碳酸锰 Mangnous carbonate	$MnCO_3$	47.8	30~100
锌（Zn）			
一水硫酸锌 Zinc sulfate（monohydrate）	$ZnSO_4 \cdot H_2O$	36.3	100
氧化锌 Zinc oxide	ZnO	80.2	50~80
七水硫酸锌 Zinc sulfate（heptahydrate）	$ZnSO_4 \cdot 7H_2O$	22.6	100
碳酸锌 Zinc carbonate	$ZnCO_3$	52.0	100
氯化锌 Zinc chloride	$ZnCl_2$	47.8	100
碘（I）			
碘酸钙 Calcium iodate	$Ca(IO_3)_2$	65.1	100
碘化钾 Potassium iodide	KI	76.5	100
碘酸钾 Potassium iodate	KIO_3	59.3	—
碘化铜 Cupric iodide	CuI	66.5	100
硒（Se）			
亚硒酸钠 Sodium selenite	Na_2SeO_3	45.7	100
十水硒酸钠 Sodium selenite（decahydrate）	$Na_2SeO_4 \cdot 10H_2O$	21.4	100

续表

微量元素与来源[b]	化学分子式	元素含量[c]（%）	相对生物学利用率（%）[d]
钴（Co）			
六水氯化钴 Cobalt dichloride（hexahydrate）	$CoCl_2 \cdot 6H_2O$	24.8	100
七水硫酸钴 Cobalt sulfate（heptahydrate）	$CoSO_4 \cdot 7H_2O$	21.0	100
一水硫酸钴 Cobalt sulfate（monohydrate）	$CoSO_4 \cdot H_2O$	34.1	100
一水氯化钴 Cobalt dichloride（monohydrate）	$CoCl_2 \cdot H_2O$	39.9	100

注：表中数据来源于《中国饲料学》（2000，张子仪）及《猪营养需要》（NRC，1998、2012）中相关数据。

a. 列于每种微量元素下的第一种元素来源通常作为标准，其他来源与其相比较估算相对生物学利用率。

b. 斜体字表示较少使用的微量元素来源。

c. 按化合物分子式计算的主元素含量，不考虑化合物的纯度。

d. “—”表示没有可用数据。

参考文献

[1] 方希修，尤明珍．饲料加工工艺与设备［M］．北京：中国农业大学出版社，2007.
[2] 侯加法，邓益锋．宠物保健品的发展机遇［J］．饲料广角，2004（7）：25-27.
[3] 谢慧胜，张立波．实用宠物百科［M］．北京：农村读物出版社，2000.
[4] 王鹏，冯杰．低淀粉膨化技术及其在宠物饲料生产中的应用分析［J］．饲料工业，2021，42（3）：60-64.
[5] 殷国政，陈金发，马雪莲，等．麦富迪® T-EXTRUDER 美国 Wenger 双螺杆膨化技术在宠物食品生产中的应用［J］．中国设备工程，2020（18）：167-168.
[6] 姜南，张欣，贺国铭．危害分析和关键控制点（HACCP）及在食品生产中的应用［M］．北京：化学工业出版社，2003.
[7] 丁丽敏，夏兆飞．犬猫营养需要［M］．北京：中国农业大学出版社，2010.
[8] 王景芳，史东辉．宠物营养与食品［M］．北京：中国农业科学技术出版社，2008.
[9] 陈志敏，王金全，常文环．宠物犬营养需要研究进展［J］．饲料工业，2014（17）：21.
[10] 陈立新．宠物食品鸡肉条的加工工艺［J］．肉类工业，2013（10）：23-24.
[11] 邹朋，汪棋，周元浩，等．益生菌在宠物中的应用［J］．中国饲料，2021（1）：10-14.
[12] 陈棍．宠物食品生产过程与品质控制［J］．饲料博览，2009（6）：38-40.
[13] 单达聪．膳食纤维与左旋肉碱对宠物犬体重控制影响的研究［J］．饲料与畜牧：新饲料，2008（4）：36-38.
[14] 范金莉．珍奇犬粮配方设计、加工工艺与饲喂试验［D］．南京：南京农业大学，2012.
[15] 高峰．宠物犬初生幼仔护理技术要点［J］．畜禽业，2016（4）：54-55.
[16] 黎先伟．美国对宠物食品的管理法规［J］．兽医导刊，2013（3）：74-76.
[17] 李凯年，裴海宁．健康犬和猫的饲喂与营养管理研究进展（一）［J］．中国动物保健，2011（9）：64-66.
[18] 李欣．牛肉粒（犬粮）干燥过程及贮藏期品质变化的研究［D］．哈尔滨：东北农业大学，2013.
[19] 林德贵．我国宠物业现状，机遇与挑战［J］．中国比较医学杂志，2010（11）：13-16.
[20] 罗守冬，邵洪侠，李亚丽．宠物犬日粮配合的原则［J］．畜牧兽医科技信息，2007（4）：87.
[21] 马颖，吴燕燕，郭小燕．食品安全管理中 HACCP 技术的理论研究和应用研究：文献综述［J］．技术经济，2014，33（7）：82-89.
[22] 南贰．营养加关爱发酵鲜肉配方［J］．宠物世界（犬迷），2016，4：34.
[23] 逢圣慧，于海峰，崔波．半干鸡肉宠物食品的护色研究［J］．肉类研究，2011，25（5）：1-4.
[24] 腾鑫，蒋德意，郗洪生．动物微生态制剂在宠物领域的应用现状及研究进展［J］．微生物学通报，2014，41（12）：2510-2515.
[25] 陈宝江，刘树栋，韩帅娟．宠物肠道健康与营养调控研究进展［J］．饲料工业，2020，41（13）：9.
[26] 宋立霞，刘雄伟，糜长雨．挤压膨化技术在宠物食品中的应用［J］．饲料与畜牧：新饲料，2009（11）：21-22.
[27] 宋伟．宠物食品法规的全球化进程——全世界标签可能达到统一吗?［J］．饲料广角，2003（6）：30.
[28] 牛卫平，陈嘉欣．购买宠物食品的消费意愿分析：以犬粮为例［J］．科技经济导刊，2019（36）：219-220.
[29] 王德福，蒋亦元．双轴卧式全混合日粮混合机的试验研究［J］．农业工程学报，2006，22（4）：85-88.
[30] 王德福．双轴卧式全混合日粮混合机的混合机理分析［J］．农业机械学报，2006，37（8）：178-182.
[31] 王金全．宠物犬，猫蛋白质营养研究进展［J］．养犬，2016（3）：27-30.
[32] 熊光权，叶丽秀，程薇，等．淡水鱼加工副产物的宠物食品研制［J］．湖北农业科学，2008，47（10）：1204-1206.
[33] 廖品凤，杨康，张黎梦，等．宠物营养研究进展［J］．广东畜牧兽医科技，2020（45）：11-14.
[34] 姚璐，陆江锋，吴宝华，等．我国食品进出口安全检测现状及对策［J］．食品工业科技，2011，32（2）：299-301.

[35] 于庆龙，李军国，任广跃，等．翻转式双轴桨叶混合机的设计 [J]．粮食与饲料工业，2003 (10)：22-23.
[36] 张明秀．高多不饱和脂肪酸含量犬粮的制备及应用研究 [D]．无锡：江南大学，2013.
[37] 张扬，子凡．本土化的思考——诗卡维功能型营养犬粮 [J]．宠物世界，2010 (3)：18.
[38] 赵玉侠．宠物犬的饲养管理技术 [J]．贵州畜牧兽医，2011，32 (6)：48-49.
[39] 仲晓兰．宠物食品及其行业发展状况 [J]．中国畜牧业，2014 (23)：44-45.
[40] 王金全．宠物营养与食品 [M]．北京：中国农业科学技术出版社，2018.